21世纪高等学校计算机专业实用规划教材

计算机组成原理
（第二版）

肖铁军　主编

丁　伟　邹婷婷　杨旭东　马学文　副主编

清华大学出版社

北京

内 容 简 介

本书系统介绍计算机的基本组成、基本原理和基本分析方法,全书共分 9 章,包括计算机系统概述、信息表示、逻辑电路基础、运算方法与运算器、存储器、指令系统及汇编语言程序设计、控制器与中央处理器、存储体系及输入输出系统,阐述计算机从部件到整机的组织结构和工作原理。

本书内容深入浅出,循序渐进,每章均附有习题,可作为高等院校计算机专业教材,也可作为相关科技人员的参考书。

本书封面贴有清华大学出版社防伪标签,无标签者不得销售。

版权所有,侵权必究。侵权举报电话:010-62782989 13701121933

图书在版编目(CIP)数据

计算机组成原理/肖铁军主编.--2 版.--北京:清华大学出版社,2015(2019.7重印)
21 世纪高等学校计算机专业实用规划教材
ISBN 978-7-302-39401-3

Ⅰ.①计… Ⅱ.①肖… Ⅲ.①计算机组成原理—高等学校—教材 Ⅳ.①TP301

中国版本图书馆 CIP 数据核字(2015)第 031473 号

责任编辑:黄 芝 薛 阳
封面设计:傅瑞学
责任校对:焦丽丽
责任印制:宋 林

出版发行:清华大学出版社
  　　　网　　　址:http://www.tup.com.cn,http://www.wqbook.com
  　　　地　　　址:北京清华大学学研大厦 A 座　　　　　邮　　编:100084
  　　　社 总 机:010-62770175　　　　　　　　　　邮　　购:010-62786544
  　　　投稿与读者服务:010-62776969,c-service@tup.tsinghua.edu.cn
  　　　质量反馈:010-62772015,zhiliang@tup.tsinghua.edu.cn
  　　　课件下载:http://www.tup.com.cn,010-62795954
印 装 者:北京鑫海金澳胶印有限公司
经　　销:全国新华书店
开　　本:185mm×260mm　　　　印　　张:20.25　　　字　　数:484 千字
版　　次:2010 年 6 月第 1 版　　2015 年 4 月第 2 版　　印　　次:2019 年 7 月第 $ 次印刷
印　　数:5001~6000
定　　价:39.00 元

产品编号:060892-01

第二版前言

本教材第一版出版后不少老师和读者发来电子邮件，提出了许多宝贵的意见和建议。为了使教材能够更好地适应不同学校、专业的教学计划，反映计算机技术的发展，第二版对教材内容做了一些补充、修改和调整。第二版还配套了实践教程，便于结合理论课开展实践教学，倡导"从设计的角度理解计算机的组成和工作原理"的教学理念。

近年有些学校尝试教学改革，将硬件相关基础课程打通为一门《计算机组成原理》或《计算机硬件基础》，为此本书第二版增加了"信息表示"和"逻辑电路基础"两章，其中信息表示一章除了介绍进位计数制、定点数和浮点数的表示等内容外，还增加了如何理解 C 语言数据类型的内容；"逻辑电路基础"一章除了逻辑代数基础知识外，着重从应用的角度介绍计算机中常用的基本逻辑模块的功能。考虑到有的专业没有单独开设汇编语言课程，"指令系统"这一章补充了汇编语言程序设计的基础知识。存储器与存储体系分为两章，"存储器"一章增加了相变存储器等新型非易失性存储器；"存储体系"一章重点对高速缓存做了修改。"控制器和中央处理器"一章介绍的模型机升级为 JUC-Ⅱ，该模型机已经在 FPGA 上实现，配套实践教程设计了相应的实验和课程设计项目，这一章安排在"存储体系"之前，有利于更早地建立整机的概念，更好地理解高速缓存、虚拟存储与 CPU 的关系。将第一版的"输入输出系统"和"系统总线"两章合并为一章，删除了教学中一般较少涉及的输入输出设备内部结构原理以及 I/O 通道等内容，重新组织了内容。

本书第二版主要由肖铁军、丁伟、邹婷婷、杨旭东、马学文共同编写，刘芳参加了第 9 章的部分编写工作。欢迎读者一如既往地对本书提出意见和建议，电子邮件：tj. xiao@126. com。

编　者

2015 年 1 月

第一版前言

本书适用于高等院校计算机类各专业及相关专业的本科生。"计算机组成原理"作为计算机专业的一门重要的核心专业基础课程,主要讨论计算机从部件到整机的组织结构和工作原理,在课程体系中起着承上启下的作用。

本教材讲述的是一般性原理,并不针对任何具体的商业机型,而是综合了国内外计算机类型中较为成熟的先进技术,兼顾计算机发展的新技术、新成果,力求做到深入浅出。为了避免一般性的抽象原理不便于分析理解,本教材既从面上反映不同的典型结构,也有深入的分析,点面结合;通过一个模型机的实例将相关章节联系起来,最终形成一个整机的概念,系统性较强。本教材设计的JU-C1教学微处理器已经在FPGA上设计实现,可用于配套的实践教学。

本书共分7章,授课学时为70~90学时,在教学中可根据具体情况对教材内容取舍。

第1章计算机系统概论首先透过计算机的发展历程探究计算机技术飞速发展的动力所在,然后介绍了冯·诺依曼结构计算机的基本组成,使读者建立整体概念,了解计算机各部件之间的关系,有利于后续的学习。

第2章讨论运算方法和运算器,包括数制与编码的基础知识,数据的表示方法和校验方法,定点数和浮点数的四则运算及溢出判断方法,运算器的组织结构及数据加工流程。

第3章介绍存储器和存储体系。存储器以"存储位元-存储器芯片-主存储器"为主线,讲述相关的半导体存储器原理和主存储器的构成;存储体系以"高速缓存-主存-虚拟存储"为层次,讨论如何解决速度与容量的矛盾。

第4章是指令系统,讲述指令系统的一般设计原则和寻址技术,最后以JU-C1教学模型机为例,介绍了它的指令系统。

第5章是很关键的一章,通过这一章的学习将建立起计算机主机的概念,并通过指令执行流程,理解计算机的工作原理。在讲述了控制器的基本原理之后,以JU-C1教学模型机为例,具体讲解了微程序控制器设计方法。这一章的最后还介绍了指令流水线。

第6章和第7章讲解输入输出系统和系统总线。包括常用外部设备、辅助存储器,主机与外设的数据传送方式,总线仲裁等内容。

本书由计算机组成原理课程组的六位老师合作编写,第1章和第5章由肖铁军编写,第2章由邹婷婷编写,第3章主要由杨旭东编写,第4章由丁伟编写,第6章由袁晓云编写,马学文编写了第7章以及第3章的一部分。研究生于洋参加了JU-C1教学模型机的FPGA

设计验证工作。由于作者水平有限,书中难免有错误和不妥之处,敬请读者批评指正。电子
邮箱:tj. xiao@126.com。

编　者

2010 年 3 月

于江苏大学

目　　录

第1章

计算机系统概述

　　计算机是一种具有快速运算能力、逻辑判断功能、存储功能的电子设备,是不需要人工干预的信息处理自动机。

　　在早期,计算机主要用于科学计算。现在,计算机已广泛应用于各行各业和社会生活,其主要功能已不是单纯的科学计算,而是信息处理。所以,计算机也被称为"电脑",它解放了人的脑力劳动,是人脑的延伸和增强。

1.1　计算机的发展历程

　　数字电子计算机的研制始于 20 世纪 30 年代末、40 年代初,关于 ABC(Atanasoff-Berry Computer)和 ENIAC(Electrical Numerical Integrator And Calculator)谁是第一台数字电子计算机一直存在争议。影响较大、功能最强的是 ENIAC。ENIAC 于 1946 年 2 月在美国的宾夕法尼亚大学宣布研制成功,ENIAC 使用了 17 468 个真空电子管,占地 167 平方米,重 30 吨,耗电 160 千瓦;运算速度是每秒 5000 次加法,357 次乘法或 38 次除法。这样一个笨重的庞然大物其性能不抵今天的一个掌上电脑,但在当时已经显示了它的巨大威力,运算速度是当时其他计算装置的 1000 倍,是手工计算的 20 万倍。ENIAC 的问世是一个里程碑。著名数学家约翰·冯·诺依曼(John von Neumann)在一个偶然的机会得知正在研制 ENIAC,并参加了中后期的研制工作。他分析了 ENIAC 有一个很大的弱点,即没有真正的存储器,暂存器只能存储 20 个 10 位的十进制数,它的"程序"是用线路连接的方式实现的,更改计算程序极为不便;但是在 ENIAC 上完成改进已经不可能。1945 年 6 月,冯·诺依曼提出了关于离散变量自动电子计算机(Electronic Discrete Variable Automatic Computer,EDVAC)的报告草案,后来又提出了更为完善的报告《电子计算装置逻辑结构初探》,报告中提出的设计思想对后来的计算机研制产生了巨大的影响,概括下来主要是以下三点:

　　第一,采用二进制。相对于十进制,二进制对电子元件的要求更低,只要有两个可以相互转换的稳定状态就可以,抗干扰能力更强,运算规律简单,有利于简化逻辑线路。

　　第二,程序存储(stored-program)。把程序(包括指令和数据)存放在存储器中,根据指令控制计算机的执行,这一思想标志着自动运算的开始。

　　第三,计算机系统由运算器、存储器、控制器、输入设备、输出设备五大部件组成。

　　上述设计思想被称为"冯·诺依曼结构",并沿用至今。在冯·诺依曼提出 EDVAC 设计的随后几年中,英国和美国分别研制了商业数字电子计算机 EDSAC 和 UNIVAC。至此,数字电子计算机发展的萌芽时期遂告结束,开始了依据程序存储器、程序控制思想的现代计算机发展之路。

第一代电子计算机称为电子管计算机(1946—1957)。逻辑元件采用真空电子管,主存储器采用延迟线、磁芯,运算速度在几万次/秒。软件编程采用机器语言和汇编语言,应用以科学计算为主。

第二代电子计算机称为晶体管计算机(1958—1964)。逻辑元件采用晶体管,主存储器采用磁芯,运算速度在几十万次/秒,软件编程采用高级语言,开始出现操作系统,应用领域除科学计算外,扩展到数据处理。

第三代电子计算机称为集成电路计算机(1964—1972)。逻辑元件和主存储器均采用集成电路,运算速度在几百万次/秒,机型多样化、系列化,软件中的操作系统开始普及,软件工程兴起,应用领域迅速发展,包括商业、科技、工程等领域。

第四代电子计算机称为大规模集成电路计算机(1972年以后)。逻辑元件和主存储器均采用大规模和超大规模集成电路,多处理机系统已经显现优势,计算机系统已向网络化发展,应用领域更加广泛并逐渐改变着人类的生活方式。

从上面的发展历程可以看出,计算机的发展与电子技术、微电子技术的发展息息相关。计算机技术的发展速度远远超过了历史上任何一项技术的发展速度。如今超大规模集成电路仍然在不停向前发展,计算机技术也在迅速地发展,只是不再按照规模去命名第几代。

1.2　计算机硬件的基本组成

按照冯·诺依曼结构,计算机硬件系统由五大部件组成,这五大部件之间的关系如图1.1所示。

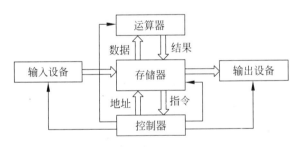

图1.1　计算机系统的基本组成

计算机的五大部件可以归结为主机和外部设备两大部分,运算器、控制器和存储器三个部件构成**计算机主机**,再把输入输出设备包括进来,构成**计算机系统**。通常将运算器和控制器合称为**中央处理器**(Central Processing Unit,CPU),简称处理器(processor);当大规模集成电路发展起来以后,CPU被集成在一块芯片上,从物理形态上是一个整体,逻辑上仍然分为运算器和控制器。

1.2.1　存储器

存储器(Memory)是信息中心,它存储程序和数据两类信息。程序是控制信息处理过程的依据,数据则是信息处理的对象。存储器的基本结构如图1.2所示。

存储体由若干个存储单元组成,给每个单元赋予一个唯一的编号,称为**地址**,如图 1.3 所示。一个单元存放若干位二进制信息,称为一个**字**(Word);每个单元所能存放的二进制信息的位数称为**存储器的字长**,常见的存储器字长有 8 位、16 位、32 位、64 位等。所有单元所能存放的二进制信息的位数称为存储器的**存储容量**。

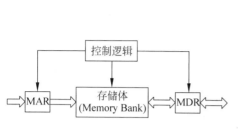

图 1.2　存储器的基本结构　　　　图 1.3　存储器的存储单元示意图

向存储器中存入一个数据称为写入,取出一个数据称为读出。读或写统称为访问(Access)。对存储器的访问是按地址进行的,也就是说,必须给出要访问单元的地址,然后才能写入或读出,一次访问一个地址单元。和日常生活中“存取”的概念有所不同的是,取出之后,该单元的信息并不会丢失,只是取出了一份副本;写入之后,该单元的内容被覆盖,原来存放的信息就不存在了。

地址寄存器(Memory Address Register,MAR)用来暂存要访问的存储单元地址,在整个读写期间,MAR 中的地址必须保持不变。数据寄存器(Memory Data Register,MDR)在读写期间用作数据缓冲,因为 CPU 的操作与存储器的存取速度差异很大,因此需要用一个缓冲寄存器存放读出和写入的信息。

控制逻辑主要用于给出读写时序的控制信号。读出时,CPU 把要读出的存储单元的地址送给 MAR,在控制逻辑的控制下,把被选中的存储单元的内容送到 MBR 供 CPU 读出。写入时,CPU 把要写入的存储单元的地址送给 MAR,同时把要写入的数据送给 MDR,然后在控制逻辑的控制下,将 MBR 的内容写入 MAR 指定的存储单元去。

1.2.2　运算器

运算器是计算机的信息加工处理部件,它的基本功能是完成算术运算和逻辑运算以及移位操作。由于任何数学运算最终都可以转化为加法和移位这两种最基本的运算,所以运算器的基本算术运算是整数加法运算;而任何逻辑运算都可以用与、或、非实现,所以运算器的基本逻辑运算是与、或、非运算。

运算器的基本结构如图 1.4 所示,其核心是算术逻辑单元(Arithmetic Logic Unit,ALU),通常也用 ALU 代表运算器。此外还包括一些数据暂存器和通用寄存器组(General Register Set,GRS),用来暂存操作数以及运算结果。由于运算器内部寄存器的访问速度比主存储器快很多,用寄存器暂存运算的中间结果能大大提高运算速度。

运算器进行一次整数加法运算所能处理的二进制数据的

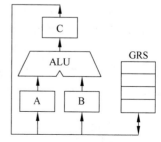

图 1.4　运算器的基本结构

位数就称为**运算器的字长**,运算器数据通路的宽度以及寄存器的字长通常与 ALU 的字长是一致的。

1.2.3 控制器

控制器(Control Unit)的作用是控制计算机各个部件协调地工作。它控制计算机按照预先确定的算法和操作步骤(即程序),自动、有序地执行所指定的操作。控制器的主要部件如图 1.5 所示。

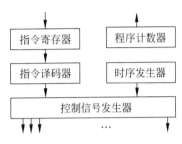

图 1.5 控制器的基本结构

根据冯·诺依曼的程序存储、程序控制原理,计算机的工作就是执行程序,而程序是由一系列指令构成的,所以计算机的工作过程就是不断执行指令的过程。指令是存放在存储器中的,要从存储器中取出指令,首先要给出存放指令的存储单元的地址,控制器中的程序计数器(Program Counter,PC)用来指明指令的地址。控制器中的指令寄存器(Instruction Register,IR)存放从主存储器中取到的指令,它将指令代码送给指令译码器(Instruction Decoder,ID)对指令的功能进行分析,并据此产生完成该指令所需的控制信号。

一般情况下程序是顺序执行的,每当取出一条指令后,程序计数器(PC)要自增以指向下一条指令的地址,所以程序计数器(PC)中存放的始终是将要执行的指令的地址。此外,在计算机复位时,程序计数器应有一个初始值,指向第一条指令的地址。

不仅指令序列的执行是有序的,一条指令的执行过程也是分步骤有序完成的。控制信号的发出,需要有一定的先后顺序,时序发生器为操作控制提供定时依据。

最后一个很重要的部件就是控制信号发生器,它是控制器中最复杂的逻辑部件,有硬布线和微程序两种实现方法。指令译码器产生的输出与时序部件产生的定时信号组合后,向运算器、存储器、输入输出设备发出各种操作控制信号。

1.2.4 输入输出设备

输入输出设备是计算机与用户之间相互联系的部件,其重要功能是实现人-机对话、数据输入输出以及各种形式的数据变换等。

输入设备(Input Device)的作用是把程序以及用户需要处理的数据、文字、图形、声音等信息转换为计算机所能接受的编码形式存入计算机的主存储器内,典型的输入设备有键盘、鼠标、扫描仪等。

输出设备(Output Device)的作用是把处理的结果以用户需要的形式(如屏幕显示、打印、声音等)输出。典型的输出设备有显示器、打印机等。

输入输出设备也称为外部设备或外围设备(Peripheral Device),简称外设。输入输出设备种类繁多,很难用一种结构形式加以描述,它们在工作速度和数据格式等方面与主机的差别较大,一般不能直接与主机相连,而是要通过接口(Interface)电路与主机相连。

1.2.5 总线

上面介绍了计算机各个主要部件的功能和结构,接下来的问题就是如何将它们连成一个计算机系统。早期的计算机采用分散连接方式，是以存储器为中心的结构，如图 1.1 所示。现代计算机设计中，为了减少连线的复杂性、方便系统扩展，通常采用总线结构。所谓总线(Bus)是指连接多个工作部件的分时共享的一组信息传输线及相关逻辑。分时共享是总线的主要特征，共享是指总线所连接的各部件都通过该它传递信息，分时是指在某一时刻只允许有一个部件将信息输出到总线。如果出现两个或两个以上部件同时向总线上发送信息，会导致信号冲突，传输出错。

从总线所连接的器件以及在系统中所处的层次、地位来看，总线可分为内部总线、系统总线和外部总线。

1）内部总线

集成电路芯片内部用来连接各个主要组成部分的总线被称为**内部总线**，也称片内总线。如中央处理器(CPU)内部通过内部总线将寄存器、算术逻辑单元(ALU)等连接起来。

2）系统总线

将计算机的五大部件连成系统的总线称为**系统总线**，也就是连接 CPU、主存、I/O 设备等各大部件的总线。因为这些部件一般安装在主板或者多个插件板上，所以系统总线通常又被称为板级总线或板间总线。

计算机系统的总线结构有单总线结构和多总线结构。单总线结构的计算机结构如图 1.6 所示。比较图 1.1 和图 1.6 很容易看出，总线结构共享一组公共信号线，简化了部件间的连接。其代价是同一时刻只能有一对部件使用总线，也就是分时共享原则。单总线结构通常用于对成本较为敏感的计算机系统，随着技术的发展，越来越多的计算机系统采用多总线结构，以提高系统性能。

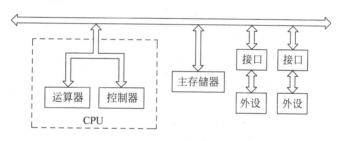

图 1.6　单总线结构的计算机组成

按照系统总线中各信号线的作用不同，可以将系统总线分成三组子总线，分别是地址总线(Address Bus)、数据总线(Data Bus)和控制总线(Control Bus)。

地址总线：传送地址信息的信号线的总称。地址总线的数量直接决定了通过该总线能够访问主存和外设的地址空间范围，如 20 根地址线可以访问 $2^{20}=1M$ 的地址范围。地址总线通常是单向的。

数据总线：传送数据信息的信号线的总称。数据总线的数量直接决定了通过该总线能够同时传送二进制信息的最大位数，如 64 根数据线可以最大允许 8 个字节的信息同时传送。数据总线通常是双向的。

控制总线：传送各类控制信号的信号线的总称。如读信号、写信号、中断请求信号、中断应答信号等。不同控制信号的传递方向是不同的，有的是输入的，有的是输出的，还有的甚至是双向的。通常将控制总线的方向称为准双向。

系统总线中除了以上三种线外,还有时钟线、电源线和地线等。

3) 外部总线

外部总线是用于在计算机系统与计算机系统之间或者计算机系统与其他系统(例如测控系统、移动通信系统等)之间进行通信的总线,外总线也通常被称为通信总线。由于计算机已经普及各行各业,所以外总线的种类繁多,不同的外总线在连接形式、信号传输距离的远近、速度快慢和工作方式等各方面差别很大。例如可以通过 Ethernet 总线将多个计算机系统连接成一个计算机网络;通过 RS-485 总线实现多个计算机系统间的串行数据通信。

1.3　程序设计语言和计算机的层次结构

将计算机用于解决实际问题时,需要编制计算机软件,也就是用程序设计语言编写程序。计算机程序设计语言的发展主要经历了机器语言、汇编语言和高级语言三个阶段。

用程序设计语言编写的程序称为源程序。在计算机发展初期,都是采用机器语言编程,也就是直接用机器指令编写源程序的。机器指令简称**指令**(Instruction),是计算机硬件能够识别的二进制编码,所以机器语言程序可以被计算机硬件直接执行。

对程序员来说,直接使用二进制代码表示的机器指令编写程序,显然是非常不方便的。为了克服机器语言难以记忆、表达和阅读等缺点,后来在编写源程序时就用一些文字符号代替二进制编码,称为指令助记符,例如用 ADD、SUB 表示加法和减法,以助记符描述的指令称做**汇编指令**。汇编指令、伪指令的集合以及程序设计规则构成了汇编语言,它是机器语言的符号化表达形式,所写的程序称**汇编语言源程序**。与机器语言程序不同,汇编语言源程序不能被计算机硬件直接执行,必须翻译成机器语言程序,完成这种翻译功能的软件被称为**汇编器**(Assembler),也有人将其称为**汇编程序**。

汇编语言虽然解决了机器语言晦涩难懂这个主要缺点,但在编写源程序时代码不易组织、编程效率不高,而高级语言的出现很好地解决了这些问题。计算机硬件也不能直接运行用高级语言编写的源程序,需要翻译成汇编语言程序,然后再翻译成机器语言程序;也可以将高级语言程序直接翻译成机器语言程序。这种翻译工作也是由软件完成的,这类软件被称为**编译器**(Compiler)或**解释器**(Interpreter)。

汇编语言和高级语言有两个明显的不同。首先,汇编语言语句与机器语言的指令基本上是一一对应的,而高级语言的语句与机器语言的指令没有简单的对应关系。其次,汇编语言程序员必须了解计算机硬件的内部结构才能编写程序,而高级语言程序员即使不了解硬件,也能编写程序。

高级语言、汇编语言和机器语言三者之间的层次关系如图 1.7 所示。随着计算机软件的发展,在汇编语言层和机器语言层之间增加了一级操作系统层,如图 1.8 所示。操作系统层在机器语言的基础上增加了新的指令和特性,例如文件操作。它提供一个操作环境,方便计算机硬件和软件资源的管理和使用。这一层并不是为普通程序员设计的,主要是为连接上层所需的编译器或解释器而设计的。

图 1.8 还将硬件逻辑也表达了出来,它负责解释机器语言程序,也就是在硬件上执行机器指令所描述的功能。图 1.8 最下面两个层次所看到的机器是实际机器,而上面三个层次所看到的机器称为虚拟机器,每个层次所看到的虚拟机器是不同的。

图 1.7　程序设计语言的层次关系　　　　图 1.8　计算机的层次结构模型

将计算机的模型层次化,不同的用户就可以在某一个层次上理解和使用计算机,无须理解其下层的计算机模型,使用户不需要全面的专业知识也能使用计算机,有更多的精力关注所要解决的问题。

在不同的发展阶段,计算机的层次结构模型是不同的,从不同的角度,也有不同的划分方法,例如,硬件逻辑也可以进一步细分;高级语言层之上还可以增加应用语言层等等。

1.4　计算机的主要性能指标

1.4.1　机器字长

机器字长是指计算机进行一次整数运算所能处理的二进制数据的位数。因为计算机中数的表示有定点数和浮点数之分,定点数又有定点整数和定点小数之分,这里所说的整数运算即定点整数运算。机器字长也就是运算器进行定点整数运算的字长,通常也是 CPU 内部数据通路的宽度。

机器字长反映了计算机的运算精度,字长越长,表示数的范围越大,计算精度就越高。如果机器字长较短,可以通过编写程序实现多倍字长的运算,其代价是降低了运算速度。

机器字长与主存储器字长通常是相同的,但也可以不相同,不同的情况下,一般是主存储器字长小于机器字长,例如,机器字长是 32 位,主存储器字长可以是 32 位,也可以是 16位,当然,后者会降低 CPU 的工作效率。

1.4.2　运行速度

1. 以运算速度衡量机器的运行速度

早期计算机通常用完成一次加法或乘法运算的时间来表示计算机的性能,如 ENIAC 每秒完成 5000 次加法或 357 次乘法。

现代高性能计算机的浮点运算速度通常用每秒执行的浮点运算次数(Floating-point Operations Per Second,FLOPS)来表示。FLOPS 的定义为

$$\text{FLOPS} = \frac{\text{程序中的浮点操作次数}}{\text{执行时间}} \tag{1.1}$$

随着计算机性能的不断提高,FLOPS 的数值变得越来越大,为了便于书写表达,通常会

增加一些表示数量级的前缀,如 M(10^6)、G(10^9)、T(10^{12})、P(10^{15})等,表示为 MFLOPS、GFLOPS、TFLOPS、PFLOPS 等。

2. 以指令执行速度衡量机器的运行速度

CPI(Cycles Per Instruction)表示执行每条指令所需的平均时钟周期数,即

$$CPI = \frac{执行程序所需的时钟周期数}{程序中的指令条数} \tag{1.2}$$

MIPS(Million Instruction Per Second)表示单位时间内执行指令的平均条数(以百万为单位),即

$$MIPS = \frac{程序中的指令条数}{程序执行时间 \times 10^6} \tag{1.3}$$

3. 以机器主频衡量机器的运行速度

计算机指令的执行可以分为若干步骤,计算机按固定的节拍执行每一步操作,节拍的快慢就是由主频决定的。主频,即主时钟频率,它通常由外部振荡器倍频或分频得到。主频的倒数即主时钟周期。主频与 CPI、MIPS 之间的关系如下:

$$MIPS = \frac{主时钟频率}{CPI \times 10^6} \tag{1.4}$$

可见,在 CPI 不变的前提下,主频越高,单位时间内执行指令的平均条数越多,也就是通常所说的速度越快。

4. 用基准测试程序评价计算机的性能

单一的指标往往不能反映计算机的实际性能,例如 IO 性能、存储性能乃至编译器都会影响机器的实际表现。有些机构设计了一些专门的测试程序集,通过运行这些测试程序来比较不同机器的运行速度,这样的程序称为基准程序(Benchmark),例如 SPEC、TPC、BAPCo、EEMBC、LINPACK、Whetstone 等。

成立于 1988 年的标准性能评估公司(Standard Performance Evaluation Corporation,SPEC)先后开发了一系列的测试程序,例如 SPEC CPU2006、SPECweb2009 等。用于 CPU 性能测试的 SPEC CPU2006 包括 CINT2006 和 CFP2006,CINT2006(也称 SPECint)测试整数运算性能,CFP2006(也称 SPECfp)测试浮点运算性能。

LINPACK 基准程序利用高斯消元法求解一元 N 次线性方程组的次数来评价系统的浮点运算性能。

EEMBC(Embedded Microprocessor Benchmark Consortium)是面向嵌入式系统的基准测试程序,针对汽车电子、消费类电子产品、办公室设备、电信设备和网络设备这五大领域分别开发了基准程序集。

习　题

1.1　计算机的发展历程主要是根据什么划分时代的?

1.2　冯·诺依曼结构的主要设计思想是什么?

1.3　计算机系统由哪五大部件组成?其中主机包含哪些部件?CPU 包含哪些部件?

1.4　计算机硬件能够直接执行哪种语言的程序?汇编语言和机器语言之间是什么关系?

1.5 计算机软件和硬件是什么关系？

1.6 计算机系统可分为哪几个层次？说明各层次的特点及其相互联系。

1.7 解释存储器字长、运算器字长和机器字长的概念，它们之间有什么关系？

1.8 衡量计算机的工作速度通常有哪些指标？

1.9 假设某计算机的 CPU 主频为 80MHz，CPI 为 4，该计算机的 MIPS 数是多少？

1.10 某计算机的主频为 6MHz，各类指令的平均执行时间和使用频度如表 1.1 所示，试求该机的速度（用 MIPS 表示）。若机器的 CPI 不变，要得到 1.5625MIPS 的指令执行速度，则 CPU 的主频应为多少？

表 1.1 各类指令的平均执行时间和使用频度

指 令 类 别	存取	加、减、比较、转移	乘除	其他
平均指令执行时间	$0.6\mu s$	$0.8\mu s$	$10\mu s$	$1.4\mu s$
使用频度	35%	45%	5%	15%

第2章   信 息 表 示

计算机最重要的功能是信息处理,处理的信息可以是数值数据如有符号数和无符号数,也可以是非数值数据如文字、符号、语音、图形、图像、视频和逻辑数据等。在计算机内部,各种信息都必须采用数字化编码的形式表示,即用少量、简单的基本符号,利用一定的组合规则,表示大量复杂多样的信息。由于二进制只包含两个数码,在物理上易于实现、运算规则简单、易于实现逻辑运算以及抗干扰能力强等特点,计算机中各种类型的信息通常都是以二进制编码的形式来表示、储存、处理和传输的。

2.1   进位计数制及其相互转换

2.1.1   进位计数制

进位计数制也称数制,是按进位方式实现计数的一种规则。在日常生活中常用的数制有十进制、十二进制、十六进制等。

基数和权是数制的两个要素。**基数**表示某种数制所具有的数字符号的个数,如十进制的基数为"10",包含 10 个数字符号,即 0、1、2、3、4、5、6、7、8、9,计数规则是"逢 10 进 1"。**权**表示某种数制的数中不同位置上数字的单位数值,如十进制数 234.56,最高位为百位(2 代表 200),该位置上的单位数值为 100,即权为 10^2;同样,第二位为十位(3 代表 30),单位数值为 10,即权为 10^1;以此类推,第三位为个位(4 代表 4),权为 10^0;小数点右边第一位为十分位(5 代表 5/10),权为 10^{-1};第二位为百分位(6 代表 6/100),权为 10^{-2}。

不同数制的数通常用 $(N)_R$ 的形式或者在数字后面加上后缀来区分,其中,R 为基数,N 为该数所对应的 R 进制形式。

由于二进制的表示不够直观,书写容易出错,因此人们在使用计算机时,常采用十进制、八进制、十六进制等数制进行数据信息的输入和输出,表 2.1 是常见数制的表示。

表 2.1   不同进位计数制的表示

	基数	基本取值	规则	后缀	表示形式
二进制	2	0,1	逢 2 进 1	B	$(1010.0010)_2$ 或 1010.0010B
八进制	8	0,1,…,7	逢 8 进 1	O 或 Q	$(317.061)_8$ 或 317.061Q 或 317.061O
十进制	10	0,1,…,9	逢 10 进 1	D 或省略	$(2549.57)_{10}$ 或 2569.57D 或 2569.57
十六进制	16	0,1,…,F	逢 16 进 1	H	$(24AE.F)_{16}$ 或 24AE.F H

2.1.2 数制转换

一个数理论上可以采用任意进位计数制表示,不同的进位计数制之间可以相互转换。

1. 任意进制数转换成十进制

将任意进制数转换成十进制数的方法是"按权展开然后相加",即先将数按位权展开为多项式,然后将系数与位权相乘得到多项式的每一项,最后逐项求和。

例 2.1 将$(101101.0011)_2$转换成十进制数。

解:
$$(101101.0011)_2 = 1 \times 2^5 + 0 \times 2^4 + 1 \times 2^3 + 1 \times 2^2 + 0 \times 2^1 + 1 \times 2^0 + 0$$
$$\times 2^{-1} + 0 \times 2^{-2} + 1 \times 2^{-3} + 1 \times 2^{-4}$$
$$= 45.1875$$

所以 $(101101.0011)_2 = (45.1875)_{10}$。

2. 十进制数转换成任意进制数

将十进制数转换成任意进制(R进制)数时,整数部分与小数部分需分别进行转换。整数部分的转换方法是"除基取余",即将被转换数的整数部分除以R,取出余数作为R进制数的最低位,然后把得到的商再除以R,取余数作为R进制数的次低位,以此类推,继续上述过程,直至除到商为0时止。小数部分的转换方法是"乘基取整",即先将被转换数的小数部分乘以R,取乘积的整数作为R进制小数的最高位,然后将乘积的小数部分乘以R,并再取整数作为次高位,重复上述过程,直到小数部分为0或达到所要求的精度为止。

例 2.2 将十进制数 98.375 转换成二进制数。

解: 整数部分:

故整数部分 $(98)_{10} = (1100010)_2$

小数部分:

故小数部分 $(0.375)_{10} = (0.011)_2$

所以 $(98.375)_{10} = (1100010.011)_2$。

3. 二进制数、八进制数、十六进制数的相互转换

① 二进制数转换成八(或十六)进制数：将二进制数从小数点开始分别向左和向右每3(或4)位一组划分(位数不够时补0)，写出每组相应的八(或十六)进制数即可。

② 八(或十六)进制数转换成二进制数：将八(或十六)进制数的每一位依次用3(或4)位二进制数表示。

例 2.3 将二进制数 $(1101011.1101)_2$ 转换成八进制数。

解： $\underset{1}{001}\ \underset{5}{101}\ \underset{3}{011}.\ \underset{6}{110}\ \underset{4}{100}$

即 $(1101011.1101)_2 = (153.64)_8$。

例 2.4 将十六进制数 $(2B.6)_{16}$ 转换成八进制数。

解： $(2B.6)_{16} = (00101011.0110)_2 = (053.30)_8$

十六进制数和八进制数之间的转换可通过二进制数或十进制数作为桥梁，但是利用二进制作为桥梁比较简单。任意进制数之间的转换可以参考此方法。

2.2 数值数据的表示

数值数据是表示数量多少、数值大小的数据。在计算机中，根据小数点位置是否固定，数值数据分为定点数和浮点数。

2.2.1 定点数的表示

定点数是指小数点的位置固定不变的数。定点数的小数点位置纯粹是一种约定，小数点在机器中并不实际存在，没有专门的硬件设备来表示。根据是否有符号，定点数分为无符号数和有符号数。

1. 无符号定点整数

无符号数是指整个机器字长的全部二进制位均表示数值位，相当于数的绝对值，没有符号位。计算机中的无符号数通常指的是无符号定点整数，n 位无符号定点整数的编码格式如图 2.1 所示，小数点约定在最低数值位 X_0 的右边。n 位无符号定点整数可表示的最小值为 0，编码为 00…0，可表示的最大值为 2^n-1，编码为 11…1。

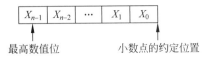

图 2.1　n 位无符号定点整数的
编码格式

2. 有符号定点数

对于有符号数而言，符号＋和－机器是无法识别的，但是由于正和负恰巧是两种截然不同的状态，可以用 0 和 1 进行区分，这样符号就被数字化了，将它放在有效数字的前面，便组成了有符号数。这种正负符号数字化后的数据称为机器数或机器码，而与机器数对应的用＋、－符号加绝对值来表示的实际数值称为真值。

计算机中有符号定点数分为有符号定点整数和有符号定点小数，分别表示数学上的整数和纯小数。当小数点约定在数符和最高数值位之间时，称为定点小数，机器码格式如图 2.2 所示；当小数点约定在最低数值位的右边时，称为定点整数，机器码格式如图 2.3 所示。

12

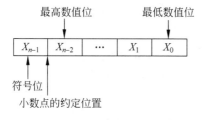

图 2.2 n 位有符号定点小数机器码格式

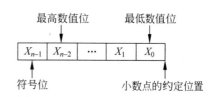

图 2.3 n 位有符号定点整数机器码格式

为了便于有符号数的运算和处理,计算机中对有符号数的机器码形式有各种定义和表示方法,主要有原码、反码、补码和移码。

1) 原码

原码是机器数中最简单的一种形式,是一种比较直观的机器数的表示方法。定点整数原码的定义为

$$[X]_原 = \begin{cases} X & 2^{n-1} > X \geqslant 0 \\ 2^{n-1} - X = 2^{n-1} + |X| & 0 \geqslant X > -2^{n-1} \end{cases}$$

式中,X 为 $n-1$ 位真值,原码位数为 n 位。

定点小数原码的定义为

$$[X]_原 = \begin{cases} X & 1 > X \geqslant 0 \\ 1 - X = 1 + |X| & 0 \geqslant X > -1 \end{cases}$$

式中,X 为真值,小数的有效数值位为 $n-1$ 位,原码位数为 n 位。

根据原码的定义可得原码的一般求法:

① 原码由符号位和数值位组成,最高位表符号,后面是数值位;

② 若 X 为正数,则使符号位为 0,数值部分与 X 的数值位相同;

③ 若 X 为负数,则使符号位为 1,数值部分与 X 的数值位相同。

例 2.5 已知真值 X,求 X 原码。

$X_1 = +0.1100$, $X_2 = -0.1100$, $X_3 = +1100$, $X_4 = -1100$, $X_5 = 0$

解:$[X_1]_原 = 0.1100$;$[X_2]_原 = 1.1100$;

$[X_3]_原 = 0\ 1100$;$[X_4]_原 = 1\ 1100$;

$[X_5]_原 = [+0.0000]_原 = 0.0000 = [-0.0000]_原 = 1.0000$

从上面可以看出:

① 原码和它的真值极其相似,只是以最高位的 0、1 来表示真值的 +、−,其余各位和真值完全一样;

② 在原码表示中,0 有两种不同形式,即 $[+0]_原 = 0.00\cdots0$,$[-0]_原 = 1.00\cdots0$。

2) 反码

定点整数反码的定义为

$$[X]_反 = \begin{cases} X & 2^{n-1} > X \geqslant 0 \\ (2^n - 1) + X & 0 \geqslant X > -2^{n-1} \quad (\mathrm{mod}\ (2^n - 1)) \end{cases}$$

式中,X 为 $n-1$ 位真值,反码位数为 n。

定点小数反码的定义为

$$[X]_{\text{反}} = \begin{cases} X & 1 > X \geqslant 0 \\ (2 - 2^{-n-1}) + X & 0 \geqslant X > -1 \end{cases} \quad (\bmod(2 - 2^{-n}))$$

式中，X 为真值，小数的有效数值位为 $n-1$ 位，反码位数为 n。

根据反码的定义可得反码的一般求法：

① 反码由符号位和数值位组成，最高位表符号，后面是数值位；

② 若 X 为正数，则使符号位为 0，数值部分与 X 的数值位相同；

③ 若 X 为负数，则使符号位为 1，数值部分为 X 的数值位各位取反。

例 2.6 已知真值 X，求 X 反码。

$$X_1 = +1100, \quad X_2 = -0.1100, \quad X_3 = 0$$

解：$[X_1]_{\text{反}} = 01100$；　$[X_2]_{\text{反}} = 1.0011$；

$\qquad [X_3]_{\text{反}} = [+0.00\cdots0]_{\text{反}} = 0.00\cdots0 = [-0.00\cdots0]_{\text{反}} = 1.11\cdots1$

可见，0 的反码表示形式也有两种。

3）补码

补码是数字系统中使用最多的一种编码。定点整数补码的定义为

$$[X]_{\text{补}} = \begin{cases} X & 2^{n-1} > X \geqslant 0 \\ 2^n + X & 0 > X \geqslant -2^{n-1} \end{cases} \quad (\bmod 2^n)$$

式中，X 为 $n-1$ 位真值，补码位数为 n。

小数补码的定义为

$$[X]_{\text{补}} = \begin{cases} X & 1 > X \geqslant 0 \\ 2 + X & 0 > X \geqslant -1 \end{cases} \quad (\bmod 2)$$

式中，X 为真值，小数的有效数值位为 $n-1$ 位，补码位数为 n。

例 2.7 已知真值 X，用定义求 X 的补码。

$$X_1 = +0.1100, \quad X_2 = -0.1100, \quad X_3 = +1100, \quad X_4 = -1111$$

解：$X_1 = +0.1100, [X]_{\text{补}} = X = 0.1100$

$\qquad X_2 = -0.1100, [X]_{\text{补}} = 2 + X = 2 + (-0.1100) = 1.0100$

$\qquad X_3 = +1100, [X]_{\text{补}} = X = 01100$

$\qquad X_4 = -1111, [X]_{\text{补}} = 2^5 + X = 2^5 + (-1111) = 100000 - 1111 = 10001$

根据补码的定义可得补码表示的一般求法：

① 补码由符号位和数值位组成，最高位表符号，后面是数值位；

② 若 X 为正数，则使符号位为 0，数值部分与 X 的数值位相同；

③ 若 X 为负数，则使符号位为 1，数值部分为 X 的数值位各位取反，然后加 1。

例 2.8 已知真值 X，用一般方法求 X 的补码。

$$X_1 = 0.1100, \quad X_2 = -0.1100, \quad X_3 = +1100, \quad X_4 = -1100$$

解：$[X_1]_{\text{补}} = 0.1100$；　$[X_2]_{\text{补}} = 1.0100$；　$[X_3]_{\text{补}} = 01100$；　$[X_4]_{\text{补}} = 10100$

同样，也可以利用上述方法由补码求真值。

① 正数补码的真值，其符号位为"＋"，数值位和补码的数值位相同；

② 负数补码的真值，其符号位为"－"，数值位是补码的数值位取反加一。

例 2.9 已知 X 补码，求 X 真值。

$$[X_1]_补 = 0.1100, \quad [X_2]_补 = 1.0100, \quad [X_3]_补 = 10100$$

解：$X_1 = +0.1100, \quad X_2 = -0.1100, \quad X_3 = -1100$

对于一些特殊数的补码，必须通过定义去求。

（1）真值 0 的补码表示。

根据补码定义可知，当 $X=0$ 时，$[+0.0000]_补 = 0.0000$，$[-0.0000]_补 = 2 + (-0.0000) = 10 - 0.0000 \pmod 2 = 0.0000$，显然 $[+0]_补 = [-0]_补 = 0.0000$，即补码中"零"只有一种表示形式。

（2）-1 和 -2^n 的补码表示。

在小数补码表示中，$[-1]_补 = 2 + (-1) = 10.00\cdots0 + (-1.00\cdots0) = 1.00\cdots0$。在整数补码表示中（补码数值位为 n 位），$[-2^n]_补 = 2^{n+1} + X = 2^{n+1} - 2^n = 2^n$。

例 2.10 当 $X = -2^n$（补码数值位 $n=4$）$= -10000$，求 $[X]_补$。

解：$[-2^n]_补 = 2^{n+1} + (-2^n) = 2^n = 10000$

（3）求相反数的补码。

$[-X]_补$ 为 $[X]_补$ 连同符号位在内一起求反加一，这个过程称为**求补**。

例 2.11 已知 $[X]_补$，求 $[-X]_补$。

$$[X_1]_补 = 01010, \quad [X_2]_补 = 11010$$

解：$[-X_1]_补 = 10110, \quad [-X_2]_补 = 00110$

4）移码

当真值用补码表示时，由于符号位和数值位一起编码，与习惯上的表示方法不同，因此很难从补码的形式上直观地判断其真值的大小，例如：

十进制数 $X=15$，对应的二进制数为 $+1111$，$[X]_补 = 01111$。

十进制数 $X=-15$，对应的二进制数为 -1111，$[X]_补 = 10001$。

从补码代码形式上看，符号位也是一位二进制数，按照习惯来看，10001 应该大于01111，其实正好相反。这样在比较补码所对应的真值的大小时，就不是很直观和方便，为此提出了移码。

定点整数移码的定义：$[X]_移 = 2^{n-1} + X \quad 2^{n-1} > X \geqslant -2^{n-1}$

式中，X 为 $n-1$ 位真值，移码位数为 n。

定点小数移码的定义：$[X]_移 = 1 + X \quad 1 > X \geqslant -1$

式中，X 为真值，小数的有效数值位为 $n-1$ 位，移码位数为 n。

根据定义可知，整数移码表示是将真值 X 在数轴上正向平移 2^{n-1} 后得到的，小数移码表示是将真值 X 在数轴上正向平移 1 后得到的，所得到的移码也称增码或余码。

例 2.12 已知 X 的真值，求 $[X]_移$。

$$X_1 = +10101, \quad X_2 = -10101, \quad X_3 = +0.10101, \quad X_4 = -0.10101, \quad X_5 = 0$$

解：$[X_1]_移 = 2^{n-1} + X = 2^5 + X = 100000 + 10101 = 110101$

$\qquad [X_2]_移 = 2^{n-1} + X = 2^5 + X = 100000 - 10101 = 001011$

$\qquad [X_3]_移 = 1 + X = 1 + 0.10101 = 1.10101$

$\qquad [X_4]_移 = 1 + X = 1 - 0.10101 = 0.01011$

$$[X_5]_{移} = [+0.00\cdots0]_{移} = 1 + X = 1 + 0.00\cdots0 = 1.00\cdots0$$
$$= [-0.00\cdots0]_{移} = 1 + X = 1 - 0.00\cdots0 = 1.00\cdots0$$

从上面可以看出:

① 同一个真值的移码和补码仅差一个符号位,若将补码的符号位取反,即可得到真值的移码。

② 在移码表示中,0 的表示式是唯一的,即$[+0]_{移} = 100\cdots0$,$[-0]_{移} = 100\cdots0$

下面通过实例进一步理解和掌握这 4 种机器数的表示。

例 2.13 设机器字长为 8 位,其中包含一位符号位,对于整数,当其分别代表无符号数、原码、补码、反码和移码时,对应的真值范围各为多少?

解:表 2.2 列出了 8 位机器字长所对应的所有二进制代码,当其分别代表无符号数、原码、补码、反码和移码时,所对应的真值(用十进制数表示)。

表 2.2 无符号数、原码、补码、反码和移码所对应的真值

二进制代码	无符号数对应的真值	原码对应的真值	补码对应的真值	反码对应的真值	移码对应的真值
00000000	0	+0	0	+0	-128
00000001	1	+1	+1	+1	-127
00000010	2	+2	+2	+2	-126
⋮	⋮	⋮	⋮	⋮	⋮
01111111	127	+127	+127	+127	-1
10000000	128	-0	-128	-127	0
10000001	129	-1	-127	-126	+1
⋮	⋮	⋮	⋮	⋮	⋮
11111110	254	-126	-2	-1	+126
11111111	255	-127	-1	-0	+127

由此可以看出:

① 补码和移码只有一个 0,原码和反码有 +0 和 -0 之分。

② 八位二进制代码所对应的无符号数的真值的表示范围是 0~255,原码和反码所对应的真值的表示范围是 -127~+127,补码和移码所对应的真值的表示范围是 -128~+127。补码和移码的表示范围比原码和反码多一个负数。

2.2.2 浮点数的表示

1. 浮点数的表示形式

浮点数表示法中小数点的位置不固定,可以根据需要进行左右浮动。浮点数的表示范围比定点数大,可以通过两个定点数来表示一个浮点数。

在计算机中一个任意进制数 N,其浮点数 $N = M \times R^E = \pm m \times R^{\pm e}$,式中,$E$ 为浮点数的**阶码**,一般为定点整数,常用补码或移码表示;M 为浮点数的**尾数**,一般为定点小数,常用补码或原码表示。浮点数是由阶码和尾数两部分组成的,可以用两个定点数来表示。

浮点数的一般格式如图 2.4 所示,浮点数的基数是隐含的,在机器数表示中不出现。由

于阶码有正负之分，尾数也有正负之分，因此，浮点数一般由阶符(e_f)、阶码的数值位($e_1 \sim e_m$)、尾符(m_f)、尾数的数值位($m_1 \sim m_n$)这 4 部分组成。

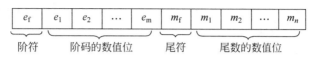

图 2.4　浮点数的一般格式

例 2.14　将浮点数$-0.101110001 \times 2^{+110}$表示成 16 位机器码的形式，其中阶码用 6 位移码表示(包含一位符号位)，尾数用 10 位补码表示(包含一位符号位)。

解：浮点数的表示形式为

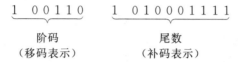

2. 浮点数的表示范围

当浮点数表示的数据格式被确定后，该浮点数所能表示的数据范围也就确定了。讨论浮点数的表示范围，实质上是讨论浮点数所能表示的最小负数、最大负数、最小正数和最大正数等典型数据值。

浮点数的数据范围如图 2.5 所示，由图可见，0 以及处于最大负数到最小负数之间(负数区)、最小正数到最大正数之间(正数区)的数为浮点数所能正确表达的数据；处于最大负数和最小正数之间(下溢区)的浮点数，由于其绝对值小于可表示的数值，在计算机中通常作为 0 来处理，称为机器零。大于最大正数或小于最小负数(上溢区)的浮点数，由于其绝对值大于机器所能表示的数值，因此计算机将进行溢出处理。

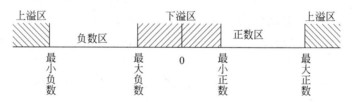

图 2.5　浮点数表示范围

设浮点数阶符和尾符各占一位，阶码的数值部分 m 位，尾数部分 n 位。

阶码与尾数均采用补码表示时，典型数据的机器数形式和对应的真值如表 2.3 所示。表中用"；"将浮点数的几个部分隔开。机器数用图 2.4 的格式来表示。

表 2.3　阶码和尾数均采用补码表示

典型数据	机器数形式	真　　值
最小负数	0；11…11；1；00…00	$-1 \times 2^{2^m-1}$
最大负数	1；00…00；1；11…11	$-2^{-n} \times 2^{-2^m}$
最小正数	1；00…00；0；00…01	$2^{-n} \times 2^{-2^m}$
最大正数	0；11…11；0；11…11	$(1-2^{-n}) \times 2^{2^m-1}$

从浮点数表示的数据格式中可以看到,尾数的位数决定了数据的表示精度,增加尾数的位数可增加有效数字的位数,即提高数据的表示精度。阶码的位数决定了数据的表示范围,增加阶码的位数,可扩大数据表示范围。因此在字长一定的条件下,必须合理分配阶码和尾数的位数以满足应用的需要。

3. 浮点数的规格化

当一个数采用浮点数表示时,存在两个问题,一是如何尽可能多地保留有效数字;二是如何保证浮点数表示的唯一性。

例如,对于数 $0.001\,001\times2^5$,因为 $0.001\,001\times2^5=0.100\,100\times2^3=0.000\,010\,01\times2^7$,所以它有多种表示形式,这样对于同样的数,在浮点表示下的代码就不唯一了。另外,如果规定尾数的位数为6,则采用 $0.000\,010\,01\times2^7$ 就变成了 $0.000\,010\times2^7$,丢掉了有效数字,降低了精度。因此为了尽可能多地保留有效数字,应采用 $0.100\,100\times2^3$ 的表示形式。

为了保证浮点数表示的唯一性,也为了充分利用尾数的二进制位数来表示更多的有效数字,通常采用浮点数的**规格化**表示形式,即尾数的最高有效位为非0数码。将非规格化形式的数据处理成规格化数称为规格化。

正数真值的规格化形式为 $0.1\times\times\cdots\times$。

负数真值的规格化形式为 $-0.1\times\times\cdots\times$。

而 $0.0\times\times\cdots\times$,$0.01\times\times\cdots0\times$,$-0.01\times\times\cdots\times$ 等则为非规格化数。

若尾数采用原码表示,$[M]_原=0.1\times\times\cdots\times$ 或 $[M]_原=1.1\times\times\cdots\times$,表示该浮点数为规格化数,尾数的有效位已经被充分利用。

若尾数采用补码表示,$[M]_补=0.1\times\times\cdots\times$ 或 $[M]_补=1.0\times\times\cdots\times$,表示该浮点数为规格化数。

在计算机中,浮点数通常都是以规格化数形式存储和参加运算的。如果运算结果出现了非规格化浮点数,则需对结果进行规格化处理。例如:对 $0.001\,001\times2^5$ 进行规格化处理,将尾数左移2位,去掉前面两个0,使小数点后的最高位为1,阶码相应地减2,即规格化后的数据为 $0.100\,100\times2^3$。

下面讨论一下基于如图 2.4 所示格式的规格化数据(阶码和尾数均采用补码表示)的表示范围,如表 2.4 所示。

表 2.4   规格化数的表示范围

典 型 数 据	机器数形式	真 值
规格化最小负数	0;11$\cdots$11;1;00$\cdots$00	$-1\times2^{2^n-1}$
规格化最大负数	1;00$\cdots$00;1;01$\cdots$11	$-(2^{-1}+2^{-n})\times2^{-2^n}$
规格化最小正数	1;00$\cdots$00;0;10$\cdots$00	$2^{-1}\times2^{-2^n}$
规格化最大正数	0;11$\cdots$11;0;11$\cdots$11	$(1-2^{-n})\times2^{2^n-1}$

4. IEEE 754 浮点数标准

由于不同机器所选用的基数、尾数长度和阶码长度不同,因此对浮点数的表示有较大的差别,这不利于软件在不同计算机之间的移植。为此,美国 IEEE(电气及电子工程师协会)于 1985 年提出了一种标准的浮点数表示格式,称为 IEEE 754 标准,当今流行的计算机几乎都采用了这一标准。IEEE 754 标准在表示浮点数时,每个浮点数均由三部分组成:尾数符

号位 M_S、阶码部分 E 和尾数数值部分 M,基数缺省为 2,格式如图 2.6 所示。

M_S	E	M
尾符	阶码	尾数的数值位

图 2.6 IEEE 754 标准的浮点数格式

根据数据代码中阶码和尾数各占用的位数的不同,IEEE 754 标准中的浮点数有三种格式,分别为单精度(Single Precision)、双精度(Double Precision)和双精度扩展(Double Extended),如表 2.5 所示。

表 2.5 IEEE 754 浮点数格式

类型	数符	阶码	尾数数值位	总位数
单精度	1	8	23	32
双精度	1	11	52	64
双精度扩展	1	15	64	80

IEEE 754 标准中,最高位表示符号,0 表示正数,1 表示负数。

阶码用移码表示,但该移码的偏置常数与通常的移码不同,通常 n 位移码所用的偏置常数是 2^{n-1},而在 IEEE 754 标准中,阶码的 n 位移码的偏置常数是 $2^{n-1}-1$,即单精度的偏置常数为 $2^7-1=127$,双精度的偏置常数为 $2^{10}-1=1023$。该表示法使阶码的表示范围更大,因而使浮点数的范围也更大。

尾数用原码表示,其形式是:$1. \times\times\cdots\cdots\times\times$,其范围是 $[1,2)$,由于尾数最高位总为 1,因此尾数表示时最高位的 1 省略不表示,称为隐藏位。所以,单精度格式的 23 位尾数实际上表示了 24 位有效数字,双精度格式的 52 位尾数实际上表示了 53 位有效数字,提高了浮点数的表示精度。单精度浮点数和双精度浮点数的格式参数见表 2.6。

表 2.6 IEEE 754 浮点数格式参数

参　数	单精度浮点数	双精度浮点数
字长/位	32	64
阶码宽度/位	8	11
阶码偏置常数	127	1023
阶码个数	254	2046
最大阶码	127	1023
最小阶码	-126	-1022
尾数宽度	23	52
尾数个数	2^{23}	2^{52}

例 2.15 将十进制数 0.875 转换为 IEEE 754 的单精度浮点数格式表示。

解:$(0.875)_{10}=(0.111)_2=1.11\times 2^{-1}$

数为正数,即符号用 0 表示;

阶码的真值为 -1,其移码为 $-1+127=126$,二进制表示为 0111 1110;

尾数为 1.11,小数点前面的 1 缺省不表示,即尾数的原码为 1100 0000…0000 000;

所以十进制数 0.875 单精度浮点数的形式为 0 0111 1110 1100 0000…0000 000;用十

六进制表示为 3F600000H。

除了规格化浮点数,IEEE 754 标准还定义了其他 4 种类型:非规格化数、零、无穷大和非数字,图 2.7 给出了这些类型的位序列特点。

规格化数	±	0<Exp<Max	任意二进制位串
非规格化数	±	0	任意非 0 的二进制位串
零	±	0	0
无穷大	±	111…1	0
非数字	±	111…1	任意非 0 的二进制位串

图 2.7 IEEE 754 不同数值类型的位串序列

规格化浮点数的阶码非 0,尾数为任意位串,尾数最左边隐含的一位是 1。与规格化浮点数不同,非规格化数的阶码为 0,尾数为任意非 0 的位串,尾数最左边隐含的一位是 0。

0 有两种表示形式,即 +0 和 -0,由符号位决定,+0 和 -0 的阶码全 0、尾数全 0,尾数最左边隐含的一位也是 0。

阶码全 1 尾数全 0 表示无穷大,而阶码全 1 尾数非 0 表示的是非数字。

IEEE 754 标准还对双精度扩展的最小长度和最小精度进行了规定,但没有规定其具体格式,处理器厂商可以选择符合该规定的格式。

2.2.3 C 语言中定点数和浮点数的表示

C 语言中,数值数据有两类,即整型和浮点型。

根据表示范围的不同,整型分为基本整型(int)、短整型(short int 或 short)和长整型(long int 或 long)三类,根据数值是否包含符号,整型可分为有符号整型(signed)和无符号整型(unsigned)两类,归纳起来,整型包含 6 类,即

- 有符号基本整型[signed] int;
- 无符号基本整型 unsigned [int];
- 有符号短整型[signed] short [int];
- 无符号短整型 unsigned short [int];
- 有符号长整型[signed] long [int];
- 无符号长整型 unsigned long [int]。

其中,上面的方括号表示其中的内容是可选的。unsigned 修饰的数为无符号数,其常数的表示方法是在数的后面加一个字母 u 或 U。signed 修饰的数为有符号数,在机器中采用补码表示。C 语言中没有具体规定以上各类数据在内存中占用的字节数,只要求 long 型数据宽度不短于 int 型,short 型不长于 int 型。具体如何实现,由各计算机系统自行决定。

浮点型包括单精度型(float)、双精度型(double)和长双精度型(long double)三种。单精度浮点数和双精度浮点数,在机器中的表示方法分别对应 IEEE 754 标准单精度浮点数格式和双精度浮点数格式,相应的十进制数的有效数字分别为 7 位和 17 位。扩展双精度浮

点数 long double 的长度和格式随编译器和处理器类型的不同而有所不同。

表 2.7 给出了 32 位 Windows 系统中不同数据类型的长度。

表 2.7 32 位 Windows 系统中 C 语言数值类数据的属性

类　　型	长度/字节	说　　明
short（short int）	2	短整型
int（signed int）	4	基本整型
long（long int）	4	长整型
unsigned short int	2	无符号短整型
unsigned int	4	无符号整型
unsigned long	4	无符号长整型
float	4	单精度浮点数
double	8	双精度浮点数
long double	16	扩展双精度浮点数

在 Windows 系统中,表 2.7 中的数据在内存中采用小端序(Little-Endian)存放。所谓小端序是指一个数据的各个字节从低字节到高字节依次存放在地址由小到大的连续单元中;反之,如果从低字节到高字节依次存放在地址由大到小的连续单元中,则称为大端序(Big-Endian)。例如 int 型 32 位数 87654321H 从地址 1000H 开始存储,在两种方案中的存储形式如图 2.8 所示。

内存地址　字节内容　　　　　内存地址　字节内容

1000H	21H
1001H	43H
1002H	65H
1003H	87H

1000H	87H
1001H	65H
1002H	43H
1003H	21H

（a）小端序　　　　　　　　　（b）大端序

图 2.8 小端序和大端序

采用小端序的处理器有 Intel x86 系列、MCS-51,DEC PDP-11、VAX 系列,Altera Nios-Ⅱ 等;采用大端序的有 Motorola 6800 和 68000 系列,IBM System/360、370,Xilinx Microblaze 等。不同的大小端序给计算机间交换信息造成不便,一些处理器采用大小端可配置的双端序(Bi-Endian),通过上电时专用引脚的高低电平来决定端序,如 MIPS、Alpha、PowerPC,ARM 早期采用小端序,v3 之后改为双端序,SUN SPARC 以前是大端序,v9 之后是双端序。

C 语言中,无符号整数和有符号整数之间可以转换,其方法是将该数的二进制机器码按另一个类型的格式来理解。

例 2.16 分析某 32 位计算机 C 程序的输出结果。

```
1 int x = - 13;
2 unsigned y = 2147483648;
3 printf("x = % d = % u\n",x,x) ;
4 printf("y = % u = % d\n",y,y) ;
```

解：（1）C 代码第 1 行定义带符号整数 x，真值为 -13。在计算机中采用 32 位补码表示，$[x]_补 = 2^{32} - 13$，二进制表示为 1111 1111 1111 1111 1111 1111 1111 0011，在内存中的存储形式如图 2.9（a）所示，当该代码按有符号数解释时是 -13，按无符号数解释时是 $2^{32} - 13$，值为 4 294 967 283，因此，第 3 行 C 代码的执行结果是：$x = -13 = 4\ 294\ 967\ 283$。

（2）C 代码第 2 行定义无符号整数 y，真值为为 2 147 483 648，即 2^{31}。在计算机中直接用 32 位二进制编码表示，二进制编码为 1000 0000 0000 0000 0000 0000 0000 0000，在内存中的存储形式如图 2.9（b）所示，当该代码按无符号数解释时是 2 147 483 648，按有符号数解释时是 -2^{31} 的补码，即 $-2\ 147\ 483\ 648$ 的补码，因此，第 4 行 C 代码的执行结果是：$y = 2\ 147\ 483\ 648 = -2\ 147\ 483\ 648$。

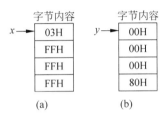

图 2.9　x，y 在内存中的存储

C 语言中不同数据类型可以混合运算。在进行运算时，不同类型的数据先要转换为同一类型，然后再进行运算，转换规则如下：

① 为了提高运算精度，不管运算对象的类型是否相同，运算时，short 必定转换成 int 类型，float 必定转换成 double 类型；

② 当运算对象为不同类型时，系统缺省的将数据类型由低精度向高精度转换，精度由低到高依次是：int、long、double。

例 2.17　假设 i 为整型变量，f 为 float 变量，d 为 double 型变量，e 为 long 型变量，说明表达式：$10 + i * f + d / e$ 的运算次序。

解：

① 将 i 与 f 都转换成 double 类型，运算 $i * f$，结果为 double 类型。

② 将整数 10 转换成 double 类型，即 $10.00 \cdots 00$，与第①步的结果相加，结果为 double 类型。

③ 将 e 转换成 double 类型，运算 d / e，结果为 double 类型。

④ 将第②步与第③步的结果相加，结果为 double 类型。

2.2.4　十进制数的二进制编码

许多计算机都能处理十进制数，而十进制数在计算机内是采用二进制数码表示的。这种用二进制数码表示的十进制数称为二进制编码的十进制数（Binary-Coded Decimal），简称 BCD 码。

由于十进制数有 0~9 共 10 个数码，因此表示一位十进制数需要用 4 位二进制数，然而，4 位二进制数有 16 种不同的组合，即 0000~1111。选择其中 10 种作为 BCD 码的方案有很多种，这里只介绍常用的"8421 码"、"2421 码"和"余三码"。

1. 8421 码

8421 码是最自然、最容易被人接受的编码，它选取 4 位二进制编码的前 10 个代码分别对应表示十进制数的 10 个数码，而 1010~1111 这 6 个代码未被选用。

8421 码的主要特点是：

① 它是一种有权编码，设其各位值为 $b_3 b_2 b_1 b_0$，这 4 位代码从左到右的权值依次是 8、4、

2、1,则对应的十进制数 $D=8b_3+4b_2+2b_1+1b_0$。

② 每个代码与它所代表的十进制数之间符合二进制和十进制数相互转换的规则。如 $(258.27)_{10}$ 所对应的 8421 码为 0010 0101 1000.0010 0111。

③ 不允许出现 1010~1111,这 6 个代码在 8421 码中是非法的。

2. 2421 码

2421 码选取了 4 位二进制编码序列中的前 5 个和后 5 个编码,对应表示了十进制数的 0~9,而中间 6 组代码 0101~1010 没有选用。2421 也是有权编码,只不过是将 4 位的权值从左到右依次定义为 2、4、2、1。

2421 码的主要特点是:

① 它也是一种有权编码,所表示的十进制数 $D=2b_3+4b_2+2b_1+1b_0$。

② 它又是一种对 9 的自补码,即某数的 2421 码,只要按自身取反,就能得到该数对 9 的补码的 2421 码。例如,4 的 2421 码是 0100,4 对 9 的补码是 5,而 5 的 2421 码是 1011,即 4 的 2421 码自身按位取反可得到 5 的 2421 码。

③ 不允许出现 0101~1010,这 6 个代码在 2421 码中是非法的。

3. 余三码

余三码是从 4 位二进制编码序列中选取了中间 10 个编码 0011~1100 对应表示十进制数的 0~9,其他编码未被选用。这种编码中,若将二进制代码按二进制数转换成十进制数,则每组代码的值比相应的十进制数多 3,所以称为余三码。例如,余三码编码是 1000,对应的十进制数码是 8-3=5。

余三码的主要特点是:

① 它的每一个二进制位没有固定的权值,因此是一种无权编码。

② 它也是一种对 9 的自补码。

③ 不允许出现 0000~0010、1101~1111,这 6 个代码在余三码中是非法的。

表 2.8 列出了十进制数所对应的 8421、2421 和余三码的编码表。

表 2.8　十进制数的二进制编码表

十进制数	8421 码	2421 码	余三码
0	0000	0000	0011
1	0001	0001	0100
2	0010	0010	0101
3	0011	0011	0110
4	0100	0100	0111
5	0101	1011	1000
6	0110	1100	1001
7	0111	1101	1010
8	1000	1110	1011
9	1001	1111	1100
未选用的编码	1010~1111	0101~1010	0000~0010 1101~1111

2.3 非数值数据的表示

2.3.1 逻辑类型数据表示

逻辑数据是用来表示二值逻辑中的"是"与"否"或"真"与"假"两个状态的数据。在计算机中用 1 表示"真",用 0 表示"假",对逻辑数据只能进行逻辑运算,产生逻辑数据结果,以表示事物内部的逻辑关系。逻辑数据通常用一个二进制串来表示,其特点是:

① 逻辑数中的 0 和 1 不代表值的大小,仅代表一个命题的真与假、是与非等逻辑关系;

② 逻辑数没有符号问题。逻辑数中各位之间相互独立,没有位权和进位问题;

③ 逻辑数只能参加逻辑运算,并且逻辑运算是按位进行的。

2.3.2 字符编码

字符是非数值数据的基础,字符与字符串数据是计算机中用得最多的非数值型数据。在使用计算机的过程中,人们需要利用字符与字符串编写程序、表示文字及各类信息,以便与计算机进行交流。为了使计算机硬件能够识别和处理字符,必须对字符按一定规则用二进制进行编码。

字符编码方式有很多种,国际上广泛采用的是美国国家信息交换标准代码(American Standard Code for Information Interchange,ASCII),如表 2.9 所示。

表 2.9 ASCII 字符编码表

$b_3b_2b_1b_0$ \ $b_6b_5b_4$	000	001	010	011	100	101	110	111
0000	NUL	DLE	SP	0	@	P	`	p
0001	SOH	DC1	!	1	A	Q	a	q
0010	STX	DC2	"	2	B	R	b	r
0011	ETX	DC3	#	3	C	S	c	s
0100	EOT	DC4	$	4	D	T	d	t
0101	ENQ	ANK	%	5	E	U	e	u
0110	ACK	SYN	&	6	F	V	f	v
0111	BEL	ETB	,	7	G	W	g	w
1000	BS	CAN	(	8	H	X	h	x
1001	HT	EM	)	9	I	Y	i	y
1010	LF	SUB	*	:	J	Z	j	z
1011	VT	ESC	+	;	K	[	k	{
1100	FF	FS	,	<	L	\	l		
1101	CR	GS	—	=	M	]	m	}
1110	SO	RS	.	>	N	↑	n	~
1111	SI	US	/	?	O	↓	o	DEL

ASCII 码规定每个字符用 7 位二进制编码表示,表中 $b_6b_5b_4$ 指的是字符的第 6、第 5、第 4 位的二进制编码值,$b_3b_2b_1b_0$ 是字符的第 3、第 2、第 1、第 0 位的二进制编码值。7 位二进制有 128 种编码,对应 128 个常用的字符,包括 95 个可打印字符和 33 个控制字符。可打

印字符能从计算机终端输入,也可以通过显示、打印设备输出,如大小写各 26 个英文字母,0~9 这 10 个数字符,通用的运算符和标点符号 ＝、－、＊、/、<、>、","、":"、"·"、"?"、"。"、(、)、{、}等。控制字符用于向计算机发出一些特殊指令,如 07H 会让计算机发出"哔"的一声,00H 通常用于指示字符串的结束。

在计算机中,通常用一个字节来存放一个字符,由于 ASCII 编码是 7 位,因此最高位的 b_7 通常有以下用法:

① 常置 0。

② 用作奇偶校验位,用来检测错误。

③ 用于扩展编码。

使用键盘实现文字输入时,若键入字母 A,键盘的编码电路则给出 A 字符的 ASCII 码 (41H)交机器处理。计算机输出结果时,若给出字符编码 41H,则输出设备将按同一标准输出字符 A。

2.3.3　汉字编码

汉字是象形文字,不仅具有独立的字形,而且数量庞大,所以使用计算机处理汉字要比处理英文字符更加复杂。在计算机中使用汉字时,需要涉及汉字的输入、存储、处理、输出等各方面的问题,因此有关汉字信息的编码表示有很多种类。

1. 国标码

为了使汉字信息交换有一个通用的标准,1980 年,我国国家标准总局颁布了第一个汉字编码字符集标准 GB 2312—1980《信息交换用汉字编码字符集——基本集》,该标准编码简称国标码。国标码收集、制定的基本图形字符有 7445 个(其中常用汉字 3755 个,次常用汉字 3008 个,共 6763 个汉字,还有 682 个英、俄、日文字母等符号)。

国标码规定每个汉字或图形符号都用两个连续的字节表示,每个字节只使用最低七位,两个字节的最高位均为 0。

2. 汉字内码

汉字内码是汉字在计算机内用于存储、检索、交换的信息代码,汉字内码的设计要求与西文信息处理有较好的兼容性,同时与国标码有简单的转换关系。目前,计算机系统中汉字内码都是以国标码为基础的,在国标码的基础上把每个字节的最高位置 1,作为汉字标识符用以区分 ASCII 码。这样,当某字节的最高位是 1 时,必须和下一个最高位同样为 1 的字节合起来,代表一个汉字;而某字节的最高位是 0 时,就代表一个 ASCII 码字符,如"啊"的国标码为 00110000 00100001,内码为 10110000 10100001。

3. Unicode

Unicode 是一种在计算机上使用的字符编码。它为每种语言中的每个字符设定了统一并且唯一的二进制编码,以满足跨语言、跨平台进行文本转换、处理的要求。Unicode 于 1990 年开始研发,1994 年正式公布。随着计算机工作能力的增强,Unicode 也在面世以来的十多年里得到普及。

在 Unicode 体系中,每个字符和符号被赋予一个永久、唯一的 16 位值,即码点。Unicode 体系中共有 65 536 个码点,可以表示 65 536 个字符。由于每个字符长度固定为 16 位,使得软件的编制简单了很多。目前 Unicode 将世界上几乎所有语言的常用字符都收录其中,方便了信息交流。例如在分配给汉语、日语和朝鲜语的码点中,包括 1024 个发音符号、20 992 个汉语和日语统一的象形符号(即汉字)以及 11 156 个朝鲜音节符号。另外 Unicode 还分配了 6400 个码点供用户进行本地化时使用。

虽然 Unicode 解决了跨平台字符编码问题,但会使文件的容量变大,增加了网络传输的负担,另外网络上仍然存在一些并非基于 Unicode 的系统,对这些系统而言,某些组成 Unicode 字符的字节值可能会带来严重的问题。针对这些问题,UTF-8 提出了一种比较好的解决方案,是目前应用比较广泛的一种编码技术。

对于每一个 Unicode 字符,UTF-8 用可变数目的字节对该字符进行编码,字节的个数可以是 1~4 个。UTF-8 对 ASCII 字符使用单字节表示,和 ASCII 编码一模一样,这样,原来所有使用 ASCII 字符的文档就可以直接转换成 UTF-8 文档,从而产生了一种以国际化的方式对英语进行编码的高效机制;对于其他字符,则使用 2~4 个字节来表示,其中首字节前置 1 的个数代表了正确解析一个字符所要的字节个数,剩余字节的高两位始终为 10。例如首字节为 1110××××,前置 3 个 1,说明正确解析字符要 3 个字节,需要与后面 2 个以 10 开头的字节结合才能正确解析得到字符。

4. 汉字输入码

迄今为止,已有好几百种汉字输入码的编码方案问世,其中已经得到了广泛使用的也达几十种之多。根据汉字输入的编码元素取材的不同,可将众多的汉字输入码分为以下 4 类。

① 拼音码:以汉字的汉语拼音为基础。只要会汉语拼音,就能使用,当遇到同音异字时,屏幕显示若干同音汉字,再输入序号,选定一个汉字,送到计算机。

② 字形码:以汉字的形状结构及书写顺序特点为基础,按照一定的规则对汉字进行拆分,可得到若干具有特定结构特点的形状,然后以这些形状为编码元素组成汉字的汉字输入码统称为字形码。

③ 数字编码:利用一串数字表示一个汉字,如电报码、区位码。

④ 音形码:这是一类兼顾汉语拼音和形状结构两方面特性的输入码,同时利用拼音码和拼形码两者的优点,一方面降低拼音码的重码率,另一方面减少字形码需要较多学习和记忆的缺点。

如今,通过语音和图像识别技术,计算机能直接将汉语和汉字文本转换为机器码,已经有多种语音识别系统和多种手写体、印刷体的汉字识别系统面世,相信还有更完美的产品推出。

5. 汉字字形码

为了将汉字的字形显示输出,汉字信息处理系统还需要配有汉字字形库,它集中了全部汉字的字形信息。需要显示汉字时,根据汉字内码向字形库检索出该汉字的字形信息,然后输出,再从输出设备得到汉字。所谓汉字字形就是用 0、1 表示汉字的字形,将汉字放入 n 行×n 列的正方形内,该正方形共有 n^2 个小方格,每个小方格用一位二进制表示,凡是笔画经过的方格值为 1,未经过的值为 0。汉字点阵字形有 16×16 点阵、24×24 点阵、32×32 点阵或更高,点阵越大,每个汉字字形码占用的存储空间就越大,如一个 16×16 点阵的汉字需要占用 32 个字节,一个 24×24 点阵的汉字需要占用 72 个字节。图 2.10 给出了"次"字的 16×16 点阵和编码。

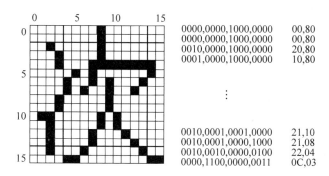

0000,0000,1000,0000	00,80
0000,0000,1000,0000	00,80
0010,0000,1000,0000	20,80
0001,0000,1000,0000	10,80
⋮	
0010,0001,0001,0000	21,10
0010,0001,0000,1000	21,08
0010,0010,0000,0100	22,04
0000,1100,0000,0011	0C,03

图 2.10　"次"字的汉字字形点阵与编码

2.4　可靠性编码

计算机对数据信息进行存储、处理和传送过程中可能会出现错误,为减少和避免错误的产生,一方面是精心选择各种电路,改进生产工艺与测试手段,尽量提高计算机硬件本身的可靠性;另一方面是采用可靠性编码,即采用带有某种特征能力的编码方法,通过少量的附加电路,使之能避免某些错误、发现某些错误,甚至能准确地找出错误位置,进而提供自动纠正错误的能力。常用的可靠性编码有格雷(Gray)码、奇偶校验码和汉明码、循环冗余校验码等。

2.4.1　格雷码

格雷码是利用编码自身的特点来提高可靠性的。格雷码有多种形式,但它们都有一个共同特点,即相邻数的编码之间只有一位不一样,也就是说从一个编码变为相邻的另一编码时,只有一位发生变化。格雷码的这个特性可以解决计数器在计数过程中,由一个计数变成另一个计数时,多位不可能完全同时发生变化而产生的短暂性的错误问题。

格雷码是一种无权码,很难从某个代码识别它所代表的数值。表 2.10 为 4 位二进制数典型格雷码,典型格雷码与二进制码之间有简单的转换关系,设二进制码为 $B = B_n B_{n-1} \cdots B_1 B_0$,其对应的格雷码为 $G = G_n G_{n-1} \cdots G_1 G_0$,则有

$$G_n = B_n$$
$$G_i = B_{i+1} \oplus B_i$$

其中,$i = 0, 1, \cdots, n-1$。

例如,把二进制码 0101 转换成典型格雷码。

反过来,如果已知典型格雷码,也可以用类似方法求出对应的二进制码。

2.4.2　奇偶校验码

奇偶校验码由信息位和校验位两部分组成。信息位就是要传送的信息本身,可以是位

数不限的二进制代码,例如并行传送 8421BCD 码,信息位就四位;校验位是附加的冗余位,只有一位。

表 2.10　4 位二进制数典型格雷码

十　进　制	二　进　制	典型格雷码
0	0000	0000
1	0001	0001
2	0010	0011
3	0011	0010
4	0100	0110
5	0101	0111
6	0110	0101
7	0111	0100
8	1000	1100
9	1001	1101
10	1010	1111
11	1011	1110
12	1100	1010
13	1101	1011
14	1110	1001
15	1111	1000

根据校验位的生成规则不同,奇偶校验分为奇校验和偶校验两种。校验位的取值 0 或 1 使得整个代码中"1"的个数为奇数,称为**奇校验**;校验位的取值 0 或 1 使得整个代码中信息位和校验位的"1"的个数为偶数,称为**偶校验**。显然,校验位的取值与校验方式的选定及被校验信息位有关。如信息位为 0101010,校验位放最高位,奇校验码为 0 0101010,偶校验码为 1 0101010。

采用奇偶校验码的编码方式在传输过程中需要进行奇偶校验,以判断信息传输是否出错。如果接收方接收到奇校验码中 1 的个数为偶数,或接收到偶校验码中 1 的个数为奇数,则表示接收到的编码中有奇数位出错。但是有偶数位同时出错时,奇偶校验方法就检测不出来了。但是由于 1 位以上同时出错的概率很小,而且奇偶校验实现简单方便,所以目前仍得到广泛的使用。奇偶校验只能发现出错,不能找出错误的具体位置。

2.4.3　汉明校验码

汉明校验法是由理查德·汉明(Richard Hamming)于 1950 年提出的,目前还被广泛采用。汉明校验不仅具有检测错误的能力,还具有指出错误所在位置的能力。

奇偶校验法只有一个校验位,只能指示出错与否。如果将被校验信息按照某种规则分成若干组,每组一个校验位作奇偶测试,这样就能提供多位检错信息,指出哪位出错,为纠错提供依据,这就是汉明校验码的基本思想。

1. 汉明码的编码方法

① 确定校验位的位数。

汉明码也是由信息位、校验位两部分构成的,但与奇偶校验不同,汉明校验位不是 1 位而是多位。设被校验的信息位为 k 位，校验位为 r 位，构成 $k+r$ 位的汉明校验码。如果只考虑 1 位出错，则有 $k+r$ 种出错情况，用校验位的不同组合分别表示不同的出错情况，则校验位的位数应满足以下关系（其中加 1 表示没有发生错误的情况）：

$$2^r \geqslant k+r+1$$

按上述不等式，可计算出信息位 k 与校验位 r 的对应关系，如表 2.11 所示。

② 确定校验位的位置。

对于 $k+r$ 位的汉明校验码，规定各位编码的位号从左向右依次为 1 到 $k+r$，校验位分别设置在 2^i 码位上 $(i=0,1,2,\cdots)$。如 4 位信息码 $a_1a_2a_3a_4$，由表 2.11 可知校验码为 3 位，设为 $b_1b_2b_3$，则组成的汉明码为 $b_1b_2a_1b_3a_2a_3a_4$。

③ 确定校验位的取值。

表 2.11 信息位 k 与校验位 r 的对应关系

信息位 k 值	校验位 r 值
1	2
2～4	3
5～11	4

将 $k+r$ 位汉明码分 r 组，每一组包含若干个已知的信息位和一个未知的校验位，然后对每一组用奇校验或偶校验的方式确定校验位的取值。具体方法是将码位用二进制值表示，如表 2.12 所示，码位 1 用 001 表示，码位 2 用 010 表示，以此类推得到 7 组用二进制表示的码位；将 7 组二进制码位的同一位上标 1 的码元分为一组，如最低位 4 个 1，对应的 4 个码元分别为 b_1、a_1、a_2 和 a_4，将这 4 个码元分为一组，同理最高位的 1 得到一组，中间位的 1 得到一组；在组内利用奇校验或偶校验求得校验位。

表 2.12　7 位汉明码分组情况

汉明码	b_1	b_2	a_1	b_3	a_2	a_3	a_4	分　　组			
码位	1	2	3	4	5	6	7				
码位的二进制编码	1	0	1	0	1	0	1	b_1	a_1	a_2	a_4
	0	1	1	0	0	1	1	b_2	a_1	a_3	a_4
	0	0	0	1	1	1	1	b_3	a_2	a_3	a_4

2. 汉明码的校验方法

发送端将编码好的汉明码发送出去后，接收端按照相同的分组规则和奇偶检验规则对接收到的信息码和校验码进行检错和纠错。具体方法是接收方对收到的汉明码分组，利用奇偶性判断每一分组是否出错，如用 S_i 表示第 i 组出错的情况，0 表示没有出错，1 表示出错，若 $S_3S_2S_1=000$，则代码正确，否则 $S_3S_2S_1$ 的值就是出错的码位号，只要将该位求反即可纠正。

需要说明的是这种汉明校验码的方法只能检测和纠正一位出错的情况。如果有多个错误可以用扩展的汉明校验码进行检测，这里就不多介绍了。

2.4.4　循环冗余校验码

目前在磁介质存储器与主机之间的信息传输、计算机之间的通信以及网络通信等采用串行传送方式的领域中，广泛采用循环冗余校验码（Cyclic Redundancy Check，CRC）。

CRC 码是由数据位和校验位所组成的，校验位置于数据位的后面。以数据收发为例，设 k 个数据位待发送，发送前要在信息位的后面增加 r 个校验位，校验位的编码方法是：

① 发送方在 k 个数据位后面加 r 个 0,以这个$(k+r)$位数作为被除数。

② 信息收发双方事先约定一个$(r+1)$位的除数。

③ 运用二进制模 2 运算规则,将被除数除以除数。

④ 将运算得到的 r 余数作为校验位。

发送方将校验位拼接在数据位的后面构成 CRC 码并发送,接收方接收数据并检验,检验方法是:

① 接收方用接收的 CRC 码除以双方约定的除数,得到余数。

② 判断余数,如果余数为 0,则说明数据传输过程中没有出现差错;如果余数不为 0,则说明数据传输过程中出现差错。

上述循环冗余校验过程的一种较简便的实现方法是通过多项式来完成的。另外,CRC 循环冗余校验只能判断信息在收发过程中是否出错,但无法确定是哪一位或哪几位出错,一般的做法是,接收方如果判断信息传输有误就直接将收到的信息丢弃。

习　　题

2.1　完成下列不同进制数之间的转换。

(1) $(125.625)_{10} = ($　　$)_2 = ($　　$)_8 = ($　　$)_{16}$

(2) $(21.2)_3 = ($　　$)_5$

(3) $(127.5)_8 = ($　　$)_{16}$

2.2　写出下列各数的原码、反码、补码和移码。

(1) 0　(2) 0.1010010　(3) -0.1110101　(4) $+1011010$　(5) -1011110

2.3　已知 X 的二进制真值,试求$[X]_补$、$[-X]_补$、$[1/2X]_补$、$[2X]_补$、$[-2X]_补$、$[-1/4X]_补$。

(1) $X = +0.0101011$　(2) $X = -0.0010001$

2.4　分别写出十进制数 756 的 8421 码、2421 码和余三码。

2.5　设 8 位被校验信息位为 01101010,试写出它的奇校验汉明码。

2.6　设被校验信息为 1101,选用 $G(X) = X^3 + X + 1$ 为生成多项式,求(7,4)循环校验码。

2.7　设机器字长 16 位,定点表示,1 位符号位,15 位数值位。分别以机器数和真值(算式)的形式写出下列编码的表示范围(即最小负数和最大正数)。

(1) 定点原码整数;

(2) 定点补码小数;

(3) 定点反码小数;

(4) 定点移码整数。

2.8　在计算机中,浮点数如何表示? 浮点数的范围主要由什么决定? 精度又由什么决定?

2.9　为什么浮点数要采用规格化表示形式? 如何进行规格化操作?

2.10　按 IEEE 754 标准用单精度浮点数格式写出下列数值所对应的机器数(用十六进制表示)。(1) 7.375　(2) -87.5

2.11　一个 C 语言程序在 32 位机上运行。程序中定义了三个变量 x,y 和 z,其中 x 和

z 为 int 型，y 为 short 型。当 $x=127$，$y=-9$ 时，执行赋值语句 $z=x+y$ 后，x、y 和 z 的值时分别是多少（用十六进制表示）？

2.12 假定编译器规定 int 和 short 类型的长度分别为 32 位和 16 位，执行下列 C 语言语句：

```
unsigned  short  x = 65530;
unsigned  int    y = x;
```

得到 y 的机器数用十六进制表示形式是什么？

第3章

逻辑电路基础

3.1 逻辑代数基础

逻辑代数是研究逻辑变量及其相互关系的一门科学,是英国数学家乔治·布尔(Geoge Boole)于1849年提出来的,因此也称为布尔代数。逻辑代数是分析和设计数字电路的基础。

3.1.1 逻辑常量、逻辑变量

逻辑代数是二值代数,只有两个常量,分别用0和1表示,这里的0和1不表示数值的大小,而是表示对立的两种状态,如开关的断开和闭合、信号的有和无、电平的高和低。在数字系统中,用逻辑电平来表示0和1,逻辑电平指的是一定的电压范围,有高电平(H)和低电平(L)之分,高电平对应一种状态,而低电平则对应另一种不同的状态。正逻辑和负逻辑是对逻辑电平表示逻辑常量的一种约定,如果用高电平表示1,用低电平表示0,称为正逻辑表示;反之,如果用高电平表示逻辑0,用低电平表示逻辑1,称为负逻辑表示,数字系统中一般采用正逻辑表示法。

逻辑代数中的变量称为**逻辑变量**,如逻辑变量 F、A、B 等,与普通代数的变量所不同的是,任何逻辑变量的取值只有两种可能性:0或1。

3.1.2 逻辑代数的基本运算

1. 三种基本运算

逻辑代数包含三种基本的逻辑运算:逻辑与运算、逻辑或运算以及逻辑非运算。

对于逻辑变量 a,b,逻辑与运算可表示为 $a \cdot b$ 或 ab,只有当所有的逻辑变量取值为1时,结果才为1,否则为0。

逻辑或运算可表示为 $a+b$,只要有一个逻辑变量取值为1时,结果就为1,只有当所有的逻辑变量取值为0时,结果才为0。

逻辑非运算是一元运算,也称取反运算。对逻辑变量 a,非运算可表示为 $\bar{a}$ 其结果是逻辑变量 a 取反,即0取反为1,1取反为0。对于一个逻辑变量,可以称之为**原变量**,该变量取反后称为**反变量**,如 a 为原变量 $\bar{a}$ 为反变量。

逻辑代数三种基本逻辑运算的功能如表3.1所示。

2. 复合运算

把与、或、非三种基本运算组合起来使用称为复合运算。常见的复合运算有与非、或非、与或非、同或、异或运算等。

表 3.1 逻辑代数的三种逻辑运算

"与"运算			"或"运算			"非"运算	
a	b	ab	a	b	$a+b$	a	$\bar{a}$
0	0	0	0	0	0	0	1
0	1	0	0	1	1	1	0
1	0	0	1	0	1		
1	1	1	1	1	1		

与非运算是先将逻辑变量进行与运算,再将结果进行非运算,如逻辑变量 A、B、C 的与非表达式为 $\overline{ABC}$。

或非运算是先将逻辑变量进行或运算,再将结果进行非运算,如逻辑变量 A、B、C 的或非表达式为 $\overline{A+B+C}$。

与或非运算是将逻辑变量进行与运算,再将每个与项进行或非运算,如逻辑变量 A、B、C、D 的一种与或非表达式为 $\overline{AB+CD}$。

异或和同或运算是两个变量与运算和或运算组成的复合运算,分别用 $\oplus$ 和 $\odot$ 表示。如逻辑变量 A、B,

异或:$A \oplus B = A\bar{B} + \bar{A}B$

同或:$A \odot B = AB + \bar{A}\bar{B}$

3.1.3 基本逻辑公式、定理和规则

1. 逻辑公式

逻辑代数有一些常用的基本公式,这些公式是逻辑定理、逻辑规则的推导基础,也是逻辑化简的依据,公式本身可以通过真值表证明。逻辑代数的基本公式如表 3.2 所示。

表 3.2 逻辑代数的基本公式

公式名称	公 式	
交换律	$A+B=B+A$	$A \cdot B = B \cdot A$
结合律	$(A+B)+C=A+(B+C)$	$(A \cdot B) \cdot C = A \cdot (B \cdot C)$
分配律	$A \cdot (B+C) = A \cdot B + A \cdot C$	$A+(B \cdot C)=(A+B) \cdot (A+C)$
吸收律	$A+AB=A \quad A+\bar{A}B=A+B$	$A(A+B)=A \quad A(\bar{A}+B)=AB$
包含律	$AB+\bar{A}C+BC=AB+\bar{A}C$	$(A+B)(\bar{A}+C)(B+C)=(A+B)(\bar{A}+C)$
互不律	$A+\bar{A}=1$	$A \cdot \bar{A}=0$
0-1 律	$A+0=A \quad A+1=1$	$A \cdot 1=A \quad A \cdot 0=0$
对合律	$A=A$	
重叠律	$A+A=A$	$A \cdot A=A$
反演律	$\overline{A+B}=\bar{A} \cdot \bar{B}$	$\overline{AB}=\bar{A}+\bar{B}$

2. 逻辑定理

定理 1 德·摩根(De Morgan)定理。

(1) $\overline{x_1+x_2+\cdots+x_n}=\overline{x_1} \cdot \overline{x_2} \cdot \cdots \cdot \overline{x_n}$

(2) $\overline{x_1 \cdot x_2 \cdot \cdots \cdot x_n}=\overline{x_1}+\overline{x_2}+\cdots+\overline{x_n}$

即 n 个变量的"或"的"非"等于各变量的"非"的"与";n 个变量的"与"的"非"等于各变

量的"非"的"或"。

定理 2 香农(Shannon)定理。

$$\overline{f(x_1,x_2,\cdots,x_n,0,1,+,\bullet)} = f(\overline{x_1},\overline{x_2},\cdots,\overline{x_n},1,0,\bullet,+)$$

即任何函数的反函数(或称补函数),可以通过对该函数的所有变量取反,并将常量1换为0,0换为1,运算符+换为·,·换为+得到。

定理 3 展开定理。

(1) $f(x_1,x_2,\cdots,x_i,\cdots,x_n) = x_i f(x_1,x_2,\cdots,1,\cdots,x_n) + \overline{x_i} f(x_1,x_2,\cdots,0,\cdots,x_n)$

(2) $f(x_1,x_2,\cdots,x_i,\cdots,x_n) = [x_i + f(x_1,x_2,\cdots,0,\cdots,x_n)] \bullet [\overline{x_i} + f(x_1,x_2,\cdots,1,\cdots,x_n)]$

即任何布尔函数都可以对它的某一变量 x_i 展开,可以按(1)式展开成"与-或"形式,也可以按(2)式展开成"或-与"形式。

3. 逻辑规则

规则 1 代入规则。

对于任何一个逻辑等式,将其中的任意一个变量所有出现的位置,都以某个逻辑变量或逻辑函数同时取代后,等式依然成立。

规则 2 反演规则。

在逻辑代数中,常将 $\overline{F}$ 叫做逻辑函数 F 的反函数或补函数。反演规则是将一个逻辑函数表达式 F 中所有"与"运算符换为"或"运算符;所有"或"运算符换为"与"运算符;所有原变量换为反变量;所有反变量换为原变量;0换成1;1换成0,所得新的逻辑表达式为原函数的反函数。获得反函数的规则就是反演规则。

规则 3 对偶规则。

设 F 为一个逻辑表达式,若将 F 中的"与"运算符换为"或"运算符;将"或"运算符换为"与"运算符;将1换为0,将0换为1;所得新的逻辑函数表达式称为 F 的对偶式,记作 F',获得对偶式的规则称为对偶规则。

如果两个逻辑函数表达式相等,那么它们的对偶式也一定相等。

3.1.4 逻辑函数

逻辑函数反映了逻辑变量之间的关系,在数字系统中,将逻辑变量作为输入,将运算结果作为输出,当输入变量的取值确定以后,输出的值便被唯一地确定下来,这种输出变量和输入变量间的逻辑关系,称为**逻辑函数**。记为

$$Y = F(A_1,A_2,\cdots,A_n)$$

其中 $A_1,A_2,\cdots,A_n$ 为输入逻辑变量,取值是 0 或 1; Y 为输出逻辑变量,取值是 0 或 1,F 为某种逻辑关系,这种逻辑关系由与、或、非三种基本运算决定。

逻辑函数常用逻辑表达式来表示,其功能也可以通过真值表或卡诺图来描述。

1. 真值表

真值表是一种由逻辑变量的所有可能取值组合及其对应的逻辑函数值所构成的表格。由于一个逻辑变量只有 0 和 1 两种可能的取值,故 n 个逻辑变量一共只有 2^n 种可能的取值组合,将这 n 种取值可能和每一种取值下的函数值用表格的形式表示出来就是真值表。

例 3.1 某奇偶性判断电路,输入变量为 A、B、C,输出为 F,该电路的功能是,当 A、B、C 中 1 的个数为奇数时,F 为 1,否则 F 为 0。该电路实现的逻辑关系可用表 3.3 所示的真

值表表示。

在上面例子中,对输入变量所有输入的组合都有确定的输出结果,但在实际问题中,往往存在这样两种情况:

(1) 由于某种特殊限制,使得输入变量的某些取值组合根本不会出现。

(2) 虽然每种输入组合都可能出现,但其中的某些输入取值组合究竟使函数值为 1 还是为 0,对输出没有影响。

称这部分输入组合为**无关最小项**,简称无关项,也称为**约束项**,在真值表中无关项对应的函数取值用 d 表示。包含无关项的逻辑函数称不完全确定的逻辑函数。

2. 逻辑表达式

逻辑表达式是由逻辑变量和与、或、非三种基本的逻辑运算组成的表达式,如

$$Y_1 = F(A, B, C) = AB + AC + ABC$$
$$Y_2 = F(A, B, C) = (A + B + C)(B + \overline{C})$$

表 3.3　三变量奇偶判断电路真值表

A	B	C	F
0	0	0	0
0	0	1	1
0	1	0	1
0	1	1	0
1	0	0	1
1	0	1	0
1	1	0	0
1	1	1	1

上述逻辑函数 Y_1 中,逻辑表达式由三个与项进行或运算组成,函数的这种形式称为**与或表达式**,其中,AB、AC 和 ABC 由与运算组成,称为**与项**(也称为**乘积项**),如果一个与项包含了该函数的所有变量,每个变量均以原变量或反变量的形式出现,且仅出现一次,这样的与项称为**最小项**(也称为**标准积**),逻辑函数 Y_1 中,与项 ABC 是最小项。

n 个变量最多可以组成 2^n 个最小项,为了方便使用,将最小项进行标号,用 m_i 表示,下标 i 的编号规则是:把乘积项的原变量记作 1,反变量记作 0,把每个与项表示为一个二进制数,这个二进制数所对应的十进制数就是 i 的值,如三个变量 A、B、C 最多可以组成 8 个最小项:

$$\overline{A}\,\overline{B}\,\overline{C},\ \overline{A}\,\overline{B}\,C,\ \overline{A}\,B\,\overline{C},\ \overline{A}\,B\,C,\ A\,\overline{B}\,\overline{C},\ A\,\overline{B}\,C,\ A\,B\,\overline{C},\ A\,B\,C$$

这 8 个最小项相对应的简写形式分别是 $m_0, m_1, \cdots, m_7$。三变量全部最小项及编号如表 3.4 所示。

上述逻辑函数 Y_2 中,逻辑表达式由两个或项进行与运算组成,函数的这种形式称为**或与表达式**,其中,$(A+B+C)$ 和 $(B+\overline{C})$ 由或运算组成,称为**或项**(也称为**相加项**),如果一个或项包含了该函数的所有变量,每个变量均以原变量或反变量的形式出现,且仅出现一次,这样的或项称为**最大项**(也称为**标准和**),逻辑函数 Y_2 中,或项 $(A+B+C)$ 是最大项。

同样,n 个变量最多可以组成 2^n 个最大项,为了方便使用,将最大项进行标号,用 M_i 表示,下标 i 的编号规则是:把乘积项的原变量记作 0,反变量记作 1,把每个或项表示为一个二进制数,这个二进制数所对应的十进制数就是 i 的值,如三个变量 A、B、C 最多可以组成 8 个最小项:

$$\overline{A}+\overline{B}+\overline{C},\quad \overline{A}+\overline{B}+C,\quad \overline{A}+B+\overline{C},\quad \overline{A}+B+C$$
$$A+\overline{B}+\overline{C},\quad A+\overline{B}+C,\quad A+B+\overline{C},\quad A+B+C$$

这 8 个最大项相对应的简写形式分别是 $M_7, M_6, \cdots, M_0$。三变量全部最大项及编号如表 3.4 所示。

表 3.4　三变量全部最小项和最大项及编号

变量	最小项及编号		最大项及编号	
ABC	编号	最小项	编号	最大项
000	m_0	$\bar{A}\,\bar{B}\,\bar{C}$	M_0	$A+B+C$
001	m_1	$\bar{A}\,\bar{B}\,C$	M_1	$A+B+\bar{C}$
010	m_2	$\bar{A}\,B\,\bar{C}$	M_2	$A+\bar{B}+C$
011	m_3	$\bar{A}\,B\,C$	M_3	$A+\bar{B}+\bar{C}$
100	m_4	$A\,\bar{B}\,\bar{C}$	M_4	$\bar{A}+B+C$
101	m_5	$A\bar{B}\,C$	M_5	$\bar{A}+B+\bar{C}$
110	m_6	$A\,B\bar{C}$	M_6	$\bar{A}+\bar{B}+C$
111	m_7	$A\,B\,C$	M_7	$\bar{A}+\bar{B}+\bar{C}$

同一个逻辑函数可以有不同的表达式,但其标准形式是唯一的。逻辑函数的标准形式有两种,即标准与或式和标准或与式。

全部由最小项相或组成的逻辑表达式,称为标准与或式,也称为标准积之和;如逻辑函数

$$F(A,B,C) = \bar{A}\,\bar{B}\,C + \bar{A}\,B\,\bar{C} + A\,\bar{B}\,C + ABC$$

该函数是标准与或式,包含 4 个最小项,可以简记为

$$F(A,B,C) = m_1 + m_2 + m_5 + m_7 = \sum m(1,2,5,7)$$

全部由最大项相与组成的逻辑表达式,称为标准或与式,也称为标准和之积;如逻辑函数

$$F(A,B,C) = (\bar{A}+\bar{B}+C)(\bar{A}+B+C)(A+B+\bar{C})$$

该函数是标准或与式,包含三个最大项,可以简记为

$$F(A,B,C) = M_6 M_4 M_1 = \prod M(1,4,6)$$

逻辑函数的标准形式可以在一般形式的基础上利用逻辑公式进行逻辑变换得到,也可以在真值表的基础上直接得出。在真值表中,使函数取值为 1 的那些最小项相或,就构成了函数的"标准积之和"形式;使函数取值为 0 的最大项相与,就构成了函数的"标准和之积"形式。如例 3.1,根据表 3.3 真值表可直接写出该函数的"标准积之和"形式和"标准和之积"形式,分别是

$$F(A,B,C) = \bar{A}\bar{B}C + \bar{A}B\bar{C} + A\bar{B}\bar{C} + ABC = \sum m(1,2,4,7)$$

$$F(A,B,C) = (A+B+C)(A+\bar{B}+\bar{C})(\bar{A}+B+\bar{C})(\bar{A}+\bar{B}+C) = \prod M(0,3,5,6)$$

同一函数的最大项与最小项是互斥的,即如果真值表中的某一行作为函数的最小项,那么它就不可能是同一函数的最大项;反之亦然。换句话说,一个布尔函数的最小项的集合与它的最大项的集合,互为补集。因此,若已知一布尔函数的"标准积之和"形式,根据互补的原则就可以很容易写出该函数的"标准和之积"形式。

3. 卡诺图

卡诺图是真值表的变形,与真值表一样,也是采用穷举的方法把输入变量所有输入组合及其函数值列举出来,所不同的是卡诺图是一种用二维小方格来构成图形的,一个小方格对

应一个最小项，n 个变量的卡诺图包含 2^n 个小方格，其中，2^n 个小方格构成卡诺图的规则是利用最小项的相邻性，所谓相邻最小项是指两个最小项只有一位不一样。具体的做法是：将全部变量按顺序分成两组，每一组变量按格雷码取值排列。图 3.1(a)、图 3.1(b)、图 3.1(c)分别是二变量、三变量和四变量卡诺图。对于五变量及以上的卡诺图方格比较多，逻辑函数中用得较少。

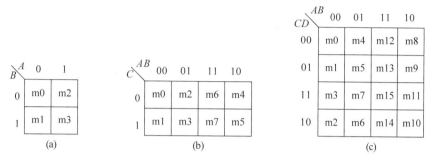

图 3.1　二、三、四变量卡诺图

用卡诺图表示逻辑函数一般分为两步，首先根据逻辑变量的个数画出卡诺图框架，然后将逻辑函数的最小项填到对应的小方格中，用 1 表示，其他方格用 0 表示或者不表示。

3.1.5　逻辑函数化简

同一个逻辑函数往往有多种不同的逻辑表达式，有的简单，有的复杂，差别很大。在数字系统中，不同的表达式对应的硬件电路是不一样的，简单的表达式对应的硬件电路简单，实现起来不仅可以节省硬件成本，还可以提高电路的可靠性。因此，在进行逻辑电路设计时，对逻辑函数化简就显得十分重要。

逻辑代数中常用与或式来衡量一个逻辑函数是不是最简，此时要求函数表达式中与项的个数要最少，每个与项中的变量数要最少。

1. 公式化简法

公式化简法是利用逻辑公式、定理和规则对逻辑函数进行等价变换，最终转化成最简的形式。

例 3.2　化简 $F=A\bar{C}+ABC+AC\bar{D}+CD$。

解：$F=A\bar{C}+ABC+AC\bar{D}+CD=A(\bar{C}+BC)+C(A\bar{D}+D)=A(\bar{C}+B)+C(A+D)$
$\qquad=A\bar{C}+AB+AC+CD=A(\bar{C}+C)+AB+CD=A+AB+CD=A+CD$

理论上，不管一个逻辑函数包含多少个逻辑变量，利用公式化简法最终都可以将其化成最简，但是公式化简法技巧性太强，而且结果也不好判断是不是最简。

2. 卡诺图化简法

在卡诺图上，两个相邻的最小项有一个变量相异，相加可以消去这个变量，4 个相邻的最小项有两个变量相异，相加可以消去这两个变量，以此类推，2^n 个最小项相邻，有 n 个最小项相异，相加可以消去这 n 个变量。

对四变量及以下卡诺图而言，相邻最小项在卡诺图上的位置有两种情况，即物理位置相邻和端点相邻。物理位置相邻是指同一行（或列）上的 2^n 个靠在一起的最小项是相邻的，如

图 3.2 虚线圈内的最小项;靠在一起的两两互为相邻的 2^n 最小项是相邻的,如图 3.2 实线圈内的最小项。

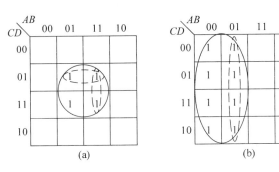

图 3.2 物理位置相邻最小项

端点相邻是指同一行(或列)上最左边和最右边(或最上边和最下边)的两个最小项是相邻的,如图 3.3 虚线圈内的最小项所示;端点上两两互为相邻的 2^n 最小项是相邻的,如图 3.3 实线圈内的最小项所示。

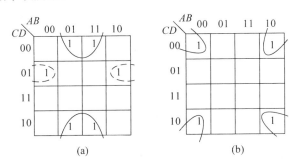

图 3.3 端点相邻最小项

利用卡诺图最小项相邻的特点,可以对逻辑函数进行化简,一般步骤是先将逻辑函数用卡诺图表示,然后在卡诺图上将相邻最小项圈起来,最后将每一个圈对应的最小项相加即可得到逻辑函数的最简与或式。其中,画圈原则是:圈包含的 1 的个数是 2^n,圈尽可能地大(消去的变量多,对应的与项包含的变量个数少),圈尽可能地少(对应的与项个数少),所有的 1 都要被圈进来。

另外,如果卡诺图中包含无关项 d,由于无关项对应的输入变量取值组合根本不会出现,或者尽管可能出现,但相应的函数值是什么无关紧要。因此,在化简画圈时,无关项 d 可以根据需要取值 0 或者取值 1。

例 3.3 用卡诺图化简逻辑函数 $F(A,B,C,D) = \sum m(0,2,5,7,8,10)$。

解: ① 逻辑函数 F 用卡诺图所示,如图 3.4(a)所示。

② 找相邻最小项,画圈,如图 3.4(b)所示,虚线圈是 2 个最小项相邻,实线圈是 4 个最小项相邻。

③ 写出每个圈所对应的与项,如图 3.4(b)所示。

因此,逻辑函数化简后的结果为 $F = \overline{A}BD + \overline{B}\overline{D}$。

卡诺图化简法虽然简单,但只适用于逻辑变量不多的逻辑函数。

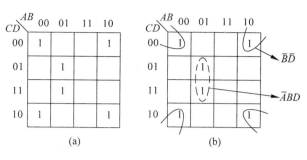

图 3.4　卡诺图及化简

3.2　逻辑电路

逻辑函数描述的逻辑功能,在数字系统中最终可以通过逻辑门电路、集成电路或可编程逻辑电路实现。

3.2.1　逻辑门电路

数字系统中,常用的门电路有与门、或门、非门、与非门和或非门等,分别实现逻辑函数中的与运算、或运算、非运算、与非运算和或非运算,图 3.5 是这些常用门电路的国家标准和国际电工委员会标准符号、美国传统符号和中国传统符号。

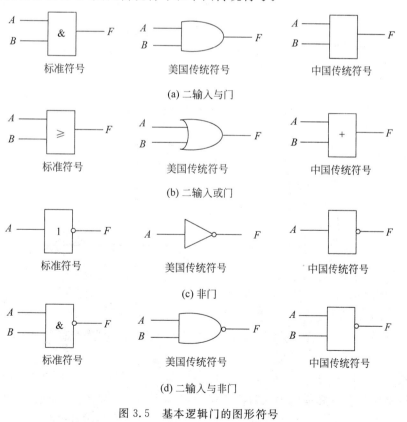

图 3.5　基本逻辑门的图形符号

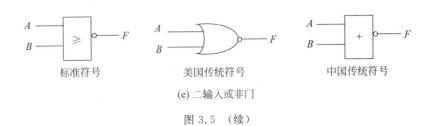

标准符号　　　　　　美国传统符号　　　　　　中国传统符号

(e) 二输入或非门

图 3.5 （续）

3.2.2 门电路的实现

基本的逻辑门电路可以由二极管、晶体管、TTL 电路和 CMOS 电路等来构造。

1. 二极管门电路

二极管具有单向导电性,可用作开关电路,通过电压控制开关状态,当在两端加正向电压时导通,此时二极管可视为开关闭合状态,如图 3.6(a)所示;当加反向电压时截止,二极管可视为开关断开状态,如图 3.6(b)所示。

利用二极管的单向导电性可以构成基本门电路,如图 3.7 所示为两个二极管和一个电阻构成的最简单的与门电路,其中,A、B 为两输入变量,Y 为输出变量,表 3.5 为该与门电路真值表。

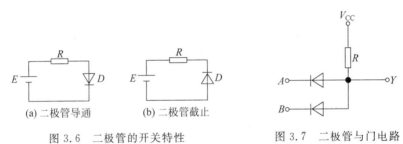

(a) 二极管导通　　　(b) 二极管截止

图 3.6　二极管的开关特性　　　　图 3.7　二极管与门电路

表 3.5　与门电路真值表和逻辑电平

A		B		Y	
电平	逻辑值	电平	逻辑值	电平	逻辑值
L	0	L	0	L	0
L	0	H	1	L	0
H	1	L	0	L	0
H	1	H	1	H	1

2. 晶体管门电路

晶体管也可用作开关电路,通过基极电压 u_i 控制开关状态,如图 3.8(a)所示,当 u_i 为高电平时,三极管饱和导通,u_o 为低电平;当 u_i 为低电平时,三极管截止,u_o 为高电平。如图 3.8(b)所示为晶体管构造的非门电路,A 为输入变量,Y 为输出变量,表 3.6 为该非门电路真值表。

由二极管、晶体管等组成的逻辑门电路,结构简单、成本低,但存在严重的缺点,如输出高低电平的数值与输入高低电平的数值不相等,如果将这些门的输出作为下一级门的输入,将产生高低电平的偏移,因此,在实际应用中一般都采用集成门电路,常用的集成门电路分为 TTL 和 CMOS 两大类。

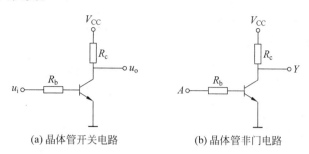

(a) 晶体管开关电路   (b) 晶体管非门电路

图 3.8   晶体管开关电路和非门电路

表 3.6   非门电路真值表和逻辑电平

A		Y	
电平	逻辑值	电平	逻辑值
L	0	H	1
H	1	L	0

3. TTL 门电路

TTL 电路是晶体管-晶体管逻辑电路的英文缩写(Transister-Transister-Logic),是数字集成电路的一大门类,它采用双极型工艺制造,具有高速度和品种多等特点。

图 3.9(a)为 TTL 与非门电路,电路由输入级、倒相级和输出级三个部分组成。其中 D_1、D_2 是钳位二极管,用于限制输入端出现的负极性干扰脉冲,分析时可暂不考虑。多发射极三极管可以等效为一个二极管组成的与门电路。设输入信号的高、低电平分别为 3.6V 和 0.3V。

当输入 A、B 至少有一个低电平即输入端 A、B 中至少有一个为 0.3V 时,电路的工作情况如图 3.9(b)所示,二极管 D_4、D_5 中至少有一个导通,使 P 点电位为 1V,这时二极管 D_6、三极管 T_2、T_4 截止,其集电极电流都近似为 0,二极管 D_3、三极管 T_3 导通,输出电压 $u_F = V_{CC} - u_{R_3} - u_{BE_3} - u_{D_3} \approx 5 - 0 - 0.7 - 0.7 = 3.6 (\text{V})$,即输出为高电平。

当输入端 A、B 全为高电平时,电路的工作情况如图 3.9(c)所示,D_4、D_5 均不能导通,P 点电位被钳制在 2.1V,T_2、T_4 饱和导通,T_2 的集电极电位近似为 1V,T_3、D_3 截止,此时,电路输出电压为 0.3V,即输出为低电平。

因此,该电路的逻辑功能如表 3.7 所示,输出与输入之间的逻辑关系为 $F = \overline{AB}$。

表 3.7   与非门电路真值表和逻辑电平

A		B		Y	
电平	逻辑值	电平	逻辑值	电平	逻辑值
L	0	L	0	L	0
L	0	H	1	L	0
H	1	L	0	L	0
H	1	H	1	H	1

逻辑电路基础

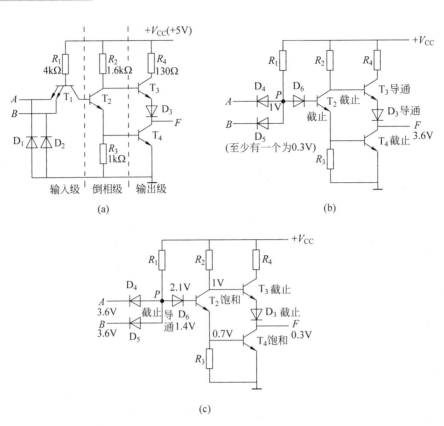

图 3.9　TTL 与非门电路

4. CMOS 门电路

　　CMOS 逻辑门电路是在 TTL 电路问世之后，又一种广泛应用的数字集成器件，由于制造工艺的改进，CMOS 电路的性能超越 TTL 而成为占主导地位的逻辑器件。CMOS 电路的工作速度与 TTL 相当，而它的功耗和抗干扰能力则远优于 TTL。此外，几乎所有的超大规模存储器件，以及 PLD 器件都采用 CMOS 工艺制造，且费用较低。

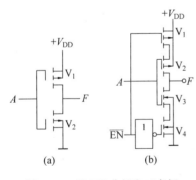

图 3.10　CMOS 非门和三态门

　　图 3.10(a) 为 CMOS 非门电路，其中 V_1 为 P 沟道增强型 MOS 管，衬底与源极相连接 V_{DD}。当栅源电压小于它的开启电压 $U_{GS1(TH)}$($U_{GS1(TH)} < 0V$)时，管子导通。而 V_2 为 N 沟道增强型 MOS 管，衬底也是与源极相连接地。当栅源电压大于它的开启电压 $U_{GS2(TH)}$($U_{GS2(TH)} > 0V$)时，管子导通。当输入端 A 为高电平时($V_A \approx V_{DD}$)，V_1 截止、V_2 导通，输出端 F 为低电平；当输入端 A 为低电平时($V_A \approx 0V$)，V_1 导通、V_2 截止，输出端 F 为高电平。所以电路输出与输入之间的逻辑关系为 $F = \overline{A}$。

　　图 3.10(b) 是低电平有效的 CMOS 三态非门电路。当 $\overline{EN} = 1$ 时，V_1、V_4 截止，这时不论 A 为何种状态，输出端 F 为高阻状态。当 $\overline{EN} = 0$ 时，V_1、V_4 导通，这时电路为非门电路，$F = \overline{A}$。

3.2.3 集成电路

集成电路(Integrated Circuit，IC)就是将半导体器件、电阻、电容及导线等都制造在一个半导体基片(通常是硅片)上，构成一个功能完整的电路，然后封装起来。与分立元件电路相比，集成电路具有体积小、重量轻、可靠性高、功耗低和工作速度高等优点，自 20 世纪 50 年代末以来，得到了广泛的应用。随着半导体技术和制造工艺的迅速发展，在单块硅片上集成器件的规模越来越大，集成电路的功能也日趋复杂和完善。通常把单块硅片上集成的三极管的个数称为集成度。

根据集成度的大小，集成电路分为小规模集成电路(SSI)、中规模集成电路(MSI)、大规模集成电路(LSI)和超大规模集成电路(VLSI)。随着集成度的提高，单个芯片的功能也越来越强。一般来说，SSI 仅仅是器件(如门电路、触发器等)的集成，MSI 已是逻辑部件(如译码器、寄存器等)的集成，而 LSI 和 VLSI 则是整个数字系统或其子系统的集成。

根据功能是否确定，集成电路可分为标准逻辑器件和专用集成电路(Application Specific Integrated Circuit，ASIC)。标准逻辑器件的功能都是完全确定的，用户只能使用其固有的功能，而不能对其改变。标准逻辑器件通常又称为通用集成电路，它具有生产量大、使用广泛、价格低廉等优点，如门电路、触发器和 MSI 电路等。随着数字系统规模的不断扩大，用标准逻辑器件实现，需要用很多芯片，且芯片之间，芯片和印制板之间的连线也相应增多，导致系统可靠性下降、成本提高、功耗增加和占用空间扩大等问题。因此，随着集成电路技术和计算技术的发展，出现了把能完成特定功能的电路或系统集成到一个芯片内的专用集成电路 ASIC，使用 ASIC 不仅可以减少系统的占用空间，而且可以降低功耗，提高电路的可靠性和工作速度。专用集成电路按制造过程的不同又分为全定制和半定制两大类。全定制集成电路是由制造厂家按用户提出的逻辑要求，针对某种应用而专门设计和制造的芯片，这类芯片专业性很强，适合在大批量生产的产品中使用，常见的存储器、中央处理器(CPU)等芯片，都属于全定制集成电路。半定制集成电路是制造厂家生产出的半成品，用户根据自己的要求，用编程的方法对半成品进行再加工，制成具有特定功能的专用集成电路，可编程逻辑器件(Programmable Logic Devices，PLD)就是这类半定制集成电路。

根据所用半导体器件的不同，集成电路可分双极型数字集成电路和单极型数字集成电路。前者以双极型晶体管为基本元件，后者以 MOS 管为基本元件。实际应用中，TTL 和 CMOS 电路最为普遍。

3.2.4 可编程逻辑电路

可编程逻辑器件按集成度划分，可分成低密度可编程逻辑器件和高密度可编程器件。常见的高密度可编程逻辑器件有 CPLD(Complex PLD)以及 FPGA 等。

1. PLD

PLD 是可编程逻辑器件的简称，属于半定制集成电路。由于任何组合逻辑电路对应的逻辑函数均可以转换成"与-或"表达式，任何时序逻辑电路都是由组合电路加上存储元件(触发器)构成的，因此，任何一个逻辑电路最终都可以由与门阵列、或门阵列和触发器阵列来实现。图 3.11 是 PLD 的基本结构示意图，主体电路是由"与"阵列后跟"或"阵列组成的，这两个阵列或者其中的一个阵列是可以编程的。输入变量通过"与"阵列，完成"与"运算，产生相应的"与"项;再将这些"与"项通过"或"阵列,完成"或"运算,得到所需"与-或"输出表达式。

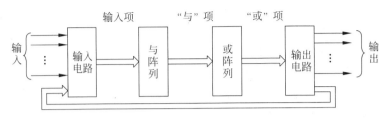

图 3.11　PLD 基本结构框图

为了使输入信号具有足够的驱动能力,并产生原变量和反变量两个互补的输入信号,"与"阵列的每个输入端都与输入缓冲器相连,如图 3.12 所示为 PLD 的典型输入缓冲器,它的两个输出 B,C 是其输入 A 的原和反,即 $B=A,C=\overline{A}$。为使 PLD 具有多种输出方式——组合输出、时序输出、低电平输出、高电平输出等,往往在"或"阵列的后面还有各种输出电路,各种方式的输出都经三态电路输出,输出信号还可以反馈到"与"阵列的输入端。

由于 PLD 的阵列规模大,用传统的逻辑表示方法,很难描述 PLD 的内部电路,目前广泛采用 PLD 表示法。如图 3.13 所示为三输入"与"门的两种表示法。传统表示法中"与"门的三个输入 A,B,C 在 PLD 表示法中称为三个输入项,而输出 D 称为"与"项。同样"或"门也采用类似的方法表示。

PLD 阵列交叉点处的连接方式有三种,如图 3.14 所示。实点·表示硬线连接,即固定连接;×表示可编程连接;既没有·也没有×表示两线不连接。

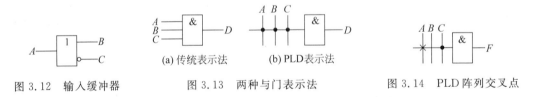

图 3.12　输入缓冲器　　　图 3.13　两种与门表示法　　　图 3.14　PLD 阵列交叉点

通过 PLD 表示法将逻辑电路描述出来得到的图称为阵列图。如某电路对应的逻辑函数为 $F1=\overline{A}C+AB\overline{C}$,$F2=\overline{A}+B$,$F3=AB+\overline{A}\overline{B}$,该电路的阵列图如图 3.15(a)所示,图 3.15(b)为该阵列图的简化形式。

用可编程逻辑器件设计数字系统,相对于传统的用标准逻辑器件(门、触发器和 MSI 电路)设计数字系统有很多优点,主要表现在以下方面:

① 减小系统体积。

② 增强了逻辑设计的灵活性

③ 提高了系统的处理速度和可靠性。

④ 缩短了设计周期,降低了系统成本。

⑤ 具有加密功能。

2. FPGA

FPGA(Field Programmable Gate Array)是现场可编程门阵列,它是在 PLD 等可编程器件的基础上进一步发展的产物,是专用集成电路(ASIC)领域中的一种半定制电路,既

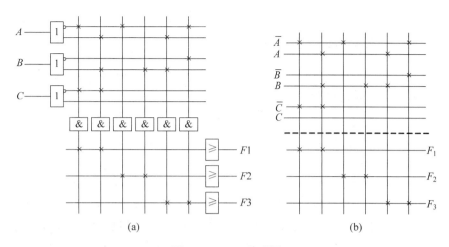

图 3.15　PLD 阵列图

解决了定制电路的不足,又克服了原有可编程器件门电路数有限的缺点。

　　FPGA 采用了逻辑单元阵列(Logic Cell Array,LCA)这样一个概念,内部包括可配置逻辑模块(Configurable Logic Block,CLB)、输出输入模块(Input Output Block,IOB)和内部连线(Interconnect)三个部分。与 PLD 以与阵列、或阵列、触发器结构方式构成逻辑行为不同,FPGA 是以查找表(Look Up Table,LUT)来实现组合逻辑的,每个查找表连接到一个 D 触发器的输入端,触发器再来驱动其他逻辑电路或驱动 I/O,由此构成了既可实现组合逻辑功能又可实现时序逻辑功能的基本逻辑单元模块,这些模块间利用金属连线互相连接或连接到 I/O 模块。

　　LUT 是 FPGA 可编程的最小逻辑构成单元,LUT 本质上就是一个 RAM,一个 N 输入的查找表可以实现 N 输入变量的任何组合逻辑功能。目前 FPGA 中多使用 4 输入的 LUT,每一个 LUT 可以看成一个有 4 位地址线的 16×1 的 RAM。当用户通过原理图或 HDL 语言描述了一个逻辑电路以后,PLD/FPGA 开发软件会自动计算逻辑电路的所有可能结果,并把结果事先写入 RAM,这样,每输入一个信号进行逻辑运算就等于输入一个地址进行查表,找出地址对应的内容并输出。图 3.16 为四输入与门的 LUT 实现方式。由此可见,FPGA 的逻辑是通过向内部静态存储单元加载编程数据来实现的,存储在存储器单元中的值决定了逻辑单元的逻辑功能以及各模块之间或模块与 I/O 间的连接方式,最终决定

实际逻辑电路		LUT的实现方式	
a,b,c,d 输入	逻辑输出	地址	RAM中存储的内容
0000	0	0000	0
0001	0	0001	0
⋮	0	⋮	0
1111	1	1111	1

图 3.16　四输入与门的 LUT 实现方式

逻辑电路基础

了 FPGA 所能实现的功能。

3.2.5 逻辑电路的设计模式

在数字电子技术发展的过程中,逻辑电路设计出现了基于分立元件的设计、基于集成电路的设计和基于可编程逻辑器件的设计等几种设计模式。

基于分立元件的设计模式是传统的设计模式,它是数字逻辑设计的基础。该模式追求设计目标的最小化,即通过函数和状态表的化简,尽量减少门电路和触发器的数量,以得到一种实现给定功能的最经济的设计方案。

随着集成电路的发展,数字系统的逻辑设计方法发生了根本性的变化,出现了基于集成电路的设计模式。由于集成电路芯片内部的门电路或触发器的数量都是确定的,因此该模式的追求目标不再是最小化,而是以集成电路芯片的功能为基础,从要求的功能出发,合理地选用器件、充分利用器件的功能,尽量减少相互连线,并在必要时使用传统的设计方法设计辅助的接口电路。这种设计模式通常以使用的芯片数量和价格达到最低作为技术和经济的最佳指标,所设计的电路具有体积小、功耗低、可靠性高及易于设计、调试和维护等优点,因此发展异常迅猛。但是,要采用集成电路进行逻辑设计,首先必须熟悉集成电路芯片的功能和用法,了解其灵活性,才能有效地利用它们实现各种逻辑功能。而且,标准器件的逻辑功能固定,用户只能使用而不能修改器件逻辑,缺乏灵活性。

随着可编程逻辑器件的发展,出现了基于可编程逻辑器件的逻辑电路设计模式,即运用 EDA 技术完成逻辑电路的设计。EDA 是电子设计自动化(Electronic Design Automation)的缩写,是指以大规模可编程逻辑器件为设计载体,以计算机为工具进行电子设计,利用 EDA 软件平台完成硬件系统的设计、仿真、测试与下载。基于可编程逻辑器件的逻辑电路设计流程如图 3.17 所示。

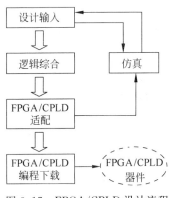

图 3.17 FPGA/CPLD 设计流程

3.3 计算机中常用的组合逻辑电路

3.3.1 加法器

1. 半加器

能完成两个一位二进制数的相加并求得"和"及"进位"的逻辑电路,称为**半加器**(Half Adder,HA),逻辑符号如图 3.18 所示。其中 A 和 B 分别为两个一位二进制数的输入端,S 和 C 分别为相加后形成的"和"及"进位"输出端,半加器的真值表如表 3.8 所示。

根据真值表可写出"和"及"进位"输出表达式分别是:$F = \overline{A}B + A\overline{B}, C = AB$。

2. 全加器

完成两个一位二进制数相加,并考虑低位来的进位,求得"和"及"进位"的逻辑电路称为全加器(Full

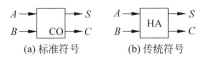

(a) 标准符号   (b) 传统符号

图 3.18 半加器的逻辑符号

Adder,FA),逻辑符号如图 3.19 所示。其中 A_i 和 B_i 分别为两个一位二进制数的输入端，C_{i-1} 为低位来的进位输入端，S_i 和 C_i 分别为相加后的"和"及向高位的"进位"输出端。全加器真值表如表 3.9 所示。

表 3.8　半加器真值表

A	B	S	C
0	0	0	0
0	1	1	0
1	0	1	0
1	1	0	1

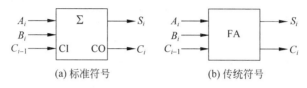

(a) 标准符号　　　　　　　(b) 传统符号

图 3.19　全加器的逻辑符号

表 3.9　全加器真值表

A_i	B_i	C_{i-1}	S_i	C_i
0	0	0	0	0
0	0	1	1	0
0	1	0	1	0
0	1	1	0	1
1	0	0	1	0
1	0	1	0	1
1	1	0	0	1
1	1	1	1	1

根据真值表，可写出"和"及向高位的"进位"输出函数的标准形式

$$S_i = \sum m(1,2,4,7), \quad C_i = \sum m(3,5,6,7)$$

化简后的最简与或式为

$$S_i = \overline{A}_i\overline{B}_iC_{i-1} + \overline{A}_iB_i\overline{C}_{i-1} + A_i\overline{B}_i\overline{C}_{i-1} + A_iB_iC_{i-1}$$
$$C_i = A_iB_i + A_iC_{i-1} + B_iC_{i-1}$$

也可以变换为

$$S_i = A_i \oplus B_i \oplus C_{i-1}$$
$$C_i = A_iB_i + (A_i \oplus B_i)C_{i-1}$$

3. 二进制加法器

实现多位二进制数加法运算的电路称为二进制加法器。按各位数相加方式的不同，可将加法器分为串行加法器和并行加法器两种。**串行加法器**采用串行运算方式，数据串行输入，运算结果串行输出，参加运算的操作数从最低位开始逐位相加至最高位，最后得出和数。串行加法器电路简单、易于实现，但运算速度太慢。为了提高加法运算的速度，可采用按并

逻辑电路基础

行方式运算的**并行加法器**,即能并行提供二进制加数和被加数的每一位并将各位同时相加的加法器。图 3.20 为 4 位并行加法器逻辑符号,图中 A_1,A_2,A_3,A_4 为二进制被加数输入端;B_1,B_2,B_3,B_4 为二进制加数输入端;C_0 为低位来的进位输入端;C_4 为向高位的进位输出端;S_1,S_2,S_3,S_4 为和数输出端。按进位位传递方式的不同,并行加法器又可分为串行进位并行加法器和超前进位并行加法器两种。

1) 串行进位并行加法器

串行进位并行加法器是由一位全加器级联而成的,全加器的个数等于二进制数的位数,如图 3.21 所示。串行进位加法器的特点是:被加数和加数的各位能同时并行地到达各自的输入端,而各位全加器的进位输入仍是按照由低向高逐级串行传送的,各位形成一个进位链,这种进位连接方式称为**行波进位**(Carry-Ripple)或**串行进位**。由于每一位相加的和都与本位的进位输入有关,所以,最高位必须等到各低位全部相加完毕并送来进位信号之后才能产生运算结果。显然这种加法器的运算速度仍较慢,而且位数越多,速度越慢。

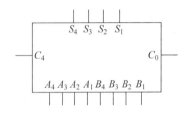

图 3.20　并行加法器逻辑符号

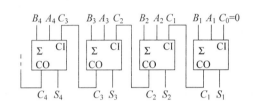

图 3.21　串行进位并行加法器逻辑图

2) 超前进位并行加法器

由图 3.21 可以看出,进位信号 C_1 是 A_1、B_1 和 C_0 的函数,进位信号 C_2 是 A_2、B_2 和 C_1 的函数,也就是 A_2、B_2、A_1、B_1 和 C_0 的函数,以此类推,所有的进位信号都是输入端的函数,在并行加法器中,输入信号同时产生,因此进位信号也可以同时生成,这种同时形成各位进位的方法称为**超前进位**(Carry Look Ahead,CLA)或**先行进位**、**并行进位**。因为超前进位并行加法器使各位的进位信息同时形成,而不需要依赖低位来的进位,克服了由于行波进位造成的延时等待,提高了运算速度。可根据全加器的输出表达式推出超前进位的原理。

根据全加器进位表达式 $C_i=A_iB_i+(A_i\oplus B_i)C_{i-1}$ 可知,A_iB_i 取决于本位参加运算的两个数,而与低位进位无关,因此称 A_iB_i 为进位产生函数,可记作 G_i;$(A_i\oplus B_i)C_{i-1}$ 不仅与本位的两个数有关,还依赖于低位送来的进位,因此称 $A_i\oplus B_i$ 为进位传递函数,记作 P_i,则 $C_i=G_i+P_iC_{i-1}$。

以四位并行加法器为例,每一位的进位表达式可表示为

$$C_1 = G_1 + P_1C_0$$
$$C_2 = G_2 + P_2C_1$$
$$C_3 = G_3 + P_3C_2$$
$$C_4 = G_4 + P_4C_3$$

将以上各式逐项代入,都用最低进位 C_0 表示,可得

$$C_1 = G_1 + P_1C_0$$
$$C_2 = G_2 + P_2C_1 = G_2 + P_2G_1 + P_2P_1C_0$$
$$C_3 = G_3 + P_3C_2 = G_3 + P_3G_2 + P_3P_2G_1 + P_3P_2P_1C_0$$

$$C_4 = G_4 + P_4 C_3 = G_4 + P_4 G_3 + P_4 P_3 G_2 + P_4 P_3 P_2 G_1 + P_4 P_3 P_2 P_1 C_0$$

从上式可得 4 位超前进位链的线路图如图 3.22 所示,四位进位输出信号仅由 G_i、P_i 及最低位 C_0 决定,而 $G_i = A_i B_i$,$P_i = A_i \oplus B_i$,当 A、B 各位同时到来时,经过三级门的延时(第一级产生各 G_i 和 P_i;第二级为各 G_i 和 P_i 的与级;第三级为它们的或级),各位进位 C_i 同时产生。

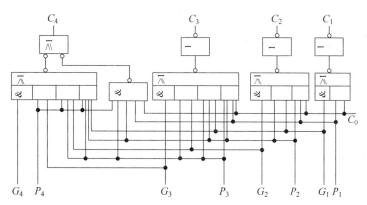

图 3.22　四位超前进位链

设与或非门的级延迟时间为 1.5t,与非门的级延迟时间为 1t,则当 G_i 和 P_i 形成后,只需 2.5t 就可以产生全部进位。

图 3.23 是由超前进位链构成的四位并行加法器的逻辑电路图,参加运算的两个操作数分别为 $A_3 A_2 A_1 A_0$ 和 $B_3 B_2 B_1 B_0$,运算结果为 $S_3 S_2 S_1 S_0$,C_0 为低位的进位输入,C_4 为向高位的进位输出。由图可以看出,输入两个参加运算的操作数以后,运算结果可以同时产生,运算速度比行波进位加法器的速度快。但当位数增加时,进位形成逻辑的输入变量增多,进位信号 C_i 的逻辑表达式也会变得越来越复杂,以至超出器件规定的输入系数。因此,当位数增多时,用这种办法是不现实的。一般的做法是将加法器分组,常用的分组进位结构有组内

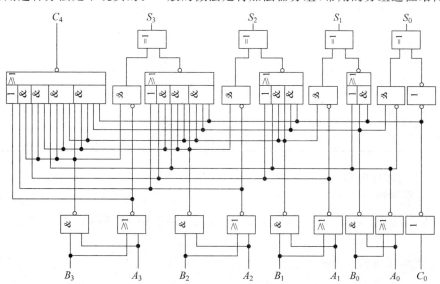

图 3.23　由超前进位链构成的四位并行加法器

逻辑电路基础

并行、组间串行的进位链和组内并行、组间并行的进位链两种。

3.3.2 译码器

译码器是计算机中最常用的逻辑部件之一,用来对输入信号进行"翻译",识别出其含义并产生相应的输出信号。译码器的种类很多,常见的中规模译码器有二进制译码器、二-十进制译码器和七段显示译码器等几类。

1. 二进制译码器

二进制译码器的功能是将 n 个输入变量"翻译"成 2^n 个输出函数,且每个输出函数对应于输入变量的一个最小项。因此,二进制译码器都具有 n 个译码输入端和 2^n 个译码输出端,称 $n-2^n$ 线译码器,除此之外,一般还有用于控制该译码器是否能够正常工作的一个或多个控制输入端,通常称为使能输入端或使能端。当所有使能输入端都为有效电平时,对应每一组输入代码,输出端仅有一个为有效电平,其余均为无效电平。当使能端不全部有效时,输出端均为无效电平。有效电平既可以为高电平也可以为低电平,分别称为高电平译码器和低电平译码器。

表 3.10 为 3-8 线二进制译码器的真值表,A,B,C 为译码输入端;$Y_0,Y_1,\cdots,Y_7$ 为译码输出端;EN 为使能输入端。由真值表可知,当使能信号 EN 为有效电平高电平时,对于 A,B,C 的一组输入值,输出 $Y_0,Y_1,\cdots,Y_7$ 中都有且仅有一个为 0(低电平有效),其余均为 1,此即译码。其他情况译码器不工作,输出端全为 1(无效电平)。

表 3.10 3-8 线译码器的真值表

使能输入	译 码 输 入			输　　　出							
EN	C	B	A	$\overline{Y}_0$	$\overline{Y}_1$	$\overline{Y}_2$	$\overline{Y}_3$	$\overline{Y}_4$	$\overline{Y}_5$	$\overline{Y}_6$	$\overline{Y}_7$
0	×	×	×	1	1	1	1	1	1	1	1
1	0	0	0	0	1	1	1	1	1	1	1
1	0	0	1	1	0	1	1	1	1	1	1
1	0	1	0	1	1	0	1	1	1	1	1
1	0	1	1	1	1	1	0	1	1	1	1
1	1	0	0	1	1	1	1	0	1	1	1
1	1	0	1	1	1	1	1	1	0	1	1
1	1	1	0	1	1	1	1	1	1	0	1
1	1	1	1	1	1	1	1	1	1	1	0

2. 二-十进制译码器

二-十进制译码器的功能是将 4 位 BCD 码(一般为 8421 BCD 码)的 10 组代码"翻译"成 10 个对应信号输出的逻辑电路。因为其输入和输出线的条数分别为 4 和 10,所以又称为 4-10 线译码器。

二-十进制译码器的真值表如表 3.11 所示,表中 A_3、A_2、A_1、A_0 为输入端,$Y_0 \sim Y_9$ 为输出端,输出端低电平有效,由表 3.11 可知,$A_3 A_2 A_1 A_0$ 输入为 8421 BCD 码,只有一个输出端为有效电平,代表相应的十进制数码。

表 3.11　二-十进制译码器的真值表

序号	输入				输出									
	A_3	A_2	A_1	A_0	$\overline{Y_0}$	$\overline{Y_1}$	$\overline{Y_2}$	$\overline{Y_3}$	$\overline{Y_4}$	$\overline{Y_5}$	$\overline{Y_6}$	$\overline{Y_7}$	$\overline{Y_8}$	$\overline{Y_9}$
0	0	0	0	0	0	1	1	1	1	1	1	1	1	1
1	0	0	0	1	1	0	1	1	1	1	1	1	1	1
2	0	0	1	0	1	1	0	1	1	1	1	1	1	1
3	0	0	1	1	1	1	1	0	1	1	1	1	1	1
4	0	1	0	0	1	1	1	1	0	1	1	1	1	1
5	0	1	0	1	1	1	1	1	1	0	1	1	1	1
6	0	1	1	0	1	1	1	1	1	1	0	1	1	1
7	0	1	1	1	1	1	1	1	1	1	1	0	1	1
8	1	0	0	0	1	1	1	1	1	1	1	1	0	1
9	1	0	0	1	1	1	1	1	1	1	1	1	1	0

3. 七段显示译码器

七段显示译码器的作用是将 BCD 码表示的十进制数转换成七段 LED 显示器的 7 个驱动输入端,如图 3.24 所示为七段显示译码器和七段 LED 显示器连接图,其中 B_8,B_4,B_2,B_1 为 BCD 码输入端,输出 $a \sim g$ 为七段 LED 显示器的 7 个驱动输入端。七段 LED 显示器由 7 个条形发光二极管(LED)组成,不同段 LED 的亮、灭组合,即可显示不同的数字。LED 显示器有共阳极和共阴极连接两种形式,共阳极形式是将 7 个 LED 的阳极连在一起并接高电平,当需要某段 LED 点亮时,就让其阴极接低电平即可,否则接高电平。共阴极形式和共阳极形式相反,将 7 个 LED 的阴极连在一起并接低电平,当需要某段 LED 点亮时,就让其阳极接高电平即可,否则接低电平。表 3.12 为共阴极 LED 显示器的 BCD 码七段显示译码器真值表。

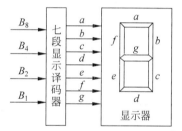

图 3.24　七段显示译码器和七段 LED 显示器连接图

表 3.12　BCD 码七段显示译码器真值表

	B_8	B_4	B_2	B_1	a	b	c	d	e	f	g
0	0	0	0	0	1	1	1	1	1	1	0
1	0	0	0	1	0	1	1	0	0	0	0
2	0	0	1	0	1	1	0	1	1	0	1
3	0	0	1	1	1	1	1	1	0	0	1
4	0	1	0	0	0	1	1	0	0	1	1
5	0	1	0	1	1	0	1	1	0	1	1
6	0	1	1	0	0	0	1	1	1	1	1
7	0	1	1	1	1	1	1	0	0	0	0
8	1	0	0	0	1	1	1	1	1	1	1
9	1	0	0	1	1	1	1	0	0	1	1
10	1	0	1	0	d	d	d	d	d	d	d
11	1	0	1	1	d	d	d	d	d	d	d
12	1	1	0	0	d	d	d	d	d	d	d
13	1	1	0	1	d	d	d	d	d	d	d
14	1	1	1	0	d	d	d	d	d	d	d
15	1	1	1	1	d	d	d	d	d	d	d

3.3.3 多路选择器

多路选择器又叫数据选择器或多路开关,简称 MUX(Multiplexer)。它是一种多输入单输出的组合逻辑电路,完成从多路输入数据中选择一路送至输出端的功能。多路数据的选择是受控制信号控制的,一般称为地址选择信号。通常,对于一个具有 2^n 路输入和一路输出的 MUX 有 n 个地址选择端,它的每一种取值组合对应选中一路输入送至输出端。

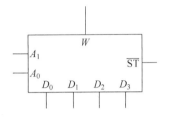

图 3.25 4 路选择器的逻辑符号

图 3.25 为 4 路选择器的逻辑符号,图中,$D_0 \sim D_3$ 为数据输入端;A_1,A_0 为地址选择输入端;$\overline{ST}$ 为使能输入端(低电平有效);W 为数据输出端。表 3.13 为 4 路选择器的真值表,由表可以看出,在使能端有效的情况下,根据地址端的不同组合,分别从输入数据中选择一路输出。

表 3.13 4 路选择器的真值表

选择输入		数 据 输 入				使能输入	输出
A_1	A_0	D_0	D_1	D_2	D_3	$\overline{ST}$	W
$\times$	$\times$	$\times$	$\times$	$\times$	$\times$	1	0
0	0	D_0	$\times$	$\times$	$\times$	0	D_0
0	1	$\times$	D_1	$\times$	$\times$	0	D_1
1	0	$\times$	$\times$	D_2	$\times$	0	D_2
1	1	$\times$	$\times$	$\times$	D_3	0	D_3

3.3.4 三态门

三态门是具有三个输出状态的逻辑电路,三态门的输出端除了 0 和 1 两种状态外,还有第三种状态,称为高阻状态或禁止状态,在这种状态下,输出端相当于断开(虚断)。

图 3.26 为高电平有效的三态门逻辑符号,其输出 Y 受使能端 E 的控制,当 E 为有效电平时输出状态为正常的 0 或 1,当 E 为无效电平时输出为高阻态,功能表如表 3.14 所示,表中 Z 表示高阻态。

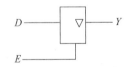

图 3.26 高电平有效的三态门逻辑符号

表 3.14 高电平有效的三态门功能表

E	D	Y
0	$\times$	Z
1	0	0
1	1	1

三态门主要应用于总线传送,可以分为单向或双向数据传送。

如图 3.27 所示是用三态门构成的单向数据总线。在任何时刻,n 个三态门中只允许其中一个使能端 Ei 有效,该门处于工作状态,相应的数据 Di 就被送到总线上去,而其他门的使能端均无效,处于高阻状态。若某一时刻同时有两个以上的三态门使能端有效,就有两个以上的三态门工作,那么总线上传输的信息就会出错。

如图 3.28 所示是具有双向三态缓冲的数据总线。当控制使能端 EN 为高电平时,三态门 G1 处于工作状态,三态门 G2 处于高阻状态,数据 $D1$ 经 G1 传输到总线上;当控制使能端 EN 为低电平时,三态门 G2 处于工作状态,三态门 G1 处于高阻状态,总线上的数据 $D2$ 通过三态门 G2 接收。这样,通过改变控制使能端 EN 的状态,实现数据的分时双向传送。

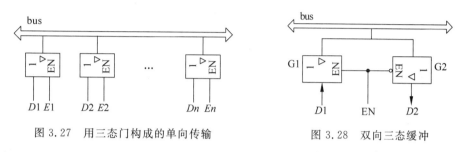

图 3.27 用三态门构成的单向传输   图 3.28 双向三态缓冲

3.4 计算机中常用的时序逻辑电路

触发器、锁存器、寄存器都可以作为存储单元,用来存储二进制信息。触发器强调的是工作机制,多指边沿触发;锁存器强调的是它的功能特性,多指电平触发。触发器、锁存器是逻辑电路的术语,而寄存器通常是 n 位触发器的组合,是计算机的术语。

3.4.1 基本 R-S 触发器和 D 触发器

1. 基本 R-S 触发器

最基本的触发器是基本 R-S 触发器,它可以由两个与非门(或者两个或非门)交叉连接而成,有两个稳定的输出状态,可用来保存 1 位二进制信息。图 3.29 为基本 R-S 触发器的逻辑图、功能表和时序图,由图可以看出,基本 R-S 触发器的功能为

① 当输入 $\overline{R}\,\overline{S}=11$ 时,触发器保持原来的稳定状态;

② 当输入 $\overline{R}\,\overline{S}=10$ 时,其 Q 端置 1,但此期间输入不能发生变化;

③ 当输入 $\overline{R}\,\overline{S}=01$ 时,其 Q 端清零,但此期间输入不能发生变化;

④ 当输入 $\overline{R}\,\overline{S}=00$ 时,其 Q 端与 $\overline{Q}$ 端都为 1,但此期间输入信号同时变为 11 时,如果左边的与非门先清零,Q 端输出就为 0,反之输出为 1,这取决于与非门的延迟时间。由于究竟哪个门快,使用者无法把握,因此称这样的输出为不确定,基本 R-S 触发器不允许出现这种状态。

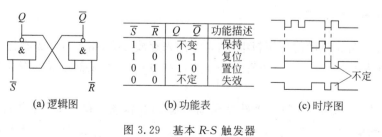

$\overline{S}$	$\overline{R}$	Q	$\overline{Q}$	功能描述
1	1	不变		保持
1	0	0	1	复位
0	1	1	0	置位
0	0	不定		失效

(a) 逻辑图   (b) 功能表   (c) 时序图

图 3.29 基本 R-S 触发器

由此可以看出,基本 R-S 触发器不允许两个输入端同时为 0,接收数据期间也不允许输入端发生变化,也没有时钟控制。

2. D 触发器

在基本 R-S 触发器的基础上再增加一定结构的与非门即可组成比较完善的 D 触发器。D 触发器常用来构成寄存器、数据缓冲器和计数器等。如图 3.30 所示为上升沿 D 触发器的逻辑符号、功能表和波形图,其中,CP 表示时钟脉冲输入信号,D 为触发器的数据输入端,Q 为触发器的状态输出端,Q^n 表现态,Q^{n+1} 表次态,$\overline{R}_d$ 和 $\overline{S}_d$ 分别是直接复位端和直接置位端。

$\overline{S}_d$	$\overline{R}_d$	CP	D	Q^n	Q^{n+1}
0	1	×	×	×	1
1	0	×	×	×	0
1	1	↑	1	×	1
1	1	↑	0	×	0

(a) 逻辑图　　　　　　　(b) 功能表　　　　　　　(c) 波形图

图 3.30　D 触发器

由功能表可以看出:

① 复位信号和置位信号不受时钟信号控制,不管时钟信号如何,只要复位信号或置位信号有效,立即完成触发器的复位或置位;

② 当复位信号和置位信号无效时,在时钟信号 CP 的上升沿,输入端 D 的数据传送到输出端 Q。

3.4.2　锁存器

锁存器是由若干个触发器构成的能存储多位二进制代码的时序逻辑电路,锁存器的输出受锁存信号(也称使能信号)的控制,当锁存信号有效时,输出随着输入变化,当锁存信号无效时,输出状态不变,此时输出对于输入是透明的,因此锁存器也称为透明锁存器。

图 3.31(a)和图 3.31(b)是在基本 R-S 触发器的基础上增加三个门电路构成的一位锁存器逻辑图和图形符号,D 为输入信号,E 为锁存信号,高电平有效,Q 为锁存器的输出状态,图 3.31(c)为该锁存器功能表。

由功能表可以看出,当锁存信号 E 有效时,能锁存输入数据 D,当 E 无效时,锁存器输出状态不变,与输入无关。

3.4.3　数据寄存器

寄存器是一种常见的时序逻辑电路,常常用来存放数据、指令等。寄存器是由具有存储功能的触发器构成的,一个触发器存储一位二进制,用 n 个触发器组成的寄存器能存储 n 位二进制信息。

图 3.32 为四个边沿 D 触发器构成的寄存器的逻辑图。$D_3 \sim D_0$ 是并行数据输入端,$\overline{CR}$ 是异步清零端,CP 是时钟脉冲输入端 $Q_3 \sim Q_0$ 是并行数据输出端。功能表见表 3.15,

由表可知,当清零端$\overline{CR}$有效时,4 个 D 触发器清零,即 $Q_3Q_2Q_1Q_0 = 0000$;当清零端无效,CP 的上升沿时,触发器被置数,即 $Qn = dn$;当清零端无效,CP 无上升沿时,触发器状态保持不变。

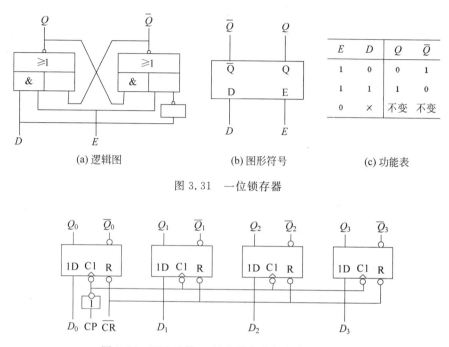

(a) 逻辑图　　　　　　(b) 图形符号　　　　　(c) 功能表

图 3.31　一位锁存器

图 3.32　四个边沿 D 触发器构成的寄存器逻辑图

表 3.15　四个边沿 D 触发器构成的寄存器功能表

		输　　入						输　　出	
$\overline{CR}$	CP	D_3	D_2	D_1	D_0	Q_3	Q_2	Q_1	Q_0
0	×	×	×	×	×	0	0	0	0
1	↑	d_3	d_2	d_1	d_0	d_3	d_2	d_1	d_0
1	0	×	×	×	×	不变			

3.4.4　移位寄存器

移位寄存器除了具有存储代码的功能以外,还具有移位功能,即指寄存器里存储的代码能在移位脉冲的作用下依次左移或右移。因此,移位寄存器不但可以用来寄存代码,还可以用来实现数据的串行-并行转换、数值的运算以及数据处理等。按照移位方式不同,分为单向移位寄存器和双向移位寄存器两类。

图 3.33 是由边沿 D 触发器组成的单向右移的 4 位移位寄存器,其中触发器 FF3 的输入端接收串行输入信号,其余的每个触发器输入端均与前边一个触发器的输出端相连。当 CP 的上升沿同时作用所有触发器时,加到寄存器输入端 D_i 的代码存入 FF3,其余触发器 FF_n 的状态为前一个触发器 FF_{n+1} 的状态,即总的效果是将寄存器里原有代码右移了一位。

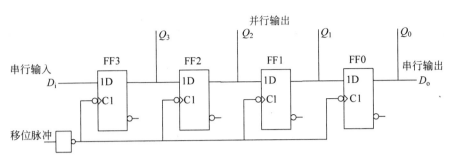

图 3.33 用 D 触发器构成的移位寄存器

3.4.5 计数器

计数器是计算机、数字仪表中常用的一种逻辑电路,它不仅能用来对时钟脉冲计数,还可以用于分频、定时、产生节拍脉冲、进行数字运算等。计数器种类繁多,根据计数器中数字的编码方式的不同,分为二进制计数器、二-十进制计数器和循环码计数器等,根据计数过程中数字的增减趋势的不同分为加法计数器、减法计数器和加/减计数器;根据时钟作用方式不同分为同步计数器和异步计数器等。

如图 3.34 所示是 4 位二进制同步加法计数器,由 4 个 JK 触发器和门电路组成,CP 为计数脉冲,Co 为进位输出。状态表如表 3.16 所示,由表可以看出,每来一个计数脉冲 CP,计数器的状态加 1,当计数到最大值时,送出进位信号 Co,下一个计数脉冲 CP 到来时,计数器和 Co 清零,计数器又从 0 开始计数。

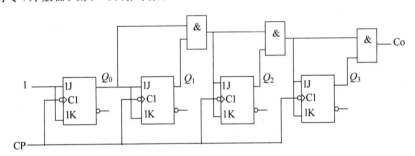

图 3.34 由 JK 触发器组成的 4 位二进制同步加法器

表 3.16 4 位二进制同步加法计数器状态表

CP 的循序	Q_3	Q_2	Q_1	Q_0	Co
0	0	0	0	0	0
1	0	0	0	1	0
2	0	0	1	0	0
3	0	0	1	1	0
4	0	1	0	0	0
5	0	1	0	1	0
6	0	1	1	0	0
7	0	1	1	1	0
8	1	0	0	0	0

CP 的循序	Q_3	Q_2	Q_1	Q_0	Co
9	1	0	0	1	0
10	1	0	1	0	0
11	1	0	1	1	0
12	1	1	0	0	0
13	1	1	0	1	0
14	1	1	1	0	0
15	1	1	1	1	1
16	0	0	0	0	0

习　　题

3.1　用逻辑代数的公式、定理和规则将下列逻辑函数化简为最简"与或"表达式。

(1) $F = AB + \overline{A}\overline{B}C + BC$

(2) $F = A\overline{B} + B + BCD$

(3) $F = (A+B+C)(\overline{A}+B)(A+B+\overline{C})$

(4) $F = BC + D + \overline{D}(\overline{B}+\overline{C})(AC+B)$

3.2　用卡诺图化简法求出下列逻辑函数的最简"与或"表达式。

(1) $F(A,B,C,D) = \overline{A}\overline{B} + \overline{A}CD + AC + B\overline{C}$

(2) $F(A,B,C,D) = BC + D + \overline{D}(\overline{B}+\overline{C})(AD+B)$

(3) $F(A,B,C,D) = \prod M(2,4,6,10,11,12,13,14,15)$

(4) $F(A,B,C,D) = \sum M(0,2,7,13,15) + \sum d(1,3,4,5,6,8,10)$

3.3　比较 PLD 和 FPGA 的异同。

3.4　举例说明三态门主要有哪些应用。

3.5　分析超前进位并行加法器能提高运算速度的原因。

第4章 | 运算方法与运算器

4.1　定点数加减法运算

4.1.1　原码加减运算方法

原码加减法运算的特点如下：

(1) 符号位不能和数据一起参加运算；

(2) 符号位和加减法指令共同作为运算的依据。

下面讨论原码加减法运算的规则：

(1) 加法指令需执行"同号求和,异号求差"；减法指令需执行"异号求和,同号求差"。

(2) 求和时,将两操作数的数值位相加得到和的数值位。若数值最高位产生进位,则结果溢出。和的符号位采用第一操作数(被加数/被减数)的符号。

(3) 求差时,第一操作数的数值位加上第二操作数(加数/减数)的数值位的补码。分两种情况讨论：

① 最高数值位有进位,表明加法结果为正,所得数值位正确,结果的符号位采用第一操作数的符号。

② 最高数值位无进位,表明加法结果为负(补码形式),应对其求补,还原为绝对值形式的数值位,结果的符号位为第一操作数的符号变反。

例 4.1　已知$[X]_原=0.1101$,$[Y]_原=1.1001$,求$[X+Y]_原$和$[X-Y]_原$。

解：先求$[X+Y]_原$,依运算规则,对两数求差,即$.1101-.1001=.1101+.0111=1.0100$。

因为最高数值位产生进位,所得数值位.0100正确,再加上第一操作数的符号位0,则

$$[X+Y]_原 = 0.0100$$

再求$[X-Y]_原$,依运算规则,应对两数求和,即$.1101+.1001=1.0110$。

因为数值最高位产生进位,即结果溢出。

可以看出,原码加减运算规则比较复杂,下面讨论计算机中常用的补码加减运算的方法。

4.1.2　补码加减运算方法

由于补码运算可以将减法转换成加法,规则简单,易于实现,大大简化了加减运算的算法,所以现代计算机中均采用补码进行加减运算。

1. 补码加减法的基本公式

1）补码加法

两个补码表示的数相加，符号位也参加运算，两个数和的补码等于两个数补码之和。

$$[X+Y]_{补} = [X]_{补} + [Y]_{补}$$

2）补码减法

可以用加法器来实现减法运算，根据补码加法公式可推出：

$$[X-Y]_{补} = [X+(-Y)]_{补} = [X]_{补} + [-Y]_{补}$$

运算时，先根据 $Y_{补}$ 求 $[-Y]_{补}$，再按照补码加法规则进行运算。$[-Y]_{补}$ 是 $[Y]_{补}$ 连同符号位在内一起取反加一而得。

例 4.2 已知 $X=0.1011$，$Y=-0.1101$，求 $[X+Y]_{补}$。

解： $[X]_{补}=0.1011$，$[Y]_{补}=1.0011$

$$
\begin{array}{rl}
[X]_{补} & 0.1011 \\
+\ [Y]_{补} & 1.0011 \\
\hline
[X]_{补}+[Y]_{补} & 1.1110
\end{array}
$$

因此，$[X+Y]_{补}=1.1110$。

例 4.3 已知 $X=0.1101$，$Y=0.0111$，求 $[X-Y]_{补}$。

解： $[X]_{补}=0.1101$，$[Y]_{补}=0.0111$，$[-Y]_{补}=1.1001$

$$
\begin{array}{rl}
[X]_{补} & 0.1101 \\
+\ [-Y]_{补} & 1.1001 \\
\hline
[X]_{补}+[-Y]_{补} & \underline{1}\ 0.0110
\end{array}
$$

↑ 丢掉

因此，$[X-Y]_{补}=0.0110$。

通过上述例题可以发现，在某些情况下，符号位会产生进位，此进位在取模时可将其丢掉，不影响结果的正确性。

2. 补码加法运算的溢出判断方法

两个定点数经过加减运算后，其结果超过了定点数的表示范围，就会产生**溢出**，使计算结果出错，因此在加减运算后必须判别是否发生溢出。下面讨论溢出判断的方法。

（1）根据两个操作数的符号位和结果的符号位是否一致进行判断。

两个参加运算的数据如果符号相异，做加法时是不会产生溢出的。只有两个相同符号的数做加法运算时才有可能产生溢出。两个正数相加结果为负数，结果是错误的。同理，两个负数相加结果为正数，同样也是错误的。溢出判断方法如下：

用 X_n 和 Y_n 表示两个操作数的符号（如为减法运算，则 Y_n 为 $[-Y]_{补}$ 的符号），S_n 表示运算结果的符号，则溢出检测的逻辑表达式为

$$V = X_n Y_n \overline{S_n} + \overline{X_n}\,\overline{Y_n} S_n$$

其中，$V=1$ 表示结果出现溢出。当两个操作数为负时，即 $X_n=Y_n=1$ 而 $S_n=0$ 时，或者当两个操作数为正，即 $X_n=Y_n=0$ 而 $S_n=1$ 时均会产生溢出。

（2）采用变形补码运算并进行溢出判断。

在进行补码加减运算时，若只使用一个符号位，如果出现溢出，正确的符号位被溢出的

数值挤掉了,符号位含义就会发生混乱。因此,可将符号位扩展为两位,这样进行运算时,即使出现溢出,数值侵占了一个符号位,仍能保证最左边的符号是正确的。这种采用两个符号位表示的补码称为变形补码或双符号位补码。

采用变形补码运算时,正数的符号用"00"表示,负数的符号用"11"表示,运算结果也应该满足此要求。若运算结果的两个符号位相同,表示运算结果正确,若运算结果的两个符号位不同,表示产生了溢出,故溢出判断的表达式为

$$V = S_n \oplus S_{n+1}$$

用 S_n 和 S_{n+1} 表示结果的两位符号位,当结果的两位符号位不同时,$V=1$,则表示产生溢出,具体情况如下:

$S_{n+1}S_n=00$,表示结果为正,无溢出。

$S_{n+1}S_n=01$,表示结果为正溢出。

$S_{n+1}S_n=10$,表示结果为负溢出。

$S_{n+1}S_n=11$,表示结果为负,无溢出。

例 4.4 已知 $X=0.1011,Y=0.1101$,用变形补码运算并判断 $[X+Y]_补$ 是否产生溢出。

解: $[X]_{变补}=00.1011,[Y]_{变补}=00.1101$

$$
\begin{array}{r}
[X]_{变补} \quad 00.1011 \\
+[Y]_{变补} \quad 00.1101 \\
\hline
[X+Y]_{变补} \quad 01.1000
\end{array}
$$

双符号位为 01,表示结果产生正溢出。

例 4.5 已知 $X=-0.1011,Y=0.1001$,用变形补码运算并判断 $[X-Y]_补$ 是否产生溢出。

解: $[X]_{变补}=11.0101,[Y]_{变补}=00.1001,[-Y]_{变补}=11.0111$

$$
\begin{array}{r}
[X]_{变补} \quad 11.0101 \\
+[-Y]_{变补} \quad 11.0111 \\
\hline
[X-Y]_{变补} \quad 1\,10.1100
\end{array}
$$

↑ 丢掉

双符号位为 10,表示结果产生负溢出。

需要说明的是,采用变形补码时,因为任何正确的数的两个符号位总是相同的,所以数据在寄存器或主存中保存时,只须保存一位符号位即可。在将操作数送到加法器中进行运算时,需要采用双符号位,所以在实际运算电路中,必须将一位符号的值同时送到加法器的两个符号位的输入端。

4.1.3 补码加减运算的逻辑实现

根据前面介绍的补码减法的公式可知,使用补码运算可以将减法转换成加法运算,即将减数的补码按位取反,再在末位加 1,得到减数相反数的补码,然后与被减数相加。

图 4.1 是一个补码加减电路的基本结构框图。图中加法器 $\sum$ 做加法运算,是加减运算电路的核心部分,$F = A + B$。加法器 $\sum$ 可以用并行加法器来实现,以提高运算速度。

ADD、SUB、$1{\rightarrow}C_0$ 为控制信号,其中 $1{\rightarrow}C_0$ 是加法器最低位的进位位;ADD 控制信号有效时,将 src 的值送到 B 端;SUB 控制信号有效时,将 src 取反后送到 B 端。注意:ADD 和 SUB 不能同时有效。

要实现 dst+src(dst 和 src 均为补码表示),可将 dst 端数据送入 A 端,使 ADD 控制信号有效,则将 src 端的数据直接送入 B 端,即可以实现加法运算。

要实现 dst-src(dst 和 src 均为补码表示),可将 dst 端数据送入 A 端,使 SUB 控制信号有效,则将 src 端的数据取反后送入 B 端,同时使 $1{\rightarrow}C_0$ 控制信号为 1,可以实现 $dst+\overline{src}+1$ 的操作,即 dst-src,即可实现减法运算。

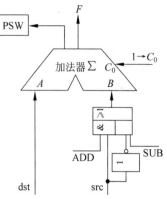

图 4.1　补码加减运算电路

由此可以看出,减法和加法运算都是通过同一个电路实现的,通过不同的控制信号来实现不同的运算操作。

另外,加法器运算结果的状态可以在 PSW 标志寄存器中保存,PSW 反映每次运算后的各种状态标志,这些标志是进行判断的依据,例如条件转移的依据,溢出处理的依据等。

常见的标志位有:

SF(Sign Flag)符号标志。SF=1 表示结果为负数,SF=0 表示结果为正数。

ZF(Zero Flag)零标志。ZF=1 表示结果为零,ZF=0 表示结果非零。

OF(Overflow Flag)溢出标志。OF=1 表示结果溢出,OF=0 表示结果不溢出。

CF(Carry Flag)进位标志。当该加减法器做加法运算时,CF=1 表示有进位,CF=0 表示没有进位;减法运算时,有借位时 CF=0,没有借位时 CF=1,即 CF 为借位的反。图 4.2 形象地解释了有模减法运算的进位问题。图中的阴影部分表示有模的数据,圆圈表示模,数据超出圆圈(模)则产生进位。在有模运算中,减去一个数等于加上这个数对模的补数。

图 4.2(a)表示,若够减(无借位),化为补码相加,则有进位,即 CF=1;

图 4.2(b)表示,若不够减(有借位),化为补码相加,则无进位,即 CF=0。

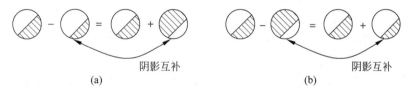

图 4.2　有模减法运算的进位图示

在一些商业计算机中,为了使减法运算的 CF 标志位与借位的习惯含义一致,通常在减法运算时将进位位取反后再存入 PSW 的 CF 标志位。

4.1.4　移码加减运算

在计算机中,阶码一般用补码或者移码表示。

若阶码用补码表示,乘积的阶码为 $[E_x]_{\text#}+[E_y]_{\text#}$,商的阶码为 $[E_x]_{\text#}-[E_y]_{\text#}$。补码运算规则前面已经重点讲解过了。

若阶码用移码表示,则根据移码的定义可知:

$$[E_x]_移 + [E_y]_移 = 2^n + E_x + 2^n + E_y = 2^n + (2^n + E_x + E_y)$$
$$= 2^n + [E_x + E_y]_移$$

因此,若直接用移码求阶码之和,结果比两数之和的移码多了 2^n,即最高位上多加了一个 1,所以,要求两数和的移码,必须将两数移码之和的最高位(符号位)取反。

例 4.6 已知 $[E_x]_移 = 10010$,$[E_y]_移 = 01000$,求 $[E_x + E_y]_移$。

解:因为 $[E_x]_移 + [E_y]_移 = 10010 + 01000 = 11010$

将符号位取反得:$[E_x + E_y]_移 = 01010$。

由于补码和移码的数值位相同,符号位相反,因此可以将移码和补码混合使用,即利用 X 的移码和 Y 的补码之和来表示 $X + Y$ 的移码。

$$[E_x]_移 + [E_y]_补 = 2^n + E_x + 2^{n+1} + E_y$$
$$= 2^{n+1} + (2^n + (E_x + E_y))$$
$$= 2^{n+1} + (E_x + E_y)_移$$
$$= [E_x + E_y]_移 \quad (\bmod\ 2^{n+1})$$

同理可推出:

$$[E_x]_移 + [-E_y]_补 = 2^n + E_x + 2^{n+1} - E_y$$
$$= 2^{n+1} + (2^n + (E_x - E_y))$$
$$= 2^{n+1} + (E_x - E_y)_移$$
$$= [E_x - E_y]_移 \quad (\bmod\ 2^{n+1})$$

在进行移码加减运算时,应将加数或减数的移码的符号位取反(变成补码)后再进行加减运算。

为便于判断移码加减运算的溢出情况,采用双符号位进行运算。设移码的双符号位为 $S_{f1} S_{f2}$,并规定运算初始时,移码的第一符号位 S_{f1} 恒用 0 表示(与双符号位补码不同)。移码加减运算的溢出判断方法是:若运算结果的第一符号位 S_{f1} 为 1,则表示溢出;若 S_{f1} 为 0,则表示无溢出。S_{f1} 与 S_{f2} 配合,可以表示运算结果的具体溢出情况:

$S_{f1} S_{f2} = 00$,结果为负,无溢出;

$S_{f1} S_{f2} = 01$,结果为正,无溢出;

$S_{f1} S_{f2} = 10$,结果正溢出;

$S_{f1} S_{f2} = 11$,结果负溢出。

由于移码运算用于浮点数的阶码,当阶码运算结果正溢出时,浮点数上溢;当阶码运算结果负溢出时,浮点数下溢,当作机器零处理。

例 4.7 已知 $E_x = -1010$,$E_y = +0111$,求 $[E_x + E_y]_移$ 和 $[E_x - E_y]_移$,并判断溢出。

解:$[E_x]_移 = 000110$,$[E_y]_补 = 000111$,$[-E_y]_补 = 111001$,则

$[E_x + E_y]_移 = [E_x]_移 + [E_y]_补 = 000110 + 000111 = 001101$,结果为 -3 无溢出。

$[E_x - E_y]_移 = [E_x]_移 + [-E_y]_补 = 000110 + 111001 = 111111$,结果出现负溢出。

4.2　定点数移位运算

移位运算是计算机中的基本运算之一,计算机中移位运算和加减运算相结合可实现乘除运算。移位运算分逻辑移位、算术移位和循环移位三大类。

4.2.1 逻辑移位

进行逻辑移位的机器数代码为无符号数或纯逻辑代码,所以移位时不考虑符号问题。移位时所有代码均参加移位。逻辑左移时将寄存器的每一位数据向左移动一个位置,最高位移至进位位,最低位补零;逻辑右移时将寄存器的每一位数据向右移动一个位置,最低位移至进位位,最高位补零。

例 4.8 设 X 为无符号数,$X=11000101$,写出 X 逻辑左移一位和逻辑右移一位后的结果。

解:X 逻辑左移一位后,最低位空位补零,得 $X=10001010$。最高位移至进位位。

X 逻辑右移一位后,最高位空位补零,得 $X=01100010$。最低位移至进位位。

4.2.2 算术移位

有符号数的移位称为算术移位。算术移位时需考虑正、负数及不同编码对应的规则。分析如下:对于正数,由于 $[X]_原=[X]_反=[X]_补=$ 真值,故移位后出现空位的地方均补零。对于负数,由于原码、补码和反码的表示形式不同,故当机器数移位时,对其空位的填补规则也不同。

由于负数原码的数值部分与真值数值部分相同,所以在移位时只要保持符号位不变,移位后产生的空位均补零。

由于负数反码除符号位外的各位与负数原码正好相反,所以移位后空位所填的代码应与原码相反,即移位时保持符号位不变,移位后产生的空位均补 1。

分析负数补码可知,从数的最低位向高位寻找,遇到第一个"1"时,其左边的各位均与所对应的反码相同,而包括该"1"在内的右边的各位均与原码相同。故负数补码左移时,因空位出现在低位,则填补的代码与原码相同,即补零;右移时因空位出现在高位,则填补的代码应与反码相同,即补 1。表 4.1 列出了三种不同码制的机器数的移位规则。

表 4.1 三种不同码制的算术移位规则

真值	码制	移位后空位填补的代码
正数	原码、补码、反码	0
负数	原码	0
	补码	左移补 0
		右移补 1
	反码	1

例 4.9 $[X]_补=00110100$,写出 $[X]_补$ 算术左移一位和算术右移一位后的结果。

解:由于 $[X]_补$ 为正数,所以根据移位规则可知:

$[X]_补$ 算术左移一位后得:01101000。

$[X]_补$ 算术右移一位后得:00011010。

例 4.10 设 $[X]_补=11010100$,写出 $[X]_补$ 算术左移一位和算术右移一位后的结果。

解:由于 $[X]_补$ 为负数,所以根据移位规则可知:

$[X]_补$ 算术左移一位后得:10101000。

$[X]_补$ 算术右移一位后得:11101010。

运算方法与运算器

例 4.11 $[X]_{反}=11010100$,写出$[X]_{反}$算术左移一位和算术右移一位后的结果。

解：由于$[X]_{反}$为负数,所以根据移位规则可知：

$[X]_{反}$算术左移一位后得：10101001。

$[X]_{反}$算术右移一位后得：11101010。

例 4.12 $[X]_{原}=11010100$,写出$[X]_{原}$算术左移一位和算术右移一位后的结果。

解：由于$[X]_{原}$为负数,所以根据移位规则可知：

$[X]_{原}$算术左移一位后得：10101000。

$[X]_{原}$算术右移一位后得：10101010。

4.2.3 循环移位

所谓循环移位,就是指移位时数据的首尾相连进行移位,即最高(最低)位的移出位又移入数据的最低(最高)位。根据循环移位时进位位是否一起参加循环,可将循环移位分为不带进位循环和带进位循环两类。其中,不带进位循环是指进位位的内容不与数据部分一起循环移位,也称小循环。带进位的循环是指进位位的内容与数据部分一起循环移位,也称大循环。

小循环左移：最高位移至进位位,同时移至最低位。

小循环右移：最低位移至进位位,同时移至最高位。

大循环左移：最高位移至进位位,进位位移至最低位。

大循环右移：最低位移至进位位,进位位移至最高位。

循环移位一般用于实现循环式控制、高低字节的互换,还可以用于实现多倍字长数据的算术移位或逻辑移位。

4.3 定点乘法运算

乘除运算是经常用到的基本算术运算。计算机中实现乘除运算通常采用以下三种方法：

(1) 利用乘除运算子程序。

这种方式的基本思想是采用软件实现乘除运算。通常是利用计算机中的加减运算指令、移位指令及控制指令组成循环程序,通过在运算器中的加法器、移位器等基本部件上反复加减操作,得到运算结果。这种方式所需硬件简单,但实现速度较慢,主要应用在对成本敏感的处理器上。

(2) 在加法器的基础上增加左、右移位及计数器等逻辑线路构成乘除运算部件。

这种方式的基本思想是采用硬件实现乘除运算。在采用乘除运算部件实现乘除运算的计算机中,设置有乘除运算指令,用户只需执行乘除指令即可进行乘除运算。这种方式实现乘除运算的速度比第一种方式快,但需要根据一定的乘除算法构建乘除运算部件,所以硬件线路较复杂。

(3) 设置专门的阵列乘除运算器。

由于方式(2)在实现乘除运算时,通常是在加法器的基础上,通过对操作数多次进行加减运算、移位得到运算结果的,所以依然需要较多的运算时间。随着大规模集成电路技术的发展带来的硬件成本的降低,出现专用的阵列乘除运算器。阵列乘除运算器将多个加减运算部件排成乘除运算阵列,依靠硬件资源的重复设置,同时进行多位乘除运算,赢得了乘除运算的高速度。

本书主要介绍乘除运算后两种方法的算法及硬件实现。

4.3.1 原码乘法运算

1. 原码一位乘法

原码乘法的算法基本是从二进制乘法的手算方法演化而来的。原码一位乘法比较简单，其结果是将数值位的绝对值直接相乘，结果的符号位为相乘两数的符号位的异或运算值。

$$乘积\ Z = |X| * |Y|$$
$$符号\ Z_s = X_s \oplus Y_s$$

其中，Z_s 为乘积的符号，X_s 和 Y_s 为被乘数和乘数的符号。

例 4.13 设 $X = 0.x_1 x_2 x_3 x_4 = 0.1011, Y = 0.y_1 y_2 y_3 y_4 = 0.1101$，求 $X \times Y$。

解：本例用手算的方法来实现，过程如下：

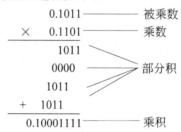

所以 $X \times Y = 0.10001111$。

分析例 4.13 可以发现，在乘法手算过程中，将乘数一位一位地与被乘数相乘，当乘数位 $y_i = 1$ 时，与被乘数 X 相乘所得的部分积就是 X；当乘数位 $y_i = 0$ 时，与被乘数 X 相乘所得的部分积就是 0；由于相乘的乘数的位权是逐次递增的，所以每次得到的部分积都需要在上次部分积的基础之上左移一位。将各次相乘得到的部分积相加，即可得到最后的乘积。

在计算机中可以模仿手算的方法来实现原码乘法。但是仔细分析一下，例 4.13 中两个 4 位数相乘，共得到 4 个部分积，相加后得到的乘积是 8 位，具体实现时，需使用 8 位加法器对 4 个部分积进行相加，硬件实现结构比较复杂，首先需要 4 个寄存器保存 4 个部分积，还需要 8 位的加法器实现 4 个部分积同时相加。以此类推，两个 n 位数相乘共得到 n 部分积，需要 n 个寄存器保存 n 个部分积；同时由于乘积是 $2n$ 位的，所以需要 $2n$ 位加法器进行相加运算。显然，模仿手算方法用到的硬件太多。所以在计算机中实现时需要做一定的改进。通常把 n 位乘转换为 n 次"累加与移位"。每次只求一位乘数所对应的新部分积，并与原部分积做一次累加，为了节省器件，用原部分积的右移来代替新部分积的左移。

原码一位乘法的规则为：

① 参加运算的操作数取其绝对值。

② 根据乘数的最低位判断，若为"1"，加被乘数，若为"0"，则加"0"。

③ 累加后的部分积以及乘数右移一位。

④ 重复第②、③步骤 n 次（n 为乘数数值部分的长度）。

⑤ 符号位单独处理，同号为正，异号为负。

⑥ 将乘积的符号与数值部分结合，即可得到最终的结果。

例 4.14 已知 $X = 0.1011, Y = -0.1101$，求 $X \times Y$。

解：$[X]_原 = 0.1011, [Y]_原 = 1.1101, [Z]_原 = [X \times Y]_原$

符号位单独处理,得到乘积$[Z]_原$的符号 $Z_f = 0 \oplus 1 = 1$。

将被乘数和乘数的绝对值的数值部分相乘,得

$$|X| = 0.1011, \quad |Y| = 0.1101$$

数值部分为4位,共需运算4次。

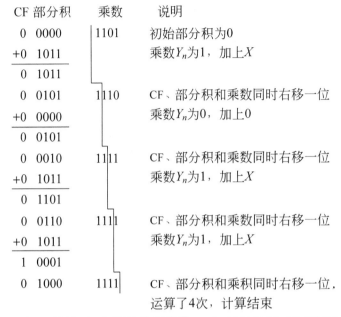

CF 部分积	乘数	说明
0 0000	1101	初始部分积为0
+0 1011		乘数Y_n为1,加上X
0 1011		
0 0101	1110	CF、部分积和乘数同时右移一位
+0 0000		乘数Y_n为0,加上0
0 0101		
0 0010	1111	CF、部分积和乘数同时右移一位
+0 1011		乘数Y_n为1,加上X
0 1101		
0 0110	1111	CF、部分积和乘数同时右移一位
+0 1011		乘数Y_n为1,加上X
1 0001		
0 1000	1111	CF、部分积和乘积同时右移一位,
		运算了4次,计算结束

得$|X \times Y| = 0.10001111$,加上符号位得$[Z]_原 = 1.10001111$,即 $X \times Y = -0.10001111$。

比较例 4.13 和例 4.14 可见,采用原码一位乘法的算法所得的结果和手算的结果是一致的。上述讨论的运算规则同样可用于整数原码。

实现原码一位乘法的硬件逻辑框图如图 4.3 所示。

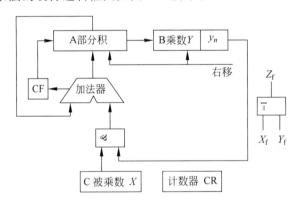

图 4.3 原码一位乘法逻辑框图

乘法运算前,A 寄存器被清零,作为初始的部分积,被乘数绝对值在寄存器 C 中,乘数绝对值在寄存器 B 中,计数器 CR 存放乘数的数值位的位数 n。乘法开始后,根据乘数的最低位判断部分积是加上被乘数还是不加被乘数(加 0),然后部分积和乘数连同符号位一起逻辑右移一位,重复 n 次,即得乘积的数值部分。乘积的符号位单独运算,由被乘数的符号位和乘数的符号位进行异或运算。最后将符号位和数值位拼接即可。原码一位乘法控制流

如图 4.4 所示。

2. 原码两位乘法

原码两位乘法与原码一位乘法一样,符号位和数值位分开运算,但原码两位乘法用两位乘数的状态来决定新的部分积如何形成,因此可以提高运算速度。

原码两位乘法算法的思想是每次判别乘数的两位,将一位乘法中的两步用一步代替。设乘法判别位为 $y_{n-1}y_n$,Z_{i-1} 为上次部分积,Z_i 为新的部分积,观察一位乘法运算,可以发现 Z_i 与 $y_{n-1}y_n$ 和 Z_{i-1} 的关系如下:

$y_{n-1}y_n = 00$,$Z_i = 2^{-1}[2^{-1}(Z_{i-1}+0)+0] = 2^{-2}(Z_{i-1}+0)$,即为旧部分积+0,右移两位;

$y_{n-1}y_n = 01$,$Z_i = 2^{-1}[2^{-1}(Z_{i-1}+X)+0] = 2^{-2}(Z_{i-1}+X)$,即为旧部分积+$X$,右移两位;

$y_{n-1}y_n = 10$,$Z_i = 2^{-1}[2^{-1}(Z_{i-1}+0)+X] = 2^{-2}(Z_{i-1}+2X)$,即为旧部分积+$2X$,右移两位;

$y_{n-1}y_n = 11$,$Z_i = 2^{-1}[2^{-1}(Z_{i-1}+X)+X] = 2^{-2}(Z_{i-1}+3X)$,即为旧部分积+$3X$,右移两位。

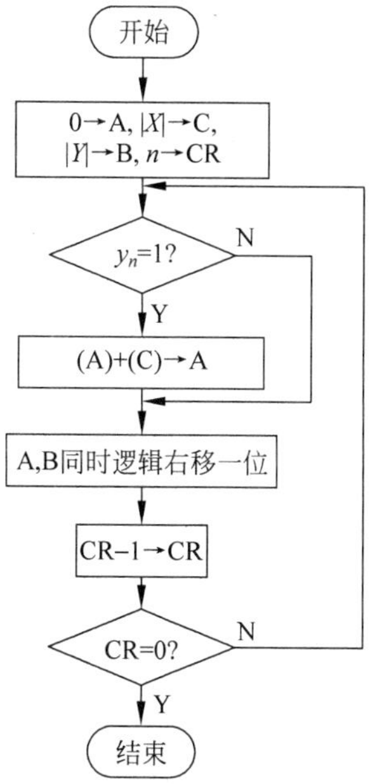

图 4.4　原码一位乘法流程图

在上述操作中,$2X$ 可以通过将被乘数 X 左移一位来实现,但是 $3X$ 却难以用简单的移位来实现。这里将 $3X$ 做简单的变换:

$$2^{-2}(Z_{i-1}+3X) = 2^{-2}(Z_{i-1}+4X-X) = 2^{-2}(Z_{i-1}-X)+X$$

本次先做 $Z_{i-1}-X$,右移两位后再加上 X,即这个加 X 本次先欠着。为此设置了一个欠账触发器 C_j,记录本次欠账的情况。当 $C_j=1$,表示本次有欠账,下次需多加一个 X,$C_j=0$,表示本次无欠账,下次无须多加 X。

可见原码两位乘法的运算规则是由两个乘数判别位 $y_{n-1}y_n$ 和欠账触发器 C_j 的状态共同确定的。原码两位乘法的运算规则如表 4.2 所示。

表 4.2　原码两位乘法的运算规则

y_{n-1}	y_n	C_j	操　作
0	0	0	部分积右移两位,C_j 保持 0
0	0	1	部分积加 X,右移两位,C_j 置 0
0	1	0	部分积加 X,右移两位,C_j 保持 0
0	1	1	部分积加 $2X$,右移两位,C_j 置 0
1	0	0	部分积加 $2X$,右移两位,C_j 保持 0
1	0	1	部分积减 X,右移两位,C_j 保持 1
1	1	0	部分积减 X,右移两位,C_j 置 1
1	1	1	部分积右移两位,C_j 保持 1

原码两位乘法运算次数的控制方法为:

① 若 n 为偶数(n 为不包括符号位的乘数的位数),一共需要做 $n/2$ 次运算和移位,若最后一次运算后 C_j 仍为 1,则需再做一次加 X 的操作,以便还清欠账;

② 若 n 为奇数(n 为不包括符号位的乘数的位数),则需在乘数的最高位前加上一个

运算方法与运算器

"0"以便形成偶数位,此时共需要做 $(n+1)/2$ 次运算,但是最后一次移位仅右移一位。这种情况下最后一次不会有欠账的情况出现。

另外需要注意以下三点:

(1) 乘法过程中可能要加 2 倍的乘数,即加 $2|X|_补$,使得部分积的绝对值大于 2,数值位会侵占符号位,又因为在运算过程中,做加法时所得到的正常进位不允许丢失,所以在进行原码两位乘法运算时,部分积需要使用三位符号位,以便记录左移和进位的数值。符号位"000"表示"+","111"表示"—"。

(2) 在原码两位乘法运算过程中,需要做 $-X$ 的操作,所以采用补码减法的方法,即 $+[-|X|]_补$ 的方法实现减法操作。

(3) 由于在原码两位乘法的运算过程中使用了补码加减运算,所以右移两位的操作也必须按照补码右移的规则进行。

例 4.15 已知 $X=0.1010$,$Y=-0.1101$,用原码两位乘法的方法求 $X \times Y$。

解:$[X]_原=0.1010$,$[Y]_原=1.1101$,$[Z]_原=[X \times Y]_原$

$|X|=000.1010$,$|Y|=0.1101$,$[-|X|]_补=111.0110$,$n=4$

乘积 $[Z]_原$ 的符号 $Z_f=0 \oplus 1=1$

部分积	乘数 C_j	说明
000.0000	1101 0	初始部分积为0,初始 $C_j=0$
+ 000.1010		$y_{n-1}y_nC_j=010$,加上 X,$C_j=0$
000.1010		
000.0010	1011 0	部分积和乘数同时右移两位
+ 111.0110		$y_{n-1}y_nC_j=110$,减去 X(即 $+[-|X|]_补$),$C_j=1$
111.1000		
111.1110	0010 1	部分积和乘数同时右移两位
+ 000.1010		最后一次 $C_j=1$,再加一次 X 清账
1 000.1000	0010	

↑ 丢掉

得 $|X \times Y|=0.10000010$;加上符号位得 $[Z]_原=1.10000010$,即

$$X \times Y=-0.10000010$$

$n=4$(偶数),运算 $4/2=2$ 次,右移 2 次,最后一次有欠账,再加 X 还清欠账。

4.3.2 补码乘法运算

补码乘法的一个重要特征是乘积的符号位是在运算过程中自然形成的,不需要单独处理。补码乘法中一种比较好的方法是由 Booth 夫妇提出来的补码一位乘法,故称 Booth 算法。

1. 补码一位乘法

以定点小数为例,设被乘数 X 的补码为 $X_补=x_0.x_1x_2 \cdots x_n$,乘数 Y 的补码为 $Y_补=y_0.y_1y_2 \cdots y_n$。当

$y_0=0(Y>0)$ 时,由正数补码公式 $Y_补=Y$ 得

$$Y = Y_{\text{补}} = y_0 + \sum_{i=1}^{n} 2^{-i} y_i$$

$y_0 = 1(Y < 0)$ 时，由负数补码公式 $Y_{\text{补}} = 2 + Y$ 可得

$$Y = Y_{\text{补}} - 2 = y_0 + \sum_{i=1}^{n} 2^{-i} y_i - 2y_0 = -y_0 + \sum_{i=1}^{n} 2^{-i} y_i$$

综上所述，不论乘数 Y 是正数还是负数，其真值都可以用下式表示：

$$Y = -y_0 + \sum_{i=1}^{n} 2^{-i} y_i$$

因此

$$X \cdot Y = X \cdot \left(-y_0 + \sum_{i=1}^{n} 2^{-i} y_i \right)$$

$$= X \cdot \left(-y_0 + 2^{-1} y_1 + 2^{-2} y_2 + \cdots + 2^{-n+1} y_{n-1} + 2^{-n} y_n \right)$$

因为 $2^{-i} y_i = 2^{-i+1} y_i - 2^{-i} y_i$，所以

$$X \cdot Y = X \cdot \left[-y_0 + (2^0 - 2^{-1}) y_1 + (2^{-1} - 2^{-2}) y_2 + \cdots + (2^{-n+2} - 2^{-n+1}) y_{n-1} \right.$$

$$\left. + (2^{-n+1} - 2^{-n}) y_n \right]$$

$$= X \cdot \left[(y_1 - y_0) + 2^{-1} (y_2 - y_1) + \cdots + 2^{-n+1} (y_n - y_{n-1}) - 2^{-n} y_n \right]$$

又因为 $-2^{-n} y_n = (0 - y_n) 2^{-n}$，所以

$$X \cdot Y = X \cdot \left[(y_1 - y_0) + 2^{-1} (y_2 - y_1) + 2^{-2} (y_3 - y_2) + \cdots + 2^{-n+1} (y_n - y_{n-1}) \right.$$

$$\left. + 2^{-n} (0 - y_n) \right]$$

$$= (y_1 - y_0) X + 2^{-1} (y_2 - y_1) X + 2^{-2} (y_3 - y_2) X + \cdots + 2^{-n+1} (y_n - y_{n-1}) X$$

$$+ 2^{-n} (0 - y_n) X$$

$$= (y_1 - y_0) X + 2^{-1} [(y_2 - y_1) X + 2^{-1} [(y_3 - y_2) X + \cdots + 2^{-1} [(y_n - y_{n-1}) X$$

$$+ 2^{-1} [(0 - y_n) X + 0]] \cdots]]$$

部分积 Z_i 定义如下（设 $y_{n+1} = 0$，y_{n+1} 称为附加位）：

$$Z_0 = 0$$

$$Z_1 = 2^{-1} [(y_{n+1} - y_n) X + Z_0]$$

$$Z_2 = 2^{-1} [(y_n - y_{n-1}) X + Z_1]$$

$$Z_3 = 2^{-1} [(y_{n-1} - y_{n-2}) X + Z_2]$$

$$\vdots$$

$$Z_n = 2^{-1} [(y_2 - y_1) X + Z_{n-1}]$$

$$Z = (y_1 - y_0) X + Z_n$$

对上述部分积求补得

$$[Z_0]_{\text{补}} = 0$$

$$[Z_1]_{\text{补}} = 2^{-1} \{ (y_{n+1} - y_n) [X]_{\text{补}} + [Z_0]_{\text{补}} \}$$

$$[Z_2]_{\text{补}} = 2^{-1} \{ (y_n - y_{n-1}) [X]_{\text{补}} + [Z_1]_{\text{补}} \}$$

$$[Z_3]_{\text{补}} = 2^{-1} \{ (y_{n-1} - y_{n-2}) [X]_{\text{补}} + [Z_2]_{\text{补}} \}$$

$$\vdots$$

$$[Z_n]_{\text{补}} = 2^{-1} \{ (y_2 - y_1) [X]_{\text{补}} + [Z_{n-1}]_{\text{补}} \}$$

$$[Z]_{\text{补}} = (y_1 - y_0) [X]_{\text{补}} + [Z_n]_{\text{补}} = [X \times Y]_{\text{补}}$$

根据上述式子可以归纳出补码一位乘法的运算规则：

① 参加运算的数均用补码表示。

② 符号位参加运算。

③ 在乘数最低位增加附加位 y_{n+1}，且初始值为 0。

④ 以乘数最低位的 $y_n y_{n+1}$ 作为乘法判断位，依次比较相邻两位乘数的状态，以决定相应的操作，具体操作如表 4.3 所示。

表 4.3 补码一位乘法算法的操作

y_n	y_{n+1}	$y_{n+1}-y_n$ 值	操　作
0	0	0	部分积+0，右移一位
0	1	1	部分积+$[X]_补$，右移一位
1	0	−1	部分积+$[-X]_补$，右移一位
1	1	0	部分积+0，右移一位

⑤ 移位按补码右移规则进行。

共需做 $n+1$ 次累加，n 次移位，第 $n+1$ 次不移位。

无论乘数的相邻两位是何代码，都不会出现连续两次加或者减的操作，因此也不会产生溢出，所以部分积采用一位符号位就够了。

例 4.16 已知 $X=0.1011$，$Y=-0.1101$，用补码一位乘法求 $X \times Y$。

解：$[X]_补=0.1011$，$[Y]_补=1.0011$，$[-X]_补=1.0101$

```
      部分积        乘数 ynyn+1          说明
      0.0000      1.00110      初始部分积为0,附加位yn+1=0
   +  1.0101                   ynyn+1=10, +[-X]补
      ─────────
      1.0101
      1.1010      1 10011      算术右移一位
   +  0.0000                   ynyn+1=11, +0
      ─────────
      1.1010
      1.1101      01 1001      算术右移一位
   +  0.1011                   ynyn+1=01, +[X]补
      ─────────                进位1丢弃
      10.1000
      0.0100      001 100      算术右移一位
   +  0.0000                   ynyn+1=00, +0
      ─────────
      0.0100
      0.0010      0001 10      算术右移一位
   +  1.0101                   ynyn+1=10, +[-X]补
      ─────────                最后一步不移位
      1.0111      0001 10
```

$[X \times Y]_补=1.01110001$，即 $X \times Y=-0.10001111$。

和例 4.14 中原码一位乘法比较一下，结果是一致的。从例 4.16 中可以看出，采用补码一位乘法的算法，乘积的符号位是在运算过程中自然形成的，不需要加以特别处理，这是补码乘法与原码乘法的重要区别。

实现补码一位乘法的硬件逻辑和实现原码一位乘法的硬件逻辑结构很相似，只是控制部分线路不同，如图 4.5 所示。图中寄存器 A 用于存放乘积和部分积的高位部分，初始时

其内容为 0。z_f 是部分积的符号位,补码乘法中符号位和数值位同时参加运算。寄存器 B 中用于存放乘数和部分积的低位,初始时其内容为乘数 Y,最末位 y_{n+1} 为附加位,初始值为 0。$y_n y_{n+1}$ 用于控制电路中是进行 $+[X]_{补}$ 操作还是 $+[-X]_{补}$ 操作。寄存器 C 用于存放被乘数,可以在 y_n 和 y_{n+1} 的控制下输出正向信号 C 和反向信号 $\bar{C}$。当执行 $+[X]_{补}$ 时,输出正向信号 C,进行 $A+C$ 的操作;当执行 $+[-X]_{补}$ 时,输出反向信号 $\bar{C}$,进行 $A+\bar{C}+1$ 的操作。CR 是计数器,用于记录乘法运算次数。

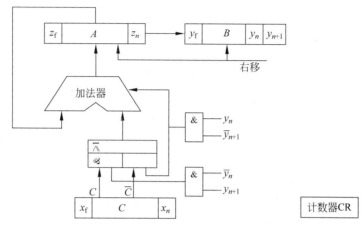

图 4.5　补码一位乘法逻辑结构图

补码一位乘法算法流程如图 4.6 所示。

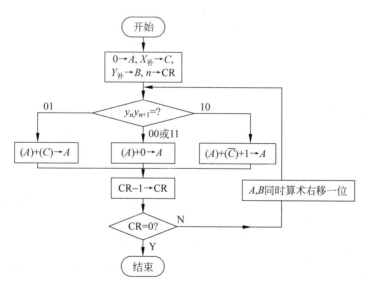

图 4.6　补码一位乘法算法流程

注意:在补码的一位乘法流程中,寄存器 A 和 B 的移位是在 CR 进行判断之后进行的,说明在最后一次运算中不进行移位。

2. 补码两位乘法

为了提高运算速度,可以采用补码两位乘法,补码两位乘法的运算规则是在补码一位乘法的基础之上得到的,把比较 $y_n y_{n+1}$ 的状态应执行的操作和比较 $y_{n-1} y_n$ 的状态应执行的操作合并成一步,因为 $y_{n-1} y_n$ 比 $y_n y_{n+1}$ 靠左一位,故有

$$2(y_n - y_{n-1}) + (y_{n+1} - y_n) = y_n + y_{n+1} - 2y_{n-1}$$

由此可以推导出补码两位乘法的运算规则,如表 4.4 所示。

表 4.4 补码两位乘法算法的操作

y_{n-1}	y_n	y_{n+1}	$y_n + y_{n+1} - 2y_{n-1}$	操 作
0	0	0	0	部分积+0,右移两位
0	0	1	1	部分积+$X_补$,右移两位
0	1	0	1	部分积+$X_补$,右移两位
0	1	1	2	部分积+$2[X]_补$,右移两位
1	0	0	-2	部分积+$2[-X]_补$,右移两位
1	0	1	-1	部分积+$[-X]_补$,右移两位
1	1	0	-1	部分积+$[-X]_补$,右移两位
1	1	1	0	部分积+0,右移两位

被乘数和部分积取三位符号位,当乘数数值部分的位数 n 为偶数时,乘数采用两个符号位,共做 $n/2+1$ 次操作,最后一次不移位;当 n 为奇数时,乘数采用一个符号位,共做 $(n+1)/2$ 次操作,最后一次仅移一位。

例 4.17 已知 $X=0.1011,Y=-0.1101$,用补码两位乘法求 $X\times Y$。

解:$[X]_补=000.1011,[Y]_补=1.0011,[-X]_补=111.0101$

```
部分积              乘数    y_{n+1}   说明
000.0000         11.0011  0      附加位y_{n+1}=0,n为偶数,采用两个符号位
+111.0101                        最低三位为110,+[-X]_补
─────────
111.0101
111.1101         01 1100  1      右移两位
+000.1011                        最低三位为001,+[X]_补
─────────
1 000.1000                       最高位进位位1丢掉
000.0010         00 01 11 0      右移两位
+111.0101                        最低三位为110,+[-X]_补
─────────
111.0111         00 01            最后一步不移位
```

$$[X\times Y]_补 = 1.01110001$$

即

$$X\times Y = -0.10001111$$

4.3.3 阵列乘法器

根据前面的讨论可知,在常规乘法器中,两位乘法比一位乘法的运算速度快,显然可采用一次判断更多位乘数(如一次判断四位)的方法进一步提高乘法运算的速度。但多位乘法运算的控制复杂性将呈几何级数增加,实际实现的难度很大。随着大规模集成电路的迅速发展以及硬件价格的降低,出现了多种阵列乘法组件,目的就是利用硬件的叠加方法或流水处理的方法来提高乘法运算速度。本节简单讨论阵列乘法器的基本原理。

阵列乘法器的组成依据也来源于手算方法。

设 $A = a_3 a_2 a_1 a_0$，$B = b_3 b_2 b_1 b_0$，求 $A \times B$，可列手算式：

$$
\begin{array}{ccccccccc}
 & & & & a_3 & a_2 & a_1 & a_0 \\
 & & \times & & b_3 & b_2 & b_1 & b_0 \\
\hline
 & & & & a_3b_0 & a_2b_0 & a_1b_0 & a_0b_0 \\
 & & & a_3b_1 & a_2b_1 & a_1b_1 & a_0b_1 & \\
 & & a_3b_2 & a_2b_2 & a_1b_2 & a_0b_2 & & \\
+ & a_3b_3 & a_2b_3 & a_1b_3 & a_0b_3 & & & \\
\hline
P_7 & P_6 & P_5 & P_4 & P_3 & P_2 & P_1 & P_0
\end{array}
$$

式中每一个 $a_i b_j$ 都是逻辑与运算，可用双输入与门实现，错位相加可用全加器来完成。

图 4.7 就是一个实现定点数按绝对值相乘的阵列乘法器，图中的每一个方框代表一个基本乘加单元，乘加单元由一个与门和一位全加器 FA 构成，它有 4 个输入端和 4 个输出端，内部结构如图 4.7 左上角的电路所示。其中，与门用于产生部分积，全加器用于部分积相加。图中方框的排列阵列与手算乘法的排列相似，阵列的每一行送入乘数的一位数位 b_j，而各行错开形成的每一斜列则送入被乘数的一位数位 a_i。

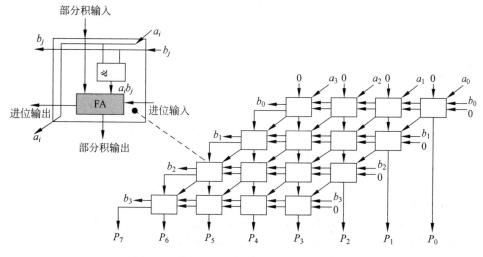

图 4.7 定点绝对值相乘的阵列乘法器组成

若完成 n 位 $\times n$ 位的乘法，应使用 n^2 个与门产生 n 个部分积，用 $n-1$ 个并行加法器，按位权连接完成 n 个部分积的求和。图中为简化仅画出各级全加器进位之间的连接关系，实际线路中可采用先行进位逻辑 CLA，以求进一步加快运算速度。

由于阵列乘法器采用重复设置大量器件的方法构成乘法阵列，避免了乘法运算中的重复相加和移位操作，换取了高速的乘法运算速度。而乘法阵列内部结构规整，便于用超大规模集成电路实现，使得阵列乘法器得到了广泛的应用。

4.4　定点除法运算

除法运算的处理思想与乘法运算的处理思想相似，其常规算法也是将除法的运算过程转换成若干次加减和移位的过程。

定点除法运算可以分为原码除法和补码除法。由于定点运算的结果不应超过机器所能表示的数据范围,所以为了不使商产生溢出,在进行定点除法时应满足下列条件:

① 定点小数除法,要求 $|$被除数$| < |$除数$|$,且除数不为 0;

② 定点整数除法,要求 $|$被除数$| \geqslant |$除数$|$,且除数不为 0。

4.4.1 原码除法运算

机器中实现除法运算也是由手算方法演变而来的。下面以定点小数除法的手算过程为例来说明手算的一般过程。

例 4.18 $X = 0.1101, Y = 0.1111$,求 X/Y。

解:手算过程如下:

```
                        0.1101    —— 商
除数——0.1111 / 0.11010            —— 被除数
            -   0.01111            —— 2⁻¹Y
                0.010110
            -   0.001111            —— 2⁻²Y
                0.0001110
            -   0.0000000            —— 0
                0.00011100
            -   0.00001111            —— 2⁻⁴Y
                0.00001101            —— 余数
```

所以,X/Y 的商为 0.1101,余数为 0.00001101。

手工计算的规则是:

① 每次上商都由心算来比较余数(初始时为被除数)与除数的大小,确定商为"1"还是"0";

② 每做一次减法,总是保持余数不动,低位补 0,再减去右移一位的除数;

③ 商的符号位单独处理。

在实际的计算机中实现除法时,一般采用以下方法:

① 通过做减法来进行余数和除数的比较,即用余数(初始时为被除数)减去除数,若结果为正,表示够减,上商为 1;若减得结果为负,表示不够减,上商为 0。

② 如果不够减已经减了,则需要采用恢复余数或不恢复余数的方法来处理。

③ 用余数左移的方法代替除数右移的操作。这样操作,实际结果是一样的,但是可以简化电路结构,不过这样操作所得到的余数是左移若干位后的数,因此需要将该结果乘以 2^{-n},才是真正的余数。

④ 可以将商直接存放在寄存器的最低位并与前面运算所得到的部分商左移一位来实现商的定位。

综上所述,可以得到原码除法的运算规则:原码除法和原码乘法一样,符号位单独处理,将两个操作数的符号相异或可得到商的符号位,余数的符号位和被除数的符号位相同。而数值运算则根据对余数处理的不同可分为恢复余数的除法和不恢复余数的除法两种。

1. 原码恢复余数法

以定点小数除法为例,设 $[X]_原 = x_0.x_1x_2 \cdots x_n$,$[Y]_原 = y_0.y_1y_2 \cdots y_n$,$Q = |X/Y| = q_0.q_1q_2 \cdots q_n$,求商 Q 的恢复余数除法的算法如下:

① 对定点小数而言,要求 $|X| < |Y|$,否则结果溢出。

② 令余数 $R_i = |X| - |Y|$，$i = 0$。

③ 如果 $R_i > 0$，则 $q_i = 1$；$R_i < 0$，则 $q_i = 0$，$R_i = R_i + |Y|$。

如果 $i = n$ 结束。否则，进行第④步。

④ $R_{i+1} = 2R_i - |Y|$。

⑤ 重复第③、第④步，直至求得 q_n。

注意：实际余数为 $R_n \times 2^{-n}$，与被除数同号。

例 4.19 已知 $X = -0.1101$，$Y = 0.1111$，试用定点原码恢复余数除法计算 $[X/Y]_原$，并求余数 R 的值。

解：$|X| = 00.1101$，$|Y| = 00.1111$，$[-|Y|]_补 = 11.0001$，商符 $q_f = x_f \oplus y_f = 1$

为了防止左移时部分余数会改变符号位产生溢出，故采用双符号位，算式如下：

被除数(余数)	商	说明
00.1101	0.0000	初始余数为被除数
+ 11.0001		$+[-|Y|]_补$
11.1110	0	余数为负，商0
+ 00.1111		恢复余数$+[|Y|]_补$
00.1101		
01.1010	0	左移一位
+ 11.0001		$+[-|Y|]_补$
00.1011	01	余数为正，商1
01.0110	01	左移一位
+ 11.0001		$+[-|Y|]_补$
00.0111	011	余数为正，商1
00.1110	011	左移一位
+ 11.0001		$+[-|Y|]_补$
11.1111	0110	余数为负，商0
+ 00.1111		恢复余数$+[|Y|]_补$
00.1110		
01.1100	0110	左移一位
+ 11.0001		$+[-|Y|]_补$
00.1101	01101	余数为正，商1

商的数值为 0.1101，加上符号位，$[X/Y]_原 = 1.1101$。

本例中 $n = 4$，余数的符号位和被除数的符号位一致，最终结果为 -0.1101×2^{-4}。

分析恢复余数除法的运算过程可知，当余数为正时，需要做余数左移、相减这两步操作，当余数为负时，需做相加、左移、相减三步操作。由于操作步骤不一致，使得控制复杂，而且恢复余数的过程也降低了除法的速度。因此在实际运算过程中，很少采用恢复余数的除法，而是采用不恢复余数的除法方案，它是对恢复余数除法的一种改进，也称加减交替法。

2. 原码不恢复余数除法

不恢复余数除法在余数为负时并不是不恢复余数，而是将恢复余数的工作与求新余数的工作合在一起，省去了恢复余数除法中专门恢复余数的步骤，其原理如下：

在恢复余数除法中，

当 $R_i > 0$，则 $q_i = 1$，新余数 $R_{i+1} = 2R_i - |Y|$；

当 $R_i < 0$，则 $q_i = 0$，先恢复余数 $R_i' = R_i + |Y|$，再求新余数 $R_{i+1} = 2R_i' - |Y|$。

将 R_i' 代入 $R_i < 0$ 的公式中，得 $R_{i+1} = 2(R_i + |Y|) - |Y| = 2R_i + |Y|$。

运算方法与运算器

上式表明,当本次余数小于 0 时,商 0,可将恢复余数的工作融入下次求新余数的工作中,而不必单独做一次恢复余数的工作,由此得出不恢复余数除法的规则:

当 $R_i > 0$,则 $q_i = 1$,新余数 $R_{i+1} = 2R_i - |Y|$;

当 $R_i < 0$,则 $q_i = 0$,新余数 $R_{i+1} = 2R_i + |Y|$。

由此可知,不恢复余数的除法是根据旧余数的符号决定商 0 还是商 1;求新余数时只是将旧余数左移一位然后做相应的加 $|Y|$ 或减 $|Y|$ 的操作,因此该方法也称为加减交替法。

设 $[X]_原 = x_0.x_1 x_2 \cdots x_n$,$[Y]_原 = y_0.y_1 y_2 \cdots y_n$,$Q = |X/Y| = q_0.q_1 q_2 \cdots q_n$

加减交替法求商 Q 的算法如下:

① 对定点小数而言,要求 $|X| < |Y|$,否则结果溢出。

② 令余数 $R_i = |X| - |Y|$,$i = 0$。

③ 如果 $R_i > 0$,则 $q_i = 1$,$R_{i+1} = 2R_i - |Y|$;

$R_i < 0$,则 $q_i = 0$,$R_{i+1} = 2R_i + |Y|$。

④ $i = i + 1$,如果 $i = n$,进行第⑤步;否则进行第③步。

⑤ 若 $R_n > 0$,则 $q_n = 1$;若 $R_n < 0$,则 $q_n = 0$,$R_n = R_n + |Y|$。(即最后一步如果余数小于 0,需要做一次恢复余数的操作。)

实际余数为 $R_n \times 2^{-n}$,与被除数同号。

例 4.20 已知 $X = 0.10101$,$Y = -0.11110$,试用定点原码加减交替法计算 $[X/Y]_原$,并求余数 R 的值。

解: $|X| = 00.10101$,$|Y| = 00.11110$,$[-|Y|]_补 = 11.00010$,商符 $q_f = x_f \oplus y_f = 1$。

```
被除数(余数)        商           说明
00.10101        0.00000      初始余数为被除数
+ 11.00010         ┐         + [-|Y|]补
  11.10111         │ 0       余数为负,商0
  11.01110          0        左移一位
+ 00.11110                   + [|Y|]补
  00.01100          01       余数为正,商1
  00.11000         01        左移一位
+ 11.00010                   + [-|Y|]补
  11.11010          010      余数为负,商0
  11.10100         010       左移一位
+ 00.11110                   + [|Y|]补
  00.10010          0101     余数为正,商1
  01.00100         0101      左移一位
+ 11.00010                   + [-|Y|]补
  00.00110          01011    余数为正,商1
  00.01100         01011     左移一位
+ 11.00010                   + [-|Y|]补
  11.01110         010110    余数为负,商0
+ 00.11110                   最后一步,因余数为负,加|Y|恢复余数
  00.01100
```

商的数值为 0.10110,加上符号位,$[X/Y]_原 = 1.10110$。

本例中 $n = 5$,余数的符号位和被除数的符号位一致,最终结果为 0.01100×2^{-5}。

以上讨论的定点小数的除法算法也适用于定点整数的除法运算。

原码加减交替法所需的硬件配置如图 4.8 所示。寄存器 A 和寄存器 B 是级联在一起的,它们都具有左移一位的功能,在左移控制信号的作用下,B 寄存器的最高位可以移入 A 寄存器的最低位。A 寄存器的初值是被除数,在运算过程中将变成部分余数。B 寄存器的最低位用来保存每次运算得到的商值,此商值同时也作为下一次操作是做加法还是做减法的控制信号。

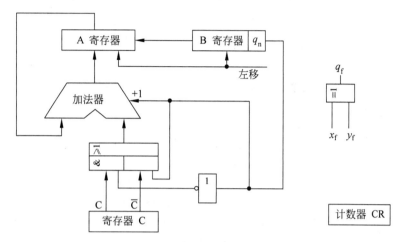

图 4.8　原码加减交替法逻辑结构图

原码不恢复余数除法的算法流程如图 4.9 所示。

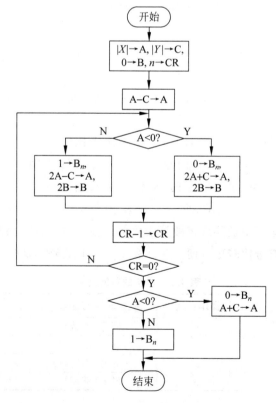

图 4.9　原码加减交替法流程图

4.4.2 补码除法运算

原码加减交替除法的运算规则规整,易于理解,但是符号位与数值需分别处理。和补码乘法类似,也可以用补码完成除法操作。

在补码除法运算中,参加运算的数据都是补码,商也是补码的形式。补码除法要求除数 $Y \neq 0$,定点小数除法,要求|被除数|<|除数|;定点整数除法,要求|被除数|≥|除数|。

补码除法也可分为恢复余数和不恢复余数的除法。因为后者用的较多,所以本节只讨论补码不恢复余数的除法。

除法运算的第一步是求商的符号。具体操作是:比较被除数 $[X]_补$ 与除数 $[Y]_补$ 的符号。若同号,进行 $[X]_补 + [-Y]_补$ 的运算;若异号,则进行 $[X]_补 + [Y]_补$ 运算。根据运算所得的余数,确定商的符号。若余数与 $[-Y]_补$ 同号,则商1,即商为负数;若异号,则商0,即商为正数。

除法的实质是比较被除数与除数绝对值的大小。为比较其绝对值的大小,若被除数与除数同号,就进行 $[X]_补 - [Y]_补$ 运算,即 $[X]_补 + [-Y]_补$;相反,若异号,就做 $[X]_补 + [Y]_补$。两种情况下,实质上做的都是减法运算。而对于减法运算,只要余数与被减数同号,就表示"够减";只要余数与被减数异号,就表示"不够减"。

例如:$X = +0.1001,Y = +0.1101$,被除数与除数同号,求 $[X]_补 - [Y]_补 = 1.1100$,余数与被除数异号,表示不够减。

$X = -0.1101,Y = -0.1001$,被除数与除数同号,求 $[X]_补 - [Y]_补 = 1.1100$,余数与被除数同号,表示够减。

$X = -0.1101,Y = +0.1000$,被除数与除数异号,求 $[X]_补 + [Y]_补 = 1.1011$,余数与被除数同号,表示够减。

$X = 0.1100,Y = -0.1111$,被除数与除数异号,求 $[X]_补 + [Y]_补 = 1.1101$,余数与被除数异号,表示不够减。

当被除数 $[X]_补$ 与除数 $[Y]_补$ 同号时,应做减法来比较两者大小,若余数 $[R]_补$ 与除数 $[Y]_补$ 同号(余数 $[R]_补$ 与被除数 $[X]_补$ 同号),则表示"够减";否则"不够减"。

当被除数 $[X]_补$ 与除数 $[Y]_补$ 异号时,应做加法来比较两者大小,若余数 $[R]_补$ 与除数 $[Y]_补$ 异号(余数 $[R]_补$ 与被除数 $[X]_补$ 同号),则表示"够减";否则"不够减"。

因为在计算机的运算中被除数将被新余数所代替,不再保留,而除数则保持不变,所以用除数与余数来进行符号比较更方便一些。表4.5列出了确定商符的判断规则。

表 4.5 商符的判断规则

$[X]_补$ 与 $[Y]_补$	比较操作	余数 $[R]_补$ 与除数 $[Y]_补$	上 商
同号	$[X]_补 - [Y]_补$	同号(够减)	1(产生整数商,溢出)
		异号(不够减)	0
异号	$[X]_补 + [Y]_补$	同号(不够减)	1
		异号(够减)	0(产生整数商,溢出)

参照原码除法的上商方法可推出补码除法的上商规则。如果被除数与除数同号,则商为正,上商方法与原码相同,余数与除数够减,商为1,不够减,商为0。如果被除数与除数异号,则商为负。由于负数的补码与原码存在"取反加1"的关系,如果不考虑末位加1,则补码与原码的数值部分各位刚好相反,这时如果余数与除数够减,对应原码应上商1,而补码则应上商0;若不够减,则补码应上商1。

把这一规则和表4.5综合起来,得到补码除法的上商规则为:每次所得余数与除数同号,则上商1,余数与除数异号,则上商0。

因为补码除法中,被除数与除数的符号与数值位一起参加运算,所得的商也是补码,商的符号是在求商的过程中自动形成的。因此,商符的确定与其他数值位上商规则完全相同。

在补码不恢复余数除法中,求新余数的方法与原码不恢复余数除法相类似。

若被除数与除数同号,则做减法,所得余数与除数同号,则将余数左移一位,减去除数,求得新余数;如果所得余数和除数异号,则将余数左移一位,加上除数,求得新余数。

若被除数与除数异号,则做加法,所得余数与除数同号,则将余数左移一位,减去除数,求得新余数;如果所得余数和除数异号,则将余数左移一位,加上除数,求得新余数。

综上分析,得到求新余数的规则,如表4.6所示。

表 4.6 商的数值位及新余数的产生规则

$[R_i]_{补}$ 与 $[Y]_{补}$	商	新余数 $[R_{i+1}]_{补}$
同号	1	$[R_{i+1}]_{补} = 2[R_i]_{补} - [Y]_{补}$
异号	0	$[R_{i+1}]_{补} = 2[R_i]_{补} + [Y]_{补}$

从前面的上商规则可用看出,补码除法实质是按反码上商。如果商为正,则原码、反码、补码均相同,所以得到的商是正确的;如果商为负数,因为负数的反码与补码相差末位的1,所以,按反码上商得到的补码商,就存在一定的误差。常用的处理方法是末位恒置1法。即最末位商不是通过比较上商,而是固定置为1。这种方法简单容易,其最大误差为 2^{-n}(对定点小数而言),所以在精度要求不高的情况下,通常都采用此法。

综合上面的讨论,可得补码不恢复余数除法的运算规则:

① 被除数与除数同号,则被除数减去除数;被除数与除数异号,则被除数加上除数。

② 若所得余数与除数同号,则上商1,余数左移一位减去除数;若所得余数与除数异号,则上商0,余数左移一位加上除数。

③ 重复第②步,若采用末位恒置法,则共做 n 次(n 为除数补码包括符号位的位数)。

④ 商的符号位与数值位均在运算中产生。

由于运算过程中,对除数的加减运算是交替进行的,因此补码的不恢复余数的除法也称补码加减交替法。

例 4.21 已知 $X = -0.1001, Y = +0.1101$,用补码加减交替法求 $[X/Y]_{补}$。

解:$[X]_{补} = 11.0111, [Y]_{补} = 00.1101, [-Y]_{补} = 11.0011$

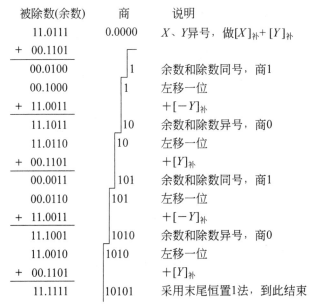

被除数(余数)	商	说明
11.0111	0.0000	X、Y异号，做$[X]_{补}+[Y]_{补}$
+ 00.1101		
00.0100	1	余数和除数同号，商1
00.1000	1	左移一位
+ 11.0011		$+[-Y]_{补}$
11.1011	10	余数和除数异号，商0
11.0110	10	左移一位
+ 00.1101		$+[Y]_{补}$
00.0011	101	余数和除数同号，商1
00.0110	101	左移一位
+ 11.0011		$+[-Y]_{补}$
11.1001	1010	余数和除数异号，商0
11.0010	1010	左移一位
+ 00.1101		$+[Y]_{补}$
11.1111	10101	采用末尾恒置1法，到此结束

所以 $[X/Y]_{补}=1.0101, R=-0.0001\times2^{-4}$。

4.4.3 阵列除法器

和阵列乘法器相似,阵列除法器也是一种并行运算部件,采用大规模集成电路制造,与上述除法器相比,阵列除法器不仅所需要的控制线路少,而且能够提供令人满意的高速运算速度。阵列除法器有多种形式,这里以原码加减交替法的阵列除法器为例来说明这类除法器的组成原理。

图 4.10(a)是可控加减单元(CAS)的逻辑框图,它由一位全加器 FA 和一个异或门组成,有 4 个输出端和 4 个输入端。

当控制端 $P=0$ 时,$Y_i \oplus P = Y_i \oplus 0 = Y_i$; 全加器完成 X_i+Y_i; 当 $P=1$ 时,$Y_i \oplus P = Y_i \oplus 1 = \overline{Y_i}$,全加器完成 $X_i+\overline{Y_i}$。

如果将 P 端的值连接到 C_i,若 $P=0$,则 CAS 做 X_i+Y_i;若 $P=1$,则 CAS 做 $X_i+\overline{Y_i}+1=X_i-Y_i$。

设被除数 $x=0.x_1x_2x_3x_4x_5x_6$,除数 $y=0.y_1y_2y_3$,且 $x<y$,x、$y>0$,商为 $q=0.q_1q_2q_3$,余数 $r=0.000r_3r_4r_5r_6$。

设由可控加减单元 CAS 组成的原码不恢复余数除法器如图 4.10(b)所示。被除数 X 各位沿竖线送至 CAS,除数 Y 从对角线方向输入。

因为定点小数除法运算规定 $X<Y$,所以首次比较用减法,因此,第一行的控制端 P 固定置成 1。这时 P 直通最右端 CAS 单元上的反馈线用作初始的进位输入,即实现最低位上加 1,即 CAS 做被除数减去除数的操作,商的首位一定为 0,否则溢出。

在进行 $X-Y$ 的过程中,分别讨论一下 CAS 的 C_{i+1} 与商和 P 的关系。

根据补码的定义得:

当

$$X>0 \text{ 时}, [X]_{补}=X; \quad -Y<0 \text{ 时}, [-Y]_{补}=2+(-Y)$$

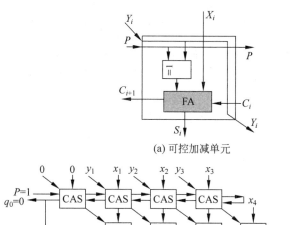

(a) 可控加减单元

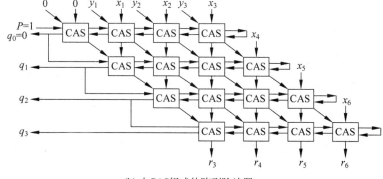

(b) 由CAS组成的阵列除法器

图 4.10 原码加减交替法的阵列除法器原理图

得

$$[X]_补 + [-Y]_补 = X + 2 - Y$$

如果 $X<Y$,则 $X-Y<0$,$X+2-Y<2$,则不会发生进位;

如果 $X>Y$,则 $X-Y>0$,$X+2-Y>2$,则会发生进位。

因此可以得到如下结论:

① 够减时,$C_{i+1}=1$,而 C_{i+1} 与商接到一起,则 $q_i=1$,而商又接到控制端 P 上,表示余数左移一位后减去除数;

② 不够减时,$C_{i+1}=0$,则 $q_i=0$,表示余数左移一位后加上除数。

4.5 浮点数的四则运算

4.4 节重点讲解了定点数的运算,定点数的优点在于运算容易,硬件结构比较简单,但是存在以下问题:

(1) 所能表示的数据范围小。

由于小数点的位置固定,在有限的字长下,定点数所能表示的数据范围较窄。例如一台 16 位字长的计算机所能表示的定点整数的范围是 $-32\,768 \sim 32\,767$,而实际使用中需要运算的数据范围可能要大很多。

(2) 使用不方便,运算精度较低。

因为实际参加运算的数据不可能都是定点小数或定点整数,因此用户在利用定点机进行数据运算时,必须先选择一个适当的比例因子,将参加运算的数据统一化为定点小数或定点整数,然后再进行运算;运算完毕,还需要将运算结果再根据所选择的比例因子转换为正确的值。比例因子必须选择恰当,否则将很难正确地完成运算。在采用定点小数的机器中,如果比例因子选择过大,将会损失有效数字,影响运算精度,如果比例因子选择过小,可能会使运算结果超出机器所能表示的数据范围,产生溢出。

例如:8 位字长的二进制定点小数所能表示的最大正数为 0.1111111,对于加法运算 111.0111+111.0011,如果选择 1000 作为比例因子,将参加运算的数据均除以比例因子后再进行运算,则运算变成了 0.1110111+0.1110011=1.1101010。由于结果大于 0.1111111,因此产生溢出。如果为了避免溢出,将比例因子加大到 10000,又将损失最低的有效数字,可见采用比例因子进行运算,增加了用户的不便。

(3) 存储单元利用率低。

定点机的数据存储单元的利用率往往很低。例如在采用定点小数的机器中,必须把所有参加运算的数据至少都除以这些数据中的最大数,才能把所有数据都化成小数,但这样可能会造成很多数据出现大量的前置 0,从而浪费了许多存储单元。

由此可见,虽然定点运算简单、硬件容易实现,但在实际应用中,由于出现上述的缺点,因此引入了浮点数运算方法。

4.5.1 浮点加减运算

浮点数比定点数表示的数范围大,有效精度也高,更适合于工程计算。但它的数据处理过程比较复杂,硬件代价高,运算速度也慢。

浮点数包括尾数和阶码两部分,尾数代表数的有效数字,一般用定点小数表示;阶码代表数的小数点实际位置,一般用定点整数表示,因此在浮点数中,阶码和尾数需分别进行处理。这样,浮点运算实质上可以归结为定点运算,计算机中一般都采用规格化的浮点运算,即要求参加运算的数都是规格化的浮点数,运算结果也应进行规格化处理。

假定有两个浮点数

$$X = M_x \times 2^{E_x}, \quad Y = M_y \times 2^{E_y}$$

其中,E_x、E_y 分别为 X、Y 的阶码,为二进制整数,机器中通常采用移码或补码表示;M_x、M_y 分别为 X、Y 的尾数,为规格化的二进制小数,机器中通常采用原码或补码表示。

浮点数的加减运算需要下列几个步骤:

1. 对阶

对阶的目的是使两操作数的小数点位置对齐,即使两数的阶码相等。为此,首先要求出阶差 $\Delta E = E_x - E_y$。当 ΔE 不等于零时,应使两个数取相同的阶码值,这个过程叫做对阶,遵循小阶向大阶对齐的原则。其实现方法是:将原来阶码小的数的尾数右移 $|\Delta E|$ 位,其阶码值加上 $|\Delta E|$,即尾数每右移一次要使阶码加 1,则该浮点数的值不变。尾数右移时,对原码形式的尾数,符号位不参加移位,尾数高位补零;对补码形式的尾数,符号位要参加右移并保持不变。

2. 尾数加减运算

实现尾数的加减运算,对两个完成对阶后的浮点数执行求和(差)操作。采用定点小数加减法进行运算。

3. 结果规格化和判断溢出

若得到的结果不是规格化数,必须进行规格化处理,如果尾数采用双符号位的补码表示,则正数规格化形式为 $00.1\times\times\cdots\times$,负数规格化形式为 $11.0\times\times\cdots\times$。这里的规格化处理规则是:

① 当结果尾数出现 $01.\times\times\cdots\times$ 或 $10.\times\times\cdots\times$ 时,这在定点加减运算中是溢出的,但在浮点运算中尾数溢出不算溢出,可将结果尾数右移一位,并使阶码的值加 1,这个过程称为右移规格化,简称右规。

② 当尾数出现 $00.0\times\times\cdots\times$ 或 $11.1\times\times\cdots\times$ 时,需要进行左移规格化处理,简称左规。左规时尾数左移一位,阶码减 1,直至变成规格化数为止。

浮点数的溢出判断根据阶码是否溢出来判断。如果浮点运算结果的阶码大于所能表示的最大正阶,则表示运算结果超出了浮点数所能表示的绝对值的最大数,进入了上溢区;如果浮点运算结果的阶码小于所能表示的最小负阶,则表示运算结果小于浮点数所能表示的绝对值的最小数,进入了下溢区。由于下溢时,浮点数的数值趋近于零,所以通常不做溢出处理,而是将其作为机器零处理。而当运算结果出现上溢时,表示浮点数真正溢出。

例如,浮点数的阶码采用双符号位的补码表示,若阶码 $[E]_{补}=01\times\times\cdots\times$,则表示结果出现上溢,需进行溢出处理。若阶码 $[E]_{补}=10\times\times\cdots\times$,表示结果出现了下溢,按机器零处理。

另外,在对阶和右规的过程中,可能会将尾数的低位丢失。为减少因尾数右移而造成的误差,提高运算精度,需要进行舍入处理。常用的舍入法有以下三种:

① 截断法:将右移移出的数据一律舍去。该方法简单,但影响精度。

② 0 舍 1 入法:若右移时被丢掉数位的最高位为 0,则舍去,若右移时被丢掉数位的最高位为 1,则将 1 加到保留的尾数的最低位。0 舍 1 入法类似于十进制的四舍五入法。其主要的优点是单次舍入引起的误差小,精度较高,其缺点是加 1 时需要多做一次运算,而且可能造成尾数溢出,需要再次右规。

③ 末位恒置 1 法:尾数右移时,不论丢掉的最高数值位是"1"还是"0",都使右移后的尾数末位恒置"1"。其优点是舍入处理不用做加法运算,方法简单、速度快且不会有再次右规的可能,且误差有正有负,多次舍入不会产生累计误差,是常用的舍入方法。其缺点是单次舍入引起的误差较大。

例 4.22 已知 $X=0.11011011\times2^{0010}$,$Y=-0.10101100\times2^{0100}$。试用浮点运算方法求 $X+Y$ 和 $X-Y$。要求浮点数的格式为:阶码 6 位(含 2 位阶符),补码表示;尾数 10 位(含 2 位尾符),补码表示,并要求为规格化的浮点数。

解:将 X、Y 用浮点表示。

	阶符	阶码	数符	尾数
$[X]_{浮}=$	00	0010	00	11011011
$[Y]_{浮}=$	00	0100	11	01010100

运算方法与运算器

（1）对阶。

$\Delta E = E_x - E_y = [E_x]_{补} + [-E_y]_{补} = 00\ 0010 + 11\ 1100 = 11\ 1110$ 即 ΔE 为 -2，X 的阶码小，应使 M_x 右移两位，E_x 加 2，得 $[X]_{浮} = 00\ 0100\ 00\ 00110110\ 11$，采用末位恒置 1 法得 $[X]_{浮} = 00\ 0100\ 00\ 00110111$。

（2）尾数加减运算。

尾数求和

$$
\begin{array}{r}
00\ 00110111 \\
+\quad 11\ 01010100 \\
\hline
11\ 10001011
\end{array}
$$

尾数求差

$$
\begin{array}{r}
00\ 00110111 \\
+\quad 00\ 10101100 \\
\hline
00\ 11100011
\end{array}
$$

（3）结果规格化和判断溢出。

尾数求和的结果需进行左移规格化处理，尾数左移一位得 11 00010110，阶码减 1 得 00 0011。

尾数求差的结果是规格化的数据，因此不需要进行规格化处理。

检查求和的结果和求差的结果，阶码符号位都为 00，表示无溢出，故得最终结果为 $X + Y = -0.11101010 \times 2^{0011}$，$X - Y = 0.11100011 \times 2^{0100}$。

4.5.2 浮点乘除运算

两个浮点数相乘，其乘积的阶码应为相乘的两个数的阶码之和，其尾数应为相乘两数的尾数之积。

两个浮点数相除，商的阶码应为被除数的阶码减去除数的阶码得到的差，尾数应为被除数的尾数除以除数的尾数所得的商。

乘除运算很可能出现结果溢出，或结果不满足规格化要求的问题，因此也必须进行溢出判断和规格化处理。

1. 浮点乘法运算

两个浮点数尾数相乘，可按下列步骤进行。

① 检测两个尾数中是否有一个为 0，若有一个为 0，乘积必为 0，不再做其他操作；如果两尾数均不为零，则可进行乘法运算。

② 阶码相加并判断溢出。若 $E_x + E_y < -E_{\max}$，则产生下溢出，结果按照机器零来处理；若 $E_x + E_y > E_{\max}$，则产生上溢出，这时需要做溢出处理。

③ 两个浮点数的尾数相乘可以采用定点小数的任何一种乘法运算来完成。

④ 由于被乘数和乘数都是规格化的数，因而乘积尾数的绝对值必大于等于 1/4，所以乘法的左规最多只需一次。

若乘数的尾数长为 m，则乘积的尾数为 $2m$。若乘积的尾数要保持原浮点数的格式，则需进行舍入处理，可采用 0 舍 1 入法或末位恒置"1"法。

例 4.23 已知 $X = 0.1110011 \times 2^{-101}$，$Y = -0.1110010 \times 2^{+011}$。试用浮点运算方法求

$X \times Y$ 的值。设浮点数的格式为：阶码 4 位（含 1 位阶符），移码表示；尾数 8 位（含 1 位尾符），原码表示。乘积的尾数要求保留 8 位（含 1 符号位），按末位恒置"1"法进行舍入。

解：（1）阶码相加。

阶码采用双符号位进行运算。

$$[E_x]_移 = 00\ 011, \quad [E_y]_补 = 00\ 011$$
$$[E_x + E_y]_移 = [E_x]_移 + [E_y]_补 = 00\ 011 + 00\ 011 = 00\ 110$$

（2）尾数相乘。

若 M_x、M_y 都不为 0，则可进行尾数乘法。尾数乘法的算法与前述定点数乘法算法相同。原码尾数相乘的结果为 1 11001100110110。

（3）尾数结果规格化。

尾数已满足规格化要求，不需左规，尾数不变，阶码也不变，仍为 00 110。

（4）舍入处理和溢出判断。

乘积的尾数保留 8 位，按末位恒置"1"法进行舍入，即 1 1100111。

乘积的移码为 00 110，不溢出。

所以相乘结果的最终值为 $[X \times Y]_浮 = 0\ 110; 1\ 1100111$，其真值为 $2^{-010} \times (-0.1100111)$。

2. 浮点除法运算

浮点除法运算步骤为：

① 检测被除数，若为 0，则商为 0。若除数为 0，则做出错处理。

② 用被除数阶码减去除数阶码即得到商的阶码，这是定点整数的减法运算。若 $E_x - E_y < -E_{max}$，则产生下溢出，商为机器零；若 $E_x - E_y > E_{max}$，则产生上溢出，这时需要做溢出处理。

③ 将被除数尾数除以除数尾数，可选择定点小数除法的任何一种。浮点除法中不再要求 |被除数| < |除数|。

④ 由于被除数可能大于除数，因此可能含有整数商，需要做右规处理，但仅右规一次。$(1/2)/(-1) = -1/2$，由于 $[1/2]_补$ 和 $[-1]_补$ 都是规格化的数，而 $[-1/2]_补$ 不是规格化数，这种情况需要左规一次。

4.6 运算器的组织

运算器是计算机硬件系统中的主要功能部件，也是 CPU 的核心部件。运算器是计算机中对数据加工处理的部件，运算器有以下几个方面的功能。

（1）对数据进行各种运算。

这些运算除了常规的加、减、乘、除等基本运算之外，还包括与、或、非等逻辑运算以及数据的比较、移位等操作。

（2）暂时存放参加运算的数据及运算的中间结果。

提供运算部件运算所需要的数据，特别是在进行连续运算时，暂存中间结果，以提高机器的处理速度。

（3）反映运算结果的状态。

运算结果溢出与否、运算结果为正还是为负、运算结果是否有进位等，给出这些状态以便机器能够正确执行后面的操作。

运算器的类型很多,由小数点的表示形式可以分为定点运算器和浮点运算器。定点运算器只能做定点数运算,特点是机器数所能表示的范围小,但结构简单。浮点运算器功能强大,既能实现浮点数运算,也能对定点数进行运算,其数的表示范围很大,但结构比较复杂。

4.6.1 定点运算器的组成与结构

定点运算器的核心是算术逻辑运算单元(ALU),但是作为一个完整的数据加工处理部件,运算器中还需要有各类通用寄存器、累加器、多路选择器、状态/标志寄存器、移位器和数据总线等逻辑部件,辅助 ALU 完成规定的动作。运算器的设计,主要是围绕着 ALU 和寄存器同数据总线之间如何传送操作数和运算结果而进行的。因此在决定方案时,需要考虑数据传送的方便性和操作速度。

计算机的运算器大体有以下三种结构形式。

1. 单总线结构的运算器

单总线结构的运算器有两种基本形式,如图 4.11 所示。

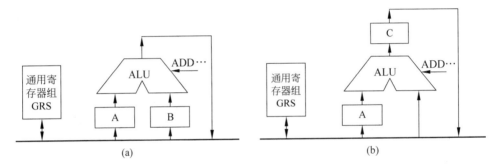

图 4.11 单总线结构运算器

单总线结构的运算器的特点是所有部件都接到同一总线上。由于同一时间内只能有一个操作数在总线上传递,因此单总线结构的运算器需要两个暂存器,完成一次算术逻辑运算需要分三步进行。

例如:完成(R0)+(R1)→R2 的操作,即将寄存器 R0 的内容与 R1 的内容相加,结果送到 R2 寄存器。R0、R1、R2 为通用寄存器组 GRS 中的通用寄存器。(R0)表示 R0 寄存器中的内容,(R1)表示 R1 寄存器中的内容。

对于图 4.11(a)结构,该过程需要经过以下三步。

① R0→A;将 R0 的内容送暂存器 A,即送至 ALU 左边的输入端。

② R1→B;将 R1 的内容送暂存器 B,即送至 ALU 右边的输入端。

③ ADD,ALU→R2;进行加法运算,并将 ALU 的运算结果输出到 R2 寄存器中。

对于图 4.11(b)结构,该过程需要经过以下三步。

① R0→A;将 R0 的内容送暂存器 A,即送至 ALU 左边的输入端。

② R1→ALU,ADD,ALU→C;将 R1 的内容送至 ALU 右边的输入端,进行加法运算,并将结果保存到暂存器 C 中。

③ C→R2;将暂存器 C 中的内容送至 R2 寄存器中。

因此,可以得出以下结论:

在单总线结构的运算器中,执行一次运算需要三步。

在 ALU 的两个输入和一个输出端至少需要设置两个暂存器。

2. 双总线结构的运算器

双总线结构的运算器也有两种基本形式,如图 4.12 所示。

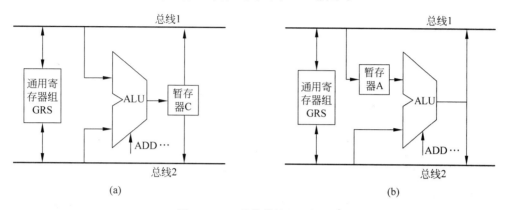

图 4.12　双总线结构的运算器

这种结构的运算器有两套内部总线,输入数据和输出数据都可以在两套总线内同时传输。同样完成(R0)+(R1)→R2 的操作可以分两步进行。

在图 4.12(a)中,操作步骤如下:

① R0→ALU,R1→ALU,ADD,ALU→C。

② C→R2。

在图 4.12(b)中,操作步骤如下:

① R0→A,A→ALU。

② R1→ALU,ADD,ALU→R2。

因此,可以得出以下结论:

① 在双总线结构的运算器中,执行一次运算需要两步。

② 在 ALU 的三个端口中至少需要设置一个暂存器。

③ 通用寄存器组应为双端口器件,分别面向两套内部总线。

3. 三总线结构的运算器

三总线结构的运算器如图 4.13 所示。

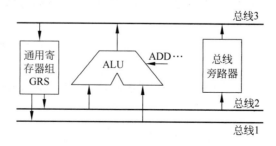

图 4.13　三总线结构的运算器

在三总线结构中,ALU 的两个输入端分别由两条总线供给,而 ALU 的输出则与第三条总线相连。这样,算术逻辑操作就可以在一步的控制之内完成。另外,设置了一个总线旁路器。如果一个操作数不需要修改,而直接从总线 2 传送到总线 3,那么可以通过控制总线旁路器把数据传出;如果一个操作数传送时需要修改,那么就借助于 ALU。

同样完成(R0)+(R1)→R2 的操作,操作步骤如下:

$$R0 \rightarrow ALU, R1 \rightarrow ALU, ADD, ALU \rightarrow R2$$

因此可以得出以下结论:

① 在三总线结构的运算器中,执行一次运算只需要一步,有效地提高了运算速度。

② 在 ALU 的三个端口中不需要再设置暂存器。

③ 通用寄存器组应为三端口,分别面向三套内部总线,其中两个端口只读,一个端口只写。

4.6.2 定点运算器实例

1. 多功能加减运算电路

图 4.14 给出了一个多功能加减运算电路的实例,可以实现加法、减法、带进位的加法、带借位的减法、加 1、减 1 和传送的功能,由 $M3$、$M2$、$M1$、$M0$ 这 4 个控制端控制不同的功能。$M0$ 控制是否将 src 传送至 B 端,$M1$ 控制是否取反,$M2$ 控制是否传送 1 至 $C0$ 端,$M3$ 控制是否传送 CF 至 $C0$ 端。电路功能表达式如下:

$$A = dst, \quad B = (src \cdot M0) \oplus M1, \quad C0 = M2 + M3 \cdot CF, \quad F = A + B + C0。$$

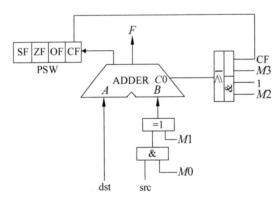

图 4.14 多功能加减运算电路实例

当 $M3 \sim M0$ 取不同值时,该电路实现不同的算术运算功能,分析如下:

1) 加法运算

设 $M3=0, M2=0, M1=0, M0=1$,则 $B=src, C0=0, F=dst+src$,即完成加法运算。

2) 带进位的加法运算

设 $M3=1, M2=0, M1=0, M0=1$,则 $B=src, C0=CF, F=dst+src+CF$,即完成带进位的加法运算。

3) 减法运算

设 $M3=0, M2=1, M1=1, M0=1$,则 $B=\overline{src}, C0=1, F=dst+\overline{src}+1=dst-src$,即完成减法运算。

4）带借位的减法

假设借位为 borrow,带借位的减法运算为 $\text{dst}-\text{src}-\text{borrow}=\text{dst}+\overline{\text{src}}+1-\text{borrow}$,因为 $1-\text{borrow}=\overline{\text{borrow}}$,所以 $\text{dst}-\text{src}-\text{borrow}=\text{dst}+\overline{\text{src}}+\overline{\text{borrow}}$,前面分析过,做减法运算时 CF 是借位的反,因此 $\text{CF}=\overline{\text{borrow}}$。所以 $\text{dst}-\text{src}-\text{borrow}=\text{dst}+\overline{\text{src}}+\text{CF}$。

设 $M3=1,M2=0,M1=1,M0=1$,则 $B=\overline{\text{src}},C0=\text{CF},F=\text{dst}+\overline{\text{src}}+\text{CF}$,即完成带借位的减法运算。

5）加 1

设 $M3=0,M2=1,M1=0,M0=0$,则 $B=0,C0=1,F=\text{dst}+1$,即完成加 1 运算。

6）减 1

设 $M3=0,M2=0,M1=1,M0=0$,则 $B=-1$(即 $111\cdots1$),$C0=0,F=\text{dst}-1$,即完成减 1 运算。

7）数据传送

设 $M3=0,M2=0,M1=0,M0=0$,则 $B=0,C0=0,F=\text{dst}$,即完成数据传送的功能。

表 4.7 列出该多功能加减运算的功能表。

表 4.7 多功能加减运算功能表

$M3$	$M2$	$M1$	$M0$	B	$C0$	F	功 能
0	0	0	1	src	0	$\text{dst}+\text{src}$	加法(ADD)
1	0	0	1	src	CF	$\text{dst}+\text{src}+\text{CF}$	带进位加法(ADDC)
0	1	1	1	$\overline{\text{src}}$	1	$\text{dst}-\text{src}$	减法(SUB)
1	0	1	1	$\overline{\text{src}}$	CF	$\text{dst}+\overline{\text{src}}+\text{CF}$	带借位减法(SUBB)
0	1	0	0	0	1	$\text{dst}+1$	加一(INC)
0	0	1	0	-1	0	$\text{dst}-1$	减一(DEC)
0	0	0	0	0	0	dst	数据传送(MOV)

2. 算术逻辑单元

ALU(Arithmetic Logic Unit)包括算术运算功能和逻辑运算功能,是运算器的核心部件。图 4.15 给出了一种 ALU 的内部电路结构,它是在前面介绍的多功能加减运算电路(如图 4.14)的基础之上增加了逻辑运算和其他一些辅助电路构成的。图 4.15 中右半部分的加法器 $\sum$ 及相关电路实现了算术运算的功能,左半部分的逻辑运算部件主要实现逻辑运算功能。

MUX 是多路选择器,选择输出端 F 的值是由逻辑运算部件输出结果,还是由算术运算部件输出结果,即是实现逻辑运算还是算术运算。逻辑运算可以通过控制信号 AND、OR、NOT、XOR 来控制逻辑运算部件实现逻辑与、或、非、异或的逻辑运算。算术运算可以通过加法器 $\sum$ 及相关辅助电路实现。上述 ALU 结构可以用简单的 ALU 的外围框图来表示,如图 4.16 所示。

3. 运算器数据通路

以图 4.16ALU 为核心,下面介绍一种运算器数据通路的结构,如图 4.17 所示。

图 4.17 中,暂存器 A 的作用是存放参加运算的数据;

ALU 是算术逻辑单元,实现算术运算和逻辑运算(其内部结构参考图 4.15);

运算方法与运算器

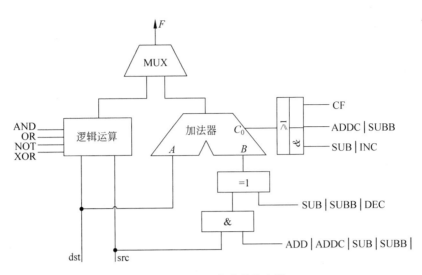

图 4.15　ALU 电路结构实例

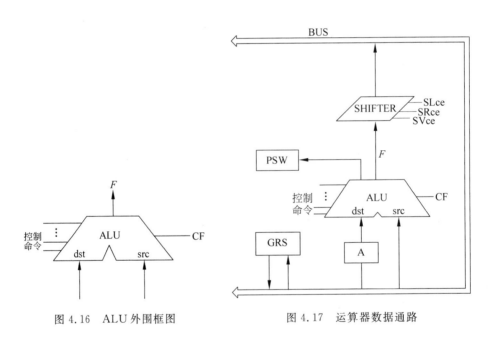

图 4.16　ALU 外围框图　　　　图 4.17　运算器数据通路

　　SHIFTER 是移位寄存器,可以实现左移、右移,或者直送的功能,分别由控制信号 SLce、SRce、SVce 来控制;

　　PSW 是程序状态字寄存器,用来保存 ALU 运算结果的状态;

　　GRS 是通用寄存器组,包含若干个寄存器,可以存放参与运算的数据或结果。

　　下面通过几个例子来描述该运算器的运算流程。

　　例 4.24　写出(R1)+(R2)→R3 的运算流程。

　　解:R1→A;

　　　　R2→ALU.src,ADD,ALU→SHIFTER,结果状态置 PSW;

　　　　SHIFTER→R3。

例 4.25 写出(R1)/2−(R2)→R3 的运算流程。

解：R1→A；

ALU→SHIFTER,SR；

SHIFTER→A；

R2→ALU.src,SUB,ALU→SHIFTER,结果状态置 PSW；

SHIFTER→R3。

例 4.26 写出 2(R1)−(R2)−CF→R3 的运算流程。

解：R1→A；

ALU→SHIFTER,SL；

SHIFTER→A；

R2→ALU.src,SUBB,ALU→SHIFTER,结果状态置 PSW；

SHIFTER→R3。

例 4.27 写出(R1)OR(R2)→R3 的运算流程。

解：R1→A；

R2→ALU.src,OR,ALU→SHIFTER,结果状态置 PSW；

SHIFTER→R3。

例 4.28 写出(R1)+1→R2 的运算流程。

解：R1→A；（单操作数运算时操作数送到 ALU 的 dst 端）

INC,ALU→SHIFTER,结果状态置 PSW；

SHIFTER→R2。

4.6.3 浮点运算器的组成与结构

由于浮点运算中阶码与尾数运算分别进行,因此可利用定点运算部件,根据浮点算法得到流程图,编写浮点四则运算子程序,实现浮点四则运算。这种方法所需硬件结构简单,但实现速度慢。为了加快浮点运算的处理速度,通常采用硬件浮点运算器实现浮点四则运算。

浮点运算可以用两个定点部件来实现,即阶码部件和尾数部件,如图 4.18 所示。

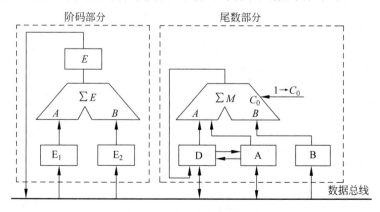

图 4.18 浮点数运算器结构

第 4 章

运算方法与运算器

阶码运算部件是一个定点整数运算部件,它的功能包括阶码大小的比较、阶码加法运算以及阶码调整时的增量和减量。其中,操作数的阶码部分放在寄存器 E1 和 E2 中,与并行加法器相连以便计算。浮点加法和减法所需要的阶码比较是通过 ΣE 来实现的,相减的结果放入 E 中,然后按照 E 的符号决定哪一个阶码大。

尾数运算部件是一个定点小数的运算部件,它的功能包括左移、右移、尾数加/减运算以及尾数乘/除运算。其中,D、A、B 都是数据寄存器。

如果尾数做加减运算,那么一个操作数送 D,另一个操作数送 B,运算结果送 D 暂存,然后再由 D 送数据总线。

如果尾数做乘法运算,寄存器 D 存放部分积,A 存放乘数,B 存放被乘数,最终乘积高位在 D 中,低位在 A 中。

如果尾数做除法运算,寄存器 D 存放被除数高位,A 存放被除数低位,B 存放除数,最终商在 D 中,余数在 A 中。

习　　题

4.1　补码加法的溢出判断有哪几种方法?

4.2　已知二进制数 X 和 Y,用补码加、减法求 $[X+Y]_\text{补}$,$[X-Y]_\text{补}$,并说明运算结果是否溢出。

(1) $X=0.101101$　$Y=0.100101$

(2) $X=-101111$　$Y=101001$

4.3　设机器数字长为 8 位(含 1 位符号位),设 $X=-87,Y=53$,计算 $[X+Y]_\text{补}$ 和 $[X-Y]_\text{补}$,并还原成真值。

4.4　已知二进制数 X 和 Y,求 $[X+Y]_\text{移}$ 和 $[X-Y]_\text{移}$,并说明运算结果是否溢出。

(1) $X=-01010$　$Y=+00011$

(2) $X=-10100$　$Y=-01111$

4.5　说明 PSW 中 4 个运算结果特征标志 SF、ZF、OF 和 CF 的含义。

4.6　已知二进制数 X 和 Y,用原码一位乘法计算 $X\times Y$。

(1) $X=0.1011$　$Y=-0.1101$

(2) $X=-1010$　$Y=1011$

4.7　设 $X=-21/32,Y=-45/64$,用原码一位乘法计算 $X\times Y$。

4.8　已知二进制数 X 和 Y,用补码一位乘法计算 $X\times Y$。

(1) $X=0.1011$　$Y=-0.1101$

(2) $X=1010$　$Y=1011$

4.9　设 $X=-13/16,Y=9/32$,用补码一位乘法计算 $X\times Y$。

4.10　已知二进制数 X 和 Y,用原码两位乘法计算 $X\times Y$。

(1) $X=0.101011$　$Y=-0.010101$

(2) $X=0.1110111$　$Y=-0.1010001$

4.11　已知二进制数 X 和 Y,用补码两位乘法计算 $X\times Y$。

(1) $X=0.101011$　$Y=-0.010101$

(2) $X = 0.1110111$ $Y = -0.1010001$

4.12   已知二进制数 X 和 Y,用原码加减交替法计算 $[X/Y]_原$,并给出商与余数的真值。

(1) $X = 0.1001$ $Y = -0.1101$

(2) $X = -0.10101$ $Y = -0.11011$

4.13   已知二进制数 X 和 Y,用补码加减交替法计算 $[X/Y]_补$,并给出商与余数的真值。

(1) $X = 0.1001$ $Y = -0.1101$

(2) $X = -0.10101$ $Y = -0.11011$

4.14   设浮点数字长为 12 位,阶码 4 位(其中 1 位为阶符),尾数 8 位(其中 1 位为尾符),尾数用补码表示,阶码用移码表示,按浮点加减运算方法求解 $[X+Y]_浮$ 和 $[X-Y]_浮$。

(1) $X = 0.110101 \times 2^{+001}$ $Y = -0.100101 \times 2^{+011}$

(2) $X = -0.101011 \times 2^{-010}$ $Y = -0.110111 \times 2^{-100}$

4.15   定点数与浮点数的溢出判断方法有什么不同?

4.16   什么叫上溢?什么叫下溢?上溢如何处理?下溢如何处理?

4.17   运算器由哪几个主要功能部件组成?各功能部件的作用是什么?

4.18   结合图 4.17 运算器数据通路写出下列运算流程。

(1) 写出 (R0)-(R1)→R2 的运算流程。

(2) 写出 (R0)AND(R1)→R2 的运算流程。

(3) 写出 (R0)-(R1)/2→R2 的运算流程。

(4) 写出 2(R0)+(R1)-1→R2 的运算流程。

第5章　存　储　器

5.1　存储器概述

存储器作为计算机必不可少的核心部分,其主要功能是存储程序和数据。冯·诺依曼计算机的基本工作原理是"存储程序控制",其实现控制的前提就是必须首先存储相应的程序和数据。

在冯·诺依曼计算机中,存储器存放的内容都是二进制表示的,存放一位二进制代码的电路称为存储位元,它是存储器中最小的存储单位。作为存储位元必须具备的条件有:有两个稳定的能量状态,并由一个高能势垒将两个状态分开;借助外部能量能使两个稳态之间进行无限次转换(即可写);借助外部能量能获知其状态(即可读);保存可靠。通常由若干个存储位元组成一个存储单元,进而由大量存储单元可共同组成一个完整的存储阵列。

5.1.1　存储器的分类

随着计算机系统结构和存储技术的快速发展,存储器的种类已经逐渐丰富,分类的标准也已经不再单一。

1. 按存储介质分类

1) 磁介质存储器

以磁性材料为存储介质的存储器称为磁介质存储器。这其中又分为磁芯存储器和磁表面介质存储器。磁芯存储器是早期主存的主要存储介质,但由于容量小、速度慢、破坏性读出,早已被淘汰。磁表面介质存储器是在金属或塑料基体上,涂一层磁性材料,用磁层来记录信息,常见的有磁盘、磁带等。

2) 半导体介质存储器

以半导体材料为存储介质的存储器称为半导体介质存储器。它采用金属氧化物半导体MOS(Metal Oxide Silicon)型电路或双极型 TTL(Transistor-Transistor Logic)电路、射极耦合逻辑 ECL(Emitter Coupled Logic)电路存储信息,常见的有静态随机存取存储器(Static Random Access Memory,SRAM)、动态随机存取存储器(Dynamic Random Access Memory,DRAM)、只读存储器(Read Only Memory,ROM)、闪存(Flash 存储器)等。

3) 光介质存储器

光介质存储器利用激光照射使介质发生某种变化来存储信息,常见的有只读光盘 CD-ROM、一次写入式光盘 CD-R 和可改写式光盘 CD-RW、只读型数字视盘 DVD-ROM 等。

2. 按在系统中的作用分类

1）高速缓冲存储器

高速缓冲存储器（cache）位于主存和 CPU 之间，用来存放主存中当前最活跃的程序和数据的副本，以减少对主存的访问次数。由于高速缓冲存储器采用高速器件，并且目前已经嵌入到 CPU 内部，它的存取速度与 CPU 的速度基本相当，所以在系统中主要起到提升存储系统速度性能的作用，它的成本较高，通常容量很小。

2）主存储器

主存储器（Main Memory）又称内存（Internal Memory），它在系统中的作用是用来存放计算机运行期间要执行的程序和数据，是 CPU 可以直接访问的主要存储器。它的容量远大于高速缓冲存储器的容量，一般是其十几到几十倍以上。目前主存主要由 CMOS（Complementary Metal Oxide Silicon）半导体集成电路组成。

3）辅助存储器

辅助存储器（Auxiliary Memory），又称外存（External Memory），它主要是用来存储当前不参与运行的程序和数据及一些需要长期保存的信息。当需要访问辅助存储器内容时，CPU 要将其中的内容先调入主存后，才能使用，它的特点是：比主存容量更大，价格更低，但速度也慢很多，常见的有磁盘、磁带和光盘等。

4）控制存储器

控制存储器（Control Memory）只在微程序控制的 CPU 中才会出现，主要是用来存放控制信息（即微程序）。目前主要由高速只读存储器（ROM）构成，一般嵌入 CPU 内部。

3. 按存取方式分类

1）随机存取存储器（Random Access Memory，RAM）

通常所说的随机存取是指对存储器中的任一存储单元的内容都可以进行访问，且访问的时间相同，与其所处的物理位置无关。RAM 读/写方便，用途广泛，目前被广泛应用到主存、高速缓存。半导体 RAM 在断电后内容消失。

2）非易失性存储器（Non-volatile Memory）

非易失性存储器是指掉电后所存储的数据不会消失的存储器，包括只读存储器、Flash 存储器、铁电存储器和相变存储器等多种存储器。

3）顺序存取存储器（Serial Access Memory，SAM）

只能按照某种顺序读写存储单元的存储器称为顺序存取存储器，即存取时间的长短和存储单元的物理位置有关，如磁带就是典型的顺序存储器。在 SAM 中，一般只能用平均读写时间作为衡量速度的指标。顺序存储器的最大优点是：不同的存储单元可以共享一套读写线路，所以结构简单。

4）直接存取存储器（Direct Access Memory，DAM）

这种存储器最典型的例子就是磁盘，它的工作过程既不像 RAM，也不像 SAM。它的寻道过程是直接地定位到某一个磁道，寻道之后在一圈磁道上则是按顺序方式存取。

5.1.2 存储器的性能指标

存储器的性能指标，是评价存储器性能优劣的主要依据。一般主要有容量、速度和可靠性等。由于存储器种类很多，工作原理不尽相同，性能指标的具体内容也有相当大的差异，这里以主存储器为例来分析存储器的性能指标。

1. 容量

一个存储器所能容纳的全部信息量称为**存储容量**,以位(b)或字节(B)为单位,如64KB、32MB 等,也经常用存储单元数乘以存储单元字长的形式表示,例如 64K×8,16M×16 等。在表示容量大小时,经常用 K、M、G、T、P 等表示数量级,它们的换算关系为 $1K=2^{10}$,$1M=2^{20}$,$1G=2^{30}$,$1T=2^{40}$,$1P=2^{50}$。

2. 速度

一般用来描述主存储器工作速度的指标有存取时间 T_a、存储周期 T_m 和存储带宽 B_m。

1)存取时间 T_a

存取时间又称为存储器访问时间或读/写时间,它通常是指从启动一次主存储器读写操作到完成该操作为止所需要的时间。以读出为例,从 CPU 发出对主存的读命令和有效地址开始,到被选中单元的内容读出到数据总线上为止所用的时间。

一般存取时间取决于存储介质的物理特性及所使用的读/写机构的特性。

2)存储周期 T_m

存储周期是指存储器进行两次连续的存储操作之间所需的时间间隔,又称读写周期或访存周期。存储周期比存取时间要长,即 $T_m>T_a$。因为对于任何一种存储器来说,在读写操作的结束后总要有一段恢复内部状态的复原时间。

一般存储周期取决于主存储器的具体结构和其工作机制。

3)存储带宽 B_m

存储带宽又称数据传输率或数据吞吐率,它是指在单位时间内存储器所存取的信息量,单位通常是字节/秒。由于存储器不仅要为 CPU 服务,还要为其他外设提供服务,所以存储带宽是计算机系统的主要瓶颈之一。

3. 可靠性

可靠性是指存储器连续正常工作的能力。通常用**平均故障间隔时间**(Mean Time Between Failures,MTBF)来作为其衡量指标,MTBF 越长,则该存储器的可靠性越高。内存常采用纠错编码技术来延长 MTBF 以提高其可靠性。

5.2 半导体随机存取存储器

目前在主存储器中使用最广泛的就是半导体存储器,包括随机存取存储器 RAM 和只读存储器 ROM。RAM 用于存放当前运行的程序和数据,ROM 用于存放那些不需要修改的由生产厂商提供的特殊程序,诸如引导程序、BIOS(Basic Input Output System)。

RAM 根据信息存储的原理不同,可以分为**静态随机存取存储器**(SRAM)和**动态随机存取存储器**(DRAM)。

5.2.1 静态随机存取存储位元

SRAM 的信息存储原理是利用双稳态触发器(Bistable Flip-Flop)来存储信息。常用的有 TTL、ECL 和 CMOS 电路,其中 CMOS 电路是目前最常用的器件,TTL 和 ECL 电路由于功耗大、集成度低、性价比不高等原因已经逐渐被淘汰。这里以 CMOS 电路作为主要对象来分析其结构及原理。

图 5.1 表示了 SRAM 的存储位元结构图。其中 T_0、T_1 管反向耦合构成存储信息的触发器，T_4、T_5 分别是 T_0 和 T_1 的负载管（相当于负载电阻），T_2、T_3 构成 A、B 两点的门控电路，控制读写操作。字线 W 用来选择相应存储位元，两条位线 D 和 $\overline{D}$ 用来进行读写信息传输。

SRAM 的基本存储原理是利用两个栅极反向交叉耦合的 CMOS 管构成一个触发器来实现信息的存储，按照存储信息的必要条件，它应符合几个条件：

（1）两种稳态。

假设，T_0 管截止、T_1 管导通表示该存储位元存放的内容为 1，由于 T_0 管截止，A 点电位为高，T_1 管导通，B 点电位接地为低。T_0 管导通，T_1 管截止表示该存储位元存放的内容为 0，由于 T_1 管截止，B 点电位为高，T_0 管导通，A 点电位接地为低，所以在不断电的情况下，A、B 两点的电位值始终相反。

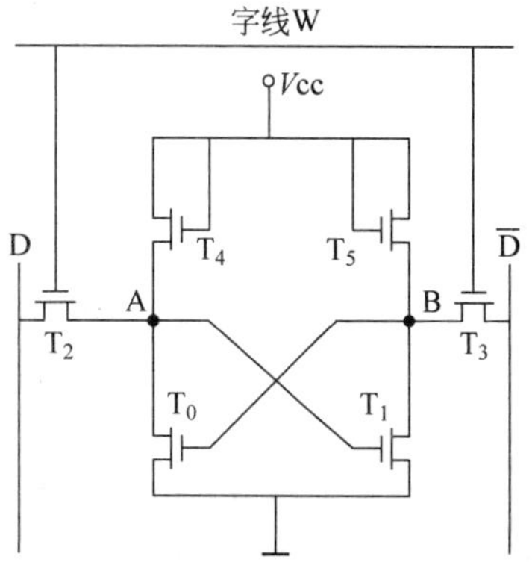

（2）读出操作。

图 5.1　SRAM 存储位元结构图

在字线 W 上加高电位的字脉冲，使得 T_2、T_3 门控管导通，于是位线 D 和 $\overline{D}$ 分别与 A、B 两点连接。若该存储位元原存放内容为 0，则 A 点为低电位，B 点为高电位，D 输出低电平，$\overline{D}$ 输出高电平，经差动放大器检测出 0 信号。若该存储位元原存放内容为 1，则 B 点为低电位，A 点为高电位，$\overline{D}$ 输出低电平，D 输出高电平，经差动放大器检测出 1 信号。

由于读出前后 A、B 两点电位没有明显变化，读出信息后不影响原来的状态，所以属于非破坏性读出。

（3）写入操作。

在字线 W 上加一个高电位的字脉冲，使 T_2、T_3 管导通。如果需要写入 1，则需要从位线 D 输入高电位，$\overline{D}$ 输入低电位，经过导通的 T_2、T_3 管，将会使得 A 点电位上升，B 点电位下降，T_1 管导通，T_0 管截止，该存储位元内容变为 1，完成写入 1 操作；如果要写入 0，则需要从位线 D 输入低电位，$\overline{D}$ 输入高电位，经过导通的 T_2、T_3 管，将会使得 B 点电位上升，A 点电位下降，T_0 管导通，T_1 管截止，该存储位元内容变为 0，完成写入 0 操作。

（4）保持操作。

当字线 W 为低电平的时候，该存储位元未被选中，T_2、T_3 管截止，触发器与位线断开，只要 V_{CC} 不断电，原有信息将保持不变。但如果断电，则原来的信息必定丢失。

SRAM 具有存储速度快，驱动能力强的优点，但是其相对于 DRAM 集成度仍然较低，功耗较大，单位价格较高，所以一般用来组成高速缓冲存储器和小容量主存系统。

5.2.2　动态随机存取存储位元

DRAM 的结构有几种，现在比较普遍应用的是单管 DRAM 存储位元，由于其具有结构简单，集成度高，功耗小等优点，所以在当今存储容量需求日益增大的趋势之下，得到了最广泛的应用。这里以单管 DRAM 存储位元为例子来分析 DRAM 的结构、组成以及工作原理。

1. DRAM 的存储原理

不同于 SRAM,它的基本工作原理是利用电容存储电荷来存储信息的,其结构图如图 5.2 所示。DRAM 存储位元由一个 MOS 管 T 和一个存储电容 C 构成,T 管作为门控管,其栅极由字线 W 控制,源极和漏极分别连接电容 C 和位线 D。

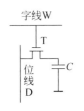

图 5.2　DRAM 基本存储位元

同样,按照存储信息的必要条件,它应符合几个条件:

1)两种稳态

假设电容 C 上有电荷为 1,则无电荷为 0。

2)读出操作

字线 W 为高电平,使得 T 管导通,电容 C 和位线相连,位线 D 处于中间电位。若原来存放内容为 1,即电容 C 有电荷,则位线 D 上电位进一步升高,产生读电流,电容 C 放电。若原来存放内容为 0,即电容 C 无电荷,则位线 D 上电位下降,电容 C 充电。由于读出后电容 C 上的原有电荷必定遭到破坏,因此属于破坏性读出。由于信息在读出以后被破坏,为了修正这种错误,读出的信息将会在读出以后被重新写入对应存储单元,这种情况一般被称为再生(又称重写),DRAM 必须在读出操作之后根据读出的内容立即进行再生的操作。

3)写入操作

字线 W 为高电平,使得 T 管导通,电容 C 和位线相连,若写入 1,位线 D 为高电平,电容 C 被充电;若写入 0,位线 D 为低电平,电容 C 被放电。

4)保持操作

字线 W 为低电位,T 管截止,电容 C 和位线 D 分隔开,电容 C 本应保持信息,但由于漏电流的存在,C 上的电荷会不断泄漏。一般为了保证功耗和集成度,选用的电容 C 都很小,电荷存储有限,所以只能保持几毫秒的时间。

2. 刷新

为了维持 DRAM 存储位元的原有存储信息,必须每间隔一定时间对 DRAM 进行一次读出再写入,这就是刷新。刷新间隔时间 Δt 由栅极电容上电荷的泄放速度来决定的,可以由公式 $\Delta t = C \cdot \Delta V / I$ 得到。其中 C 为电容容量,ΔV 为允许的电容电压变化,I 为漏电流。一般选定的最大刷新时间间隔为 2ms 或 4ms 甚至更大,即在 2ms 或 4ms 的时间间隔内,必须将全部存储体刷新一遍。

刷新和之前提到的再生相似,但是有区别,即再生是在每次读出操作之后进行的,所对应的单元是随机且唯一的,是在被选中单元破坏性读出后为了防止信息丢失而进行的操作。而刷新是定时的,即使存储单元没有被访问到也会进行刷新,而且刷新是以存储体阵列的行作为单位的,即每次刷新都是自动刷新存储阵列中对应的行的所有存储位元,因此只需要给出行地址即可。

常见的刷新方式有集中式、分散式和异步式三种。

1)集中刷新方式

在规定的最大刷新间隔时间(例如 2ms)内,将该存储芯片所有行的刷新操作集中在一起,在刷新时停止所有设备对存储器的读写操作。由于刷新操作和存储器的读操作基本一致,所以刷新一行所需要的时间近似等于存储周期。

例如：对一个 4K×1 位的存储芯片(其存储阵列为 64×64 的矩阵)进行刷新,由于刷新是按行进行的,每次刷新一行需要占用一个存储周期,所以共需要 64 个存储周期来完成对该芯片所有单元的刷新。假设存储周期 T_m 为 200ns,则在 2ms 的时间间隔内一共可以完成 10 000 次存储操作,即可以分配 10 000 个存储周期,其中第 0～第 9935 个存储周期可以进行读写操作或者保持操作,其后的第 9936～第 9999 个共 64 个存储周期集中安排刷新操作,如图 5.3 所示。

图 5.3　集中刷新方式示意图

集中刷新的优点是读写操作时由于没有刷新操作的影响,可以连续进行,控制简单,速度较快,其最大的缺点是随着存储阵列行数的增加,其刷新时间 $T_f = T_m ×$ 存储阵列的行数,也会随之增大,在这段时间内将无法访问存储器,故被称为"死区"。

2) 分散刷新方式

分散刷新方式首先定义系统的存储周期长度是存储器本身的存储周期长度的两倍,每个系统存储周期可以分为两个阶段,前一个阶段进行读写操作或保持操作,后一个阶段进行刷新操作,每次刷新一行。

分散刷新方式的优点是由于存储器没有连续的刷新操作,所以不存在时间上明显的"死区"。但是其缺点也非常明显,首先,其存储周期长度变为原先的两倍,降低了整机的速度；其次,随着存储器速度的不断提高,其存储周期长度显著缩短,则在 2ms 的时间间隔内,分配的存储周期过多,远超其存储阵列的行数,存在时间上的浪费。

例如,对一个 4K×1 位的存储芯片(其存储阵列为 64×64 的矩阵)进行刷新,由于刷新是按行进行的,每次刷新一行需要占用一个存储周期,所以共需要 64 个存储周期来完成对该芯片所有单元的刷新。假设存储器自身的存储周期 T_m 为 200ns,则系统定义的存储周期长度为 200ns×2＝400ns,在 2ms 的时间间隔内一共可以完成 5000 次存储操作和 5000 次刷新操作(见图 5.4),而真正需要的刷新操作只有 64 次,造成了大量的无意义的刷新操作。

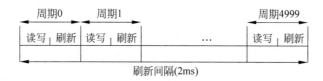

图 5.4　分散刷新方式示意图

3) 异步刷新方式

异步刷新方式是上述两种方式的折中。它充分利用了最大刷新时间间隔,把该存储芯片所有行的刷新操作平均分配到整个最大刷新时间间隔内进行,所以,相邻两行的刷新时间间隔＝最大刷新时间间隔÷存储阵列行数。

仍以上面给出的例子为例,相邻两行的刷新间隔时间$=2\text{ms}/64=31.25\mu\text{s}$,由于存储周期为200ns,取存储周期的整数倍$31.2\mu\text{s}$,即每隔$31.2\mu\text{s}$的时间间隔安排一次刷新操作,并在刷新时停止对存储器的访问操作(见图5.5)。

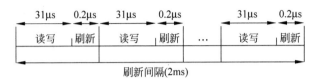

图5.5　异步刷新方式示意图

异步刷新方式的特点相对于集中刷新方式而言,异步刷新方式的死区要小得多,仅有$0.2\mu\text{s}$,这样可以有效避免CPU长时间等待,并减少了刷新次数,是一种比较常用的刷新方式。

5.2.3　半导体随机存取存储芯片

半导体存储芯片采用超大规模集成电路制造工艺,在一个半导体硅晶片上集成用来存储信息的存储阵列、地址译码驱动电路和读/写驱动电路等,其主要核心部分是由存储位元构成的存储阵列。

1. 地址译码驱动方式

存储芯片的地址译码能把接收到的地址信号翻译成对相应存储单元的选择信号。一般有一维译码和二维译码两种方式。

1) 一维译码方式

一维译码方式把存储容量为$W\times d$(即存储字数量×存储字字长)的存储器分成W行,每行d位,存储阵列的每一行对应一个存储字,共用一根字选择线W_i;每一列则对应不同存储字的相同位,有两根共用的位线D_j、$\overline{D_j}$与之连接,因为是一维的,所以只用一组地址译码器对W个字进行一维译码。图5.6是一个32×8位,采用一维地址译码方式的存储器组织示意图。

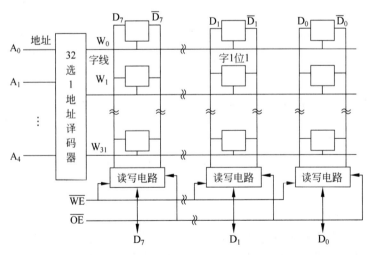

图5.6　一维地址译码方式结构图

如图 5.6 所示,其地址引脚(即地址线)数量为 $\log_2 32 = 5$ 个,数据引脚(即数据线)数量为 8 个,5 根地址线经过一组 5-32 译码器产生译码信号字线 W_i,选中在同一行(即一个存储字)中的所有存储位元的 $\overline{CS}$ 片选端,使之同时工作,根据读写控制电路的读写命令,对被选中字的所有位同时进行读出或写入的操作。由于每次读出或写入的单位都是一个存储字,所以又称为字片式存储芯片。

一维译码方式的优点是结构简单,易于实现,缺点是当存储字数较多时,由于地址线数目增加而导致译码器复杂性按指数规律增加,导致无法实现或延时过多,所以一般只适合一些容量较小的存储器。

2)二维译码方式的位选方式

二维译码方式是把地址线分为数量接近相等的两组,分别用两个译码器进行译码,一部分用作水平的行方向 X_i 的译码,另一部分用作垂直的列方向 Y_j 的译码,其具体结构图如图 5.7 所示,行选择信号 X_i 选中第 i 行的 32 个存储位元,使 32 个存储位元内部的数据分别与各自的位线连通,列选择信号 Y_j 选中第 j 列的位线控制端,使第 j 列控制门打开,故处于 (X_i, Y_j) 位置的存储位元被选中。根据读写控制电路的读写命令,对被选中的存储位元进行读出或写入的操作。由于每次读出或写入的单位都是一个位,所以又称为位片式存储芯片。

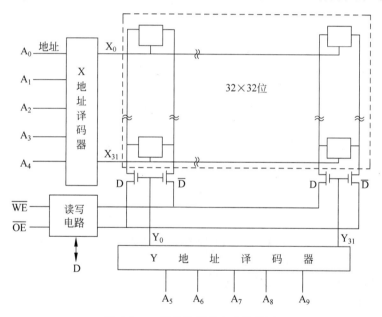

图 5.7　二维地址译码方式结构图

位片式存储芯片的容量假设为 $M \times 1$,例如 1024×1,为了使外围电路需求量最小,线路走线最短,传输延时最少,通常要求两组用于译码的地址线数量应基本相当,即行方向译码地址线数 $N_x =$ 列方向译码地址线数 $N_y = (\log_2 1024)/2 = 5$,需要两个 5-32 的译码器,构成一个 $2^5 \times 2^5 = 32 \times 32$ 的存储阵列。由于每个存储芯片只能提供一位数据,所以一般用 8(或 16)片同样的位片式存储芯片并联构成一个 $M \times 8$(或 $M \times 16$)的存储器,每个存储芯片分别提供地址相同的同一存储字的不同二进制位。

二维译码方式的优点是地址译码器在地址位数较多的时候,其结构相对字片式要简单很多,例如容量为 1024×1 的存储器如果用字片式芯片实现,其结构为 1024×1 的一个存储阵列,需要的译码器地址线位数为 $\log_2 1024=10$,是一个 10-1024 的译码器,其结构要比 5-32 的译码器复杂很多。

　　3) 二维译码方式的字选方式

　　这种方式是将上面两种方式结合到一起。当实现存储容量为 $W\times d$ 位的存储器时,和一维译码不同,二维阵列中每行分配的不是一个 d 位长度的存储字,而是 s 个 d 位长度的存储字,则行译码线(即行数)变为 W/s 条,列译码线为 s 条;每一条列译码线对应一个 d 位字长的存储字的所有位,与一维译码方式中的字选择线类似。此时 N 根地址线分为两个部分,行地址译码部分线数为 $n_x=\log_2(W/s)$,列地址译码部分线数为 $n_y=\log_2 s$,$N=n_x+n_y$。

　　如图 5.8 所示,容量为 512×8 的存储芯片,其地址线为 $\log_2 512=9$ 根,如果采用二维译码方式的字选方式,共有 512 个存储字,4096 个存储位元,其存储阵列为 64×64,6 位地址线经过行方向 X 地址译码器产生 64 根行译码线,3 根地址线经过列方向 Y 地址译码器产生 8 根列译码线,每根列译码线选中一个 8 位字长的存储字。

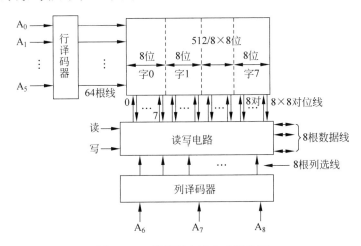

图 5.8　二维译码字选方式结构图

　　这种方式既可以解决一维译码方式下译码逻辑复杂,容量受到限制的问题,又可以克服二维译码方式的位选方式中存储字的不同位存放在不同芯片的问题。

2. 半导体静态随机存取存储器

1) SRAM 芯片举例

　　典型的 SRAM 芯片有 2114($1K\times4$)、2142($1K\times4$)、6116($2K\times8$)、6232($4K\times8$)、6264($8K\times8$)和 62256($32K\times8$)等。这里以 2114 为例,芯片的引脚图和逻辑符号见图 5.9(a)和图 5.9(b)。

　　通常半导体 SRAM 存储芯片的外部引脚有以下几种:

　　(1) 地址线 A_i。

　　方向为单向输入,通常连接地址总线,其位数与芯片的存储单元数量有关。2114 容量为 1024×4 位,其地址线位数为 $\log_2 1024=10$ 位,记为 $A_0\sim A_9$。

　　(2) 数据线 D_i。

　　方向为双向,既可输入,又可输出,通常连接数据总线,其位数与芯片存储单元的字长有

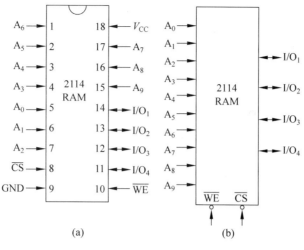

图 5.9　2114 引脚图和逻辑符号图

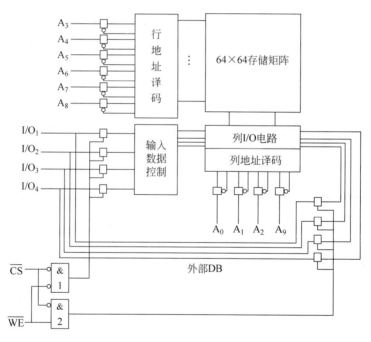

图 5.10　2114 的内部结构示意图

关。容量为 256×4 时,其数据线位数为 4 位;容量为 $32K \times 8$ 时,其数据线位数为 8 位。

（3）片选端。

芯片的片选端通常用符号 $\overline{CS}$(Chip Selected)或 $\overline{CE}$(Chip Enable)表示,用来确定该芯片是否被选中工作,通常由译码信号控制,低电平有效。

（4）读写控制线。

芯片的读写控制线是单向输入的,连接控制总线。有些 SRAM 有两根读写控制线:读允许线 $\overline{OE}$(Output Enable)或 $\overline{RD}$(Read)和写允许线 $\overline{WE}$(Write Enable)或 $\overline{WR}$(Write),低

电平有效。有些 SRAM 只有一个读写控制线 $\overline{WE}$ 或 $\overline{WR}$，$\overline{WE}$ 或 $\overline{WR}=0$ 时，写允许；$\overline{WE}$ 或 $\overline{WR}=1$ 时，读允许。

（5）电源线 V_{CC} 和地 GND，V_{CC} 为＋5V，接电源；GND 接地。

2114 的内部结构如图 5.10 所示。由于 2114 的容量为 1024×4 位，故有 4096 个存储位元，排成 64×64 的矩阵。用 $A_3 \sim A_8$ 6 根地址线作为行译码，产生 64 根行选择线，用 $A_0 \sim A_2$ 与 A_9 4 根地址线作为列译码，产生 16 根列选择线，而每根列选择线控制一组 4 位同时进行读或写操作。存储器内部有 4 路 I/O 电路以及 4 路输入输出三态门电路，并由 4 根双向数据线 $I/O_1 \sim I/O_4$ 引出与外部数据总线 DB 相连。当 $\overline{CS}=0$ 与 $\overline{WE}=0$ 时，经门 1 输出线的高电平将输入数据控制线上的 4 个三态门打开，使数据写入；当 $\overline{CS}=0$ 与 $\overline{WE}=1$ 时，经门 2 输出的高电平将输出数据控制线上的 4 个三态门打开，使数据读出。

2）SRAM 芯片的时序

图 5.11 为 SRAM 的工作时序图，其中图 5.11(a)为读周期时序，图 5.11(b)为写周期时序。在读周期当中，依次完成以下操作：首先，地址线有效，芯片外部输入有效地址信息（Effective Address，EA），为保证地址译码及读出时信息稳定，EA 在读周期中应保持不变；其次，为了使芯片能正常工作，片选信号 $\overline{CS}$ 在地址有效之后也必须有效；再次，由于是读出操作，读出使能信号 $\overline{OE}$ 也必须有效；最后，直到数据总线上出现稳定的有效读出数据，才可以撤销 $\overline{CS}$ 和 $\overline{OE}$ 以及地址信息。从给出地址信息到撤销地址信息的这段时间间隔 T_{RC} 即读周期。

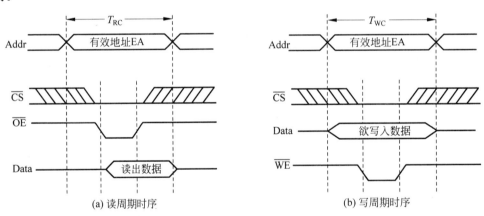

图 5.11　SRAM 的读/写时序图

在写周期当中，依次完成以下操作：首先，地址线有效，芯片外部输入有效地址信息 EA；其次，由于是写操作，必须先提供欲写入的数据，因此在数据总线上由外部提供有效的欲写入数据信息；再次，为了使芯片能正常写入，片选信号 $\overline{CS}$ 和写入使能信号 $\overline{WE}$ 也必须有效；最后，直到数据有效写入，才可以撤销 $\overline{CS}$ 和 $\overline{WE}$ 以及数据和地址信息。从给出地址信息到撤销地址信息的这段时间间隔 T_{WC} 即写周期，其时间间隔与 T_{RC} 相当。

3. 半导体动态随机存取存储器

1）DRAM 芯片举例

这里以 DRAM 2164A 为例，2164A 是 64K×1 位的芯片，其引脚排列见图 5.12。

Intel 2164A 的内部功能框图如图 5.13 所示。

由图 5.13 可见，2164A 的片内有 64K 个存储单元，每个存储单元存储一位数据，片内要寻址 64K 个单元，需要 16 条地址线，为了减少封装引脚，芯片的地址引脚只有 8 个，片内有行地址锁存器和列地址锁存器，可利用外接多路开关，由行地址选通信号 $\overline{RAS}$(Row Address Strobe)将先送入的 8 位行地址送到片内行地址锁存器，然后由列地址选通信号 $\overline{CAS}$(Column Address Strobe)将后送入的 8 位列地址送到片内列地址锁存器。

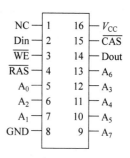

图 5.12　2164A 芯片引脚图

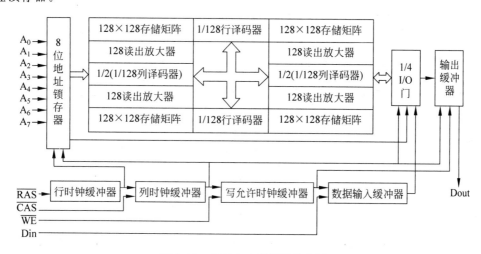

图 5.13　2164A 内部逻辑结构图

2164A 芯片中的 64K×1 存储体由 4 个 128×128 的存储阵列组成，每个 128×128 的存储阵列，由 7 条行地址线和 7 条列地址线进行选择。7 位行地址经过译码产生 128 条选择线，分别选择 128 行中的一行；7 位列地址经过译码产生 128 条选择线，分别选择 128 列中的一列。7 位行地址 $RA_0 \sim RA_6$（即地址总线的 $A_0 \sim A_6$）和 7 位列地址 $CA_0 \sim CA_6$（即地址总线的 $A_8 \sim A_{14}$）可同时选中 4 个存储阵列中各一个存储单元，然后由 RA_7 与 CA_7（即地址总线中的 A_7 和 A_{15}）经 1/4 的 I/O 门电路选中 1 个单元进行读写。而刷新时，只送入 7 位行地址同时选中 4 个存储阵列的同一行，即对 4×128＝512 个存储单元进行刷新。

Intel 2164A 的数据线是输入和输出分开的，由 $\overline{WE}$ 控制读写。当 $\overline{WE}$ 为高电平时，为读出，所选中单元的内容经过输出三态缓冲器，从 Dout 引脚读出；当 $\overline{WE}$ 为低电平时，为写入，Din 引脚上的内容经过输入三态缓冲器，对选中单元进行写入。

DRAM 芯片的引脚通常无专门的片选信号 $\overline{CS}$ 或 $\overline{CE}$，一般行选通信号 $\overline{RAS}$ 和列地址选通信号 $\overline{CAS}$ 也可起到片选的作用。

2) DRAM 的时序

图 5.14 为 DRAM 的工作时序图，其中图 5.14(a)为读周期时序，图 5.14(b)为写周期时序，图 5.14(c)为刷新周期时序。在读周期中，依次完成以下操作：首先，地址线有效，芯片外部先输入行地址信息，并同时使行选通信号 $\overline{RAS}$ 有效，将行地址锁存，然后由于是读出操作，需由外部提供读出操作所需的 $\overline{RD}$ 信号，接下来再由外部给出列地址信息，并同时使列

选通信号$\overline{\text{CAS}}$有效,将列地址锁存,此时,二维译码方式的两组地址都已经具备,则启动存储芯片正常工作,所以列选通信号$\overline{\text{CAS}}$在此相当于$\overline{\text{CS}}$,为保证地址译码及读出时信息稳定正确,对应地址信息与选通信息在锁存期间应保持有效;最后,直到数据总线上出现稳定的有效读出数据,才可以撤销$\overline{\text{RAS}}$、$\overline{\text{CAS}}$和$\overline{\text{RD}}$信号。一般从行选通信号$\overline{\text{RAS}}$的下降沿开始,到下一次行选通信号$\overline{\text{RAS}}$的下降沿为止的时间,也就是连续两个读操作周期的时间间隔,作为DRAM 的读周期。

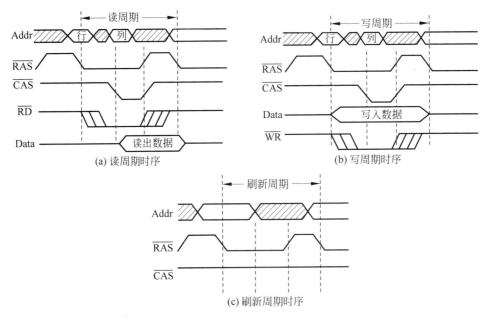

图 5.14　DRAM 的读/写/刷新时序图

在写周期中,依次完成以下操作:首先,地址线有效,芯片外部先输入行地址信息,并同时使行选通信号$\overline{\text{RAS}}$有效,将行地址锁存,然后由于是写入操作,外部需提供欲写入的数据信息和写入操作所需的信号$\overline{\text{WR}}$,接下来再由外部给出列地址信息,并同时使列选通信号$\overline{\text{CAS}}$有效,将列地址锁存,此时,列选通信号$\overline{\text{CAS}}$相当于$\overline{\text{CS}}$。接下来在$\overline{\text{RAS}}$、$\overline{\text{CAS}}$和$\overline{\text{WR}}$信号都有效的情况下,数据信息将被写入存储芯片的对应地址空间;最后,直到数据稳定写入存储芯片之后,才可以撤销数据信息、$\overline{\text{RAS}}$、$\overline{\text{CAS}}$和$\overline{\text{WR}}$信号。

在刷新周期中,依次完成以下操作:地址线有效,外部给出行地址信息,并同时使行选通信号$\overline{\text{RAS}}$有效,由于刷新只需要行地址,所以无须再给出列地址和列选通信号。

5.2.4　DRAM 的发展

自 20 世纪 70 年代以来,主存储器的基本构件主要是 DRAM 芯片,由于制造工艺、元件材料、工作时序和访问控制方式等方面的改进,其速度虽然有了较大提高,但是相对于 CPU 的速度来讲,依然低了不少。理论上,如果主存速度和 CPU 速度基本相当,那么 CPU 和主存的性能将会是最优,两者之间进行信息交互不存在时间上的等待状态。而现实当中,由于主存速度低于 CPU 速度,必然导致 CPU 访问主存时,增加大量的等待周期,牺牲CPU 的效率。为了提高主存的带宽,出现了一些先进的 DRAM,下面分别介绍一下它们的特点。

1. FPM DRAM

FPM(Fast Page Mode)DRAM 称为快速页模式动态存储器。传统 DRAM 采用二维译码方式,读写时必须提供两次地址,分别是行地址和列地址,这会耗费一定的时间。根据程序访问的局部性,即在一个相对较短的时间间隔内,CPU 对存储器中程序的访问是局限在一个相对较小的局部存储空间内的。因此,当程序连续运行时,由于程序在存储器中是连续存储的,其行地址可以只传输一次,并保持不变,而列地址可以连续变化,则除了第一次需要传输行地址以外,后面每次都只需要传输一个列地址即可。FPM DRAM 即采用这种寻址操作方式,触发一次行地址后,连续输出列地址,从而使用较少的时钟周期读出较多的数据,此时,页是指一个唯一行地址和该行中所有的列地址确定的若干存储单元的组合,称为快速页。

FPM DRAM 以 4 字节突发模式传送数据,这 4 个字节来自同一行或者说同一页。所谓突发模式是指当处理器向一个独立的地址发出数据请求时,引发的数据区块(连续的一系列地址)高速传输现象。为了描述这个过程,一般以每次访问间隔的周期数来表示时间。通常的表示格式为 x-y-y-y,x 表示第一次访问所需的时钟周期数,y 表示后面每个数据在连续访问时所需要的周期数。FPM 的突发周期模式一般为 5-3-3-3 或 6-3-3-3。

2. EDO DRAM

EDO(Extended Data Out)DRAM 称为扩展数据输出 DRAM,是在 FPM DRAM 基础上改进而来的。FPM DRAM 在存储每一个数据的时候,必须等到行地址和列地址输入稳定以后,才能有效读写数据,而下一个地址必须等待这次读写周期完成才能输出。而 EDO DRAM 输出数据在整个 $\overline{CAS}$ 周期都是有效的(包括预充电时间在内),EDO DRAM 不需要等待当前读写周期结束即可启动下一个读写周期,即可以在输出一个数据的过程中准备下一个数据的输出。这种设计节省了重新生成地址的时间,提高了访问速度。

由于减少了一个周期的等待时间,EDO DRAM 可以获得的突发模式周期为 5-2-2-2,即若访问 4 次主存,总共需要的时钟周期为 $5+2+2+2=11$ 个周期,而 FPM DRAM 的突发模式周期为 5-3-3-3,总共需要的时钟周期为 $5+3+3+3=14$ 个周期,相对于 FPM DRAM,EDO DRAM 的性能提高了 22%,而成本基本与之相当。

3. SDRAM

SDRAM(Synchronous Dynamic Random Access Memory)称为同步型 DRAM,相对于前面几种非同步存储的存储器而言,由于在系统时钟不同步的情况下进行存储,需要等待若干个时钟周期进行协调才能继续进行存储器的存储,例如 FPM DRAM 需要至少等待 3 个时钟周期,EDO DRAM 需要等待至少 2 个时钟周期,这种等待机制严重影响了存储系统的数据吞吐量。所以 EDO DRAM 和 FPM DRAM 的工作速度都不超过 66MHz。

SDRAM 的操作要求与系统时钟相同步,这种同步操作是由系统的同步脉冲控制的,换句话说,主存与 CPU 的数据交换同步于系统时钟信号,并且以 CPU/存储器总线的最高速度运行,无须等待周期。正是由于取消了等待机制,减少了等待时间,减少了数据传送的延时,SDRAM 的存储系统运行速度提高了很多。其突发模式周期可以达到 5-1-1-1,即进行 4 次主存传输,仅仅需要 $5+1+1+1=8$ 个时钟周期即可。相对于 EDO,性能提高了将近 20%。

SDRAM 的基本原理是将 CPU 和 RAM 通过一个相同的外部时钟锁在一起,实现了同步工作,从而使得 RAM 和 CPU 能共享一个时钟周期。所以开始的时候 SDRAM 需要花费一定的时间实现同步,但是一旦同步以后,每一个时钟周期就可以读写一个数据。这种速度已经基本接近主板上同步 cache 的 3-1-1-1 的水准。一般来说,在系统时钟为 66MHz 的时候,SDRAM 和 EDO DRAM 相比,基本没有明显优势,但是当系统时钟增加到 100MHz 以上的时候,其速度上的优势将会比较明显。

图 5.15 为 8M×16 位的 SDRAM 的内部逻辑结构图,它采用了 4 个存储体,每个存储体容量为 2M×16 位,它可以同时打开 4 个主存页面,当 CPU 从某一个存储体中访问数据的时候,在主存控制器的控制之下,另外 3 个存储体也已经准备好提供读写数据。外部输入信号除了数据、地址、控制三组信号线之外,还有系统输入时钟信号 CLK,CKE 为时钟允许信号,DQM 为数据屏蔽信号。内部的模式寄存器及相关控制逻辑是 SDRAM 独有的,可以指定突发式读/写的长度(1、2、4、8、全页字),该长度是同步地向系统总线上发送数据的存储器单元个数。模式寄存器也允许程序员调整从接受读请求命令到开始传输数据的延迟时间。

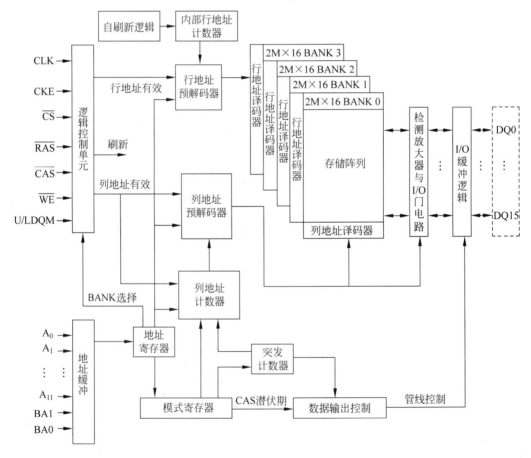

图 5.15　8M×16 位的 SDRAM 内部逻辑结构图

4. DDR SDRAM

DDR(Double Data Rate)SDRAM 是从 SDRAM 发展而来的,称为双数据传输率同步

DRAM,DDR 运用了更高级的同步电路,它与 SDRAM 的主要区别在于:DDR SDRAM 不仅能在时钟脉冲的上升沿读出数据而且还能在下降沿读出数据,不需要提高时钟频率就能加倍提高 SDRAM 的工作速度。

DDR SDRAM 的频率可以用工作频率和等效传输频率两种方式来表示,工作频率是内存颗粒实际工作频率(又称为核心频率),但是由于 DDR 可以在脉冲的上升沿和下降沿都传输数据,所以传输数据的等效传输频率是工作频率的两倍。由于外部数据总线的数据宽度为 64 位,所以数据传输率(又称带宽)等于等效传输频率×8。

5. DDR2 SDRAM 和 DDR3 SDRAM

DDR2 SDRAM 是新一代内存技术标准,它与上一代 DDR SDRAM 的技术标准的最大不同之处在于,虽然都是采用了在时钟上升沿和下降沿同时进行数据传输的基本方式,但是 DDR2 SDRAM 却拥有两倍于上一代 DDR SDRAM 的预读取能力(即 4 位数据预读取),换句话说,DDR2 SDRAM 每个时钟能够以 4 倍于外部总线的速度读/写数据,即在同样的 100MHz 的工作频率下,DDR 的实际工作频率为 200MHz,而 DDR2 SDRAM 则可以达到 400MHz。DDR2 SDRAM 的工作电压采用 1.8V,相对于 DDR 的 2.5V 标准电压下降不少,从而有效降低了功耗和发热量。

DDR3 SDRAM 是在 DDR2 基础上继续改进的产品。首先,DDR2 的预取设计位数是 4 位,也就是说 DRAM 内核的频率只有接口频率的 1/4,而 DDR3 的预取设计位数为 8 位,其 DRAM 内核的频率只有接口频率的 1/8。即同样运行在 200MHz 的核心工作频率下, DDR2 的等效数据传输频率为 800MHz,而 DDR3 的等效传输频率为 1600MHz。

其次,DDR3 采用点对点的拓扑架构,减轻了地址/命令与控制总线的负担。在 DDR3 系统中,一个内存控制器将只与一个内存通道打交道,而且这个内存通道只能是一个插槽。因此内存控制器与 DDR3 内存模组之间是点对点(Point-to-Point,P2P)的关系(单物理 Bank 的模组),或者是点对双点(Point-to-two-Point,P22P)的关系(双物理 Bank 的模组),从而大大减轻了地址/命令/控制与数据总线的负载。

最后,DDR3 采用 100nm 以下的生产工艺,将工作电压从 1.8V 降至 1.5V,增加异步重置(Reset)与 ZQ 校准功能。由于新一代 DDR3 的工作电压降为 1.5V,相对于 DDR2 来讲大约可以节约 16% 的电能。

6. RDRAM

RDRAM(Rambus DRAM)是美国的 Rambus 公司 2000 年左右开发生产的一种内存。与 DDR 和 SDRAM 不同,它采用了串行的数据传输模式。其内容主要包括下面三个关键部分:RDRAM 芯片;Rambus 接口;Rambus 通道。Rambus 接口主要用来连接 RDRAM 芯片和 Rambus 通道;Rambus 通道的作用是向内存控制器传输数据。RDRAM 与传统 DRAM 的最大区别在于引脚定义会随命令而变,同一组引脚线可以被定义成地址,也可以被定义成控制线,其引脚数仅为正常 DRAM 的三分之一。当需要扩展芯片容量时,只需要改变命令,不需要增加芯片引脚。这种设计减少了铜线的长度和数量,使数据传输中的电磁干扰大为降低,有效地提高内存的工作频率,使 RDRAM 可以支持 400MHz 外频。同时 RDRAM 利用上升沿和下降沿两次传输数据,可以使数据传输率达到 800MHz。再考虑到其 16 位的数据总线,所以实际的数据传输率应该在 400MHz×2×2B=1.6GB/s。

5.3 非易失性半导体存储器

非易失性半导体存储器是指当掉电后,所存储的数据不会消失的半导体存储器,简称**非易失性存储器**(Non-volatile Memory,NVM)。早期的非易失性存储器就是传统意义上的**只读存储器**(Read Only Memory,ROM),它是只能读出而不能写入的半导体随机存储器,信息无法被用户所改写。但是随着用户需求的不断改变,越来越需要对 ROM 内所存放的内容进行各自不同的设计,于是就诞生了可改写的"只读"存储器,例如 EPROM、EEPROM 和 Flash 存储器等,但是写入速度较慢并且写入前需要擦除。相对于 RAM 而言,非易失性存储器的读出速度与之基本相当,但结构更简单,集成度较高,造价较低,功耗也小,而且可靠性较高,具有非易失性,无须刷新。另一方面相对于外存而言,虽然两者同样具有非易失性,但工作速度快很多,所以在很多场合已经开始逐渐取代外存,实现存储功能。现在一些新型的非易失性存储器具有和 RAM 相似的读写特性,如相变存储器等,这类存储器又称为**非易失性随机存取存储器**(Non-Volatile Random-Access Memory,NVRAM)。

通常,非易失性存储器的应用主要集中在以下几个方面:

(1) 存放一些无需修改的软件程序。非易失性存储器作为主存中必不可少的存储器,常用来存放一些无需修改的常用软件程序,如引导程序、设备管理程序、高级语言的编译程序等。

(2) 存放微程序。在微程序控制的计算机处理器中,存放微程序。

(3) 存放一些特殊编码。如显示器中的字符发生器,汉字库等。

(4) 存放重要的数据资料,如录音笔、数码相机、手机记录的音视频数据。

(5) 存放智能设备的操作系统等相关程序。

5.3.1 掩膜型只读存储器

掩膜型 ROM(Masked ROM,MROM)属于传统意义上的 ROM,即其内容由半导体生产厂商按照客户需要在生产过程中直接存入固定信息的 ROM,其内容在写入之后无法改变。一般用来存储具有标准功能广泛使用的程序或数据,或是用户定做的具有特定功能的程序或数据,其生产过程中有一步制造工艺称为"光刻掩膜",即根据欲存放内容的二进制编码设计掩膜进行成批生产。大部分 ROM 芯片是利用在行选择线和列选择线交叉位置上的晶体管或 MOS 管是导通或截止的状态来表示二进制的 0 或 1 的。

图 5.16 为采用一维译码方式的掩膜 ROM 芯片(1024×4)内部逻辑结构图,存储阵列中每一个存储位元就是一个 MOS 管。外部输入的地址经过行译码后,产生对应的行选择线 W_i 选中信号,选中存储阵列中对应 W_i 行的所有 MOS 管,如果 MOS 管有连接,位线 D 输出为低,表示存储为"0";如果 MOS 管没有连接,位线 D 输出为高,表示存储为"1"。

MROM 的优点是可靠性高,价格便宜,适合保存那些批量较大,且不需要用户修改的信息。但缺点是由于用户无法修改,所以灵活性差。

5.3.2 一次可编程只读存储器

一次可编程只读存储器即 PROM(Programmable ROM)是封装后允许用户进行信息写入的半导体只读存储器,但是写入的过程是不可逆的,只能是一次写入。

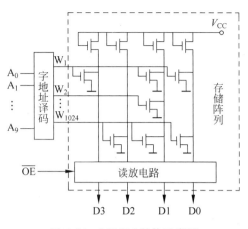

图 5.16　MROM 结构示意图

一般常见的 PROM 有两种结构,一种是熔丝烧断型的(内部结构如图 5.17 所示);另一种是 PN 结击穿型的。刚出厂时,所有存储位元都存储信息为"0"(或"1"),由用户根据自己的需要通过加载过载电压来对存储单元电路进行熔丝烧断或者是 PN 结击穿,由于熔丝烧断后,相应存储单元电路无法连接对应的位线,所以使得位线上的输出始终为零,存储信息被改写为"1"(或"0");或者 PN 结被击穿,则相应存储单元电路直接连接对应位线,存储信息被改写为"1"(或"0")。

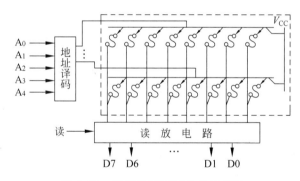

图 5.17　熔丝型 PROM 结构示意图

PROM 的优点是比 MROM 的灵活性高,但由于只能一次性写入,可重复利用率低,在开发过程中成本依然比较高。

5.3.3　可擦除可编程只读存储器

可擦除可编程只读存储器即 EPROM(Erasible Programmable ROM)是一种可以多次改写的 ROM,又称为紫外线擦除可编程只读存储器。类似于 PROM,其出厂时的存储内容为全"0"(或"1"),用户可以根据自己的需要通过专用编程器写入信息,每次写入都是将整片内容全部一次性写入。但是若要重写,必须先将原存储内容整片擦除(即恢复为出厂时的状态),然后再重新整片写入新存储内容。

一般 EPROM 的主要构成元件为 FAMOS 管(浮栅雪崩注入型 MOS 管),以 P 沟道 FAMOS 管为例,其结构如图 5.18(a)所示,它是在 N 型基片上生长两个高浓度的 P 型区,分别引出源极 S 和漏极 D,它有一个栅极 G_1 浮置在二氧化硅(SiO_2)绝缘层中,没有引出线,称为浮空栅。EPROM 的基本存储原理是以 FAMOS 管的浮栅中有无电荷来表示信息的。刚刚出厂的 EPROM 中,各浮栅上均无电荷积存,管内无导电沟道,所有单元均不导通。若要写入信息,则在对应单元的漏极 D 上加上几十伏的负电压,在源极 S 上接地,使得 P-N 结处于负偏置状态;当负电压超过一定值的时候,则会产生瞬间雪崩,产生很多高能电子穿过二氧化硅绝缘层,注入浮栅 G_1 中,从而使 G_1 中积存负电荷。当漏极负电压撤掉以后,由于浮栅周围被二氧化硅绝缘层所包围,浮栅上的电子能量不足以使电子穿透绝缘层,所以泄漏电流极小,因此浮栅上的电子被积存下来。当 G_1 栅有电荷积存以后,由于浮栅中的电子为负电荷,而在硅基片中对应一侧将形成带正电的 P 沟道,将源极 S 和漏极 D 连接起来,使得 FAMOS 管导通,未被击穿的单元仍不导通。这样信息就被写入了。

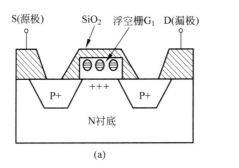
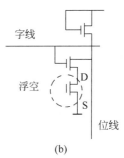

图 5.18　EPROM 结构示意图

此种器件的上方有一个石英窗口,当使用光子能量较高的紫外光照射 G_1 浮栅的时候,浮栅中的电子获得足够的能量,从而能穿过二氧化硅绝缘层,回到基片中,如此则浮栅中的积存电荷消失,达到了抹去存储信息的目的,相当于恢复到出厂时的状态。

一般一片 EPROM 可以保存数据 10～20 年,擦写寿命在数百次以上,但由于太阳光中有紫外线,所以擦除窗口必须保持覆盖,以防偶然被太阳光照射擦除。

5.3.4　电可擦除可编程只读存储器

与 EPROM 用紫外线擦除的机理不同,电可擦除可编程只读存储器即 EEPROM (Electric Erasable Programmable ROM)或 E^2PROM 在浮栅 G_1 上又增加了一个控制栅 G_2,G_2 有引出线,如图 5.19 所示。浮栅 G_1 和漏极 D 之间有一个小面积的氧化层,其厚度极薄,可产生隧道效应。所谓隧道效应,是指在两片金属间夹有极薄的绝缘层(厚度大约为 $1nm(10^{-6}mm)$,如氧化薄膜),当两端施加势能形成势垒 V 时,导体中有动能 E 的部分微粒子在 $E<V$ 的条件下,可以出现从绝缘层一侧通过势垒 V 而到达另一侧的物理现象。

写入时,控制栅 G_2 接地,同时在漏极 D 端加 20V 正脉冲,将浮栅置于一个较强的电场中,在电场力的作用下,浮栅上的自由电子会越过绝缘层进入源极,达到擦除的目的,相当于存储了状态"0"。

擦除时,控制栅 G_2 接 20V 正脉冲,通过隧道效

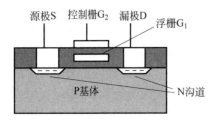

图 5.19　EEPROM 结构示意图

应,电子由衬底注入浮栅 G_1 上,相当于存储了状态"1"。

E^2PROM 可实现正常工作方式中的只读不写。还可以将整个芯片或某个指定单元信息擦除,而其他未通电流的单元内容保持不变。E^2PROM 有两种擦除方式:①数据块擦除方式,同 EPROM;②字擦除方式,擦除某一个地址单元的内容,一般擦除一个单元需要约 10ms。通常写入需要两个周期,第一个写周期在数据线上送全"1",将所有单元全部写"1",即擦除;第二个写周期在数据线上送新的数据将新的单元内容写入。此外写入需要高电压,需用专用写入器。它的寿命一般在一千次以上,数据可以保存 20 年以上。

5.3.5　Flash 存储器

Flash 存储器又称为闪速存储器,简称闪存,是 20 世纪 80 年代中期出现的一种快速读写型只读存储器,具有存储密度高和信息非易失性两大优点,是存储技术划时代的产物。Flash 存储器具有以下特点:

(1) 每个存储位元只需要一个 MOS 管,集成度高;

(2) 与 EEPROM 相比,写入速度快,接近 RAM 存储器;

(3) 单一电源供电;

(4) 工作寿命长,编程次数多,可达 100 万次。

1. Flash 存储器的基本原理

Flash 存储器是在 EEPROM 的基础上发展而来的,存储位元的结构如图 5.20 所示。与 EPROM 及 EEPROM 一样,它也是通过浮置栅上有无电荷来存储不同的信息。例如,当在控制栅上施加足够的正电压时,浮置栅上将会存储许多带负电荷的自由电子,若将此时的状态定义为存储信息"0",则当控制栅不加正电压时,浮置栅只有少量电子或不带电荷,此时的状态就可以定义为存储信息"1"。

目前市场上主流的非易失 Flash 存储器技术,按照结构和性能的不同可以分为 NAND Flash 和 NOR Flash 两种。

NOR Flash 是 Intel 公司 1988 年开发的。NOR 型的特点是芯片内执行(eXecute In Place,XIP),这样应用程序可以直接在 Flash 闪存内运行,不必再把代码读到系统主存中。NOR 型的传输效率很高,在 1~4MB 的小容量时具有很高的成本效益,但是很低的写入和擦除速度大大影响了它的性能。

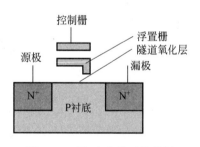

图 5.20　Flash 存储元结构图

NAND Flash 存储器是 1989 年东芝公司发表的。NAND Flash 内部采用非线性宏单元模式,为固态大容量内存的实现提供了廉价有效的解决方案。NAND Flash 存储器具有容量较大,改写速度快等优点,适用于大量数据的存储,因而在业界得到了越来越广泛的应用。

2. Flash 存储器的基本操作

Flash 存储器的基本操作包括读操作、编程写入操作和擦除操作。

1) 读操作

浮置栅上存储电荷的多少决定了读取操作时加在控制栅上的控制电压能否开启 MOS

管。读操作时,在控制栅上面加正电压。如果原来存储的信息为1,浮置栅上不带负电荷,控制栅的正电压将足以开启晶体管,产生从漏极 D 到源极 S 的导通电流。如果原来存储的信息为0,浮置栅上带有负电荷,控制栅的正电压不足以克服浮置栅上的负电量,晶体管不能导通。

2) 擦除操作

在控制栅上面加负的高电压,在源极上面接正的低电压,而漏极浮空。通过在控制栅极和漏极间形成的反向强电场将自由电子逐出浮置栅,同时使得源极、漏极之间无法形成导电沟道,可认为全部存入了信息1。这种擦除原理称为"电子隧道效应"。由于 Flash 存储器所有单元的源极是连接在一起的,因此只能整片或者部分擦除,不能按字节擦除。

3) 编程写入操作

在控制栅上面加足够高的正电压 V_{pp},在漏极上面施加比 V_{pp} 稍低的电压,源极接地。于是自由电子运动进入浮置栅,浮置栅极上产生感应电荷,在源极、漏极之间形成一个导电沟道,可认为写入信息0。这种编程写入方法称为"热电子注入"。需要注意的是,Flash 存储器在编程时只需写入0,而不需写入1,因为擦除后的状态就是全1。编程操作可以按字节或者字的方式进行。在写入方式上,NOR 型 Flash 通过热电子注入方式给浮栅充电,而NAND 则通过电子隧道效应给浮栅充电。

3. NAND Flash 存储器和 NOR Flash 存储器的区别

1) 存储单元组织结构

两种 Flash 具有相同的存储单元,读取和擦除的工作原理也一样,写入方法略有差异。通常为了缩短存取时间,两种 Flash 并不是对每个单元进行单独的存取操作,而是对一定数量的存取单元进行集体操作。在存储单元组织结构上,NAND 型 Flash 各存储单元之间是串联的,而 NOR 型 Flash 各存储单元之间是并联的,如图 5.21 所示。

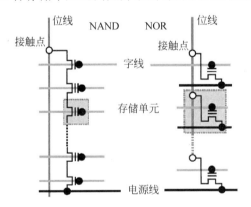

图 5.21　NAND Flash 和 NOR Flash 内部组织结构示意图

NAND Flash 的全部存储单元分为若干个块,每个块又分为若干个页,每个页是 512 个字节,相当于 512 个 8 位二进制数,也就是说每个页有 512 条位线,每条位线下有 8 个存储单元;那么每页存储的数据正好跟硬盘的一个扇区存储的数据相同,这是设计时为了方便与磁盘进行数据交换而特意安排的,那么这里的块就类似于硬盘的簇;对于每个 NAND Flash 存储器而言,容量不同,块的数量不同,组成块的页的数量也不同。由于容量一般较大,密度较高,NAND Flash 存储器的数据线和地址线通常会共用 I/O 引脚,因此需要额外连接一些控制的输入输出信号。

NOR Flash 的每个存储单元以并联的方式连接到位线,可以随机访问存储器中的任何一个字;具有独立的地址线和数据线,可以直接与 CPU 连接。

2) 速度性能

任何 Flash 存储器的写入操作只能在空或已擦除的单元内进行,所以大多数情况下,在进行写入操作之前必须先执行擦除。在写数据和擦除数据时,NAND 由于支持整块擦写操作,所以速度比 NOR 要快得多,两者相差近千倍;读取时,由于 NAND 要先向芯片发送地址信息进行寻址才能开始读写数据,而它的地址信息包括块号、块内页号和页内字节号等部分,要顺序选择才能定位到要操作的字节;这样每进行一次数据访问需要经过三次寻址,至少要三个时钟周期;而 NOR 型 Flash 的操作则是以字或字节为单位进行的,直接读取,所以读取数据时,NOR 有明显优势。即 NOR Flash 有更快的读取速度,而 NAND Flash 有更快的写擦除速度。

3) 容量和成本

NOR 型 Flash 的每个存储单元与位线相连,增加了芯片内位线的数量,不利于存储密度的提高。所以在面积和工艺相同的情况下,NAND 型 Flash 的容量比 NOR 型要大得多,生产成本更低,也更容易生产大容量的芯片。

4) 可靠性和耐用性

采用 Flash 介质时一个需要重点考虑的问题是可靠性。由于写入方式和组织结构的不同,NAND Flash 的可靠性相对较差,对于一些重要或敏感信息,必须采用错误探测/错误更正(EDC/ECC)算法以确保可靠性。在使用寿命上,NAND Flash 中每个块的最大擦写次数是一百万次,而 NOR Flash 的擦写次数是十万次。

4. Flash 存储器的应用

由于 Flash 存储器同时继承了 EPROM 的高集成度以及 EEPROM 的电可擦写等优点,而且擦写速度快,所以得到了越来越广泛的应用,如在掌上电脑、数码相机、MP3 播放器、移动存储器、U 盘、存储卡等小型/微型电子产品中都有它的身影。

近年来,固态硬盘(Solid State Drive,SSD)的出现是 Flash 存储器应用的一大热点,固态硬盘是用固态电子存储芯片阵列制成的硬盘,由控制单元和存储单元(Flash 芯片、DRAM 芯片)组成。它具有读写速度快(持续写入速度可达 500MB/s)、存取时间短(0.1ms 甚至更低)、防震抗摔、低功耗(一个主流 128GB 的 SSD 硬盘的功耗为 2.5～4W)、无噪音、轻便、环境适应性强、接口与普通硬盘完全一致等一系列优点,目前已被广泛应用于军事、车载、工控、视频监控、网络监控、网络终端、电力、医疗、航空、导航设备等领域。

5.3.6 铁电存储器

铁电存储器(Ferroelectric RAM,FRAM),利用铁电晶体的铁电效应实现数据存储。铁电效应是指在铁电晶体上施加一定的电场时,晶体中心原子在电场的作用下运动,并达到一种稳定状态;当电场从晶体移走后,中心原子会保持在原来的位置。这是由于晶体的中间层是一个高能阶,中心原子在没有获得外部能量时不能越过高能阶到达另一稳定位置,因此 FRAM 保持数据不需要电压,也不需要像 DRAM 一样周期性刷新。由于铁电效应是铁电晶体所固有的一种偏振极化特性,与电磁作用无关,所以 FRAM 存储器的内容不会受到外界条件(诸如磁场因素)的影响,能够同普通 ROM 存储器一样使用,具有非易失性的存储特性。

典型 FRAM 存储器芯片存在以下特点:

(1) 早期的 FRAM 读/写速度不一样,写入时间更长一些。近期的 FRAM 读/写速度是一样的。例如,FM1808 芯片的一次读/写时间为 70ns。一般情况下,一次读/写的时间短,而连续的读/写周期要长一些。例如,Ramtron 公司出产的 128K×8 位的 FRAM 芯片 FM20L08 的一次读/写时间为 60ns,而其连续的读/写周期为 150ns。

(2) FRAM 在功耗、写入速度等许多方面都远远优于 EPROM 或 EEPROM。这里特别提出的是写入次数,FRAM 比 EPROM 或 EEPROM 要大得多。早期的 FRAM 的写入次数为几百亿次,而目前的芯片可达万亿次以上。

(3) 在 FRAM 家族中,除了并行的 FRAM 芯片外,还有串行 FRAM 芯片。与串行 EEPROM 一样,串行 FRAM 只能用作外存。

FRAM 的存储单元主要由电容和场效应管构成,但这个电容不是一般的电容,在它的两个电极板中间沉淀了一层晶态的铁电晶体薄膜。前期的 FRAM 的每个存储单元使用两个场效应管和两个电容,称为"双管双容"(2T2C),每个存储单元包括数据位和各自的参考位,FRAM 保存数据不是通过电容上的电荷,而是由存储单元电容中铁电晶体的中心原子位置进行记录的。直接对中心原子的位置进行检测是不能实现的。实际的读操作过程是:在存储单元电容上施加一已知电场(即对电容充电),如果原来晶体中心原子的位置与所施加的电场方向使中心原子要达到的位置相同,中心原子不会移动;若相反,则中心原子将越过晶体中间层的高能阶到达另一位置,在充电波形上就会出现一个尖峰,即产生原子移动的比没有产生移动的多了一个尖峰。把这个充电波形同参考位(确定且已知)的充电波形进行比较,便可以判断检测的存储单元中的内容是"1"或"0"。

5.3.7 磁性随机存储器

从原理上讲,磁性随机存储器(Magnetic Random Access Memory,MRAM)的设计是非常诱人的,它通过控制铁磁体中的电子旋转方向来达到改变读取电流大小的目的,从而使其具备二进制数据存储能力。理论上来说,铁磁体是永久不会失效的,因此它的写入次数也是无限的。例如,Freescale 的 MR2A16A 芯片在最差的操作环境下可以经受 58 万亿次读写周期。在 MRAM 发展初期所使用的磁阻元件是被称为巨磁阻(GMR)的结构,此结构由上下两层磁性材料,中间夹着一层非磁性材料的金属层所组成。由于 GMR 元件需较大电流成为无法突破的难点,因此无法达到高密度存储器的要求。

与 GMR 不同的另一种结构是磁性隧道结(MTJ),如图 5.22 所示。MTJ 与 GMR 元件的最大差异是隔开两层磁性材料的是绝缘层而非金属层。MTJ 元件是由磁场调制上下两层磁性层的磁化方向成为平行或反平行来建立两个稳定状态的,在反平行状态时通过此元件的电子会受到比较大的干扰,因此反映出较高的阻值;而在平行状态时电子受到的干扰较小得到相对低的阻值。MTJ 元件通过内部金属导线所产生的磁场强度来改变不同的阻值状态,并以此记录"0"与"1"的信号。

MRAM 可以像 SRAM 一样操作,无需时钟和刷新,写入速度快,不需要擦除操作。如 MR2A16A 读写访问时间均为 35ns,采用 44 引脚 TSOP Ⅱ型封装,该封装完全兼容 SRAM,从而可以代替 SRAM,应用于采用相同的 SRAM 结构的现有硬件系统中。和 SRAM 相比,

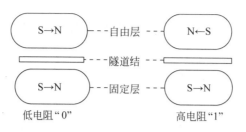

图 5.22　MRAM 存储结构单元

MRAM 又具有非易失性,在不需要电能的情况下可以保存存储内容至少十年。

5.3.8　相变存储器

相变存储器(Phase Change Memory,PCM),也称 Phase-change RAM,即 PRAM,是一种非易失存储设备,它利用材料的可逆转的相变来存储信息。同一物质可以在诸如固体、液体、气体、冷凝物和等离子体等状态下存在,这些状态都称为相。相变存储器便是利用特殊材料在不同相间的电阻差异进行工作的。

PCM 单元结构如图 5.23 所示,一层硫族化物夹在顶端电极与底端电极之间。底端电极延伸出的加热电阻接触硫族化物层。电流注入加热电阻与硫族化物层的连接点后产生的焦耳热引起相变。

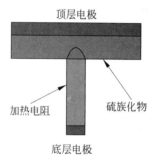

图 5.23　PCM 单元结构

相变存储器具有以下特性:

(1) 非易失性。相变存储器如 NOR 闪存与 NAND 闪存一样是非易失性的存储器。

(2) 一位可变特性。如同 RAM 或 EEPROM,PCM 可变的最小单元是一位。闪存技术在改变储存的信息时要求有一步单独的擦除步骤,而在一位可变的存储器中存储的信息在改变时无需单独的擦除步骤,可直接由 1 变为 0 或由 0 变为 1。

(3) 较高的使用寿命。尽管相变存储的使用寿命无法和 DRAM 相比,但是和 Flash 相比仍然有着较为明显的优势。

(4) 随机读取速度快。如同 RAM 和 NOR 闪存,PCM 技术具有随机存储速度快的特点。这使得存储器中的代码可以直接执行,无需中间拷贝到 RAM。PCM 读取反应时间与最小单元一比特的 NOR 闪存相当,而它的带宽可以媲美 DRAM。相对地,NAND 闪存因随机存储时间长达几十微秒,无法完成代码的直接执行。

(5) 写入速度较快。PCM 能够达到如同 NAND Flash 的写入速度,但是 PCM 的反应时间更短,且无需单独的擦除步骤。NOR 闪存具有稳定的写入速度,但是擦除时间较长。PCM 同 RAM 一样无需单独的擦除步骤,但是写入速度(带宽和反应时间)不及 RAM。随着 PCM 技术的不断发展,存储单元缩减,PCM 将不断被完善。

(6) 字节寻址方式。相变存储器能够像 RAM 一样按字节读写数据,而磁盘和 NAND Flash 是按块进行数据的读写访问的,也就是说当只修改一个字节时也需要读入整个数据块,更新要修改的字节后再把整个数据块写回存储介质中,效率较低。

5.4 主存储器的组织

5.4.1 CPU 与主存储器的连接

存储器和处理器之间的接口信号包括：

$\overline{RD}$(读)——指明存储器读周期的信号；

$\overline{WR}$(写)——指明存储器写周期的信号；

$\overline{MEM}$(存储器选通)——指明选中存储器的选通信号；

$A_{0\sim i}$(地址线)——指明连接存储器的单向地址线共 $i+1$ 位；

$D_{0\sim j}$(数据线)——指明连接存储器的双向数据线共 $j+1$ 位。

下面以 SRAM 芯片为例,显示 CPU 与存储器芯片连接示意图(如图 5.24 所示)。

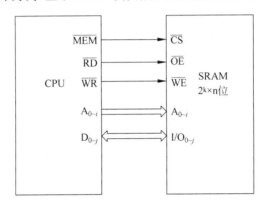

图 5.24 CPU 与 SRAM 的连接示意图

5.4.2 主存储器容量的扩充

单个存储芯片的容量受到集成度的限制,不可能由单个存储芯片提供主存储器所需要的大容量。往往是由若干个存储芯片扩展形成主存储器,然后与 CPU 连接。本节讨论利用多个存储芯片组成一定容量的主存储器以及与 CPU 连接的方法。

下面先提出需要考虑的几个方面。

1) 确定存储芯片的类型

计算机系统的主存储器通常由两种类型的存储区域构成:非易失性 NVM 存储区域用于存储固定不变的程序或数据,一般用 EPROM、EEPROM 或者 Flash 存储芯片构成;读写型 RAM 存储区域用于存储系统、用户程序和数据,可由 SRAM 或 DRAM 存储芯片构成。

2) 确定所需存储芯片的数量

$$存储芯片数目＝主存储器要求的容量/存储芯片的单片容量$$

例如,用容量为 16M×4 的存储芯片构成容量是 256M×8 的主存储器,需要的存储芯片数量为

$$\frac{256\text{M} \times 8}{16\text{M} \times 4} = 16 \times 2 = 32(\text{片})$$

3) 确定扩展方式

主存储器的扩展从存储单元数和字长两个方面进行。如果单个芯片的字长小于所要求

的主存储器的字长,则需要在字长位数上扩展,称为位扩展;如果芯片的存储单元数小于所要求的主存储器的单元数,则需要扩展存储单元的数量,称为字扩展。实际应用中根据所选用的芯片,可能只需要位扩展或字扩展,也可能需要字位同时扩展。

4)确定连接关系

每个存储芯片的地址、数据和控制等引脚应分别和 CPU 的相应信号线连接,形成一个有机整体,共同构成一个大容量的主存储器。

由于 DRAM 存储器的引脚比 SRAM 存储器复杂,下面只通过 SRAM 说明三种扩展方式的原理。ROM 存储器的扩展将在随后作简要说明。

1. 位扩展

位扩展是指只扩展存储器字长而不扩展存储单元数目。例如,用 16K×1 位的 SRAM 芯片扩展形成 16K×8 位的主存储器时,由于芯片的存储单元数和所要求的主存储单元数相同,因此不需要扩展;而两者的字长不同,应进行扩展。存储芯片的字长为 1 位,而所要求的主存储器字长为 8 位,应该使用 8 片 SRAM 芯片进行位扩展。位扩展逻辑结构如图 5.25 所示。

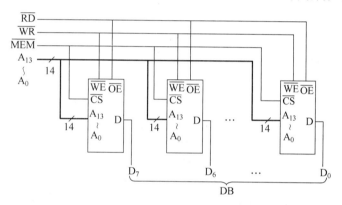

图 5.25 用 16K×1 位的存储芯片构成 16K×8 位的存储器

对图 5.25 位扩展方式的分析如下:

1)数据线的连接

主存储器字长为 8 位,存储芯片的字长为 1 位,8 个芯片各提供 1 位组成主存储器的一个字。各个芯片的数据引脚 D 分别连接到 CPU 数据总线的 $D_7 \sim D_0$ 位上。

2)地址线的连接

存储芯片和主存储器的存储单元数都为 16K,则它们的地址引脚数都为 $\log_2 16K = 14$ 个。各个存储芯片 14 个地址引脚 $A_{13} \sim A_0$ 并联到 CPU 地址总线。

3)片选信号线的连接

SRAM 芯片的片选信号 $\overline{CS}$ 控制其是否工作,位扩展方式的各个芯片总是同时工作,因此各芯片的片选信号并联到 CPU 的 $\overline{MEM}$ 信号线,该信号在 CPU 访问存储器时有效。

4)读写信号线的连接

各个芯片的读、写信号分别并接到 CPU 的读信号 $\overline{RD}$ 和写信号 $\overline{WR}$,各个芯片同时读出或同时写入。

在位扩展方式中,当 CPU 访问某一个地址单元时,各个芯片的相同地址单元同时被访问。例如,若 CPU 要读取地址为 0000H 的主存单元,则 8 个芯片的 0000H 单元的内容同时被读出,通过数据总线 $D_7 \sim D_0$ 送给 CPU。

2. 字扩展

字扩展是指只扩展存储单元的数目而不扩展存储器的字长。例如,用 $16K \times 8$ 位的 SRAM 存储芯片扩展形成 $64K \times 8$ 位的主存储器,由于两者的字长相同都是 8 位,不需要扩展。而所要求主存储器的存储单元数大于单个芯片的存储单元数,应该使用 4 片存储芯片经过字扩展形成 64KB 存储器空间。该例的字扩展逻辑结构如图 5.26 所示。

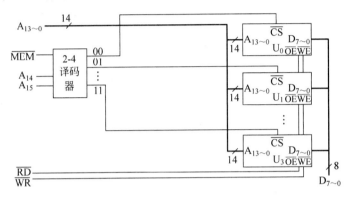

图 5.26 用 $16K \times 8$ 位的存储芯片构成 $64K \times 8$ 位的存储器

下面分析图 5.26 的连接关系。

1) 数据线的连接

因为存储芯片和扩展形成的主存储器的字长相同,均为 8 位,所以 4 个芯片的 8 根数据线 $D_7 \sim D_0$ 并联,并且连接到 CPU 数据总线。

2) 地址线和片选线的连接

主存储器的地址空间为 64KB,而芯片的存储单元数为 16KB,可以认为整个主存空间分为 4 段,每个芯片占据其中的 1 段地址空间,见表 5.1。当 CPU 访问某一个地址单元时,只有一个芯片的地址空间包含了要访问的单元地址,因此,4 个芯片是不能同时选中的。

表 5.1 地址空间分配

芯片号	片选地址($A_{15} A_{14}$)	芯片内地址($A_{13} \sim A_0$)	占据的地址空间(十六进制)
U_0	00	00 0000 0000 0000~11 1111 1111 1111	0000H~3FFFH
U_1	01	00 0000 0000 0000~11 1111 1111 1111	4000H~7FFFH
U_2	10	00 0000 0000 0000~11 1111 1111 1111	8000H~BFFFH
U_3	11	00 0000 0000 0000~11 1111 1111 1111	C000H~FFFFH

64KB 的地址空间需要 16 根地址线,从表 5.1 可以看出,4 段地址空间是由 CPU 的高位地址 A_{15} 和 A_{14} 区分的。因此,将 $A_{15} \sim A_{14}$ 经过 2-4 译码器产生 4 个选择信号,分别连接 4 个存储芯片的片选信号。而 CPU 的其余 14 根地址线 $A_{13} \sim A_0$ 连接到各个芯片的地址引脚,作为芯片内部存储单元的地址。

由于各个芯片的片选信号分别由 2-4 译码器的不同输出信号驱动,所以在某一时刻不可能有两个及以上的芯片同时工作,否则多个芯片将同时驱动数据总线,出现冲突。也就是说,当 CPU 在访问存储器时,给定地址的存储单元由 4 个芯片中的某一个提供,该芯片根据

地址总线的 $A_{13} \sim A_0$ 选择存储矩阵中的一个存储单元与 CPU 传输数据,而其余三个芯片的数据引脚输出为高阻态。

CPU 的存储器访问信号 $\overline{\text{MEM}}$ 作为地址译码器的控制信号,当 $\overline{\text{MEM}}$ 无效时,译码器的 4 个输出均为高电平,4 个存储芯片均不工作;只有当 $\overline{\text{MEM}}$ 有效时,才会有芯片被选中。

3）读写信号线的连接

所有芯片的读、写信号分别并接到 CPU 的读信号 $\overline{\text{RD}}$ 和写信号 $\overline{\text{WR}}$。但是这并不意味着所有的芯片同时读或同时写,由于片选信号不同,只可能有一个芯片读出或写入。

最后举一个写操作的例子。假设 CPU 要将数据 34H 写入主存储器中地址为 5012H 的存储单元,CPU 通过地址总线送出地址信息为 0101 0000 0001 0010,同时发出 $\overline{\text{MEM}}$ 有效的访问内存信号;A_{15}、A_{14} 为 01,经过 2-4 译码器后产生存储芯片 U_1 的片选信号;$A_{13} \sim A_0$ 被 U_1 用来选中片内 01 0000 0001 0010(1012H)单元。在写信号 $\overline{\text{WR}}$ 的作用下,将 CPU 送到数据总线上的 34H 写入 U_1 的 1012H 单元。

3. 字位同时扩展

字位同时扩展是指同时对存储单元数和存储单元字长进行扩展,是位扩展和字扩展的结合,集合了两种方式的特点。例如,用 16K×1 位的 SRAM 存储芯片扩展形成 64K×8 位的存储器,应该进行字位同时扩展,所需要的存储芯片数目为

$$\frac{64K \times 8}{16K \times 1} = 4 \times 8 = 32(\text{片})$$

可以这样理解字位扩展:先用若干片存储芯片经过位扩展,使得位扩展后存储单元的字长达到主存储器的要求,本例的位扩展需要 8 个芯片,可以把这 8 个芯片看成一个 16K×8 位的存储模块。然后再由多个存储模块进行字扩展,形成所需要的主存单元数。本例中应该由 64K÷16K＝4 个存储模块进行字扩展。字位扩展后的逻辑结构如图 5.27 所示。

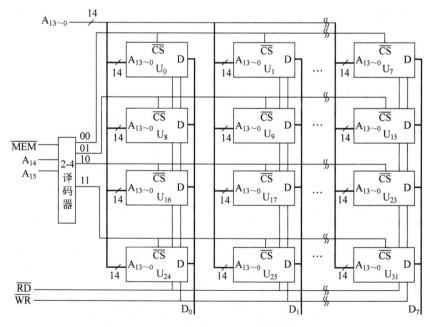

图 5.27　用 16K×1 位的芯片构成 64K×8 位的存储器

图 5.27 中,每一行中的 8 个存储芯片($U_0 \sim U_7$、$U_8 \sim U_{15}$、$U_{16} \sim U_{23}$、$U_{24} \sim U_{31}$)各形成一个存储芯片组,共计 4 个。组内 8 个芯片各提供 1 根数据线构成模块的 8 根数据线,组成一个字;所以 8 个芯片应同时工作,它们的片选信号并联,作为模块的片选信号。各个芯片的读、写信号并联后作为模块的读、写信号。因此,位扩展后的芯片组可以看作一个容量为 $16K \times 8$ 位的存储模块,有 1 个片选信号、8 根数据线,14 根地址线以及读、写信号线。

4 个存储模块再经过字扩展最终形成需要的主存储器。字扩展时,A_{15} 和 A_{14} 作为地址译码器的输入,每个模块的片选信号分别连接到 2-4 译码器的不同输出端,使不同的模块不会同时被选中。各存储模块的 8 根数据线并联到 CPU 数据总线的对应位上。各存储模块的读、写信号分别并联到 CPU 的读、写信号线上。

在上面的三个例子中,都只是使用 SRAM 芯片。如果主存储器既包含 SRAM 又包含 ROM,区别只是 ROM 型存储芯片一般只进行读操作,因此在扩展时不需要连接写信号,其他的与 SRAM 相同。

5.4.3 主存储器的编址方式

在计算机系统中,存储器编址方式是指对存储设备进行地址编排的方法,目前常用的编址单位有按字编址、按字节编址和按位编址等几种。下面以主存储器的编址方式为例说明各种编址单位的特点。

1. 按字编址

按字编址是实现起来最容易的一种编址方式,这是因为每个编址单位所包含的二进制信息位数与主存储器的存储单元字长一致。如果主存的字长为 32 位,则每次读写存储器只能整字读写,而不能读写存储单元的一部分(如 8 位或 16 位),地址编排如图 5.28 所示。

按字编址实现起来简单,但它的缺点是没有提供对字节访问的支持。对于字符串等以字节为单位的数据,操作起来就不很方便。

2. 按字节编址

按字节编址适应了非数值计算的需要,是现代计算机普遍使用的编址方式。因为非数值(如 ASCII 码)应用要求按字节编址,它的基本寻址单位是字节。在按字节编址方式中,每个编址单位所包含的二进制信息位数为 8 位,即每个字节具有 1 个地址,称为字节地址;而主存储器的存储单元地址称为字地址,字地址用该存储单元中最小的字节地址表示。字节地址是连续的,而字地址是不连续的;以 32 位字长为例,1 个字包含 4 个字节,字地址的间隔为 4,如图 5.29 所示。

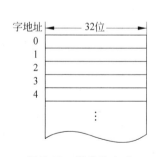

图 5.28 字编址方式

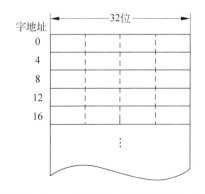

图 5.29 按字节编址方式下的字地址

3. 按位编址

也有部分计算机采用这种方式,如 STAR-100 巨型计算机等。每个编址单位所包含的二进制信息位数为 1,即存储器内的每一位二进制信息都有各自的地址。按位编址方式可以对可变字长运算提供有力的支持,但占用的地址更多。

例 5.1 某存储器的容量为 1Mb,请确定分别采用按字编址(字长为 16b)、按字节编址和按位编址时的地址范围。

解:采用按字编址时,字长为 16,则存储器中存储单元的个数为 $1Mb/16b=2^{16}$,所以每个存储单元的地址信息为 16 位,存储器的地址范围是 0000H～FFFFH。

采用按字节编址时,每个编址单位包含 8 位二进制信息,存储器中共有 $1Mb/8b=2^{17}$ 个字节单元,每个单元的地址信息为 17 位,存储器的地址范围是 00000H～1FFFFH。

采用按位编址时,每个编址单位包含 1 位二进制信息,存储器中共有 $1Mb/1b=2^{20}$ 个单元,每个单元的地址信息为 20 位,存储器的地址范围是 00000H～FFFFFH。

5.4.4 哈佛结构

哈佛结构(Harvard Architecture)是一种将程序指令存储和数据存储分开的存储器结构。它的主要特点是将程序和数据存储在不同的存储空间中,即程序存储器和数据存储器是两个独立的存储器,每个存储器独立编址、独立访问(如图 5.30 所示),目的是为了减轻程序运行时的访存瓶颈,以便实现程序和数据的并行访问。与两个存储器相对应的是系统需要设置 4 条独立的总线:程序存储器的数据总线与地址总线,数据存储器的数据总线与地址总线。

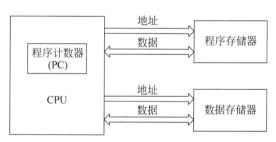

图 5.30 哈佛结构体系结构

哈佛结构具有以下优点:

(1) 分离的程序总线和数据总线可允许在一个机器周期内同时获得指令字(来自程序存储器)和操作数(来自数据存储器),从而提高了执行速度,提高了数据的吞吐率。

(2) 由于程序和数据存储在两个分开的物理空间中,因此指令的取址和执行能完全重叠,便于指令流水线的流水执行。中央处理器首先到程序指令存储器中读取程序指令内容,解码后得到数据地址,再到相应的数据存储器中读取数据,并进行下一步的操作(通常是执行)。

(3) 程序指令存储和数据存储分开,可以使指令和数据有不同的数据宽度,如 Microchip 公司的 PIC16 芯片的程序指令是 14 位宽度,而数据是 8 位宽度。

(4) 哈佛结构的微处理器通常具有较高的执行效率。由于程序指令和数据分开组织和存储,执行时可以预先读取下一条指令实现指令的预取,缩短取指令所需要的时间。

目前使用哈佛结构的中央处理器和单片机有很多,除了上面提到的 Microchip 公司的 PIC 系列芯片,还有摩托罗拉公司的 MC68 系列、Zilog 公司的 Z8 系列、Atmel 公司的 AVR 系列和安谋公司的 ARM9、ARM10 和 ARM11。

虽然哈佛结构非常适合于流水线处理器,但是由于哈佛结构对外部设备的连接要求比较高,需要大量的数据线,因而很少使用哈佛结构作为处理器芯片外部架构来使用。对于处理器芯片内部,则可以通过使用不同的数据和指令 cache(例如在 L1 cache 上应用哈佛结构),有效地提高指令的执行效率。因而目前大部分计算机体系都是在处理器芯片内部使用哈佛结构,在处理器芯片外部使用冯·诺依曼结构。

5.5 辅助存储器

辅助存储器(Auxiliary Storage),简称**辅存**。它的主要功能是用来存放当前 CPU 运行时暂时不用的程序和数据,在功能上是主存的后备和补充。当需要用到辅存中的程序和数据时,再将其调入内存。从其所处的部位和与主机交换信息的方式看,辅助存储器属于外部设备的一种,所以又被称为**外存**(External Storage)。辅助存储器的特点是存储容量大、单位价格低,断电甚至脱机后仍能保存信息,是非易失性存储器。常用的辅助存储器有磁表面存储器,如磁带、磁盘,光存储器如光盘。下面主要介绍辅助存储器的原理、构成以及性能指标。

5.5.1 磁记录原理及记录方式

磁表面存储器存储信息的基本原理是利用磁性材料的剩磁状态来存储二进制信息。当外磁场的磁场强度 H 增加到一定值 H_c 时,磁性材料被磁化而产生的饱和磁感应强度为 B_s。这时,若除去外磁场,磁性材料的磁感应强度并不减小到 0,而是沿磁滞回线下降到 B_r,B_r 就称为剩磁,这种现象就是磁滞现象,如图 5.31 所示。通常用作存储记忆元件的磁记录介质是硬磁性材料,它的 $B_s = B_r$,H_c 也不大,磁滞回线是矩形,如图 5.32 所示,所以这种材料也称为矩磁材料。磁表面存储器就是把这些矩磁材料均匀地涂在载体的表面,形成厚度为 $0.1 \sim 5 \mu m$ 的磁层,信息就记录在磁层上。而载体是由非磁性材料制成的,可以是金属合金,也可以是塑料。若载体为带状,称为磁带;若载体为盘状,则称为磁盘。磁层和载体合在一起称为记录介质。

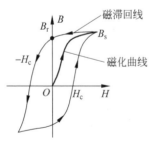

图 5.31 磁滞现象

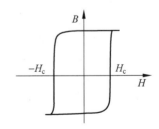

图 5.32 矩磁材料的磁滞回线

磁表面存储器就是在磁头和磁性材料的记录介质之间有相对运动时,通过一个电磁转换过程完成读写操作的存储设备。

磁头是实现电磁能量转换的关键元件,通常用绕有线圈的铁氧体等高导磁率软磁性材料(外界磁场的作用消失后,该磁性材料的磁性容易消失)制成铁芯,在铁芯中间有一个缝隙,用玻璃等非磁性材料填充,称为头隙。在读写过程中,记录介质和磁头做相对运动,一般采用记录介质运动而磁头不动。

当写入信息时,主机送来的是并行数据,经移位寄存器并-串转换变换成串行数据,再逐位由写驱动器转换成具有一定方向和大小的写入电流,加载到磁头线圈上。写入电流使磁头产生一定方向的磁场,在该磁场的作用下,运动到磁头缝隙下方的一个微小区域的磁层被磁化,称为一个磁化单元。写入的信息不同,产生的写入电流方向也不同,磁化单元被磁化的方向也不同,产生的剩磁状态也不同。例如剩磁 $+B_r$ 表示"1",剩磁 $-B_r$ 表示"0"。若磁头中无电流,磁头不会被磁化,也就不会对磁记录介质产生任何影响,不会形成剩磁,即无写入操作。

当读出操作时,记录介质相对磁头距离很近且做高速移动,磁头线圈对处于剩磁状态的磁化单元做切割磁力线的运动,这样在磁头线圈中产生感生电动势:$e = -n \dfrac{\mathrm{d}\varphi}{\mathrm{d}t}$,不同方向的剩磁场会在磁头中感应出不同极性的电动势。感生电动势经过放大、检波、限幅、整形后,在选通脉冲的作用下,还原成原来存入的数据。由于数据是一位一位串行读出的,故要送到串-并转换寄存器变换成并行数据,经过处理后再送到计算机。磁表面存储器的基本组成和读写原理如图 5.33 所示。

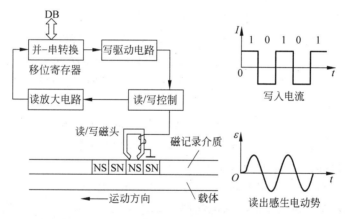

图 5.33　磁表面存储器的基本组成和读写原理

磁表面存储器使用的是一种使磁层饱和磁化的记录方式。上面提到的剩磁究竟代表什么,这与磁记录方式有密切关系。磁记录方式是一种编码方式,即按照某种规律将一连串的二进制信息转换成磁层的相应磁化翻转状态的序列。由于磁化是在磁头中通以不同方向的磁化电流来实现的,所以磁记录方式取决于写入电流波形的组合方式。磁记录方式的选取对记录密度、存储容量、传送速率以及读写控制逻辑有直接影响。下面仅讨论几种常见的记录方式。

(1) 归零制(Return to Zero,RZ)。

归零制是用向磁头线圈送入正、负脉冲电流的方法执行写"1"、写"0"操作的方案,写"1"时,加正向写入脉冲电流;写"0"时,加反向写入脉冲电流。一位信息写完后,磁头线圈中电流总回归为零,故称"归零制"。在这种方式中,相邻两个写入电流脉冲之间的电流为零,相应的这段磁层就未被磁化,因此在写入信息之前必须先退磁。由于这种方法磁层中相邻两个信息位之间有未被磁化的空白区,记录密度低,抗干扰能力差。但是由于每个位单元有两个读出波形,具有自同步能力。

(2) 不归零制(Not Return to Zero,NRZ1)。

这里介绍的不归零制 NRZ1 是见"1"就翻转的不归零制,它是不归零制的一种改进。与前一种方案相比,取消了两个信息位之间磁头线圈中无电流的情况,故磁层中不存在未被磁化的状态。当写"1"时,磁头线圈的电流改变一次方向,写"0"时,磁头线圈中的写入电流维持原方向不变。这种方式由于没有未被磁化的间隙,所以记录密度较高,但存"1"时才能读出信号,存"0"时无读出信号,故无自同步能力。一般主要用于低速磁带中。

(3) 调相制(Phase Modulation,PM)。

调相制又称为相位编码或曼彻斯特编码。它利用磁层的磁化翻转方向的相位不同来分别表示"1"或"0"。这种记录方式的编码规则是:写"1"时,电流在位的中心处有一次方向固定的变化,如由正变负;写"0"时,仍在位的中心处,写电流向相反的方向变化,即由负变正。当连续写入多个"0"或多个"1"时,为了满足相位的要求,写电流在两个位周期交界处要改变一次方向。这种记录方式的特点是在写入一个位信息的期间,写电流相位至少有一次改变。因此,它与下面的调频制具有类同性,利用记录信号变向,可以生成读同步脉冲。这种方式主要用于快速启停式磁带机中。

(4) 调频制(Frequency Modulation,FM)。

调频制是利用磁层中不同的磁化翻转次数来区别数据"1"和"0"的方案,具体规则如下:

① 无论写"0"或写"1",在两个数据位之间,写电流改变一次方向。

② 写"0"时,写电流在位周期之内保持不变;而写"1"时,写电流在位周期中心改变一次方向。

这种方式在记录"1"时的写入电流频率是记录"0"时的写入电流频率的两倍,因此又称为倍频制。这种记录方式读出时,读出的"1"信号表现为两个脉冲,读出的"0"信号表现为一个脉冲,它有自同步能力。这种方式主要用于早期的磁盘中。

(5) 改进调频制(Modufied Frequency Modulation,MFM)。

调频制的缺点是每位信息的写入电流都有 1~2 次变化,造成记录密度较低。MFM 就是在 FM 基础上改进后的一种记录方式,减少了写入电流翻转的次数,又称为延迟调制码或密勒码,其编码规则是:

① 连续"0"信息之间写电流变化一次。

② 写"1"信息,只在位周期中心写电流变化一次。

采用 MFM 制的记录密度是 FM 制的两倍,故称为双密度,并且仍然保持了自同步能力,该方法主要应用于硬磁盘机和双密度软盘机中。

图 5.34 中给出了上述几种记录方式的写入电流波形。不同的磁记录方式性能各异,评价一种记录方式的优劣标准主要是编码效率和自同步能力等。自同步能力是指能从本磁道读出的信息脉冲序列中提取出选通时钟信号,而无需增加附加的同步磁道。磁表面存储器为了从读出信号中分离出数据信息,必须要有时间基准信号,称为同步信号。同步信号可以外加,称为外同步,如 NRZ1 制;如果可以从读出信号中提取出同步信号,则称为内同步或

具有自同步能力,如 PM 制、FM 制、MFM 制。

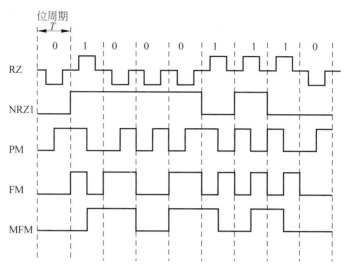

图 5.34 几种磁记录方式的写入电流波形

　　编码效率又称记录效率,是指每次磁层磁化翻转所存储信息的位数。FM、PM 记录方式中存储一位信息时磁层磁化最大翻转次数是 2,因此编码效率为 50%。而 NRZ、NRZ1、MFM 存储一位信息时磁层磁化的翻转次数最多为一次,因此这三种记录方式的编码效率为 100%。

　　当然,记录方式的取舍和评价还受到一些其他因素的影响,例如读出信号的分辨能力、频带宽度、抗干扰能力以及编码译码电路的复杂程度等。

　　除了上面介绍的几种记录方式以外,还有二次改进的调频制 M2FM、群码制 GCR、游程受限码 RLLC 等记录方式,它们已广泛应用于高密度磁带和磁盘中。群码制,如 GCR(5,4)是将待写入的信息序列按 4 位长度进行分组,然后按某一确定规则将 4 位信息编码为 5 位二进制码,把这对应的 5 位编码按 NRZ1 制记录方式写入磁层中,读出时再把读出的编码字序列进行译码,还原出原始的 4 位信息。采用这种记录方式可以使磁带机存储密度提高到 6250 位/英寸(b/i)。

　　游程受限码 RLLC 实际上是把原始数据编码为 0、1 连续位数受限制的记录序列。如 0 游程长度受限码的编码规则是任何两位相邻的“1”之间的“0”的最大位数 k 和最小位数 d 均受到限制,然后用 NRZ1 制进行记录。正确地设计 k、d 的值,可以获得更好的编码性能。

5.5.2 磁盘存储器

　　磁表面存储器包括磁带存储器和磁盘存储器。磁带存储器是磁表面存储器中最早出现的一个,是典型的顺序存储的外存储器,它的寻址时间最长,信息传输率低,主要用于大、中型计算机系统中磁盘存储器的后备存储器。

　　磁盘存储器根据盘体材料可分为软磁盘和硬磁盘。软磁盘(Floppy Disk)使用的盘体材料一般是用特殊塑料(聚酯薄膜)作基体,表面涂上磁性物质,装在保护套中,通常按照直径分类,可以分为 3.5 英寸盘和 5.25 英寸盘。软盘存储器体积小、重量轻,在 PC 早期是使用最广泛的一种可以脱机保存的外存储器。软盘驱动器的磁头与盘面是在接触状态下工作的,因而转速很低,读取速度偏慢,其他工作原理与硬磁盘相类似。但由于近年来,体积更小、容量更大、携带更方便的存储器——闪存盘的迅速发展与广泛应用,软磁盘存储器已经退出了 PC 的基本配置。而硬磁盘存储器采用的盘体材料通常是铝合金或者改性陶瓷——玻璃基片制成的刚性盘片,所以称为硬磁盘(Hard Disk)。由于硬磁盘在读写速度、容量、价格比仍然占有很大的优势,所以依旧是大容量辅助存储器的主体。

1. 硬盘存储器的分类

硬盘存储器有很多种类型,根据不同的标准可以有不同的分类。

(1) 根据磁头运动与否可分为固定磁头硬盘和活动磁头硬盘。在固定磁头硬盘中,每一个磁道都装有一个磁头。工作时,磁头不需要做径向移动,因而存取速度快,省去了磁头寻道的时间。但是磁头多,磁头结构和安装相当复杂,而且磁盘的道密度不可能很大,从而使得整个磁盘造价较高,目前基本已经被淘汰。在活动磁头硬盘中,每个记录盘面上只有一个磁头,安装在读写悬臂上。当需要在不同磁道上读写数据时,要有复杂的磁头寻道机构帮助磁头定位,磁头做径向移动,这就增加了寻道时间,所以其存取时间比固定磁头磁盘长。

(2) 根据盘片是否可以更换可分为可换盘片磁盘和固定盘片磁盘。可换盘片磁盘的盘片可以取下更换,信息可以脱机保存,但要求有超净的使用环境。固定盘片磁盘的盘面不能从驱动器中取出,例如广泛使用的温彻斯特盘就属于这种。

(3) 根据盘片直径大小可分为 5.25 英寸、3.5 英寸、2.5 英寸、3 英寸和 1.8 英寸等几种。随着计算机系统的不断小型化,硬盘也在朝着小体积、大容量的方向发展。

另外还可以根据移动性将硬盘分为固定硬盘和活动硬盘(移动硬盘)。

2. 硬盘存储器的结构

硬盘存储器的硬件主要包括硬盘控制器、硬盘驱动器以及连接电缆。硬盘控制器(HDC)的功能是接收由主机发来的命令,将它转换成磁盘驱动器的控制命令,实现主机和驱动器之间的数据格式转换和数据传送,并控制驱动器的读/写。硬盘控制器主要以适配卡的形式插在主板总线插槽上或直接集成在主板上,然后通过电缆与硬盘驱动器相连。许多新型硬盘则已将控制器集成到驱动器单元中去了。硬盘驱动器(HDD)主要由盘片组、磁头、主轴电机(盘片旋转驱动部件)、磁头驱动定位机构、读写电路和控制逻辑等组成,一般置于主机箱内。

温彻斯特技术诞生于 20 世纪 70 年代中期,由 IBM 公司位于美国加州坎贝尔市温彻斯特大街的研究所研制,并于 1973 年首先应用于 IBM3340 硬磁盘存储器中,它是硬磁盘向高密度、高容量发展的产物。目前使用的硬盘驱动器大都是采用温彻斯特技术的,简称温盘。

它的主要特点有:

(1) 磁盘片组、磁头、主轴以及装载读写磁头臂的小车等机械精度要求严格的关键零部件安装在一个密封的壳体内,称为头盘组件。这样可以消除影响磁头定位精度的一些机械变动因素。

(2) 磁头采用接触启停式。接触启停是指在读写操作时磁头浮空,不与盘面记录区域相接触,以免划伤记录区。但由于磁头的浮起要依靠盘片高速旋转时产生的气流浮力,因此在启动前和停止后,磁头仍与盘面接触。在盘面记录区和轴心之间有一段空白区,被当作启停区或着陆区。启动前和停止后,磁头停在启停区,与盘面接触。当盘面旋转并达到额定转速时,表面气流的浮力使磁头浮起并达到所需的浮动高度,这时磁头才向盘片存储数据的区域移动。在读写时,磁头与盘面之间的间隙(又称飞高)极小,仅有 $0.2\sim0.5\mu m$,甚至仅有 $0.005\sim0.01\mu m$,只相当于人类头发直径的千分之一。飞高距离越小,磁头在接通写电流后,盘面的磁化单元越小,记录密度可以大大提高。

（3）读前置放大器、写电流驱动电路、磁头选择电子开关以及保护电路等都集成在一块芯片上,该芯片安装在磁头臂上,可尽量减少外界电磁场对磁头引线的影响,从而改善了读写信号的高频传输特性。

采用温彻斯特技术的磁盘具有防尘性好、可靠性高、对使用环境要求低的优点,是目前应用最为广泛的硬盘存储器。

3. 硬盘的信息存储与磁盘地址

以固定盘片、活动磁头硬盘为例,信息在硬盘上的存储呈现以下层次:记录面、柱面(磁道)和扇区,如图 5.35 所示。

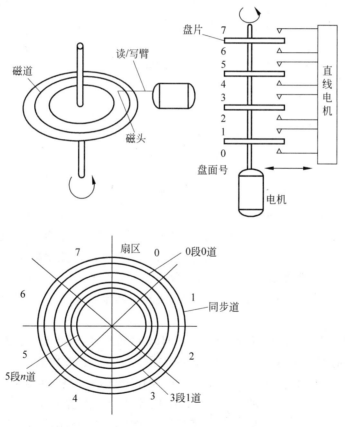

图 5.35　活动头磁盘的信息存储分布示意图

1）记录面

一台硬盘驱动器中有若干盘片,每个盘片的上下两个盘面(Side)都能记录信息,通常将盘片的表面叫做**记录面**。每个记录面对应一个读写磁头,所以记录面号就是磁头号。通常是按顺序从上到下从"0"开始顺序编号的。一般硬盘的盘片组有 2~3 个盘片,所以盘面号(柱面号)为 0~3 或 0~5。由于所有的磁头都固定在同一个磁头臂上,沿盘面径向一起移动,所以单个磁头不能单独移动。

2) 磁道和柱面

在记录面上,一系列同心圆轨迹称为**磁道**(Track),每个盘面通常有几十到几百个磁道,新式大容量硬盘每面的磁道数更多。磁道的编址是从外向内从"0"开始顺序编号的,最外圈的磁道为 0 道,往内依次增加,最里面的磁道假设是第 n 道,n 磁道里面的圆面积是启停区,不能存储信息。

在一个盘组中,各记录面上相同编号的磁道构成一个圆**柱面**,则柱面(Cylinder)号就等于对应的磁道号。

引入柱面这一概念主要是为了提高硬盘的读写速度。当主机要存入一个较长的文件时,若超过了一条磁道的容量,就要存放在几条磁道上。这时应选择位于同一记录面的磁道,还是选择位于同一柱面的磁道?很显然,如果选择同一记录面的不同磁道,每次换道时磁头都要重新进行定位,速度较慢。如果选择同一柱面的不同磁道,此时所有的磁头都已经定位好了,只需要重新选择磁头,不需要再寻道,而这个时间相对于定位操作寻道的时间可以忽略不计。所以在存入文件时,应该首先将一个文件尽可能地放在同一圆柱面上。如果同一圆柱面存不下,则存入相邻的柱面中。

一块硬盘驱动器的柱面数多少既取决于每条磁道的宽窄(同样,与磁头大小也有关系),也取决于定位机构所决定的磁道间步距的大小。

3) 扇区

通常一条磁道被划分为若干个段,每个段称为**扇区**(Sector)或扇段,每个磁道上的扇区数一般是相同的,每个扇区存放的信息一般是定长的,包括 512 个字节的数据和一些其他信息。一个扇区有两个主要部分:存储数据地点的标识符和存储数据的数据段。扇区从"1"开始编号,每个扇区中的数据作为一个单元同时读出或写入。在一个闭合磁道内信息的组织格式称为磁道记录格式,简称磁道格式。磁道记录格式与操作系统有关。

为了进行读写操作,主机要向磁盘控制器发出寻址信息。磁盘的寻址信息一般为:柱面号(磁道号)、记录面号(磁头号)、扇区号,如果主机通过磁盘控制器连接的硬盘驱动器不只一台,还需要有驱动器号或台号。调用磁盘一般以文件为单位,所以寻址信息通常需要给出文件起始位置所在的柱面号与记录面号(从而确定具体磁道位置)、起始扇区号,并给出扇区数(交换量)。

上面所讲的采用柱面(Cylinders)、磁头(Heads)和扇区(Sectors)的方式对磁盘进行寻址,也就是经典的 CHS(Cylinder/Head/Sector)寻址,这三个参数能唯一确定磁盘上的数据区域。经典的 CHS 寻址采用的是 24b 数据操作方式,其中柱面数为 10b 数据,磁头数为 8b,扇区数为 6b,每个扇区的大小为 512B,因此从理论上讲,当时磁盘容量的极限为

$$2^8 \times 2^{10} \times 2^6 \times 512B = 8589MB = 8GB$$

显然,磁盘的容量目前早已超过了 8GB,于是业界采用了新的逻辑块录址模式(Logical Block Addressing,LBA)。在 LBA 模式中,地址不再表示为实际磁盘的实际物理地址(柱面、磁头和扇区),LBA 编址方式将 CHS 三维寻址方式转变为一维的线性寻址,将整个硬盘上所有的扇区按顺序编号,如 0 道 0 面 1 扇区编号为 0 逻辑块,0 道 0 面 2 扇区为

1逻辑块,以此类推,由此系统效率得以大大提高。在访问磁盘时,由磁盘控制器再将这种逻辑地址转换为实际磁盘的物理地址,具体转换公式如下所示:

$$LBA＝C×面数×每面磁道数＋H×每磁道扇区数＋(S－1)$$

此外,由于硬盘主轴的工作方式都是恒定角速度(Constant Angular Velocity,CAV),而盘片最外圈的周长比最内圈的周长要长很多,磁头在最外圈时,虽然放置的角度与在最内圈时一样,但走过的距离就长多了。这样,如果最内圈与最外圈磁道的扇区数相同,必将造成极大的存储空间的浪费。为此,硬盘厂商们开发了区域数据记录(Zone Data Recording,ZDR)技术,即从磁盘的最外圈开始划分出若干个区域,每个区域内的每磁道扇区一致,但靠内侧的区域比外侧区域的每磁道扇区数要少,从而可以根据不同的磁道长度来合理设定扇区的数量,以达到充分利用磁盘存储空间的目的。大多数产品划分了 16 个区域,最外圈的每磁道扇区数正好是最内圈的一倍,与最大的持续传输率的参数基本成比例。

4. 硬磁盘的主要性能指标

1) 磁盘记录密度

磁盘记录密度分为道密度和位密度。道密度是指沿盘片半径方向单位长度内的磁道数,单位为道/毫米或道/英寸,道密度取决于磁头的大小和磁头轴向进退的控制精度。目前,每厘米磁盘可以有 $800\sim2000$ 个磁道,即磁道宽度为 $5\sim10\mu m$。**位密度**是指磁盘磁道上单位长度内存储的二进制位数。一般指内圈磁道,单位为位/毫米或位/英寸(b/i)。它主要取决于磁表面的纯度和空气质量。目前磁盘能达到的位密度是 $5000\sim10\,000b/mm$,约为道密度的 50 倍。

2) 存储容量

存储容量是指一个硬盘装置所能存放的二进制信息总量。存储容量分格式化容量和非格式化容量。**格式化容量**是指按特定记录格式所能存储的信息总量,也就是用户可以使用的容量。**非格式化容量**是磁记录表面可以利用的所有磁化单元。在计算机系统中使用磁盘必须要先格式化。格式化容量一般是非格式化容量的 $80\%\sim90\%$。以单面存储容量计算为例:

$$非格式化容量＝位密度×内圈周长×磁道总数$$
$$格式化容量＝扇区容量×每道扇区数×磁道总数$$

硬盘的容量通常以 GB 即吉字节为单位,$1GB＝1024×1024×1024B$,但大部分硬盘厂家在为其硬盘标注容量时大多取 10^9 字节为 1GB,因此测试值往往小于标称值。目前广泛使用的大容量硬盘通常使用 TB 即太字节为单位。

3) 平均存取时间

平均存取时间是指磁头找到指定数据的平均时间,通常它是硬盘平均寻道时间和平均等待时间之和。平均存取时间最能代表硬盘找到某一数据所用的时间,数值越小越好。**平均寻道时间**与磁头移动速度和盘径直接相关,目前平均寻道时间已缩短到 9ms 以内。**平均等待时间**与磁盘转速有关,可以用磁盘旋转一圈所需时间的一半来表示。例如磁盘转速为 5400 转/分,相应的磁盘平均等待时间约为 5.6ms。

4) 数据传输率

硬盘的**数据传输率**(Data Transfer Rate)也称吞吐量,它表示在磁头定位后,硬盘读或写数据的速度,分为外部传输率和内部传输率,两者之间有一块缓冲区以平滑硬盘内部与接口数据之间的速度差距(其构成主要是 DRAM 芯片,芯片容量目前为 16MB、32MB、64MB 不等)。硬盘数据传输率表现出硬盘工作时的数据传输速度,是硬盘工作性能的具体表现,它并不是一成不变的,而是随着工作的具体情况而变化的。在读取硬盘不同磁道、不同扇区的数据以及数据存放是否连续等因素都会影响到硬盘数据传输率。

外部数据传输率指的是主机通过数据总线从硬盘内部缓存区中读取数据的最高速率,也叫**突发数据传输率**或**接口传输率**,即系统总线与硬盘缓冲区之间的数据传输率。与硬盘的最高外部数据传输率和最高接口数据传输率是一个概念。外部数据传输率主要与硬盘接口类型和硬盘缓冲区(硬盘 cache)容量大小有关。目前支持 ATA-133 的硬盘外部数据传输率可达 133MB/s,而 SATA 接口的硬盘外部理论数据最大传输率可达 300MB/s。这些只是硬盘理论上最大的外部数据传输率,在实际的日常工作中是无法达到这个数值的。

内部数据传输率指磁头至硬盘缓存间的最大数据传输率,也叫**持续数据传输率**,反映硬盘缓冲区未用时的性能。简单地说就是硬盘将数据从盘片上读取出来,然后存储在缓存内的速度。内部传输率可以明确表现出硬盘的读写速度,它的高低才是评价一个硬盘整体性能的决定性因素,它是衡量硬盘性能的真正指标。有效地提高硬盘的内部传输率才能对磁盘子系统的性能有最直接、最明显的提升。目前提高硬盘的内部传输率的途径,除了改进信号处理技术、提高转速以外,最主要的就是不断地提高单碟容量以提高线性密度。由于单碟容量越大的硬盘线性密度越高,磁头的寻道频率与移动距离可以相应地减少,从而减少了平均寻道时间,内部传输速率也就提高了。在单碟容量相同时,转速高的硬盘的内部传输率高。虽然硬盘技术发展得很快,但内部数据传输率还是在一个比较低(相对而言)的层次上,内部数据传输率低已经成为硬盘性能的最大瓶颈。内部数据传输率一般取决于硬盘的盘片转速和盘片数据线密度(指同一磁道上的数据间隔度)。

假设磁盘转速为 n 转/秒,每条磁道的容量为 W 位,则内部数据传输率可以表示成 $IDTR=W \times n(b/s)$ 或 $IDTR=D \times V(b/s)$,D 为位密度,V 为磁盘旋转的线速度。

例 5.2 一台有 3 个盘片的磁盘组,共有 4 个记录面,转速为 7200 转/分。盘面记录区域的外直径为 30cm,内直径为 20cm,记录位密度为 210b/mm,磁道密度为 8 道/毫米,盘面分为 16 个扇区,每个扇区 1024 字节,设磁头移动速度为 2m/s。

(1) 试计算该盘组的非格式化容量和格式化容量。

(2) 计算该磁盘的数据传输率、平均寻道时间和平均旋转等待时间。

(3) 若一个文件超出了一个磁道的容量,余下的部分是存于同一盘面上还是同一柱面上?请给出一个合理的磁盘地址方案。

解:

(1)　　　　　单面非格式化容量＝位密度×内圈磁道周长×磁道总数

磁道总数＝道密度 ×[(外直径－内直径)/ 2]

$$=8 \times (300-200)/2=200 \text{ 道}$$

非格式化容量＝4 面×210b/mm×($\pi \cdot 200$mm)×400

$$=211\,008\,000b=26\,376\,000B$$

$$=25.15 \times 2^{20}B$$

$$=25.15MB$$

$$格式化容量＝扇区容量×每道扇区数×磁道总数×面数$$
$$＝1024\,字节/扇区×16\,扇区×400\,道×4\,面$$
$$＝26\,214\,400\mathrm{B}$$
$$＝25×2^{20}\mathrm{B}$$
$$＝25\mathrm{MB}$$

（2）
$$数据传输率＝扇区容量×每道扇区数×磁盘转速$$
$$＝1024×16×7200/60＝1.875×2^{20}(\mathrm{B/s})＝1.875(\mathrm{MB/s})$$
$$平均寻道时间＝(最大寻道时间＋最小寻道时间)/2$$
$$＝磁头从\,0\,磁道移动到一半位置的时间$$
$$＝[(外圈半径－内圈半径)/2]/磁头移动速度$$
$$＝[(15\mathrm{cm}－10\mathrm{cm})/2]/2\mathrm{m/s}＝2.5/200＝0.0125(\mathrm{s})$$
$$＝12.5(\mathrm{ms})$$
$$平均等待时间＝磁盘旋转一周所需时间的一半$$
$$＝1/2×(1/转速)＝1/2×(60/7200)＝4.17(\mathrm{ms})$$

（3）若一个文件超出一个磁道容量，余下的部分应存于同一柱面上。磁盘地址方案如下：

柱面号(9位)	磁头号(2位)	扇区号(4位)

5.5.3 磁带存储器

磁带存储器是将数据信息以磁记录方式记录在磁带上的存储设备。磁带存储器的优点是存储量大、磁带体积小、可反复读写、可靠性高、可脱机保存、成本低，但磁带机采用顺序存取，存取时必须从头开始存取，速度慢，所以常用作计算机系统的后备存储设备。可以将硬盘上大量暂时不用的数据成批转存于磁带，当需要使用时，再成批转还到硬盘，常用于数据备份。磁带存储器由磁带和磁带机两部分组成。

1. 磁带

磁带存储器所用的存储介质是磁带，采用涤纶(聚酯树酯)材料作带基，表面涂上一层 Fe_2O_3 和 CrO_2 磁性材料。磁带按宽度划分有 0.15 英寸、0.25 英寸、0.5 英寸等规格，按带长划分有 2400 英尺、1200 英尺和 600 英尺等规格；按外形分有开盘式和盒式磁带；按记录密度分有 800 位/英寸、1600 位/英寸、6250 位/英寸。磁带盒有圆形盒、正方形盒和长方形盒三种，磁带上的磁道数(轨)有 2、4、7、9、11 和 18 道等，常用的是 9 道。计算机系统中一般采用 1/2 英寸开盘式磁带和 1/4 英寸盒式磁带。

2. 磁带机

磁带机也有很多种，按磁带机规模分有标准 0.5 英寸磁带机、海量宽带磁带机和盒式磁带机三种。按磁带机走带速度分有高速磁带机(4～5m/s)、中速磁带机(2～3m/s)和低速磁带机(2m/s 以下)。按磁带装卸机构分，有手动装卸式和自动装卸式。按磁带传动缓冲机构分，有摆杆式和真空式。按磁带的记录格式分有启停式和数据流式。数据流磁带机将数据连续地写在磁带上，在数据块之间插入记录间隙，这样磁带机在数据块之间不用启停。此外它采用了电子控制代替机械控制,简化了磁带机的机械结构,降低成本,提高了可靠性。而且数据流磁带机采用的是和磁盘一样的串行读写方式,而不是多位并行读写,因而它的记录格式和启停式磁带机不同。目前数据流磁带机已成为现代计算机系统中主要的后备存储器,其位密度可达到 8000b/i。它主要用于资料保存、文件复制,作为脱机后备存储装置,特别是当硬盘出现故障时用以恢复系统。

3. 磁带的记录格式

磁带上的信息可以按文件形式存储,也可以按数据块存储。磁带可以在数据块之间启停。磁带机与主机之间进行信息传送的最小单位是数据块或称为记录块(Block),记录块的长度可以是固定的,也可以是变化的,由操作系统决定。记录块之间有空白间隙,用作磁头停靠的地方,并保证磁带机停止或启动时有足够的惯性缓冲。图 5.36 给出了以数据块形式存储的磁带数据的记录格式。数据开始有一个始端标记 BOT,数据尾部以末端标记 EOT 结束,这两个标记用反光的金属薄膜制成,光电检测元件可以检测出这两个标记并产生相应的电信号。同时在每个记录块尾部还有校验码区,磁带信息的校验属于多重校验,由奇偶校验、循环冗余校验和纵向冗余校验共同完成。

图 5.36　磁带数据记录格式

4. 磁带机的性能指标

磁带机的主要性能指标有:

(1) 磁带宽度。磁带宽度与磁道数有关,在磁道密度相同的条件下,磁道宽度越大的磁带磁道数越多,则存储容量越大。

(2) 磁道数。标准磁带机在磁带宽度方向上并行排列多个磁头,每个磁头对应一个磁道。

(3) 记录密度。磁道上单位长度能存储的数据位数,以 b/i(位/英寸)为单位,一般为几千～几万 b/i。

(4) 存储容量。一盒磁带所能存储的最大容量,一般为几十 MB～几十 GB。

(5) 磁带速度。磁带在单位时间内相对于磁头移动的长度。

(6) 数据传输率。磁带机向主机提供数据的速度,分为持续传输率和猝发传输率两种,持续传输率可达 30～100kb/s,猝发传输率可达 1.5MB/s。数据传输率除了与记录密度和磁带速度有关外,还取决于磁带机与主机的接口。

5.5.4　光盘存储器

光盘存储器是指采用聚集激光束在盘形介质上高密度地记录信息的存储装置,目前主要由光盘、光盘驱动器和光盘控制器组成。其中光盘(Optical Disk)是指用光学方式进行读出或写入信息的盘片,现在一般称为 CD(Compact Disc);光盘驱动器是读写光盘的基本设备;光盘控制器是光盘驱动器的控制电路。

利用激光在某种介质上写入信息,然后再利用激光读出信息的技术称为光存储技术。如果这种介质是磁性材料,这种存储就称为磁光存储。20 世纪 60 年代开发出的半导体激光技术,使得激光通过聚焦后,可获得直径约为 1 微米(μm)的光束,20 世纪 70 年代研究出的半导体激光器,读出微小信息位的光学伺服系统等关键技术问题的解决,使得光存储技术迅速达到了实用化、市场化。另外由于光盘存储器利用激光束在记录面上存储信息,根据激光束及反射光的强弱不同可以完成信息的读写,属非接触型存储器,所以光盘存储器具有对介质无损伤、存储容量大、记录密度高、信息保存寿命长、工作稳定可靠、环境要求低等优点。

1. 光盘存储器的分类

根据性能和用途的不同,光盘存储器可分为:

(1)只读型光盘(CD-ROM)。

这种光盘的盘片是由生产厂家预先用激光蚀刻写入数据或程序,信息只能读取,不能写入修改。一张 CD-ROM 约可以存储 650MB 的数据。

(2)只写一次型光盘(CD-R)。

这种光盘可由用户写入信息,写入后可以多次读出,但是只能写入一次,信息写入后不能修改。因此被称为"写一次型"(Write Once,Read Many,WORM)。如果有要修改的数据,只能追加在盘片上的空白处,故又称为"追记型"光盘。目前主要用于计算机系统中文件的存档或写入的信息不需要修改的场合。

(3)可擦写型光盘(CD-RW)。

这种光盘是可以写入、擦除、重写的可逆性记录系统。从原理上来看,目前仅有光磁记录(热磁翻转)和相变记录(晶态-非晶态转变)两种。

2. 光盘的读写原理

光盘存储器是利用激光束在记录表面上存储信息。根据激光束及反射光的强弱不同,可以完成信息的读写。信息的记录原理有形变、相变和磁光存储等。

1)形变型光盘读写原理

对于只读型和只写一次型光盘写入的时候,将激光束聚焦成直径小于 1 微米的光点,以其高热效应,融化记录介质表面的薄膜,在薄膜上发生永久性变化形成小凹坑,所以只能写入一次,不能擦除和改写,假设有凹坑的位置表示记录了"1",没有凹坑的位置则表示"0"。若是只写一次性光盘,到此写入操作完成。若是只读型光盘,这时得到的只是主盘,或称母盘,由母盘取反得到只读光盘的副盘,也称"模",再由模取反就能得到大量与母盘相同的只读型光盘了。读出时,在一个比写入功率低(约几毫瓦)的激光束的照射下,有凹坑的地方和没有凹坑的地方光反射的强度和方向是不同的,一般有凹坑处的反射光弱,无凹坑处的反射光强,由此可以读出二进制信息。由于读出激光束的功率仅为写入激光束功率的 1/10,所以不会融出新的凹坑。

2)相变型光盘读写原理

有些光存储介质在激光的照射下,晶体结构会发生变化。利用存储介质处于晶体和非晶体状态可逆转换,引起对入射激光束不同强度的反射(或折射),形成信息一一对应的关系,这种光盘称为相变光盘,如有些 CD-RW。

写入信息时,利用高功率的激光聚焦于记录介质表面的一个微小区域内,使处于晶体状态的介质吸热后至熔点,并在激光束离开的瞬间骤冷转变为非晶态,信息即被写入。

读出信息时,由于晶态和非晶态对入射激光束存在不同的反射和折射率,利用已记录信息区域的反射与周围未发生晶态改变区域的反射之间存在明显差异的效应,读出已写入的信息。

擦除信息时,利用适当波长和功率的激光束作用于记录信息点,使该点温度介于材料的熔点和非晶态转变温度之间,使之重新结晶而恢复到晶态,完成擦除功能。

3) 磁光型光盘读写原理

磁光型光盘利用激光在磁性薄膜上产生热磁效应来记录信息,利用磁光效应来读取信息。磁光存储应用于可擦写光盘上,其读写原理如下:

根据热磁效应,如果磁记录介质的温度低于某一温度(280℃左右),在强度低于介质矫顽力的外磁场作用下,该介质不会发生磁通翻转,也就不能记录信息。但是随着温度升高,介质的矫顽力降低,在外加磁场的作用下,磁记录介质将发生磁通翻转。磁光存储就是根据这一原理存储信息的。它利用激光照射磁性薄膜,被照射处温度上升,矫顽力下降,在外加磁场的作用下发生磁通翻转,使该处的磁化方向与外加磁场一致,这就写入了信息,假设为状态"1"。则不被照射处或者外磁场强度小于矫顽力处可视为状态"0"。

读出时用比写入更弱的激光照射记录面,根据检测到的光的偏振方向判断读出的是"1"还是"0"。

擦除信息和写入信息的原理一样,外加一个和记录方向相反的磁场,对已写入信息的介质用激光束照射,使照射区反方向磁化,从而恢复到记录前的磁化状态。

3. 光盘存储器的组成

光盘存储器由光盘片、光盘控制器、光盘驱动器及接口组成。

光盘片是指整个盘片,包括光盘的基片和记录介质。基片一般采用聚碳酸酯晶片制成,是一种耐热的有机玻璃。记录介质的化学成分随不同光盘的种类存在差异。在光盘上程序和数据文件是按内螺旋线的规律顺序存放的,如图 5.37 所示。由于不能像磁盘存储器那样读取文件的每个扇区,所以读出速度较慢。

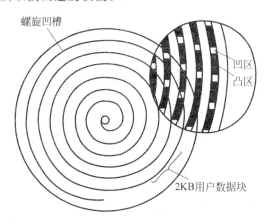

图 5.37 光盘和只读光盘的记录结构

光盘控制器主要包括数据输入缓冲器、记录格式器、编码器、读出格式器和数据输出缓冲器等部分。

光盘驱动器主要由读/写光头、寻道定位机构、主轴驱动机构以及光学系统组成。图 5.38 的光学系统中，激光器产生的光束经过光束分离器后，90％的光束用作写入光束，10％的光束作为读出光束。写入光束经记录信息调制后，由聚焦系统射向记录介质记录信息。而读出光束经过几个反射镜后射到盘面上，读出的光信号再经光敏二极管转换成电信号输出。

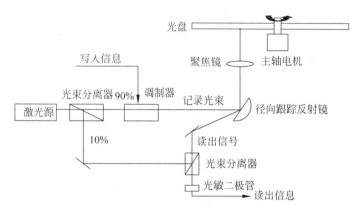

图 5.38　写一次型光盘光学系统示意图

4. 光盘存储器的主要技术指标

1）数据传输率

数据传输率是指将数据从光盘驱动器传送到主存的速率，即单位时间内光盘的光道上传送的数据位数。这与光盘的转速、存储密度有关。光盘转得越快，数据从光盘传送到主机内存的速度就越快。单倍速光驱的数据传输率是 150kb/s(bit per second)。12 倍速(记为 12×)光驱的数据传输率是 1.8Mb/s，其光盘外圈的转速是 2400 转/分，内圈转速是 6360转/分。CD-R 驱动器的写速度和读速度是不一样的，例如标识为 24×/40× 的 CD-R 光驱，指其读信息的速度是 40 倍速，而写信息(刻盘)的速度只有 24 倍速。一个 CD-RW 驱动器有三个速度。例如标示为 24×/12×/40× 的 CD-RW 光驱，其写入速度是 24 倍速，重写的速度为 12 倍速，读的速度是 40 倍速。

2）存储容量

光盘存储容量是指所读写的光盘盘片的容量。光盘容量又分为格式化容量和用户容量，采用不同的格式和不同的驱动器，光盘格式化后的容量不同。如 650MB 的 CD-ROM盘片，螺旋线形的光道被划分成一个个扇区，扇区是最小的记录单位。每个扇区可存放2048 字节的有效数据。每个扇区的地址被标记为"分、秒、扇区"，每秒钟的数据需要 75 个扇区存放，一张光盘可存储 74 分钟的数据，所以整张光盘的容量为

74 分钟×60 秒/分×75 扇区/秒×2048 字节/扇区＝681 984 000 字节≈650MB

3）平均存取时间

平均存取时间是指从计算机向光盘驱动器发出命令开始，到光盘驱动器在光盘上找到读写的信息的位置并接收读/写命令为止的一段时间。平均存取时间等于平均寻道时间和平均等待时间之和。光头沿半径移动全程 1/3 长度所需的时间为平均寻道时间，盘片旋转半周的时间为平均等待时间。目前大多数光盘驱动器的平均存取时间为 200～400ms。

4）接口类型

光盘驱动器的接口是驱动器与系统主机的物理链接,它是从驱动器到计算机的数据传输途径,不同的接口也决定着驱动器与系统间的数据传输速度。早期的光驱产品采用过一些专用接口,如索尼、美上美、松下等光驱厂商,都开发了本公司专用的光驱接口。此类接口之间互不兼容,由于兼容性差,目前此类光驱已极其罕见了。目前连接光盘驱动器与系统接口的类型主要有 IDE 和 SCSI 接口,当然也有采用 USB 等其他一些接口类型。

5. DVD

DVD 即 Digital Video Disc(数字视盘)或 Digital Versatile Disc(数字多功能光盘)。DVD 碟片的尺寸大小和普通 CD 一样,但却提供了比 CD 大得多的储存容量。

DVD 采用与 CD 类似的技术,两种盘具有相同的尺寸。CD-ROM 最多可以容纳737MB 的数据,而 DVD 的单面盘就可以存储 4.7GB(单层)到 8.5GB(双层)的数据,是 CD-ROM 的 11.5 倍。DVD 利用 MPEG-2 标准进行压缩后,在单面单层光盘上可存放 133 分钟的视频信息,单面双层光盘可存放 240 分钟以上的视频数据。

DVD 每面可以有两层用来刻录数据,每一层单独压制,然后结合到一起形成 1.2mm 厚的光盘。与 CD 一样,DVD 每一层都以单一的螺旋形路径形式印制,从光盘的最里端开始向外环绕。螺旋形路径上包含与 CD 相同的凹痕和平地。每一层都覆盖一层反射激光的金属膜;外层的金属膜较薄,以便激光穿过它读取里层的数据。DVD-ROM 的读取过程与 CD-ROM 相似,只是 DVD 采用了波长更短的激光束来读取数据。

在可写式 DVD 的刻录标准之战中,由于未能统一各方意见,最后出现了 DVD-R/RW、DVD-RAM 和 DVD+R/RW 三大规格。目前使用的光盘采用的是红色激光,而下一代DVD 标准,将采用蓝色激光。根据未来高清晰视频节目对画面质量的要求,现有的 DVD已无法满足要求。为了争夺蓝光光盘标准的制定权,分别支持 Blue-ray Disc 标准和 HDDVD 标准的厂商形成了两大阵营。蓝光光盘的最大优势在于存储容量的大幅度提升。Blue-ray 标准可以使单层盘片容量达到 27GB,HD DVD 标准单层盘片的容量也将达到15GB,大大高于目前 DVD 盘片的 4.7GB。在技术上,Blue-ray 标准采用比较先进的技术规范,可获得更大的存储容量,但该规范与现有的 DVD 不兼容,需要更新生产设备,从而使整体成本过高。HD DVD 标准在容量上不如 Blue-ray 标准,但可利用现有的 DVD 生产线进行制造,从而使成本相对降低。

习　题

5.1　什么是存储位元?作为存储位元必须具备的条件有哪些?

5.2　存储周期 T_m 和存取时间 T_a 的基本概念分别是什么?哪个的时间间隔比较长?为什么?

5.3　比较 SRAM 存储位元和 DRAM 存储位元的异同。

5.4　DRAM 为什么需要刷新?刷新的方式有哪几种?

5.5　NVM 有哪几种类型?各有什么特点?

5.6　设有一个具有 14 位地址和 8 位数据的存储器,试问:

(1) 该存储器的存储容量是多少位?

(2) 如果该存储器用 $1K \times 1$ 位的存储芯片构成,需要多少片?

(3) 需要用多少位地址做片选信号译码的地址?

5.7 用 $16K \times 4$ 位的 SRAM 芯片构成 $64K \times 16$ 位的存储器。

(1) 该存储芯片的数据线和地址线的位数各是多少?

(2) 画出该存储器的结构框图。

5.8 假定用若干个 $2K \times 4$ 位芯片组成一个 $8K \times 8$ 位存储器,则 0B1FH 所在芯片的最小地址是多少?(用十六进制表示。)

5.9 某计算机存储器按字节编址,采用小端方式存放数据。假定编译器规定 int 和 short 型长度分别为 32 位和 16 位,并且数据按边界对齐存储。某 C 语言程序段如下:

```
struct {
        int   a;
        char  b;
        short c;
    } record;
record.a = 273;
```

若 record 变量的首地址为 C008H,请回答:

(1) C008H 存储单元的内容是多少?

(2) record.c 的地址是多少?

5.10 已知 $16K \times 4$ 位的 DRAM 芯片的存储矩阵为 256×256,读写周期为 $0.5\mu s$,该芯片最大刷新间隔时间为 2ms,CPU 在 $1\mu s$ 内访问主存一次,试问采用哪种刷新方式比较合理? 相邻两行之间的刷新间隔是多少? 对全部存储单元刷新一遍(不含存储器正常访问时间),所需的实际刷新时间是多少?

5.11 画出代码 11001000 在 NRZ1、FM 和 PM 记录方式下的写入电流波形,试比较它们的磁记录密度,说明它们有无自同步能力。

5.12 磁盘速度指标有哪几项? 简述其含义。当磁盘转速提高一倍,会对哪些速度指标产生怎样的影响? 若磁头驱动速度提高一倍呢?

5.13 某磁盘存储器转速为 3000 转/分,共有 8 个记录面,每毫米 5 道,每道记录信息为 12 288 字节,每个扇区记录 1024 个字节。最小磁道直径为 230mm,共有 275 道。问:

(1) 磁盘存储器的容量是多少?

(2) 最高位密度和最低位密度是多少?

(3) 磁盘数据传输率是多少? 平均等待时间是多少?

(4) 若一个文件超出一个磁道容量,余下的部分是存于同一盘面上还是存于同一柱面上? 请给出一个合理的磁盘地址方案。

5.14 一磁带机有 9 个磁道,带长 900m,带速 2m/s,每个数据块 1KB,块间间隔 10mm。若数据传输率为 128KB/s,求:

(1) 记录位密度。

(2) 若首尾各空 2m,求磁带最大有效存储容量。

5.15 什么是光盘? 光盘有哪些类型?

第6章 指令系统及汇编语言程序设计

6.1 指令系统的基本概念

6.1.1 指令和指令系统

指令(Instruction)是机器指令的简称,是指示计算机完成某种操作的命令,它由一组二进制代码表示,控制计算机硬件完成指定的某种操作。一台计算机支持的全部指令构成该计算机的**指令系统**(Instruction Set)。指令系统是计算机硬件的语言系统,是软件和硬件的主要界面。一方面,指令系统表明计算机具有哪些最基本的硬件功能,为硬件设计者提供了最基本的设计依据;另一方面,指令系统是程序员所看到的机器的主要属性,它为软件设计者提供了最底层的程序设计语言,是在硬件的基础上向程序员提供的最原始的操作界面。因此,指令系统是CPU功能的表征和CPU设计的基本依据,也是软件开发的基础。指令系统的性能如何,决定了计算机的基本功能,它不仅与计算机的硬件结构紧密相关,而且直接关系到用户的使用需要。因而指令系统的设计是计算机系统设计的核心问题,是设计一台计算机的起始点和基本依据。一般而言,一个完善的指令系统应满足以下4方面的要求:

(1) 完备性,指令系统的完备性是指用指令系统编写程序时,其提供的指令足够使用。因此完备性要求指令系统丰富、功能齐全、使用方便。

(2) 高效性,指令系统的高效性是指利用该指令系统所编写的程序能够高效率地运行。高效率主要表现在程序占据存储空间小、执行速度快。

(3) 规整性,指令系统的规整性包括指令系统的对称性、匀齐性、指令格式和数据格式的一致性。对称性是指在指令系统中所有的寄存器和存储单元都可同等对待,所有的指令都可使用各种寻址方式;匀齐性是指一种操作性质的指令可以支持各种数据类型,如算术运算指令可支持字节、字、双字整数的运算,十进制数运算、双精度浮点数运算等;指令格式和数据格式的一致性是指指令长度和数据长度有一定的关系,以方便存储和处理。例如,指令长度和数据长度一般是字节的整数倍。规整性还要求指令和数据的使用规则统一简单,易学易记。

(4) 兼容性,指令系统的兼容性是指系列机各种机型之间具有相同的基本结构和共同的基本指令集,即各机型上基本软件可以通用。但由于不同机型推出的时间不同,在结构和性能上有差异,做到所有软件完全兼容是不可能的,只能做到同一系列的低档计算机的程序能在新的高档机上直接运行。

要完全同时满足上述要求是困难的,但是它可以指导用户设计出更加合理的指令系统。

设计指令系统的核心问题是选定指令的功能和格式。指令格式与计算机的字长、期望的存储容量和读写方式、支持的数据类型、计算机硬件结构的复杂度以及追求的运算性能等有关。

6.1.2 指令的格式

计算机是通过执行指令控制硬件产生不同的操作来处理各种数据的。为了指出操作的类型、操作对象的来源、操作结果的去向以及保证程序自动、连续执行，从指令设计的角度考虑，一条指令中通常应该包含下列信息。

（1）操作码（Operation Code，OP），**操作码**用来指明该指令所要完成的操作，例如算术加、减运算，逻辑与运算、或运算、数据传送、数据移位等。一台计算机可能有几十条至几百条指令，每一条指令都有一个相应的操作码。

（2）操作数的地址，用来给出被操作对象的信息，CPU 通过该信息就可以取得所需要的操作数。

（3）操作结果的存储地址，把对操作数的处理所产生的结果保存在该地址中，以便再次使用。

（4）下一条指令的地址。从完备性的角度考虑，为了保证程序的连续执行，必须能让CPU 知道下一条指令的地址。

因此，从上述分析可知，一条指令实际上包括两类信息即操作码和地址码，其结构可用以下形式来表示：

操作码字段 OP	地址码字段 A

操作码 OP 表示该指令所要完成操作的类型，如加、减、移位、数据的传送等，每一条指令的 OP 用唯一一串二进制序列表示。地址码用来给出被操作对象的信息，包括参加运算的操作数的地址、运算结果的保存地址、程序的转移地址、被调用子程序的入口地址及下一条指令的地址等。地址码字段的不同二进制序列表示的含义也各不相同。

1. 指令中地址码格式

地址码中的地址可以是主存的地址、寄存器的地址和 I/O 设备的端口地址。根据指令中用到地址的个数区分，地址码的格式可能有以下几种情况。

1）四地址指令

这种指令的地址字段有四个，其指令格式为

OP	A4	A3	A2	A1

其中，OP 为操作码，A1 为第一操作数的地址，A2 为第二操作数的地址，A3 为存放操作结果的地址，A4 为下一条指令的地址。指令完成的操作如下：

$$(A1)OP(A2) \rightarrow A3$$

其中，(Ai)表示存放于该地址中的内容。

在一条指令中，作为运算输入的数据称为源操作数，用于存放运算结果的操作数称为目的操作数。如上例中的 A1 和 A2 是源操作数，A3 是目的操作数。

如果所有地址均是主存地址,则执行一条四地址指令,需要访问 4 次主存。第一次取指令本身,第二、第三次取操作数,第四次保存运算结果。

这种格式的指令的主要优点是直观,下一条指令的地址明显。但最严重的缺点是指令的长度太长,如果每个地址为 16 位,则整个地址码字段就长达 64 位,所以这种格式的指令是不切实际的。

2) 三地址指令

正常情况下,程序中大多数指令按顺序依次从主存中被取出来执行,只有遇到转移指令时,程序的执行顺序才会改变。因此可以在硬件上用一个专用的寄存器即程序计数器(Program Counter,PC)来存放下一条将要执行的指令的地址。通常每执行一条指令,PC 就自动加 1(设每条指令只占一个存储单元),直接得到后续指令的地址。这样,指令中的第四个地址字段 A4 便可以省去,即得到三地址指令格式。

三地址指令含有三个地址字段,其格式如下:

OP	A3	A2	A1

指令完成的操作:

$$(A1)OP(A2) \rightarrow A3$$
$$(PC)+1 \rightarrow PC$$

同样,若地址字段均为主存地址,执行一条三地址指令也需访问 4 次存储器。

这种格式省去了一个地址,但是指令长度仍比较长,所以一般只在字长较长的大、中型机中使用,小型机、微型机中很少使用。

3) 二地址指令

三地址指令执行完后,存放于 A1、A2 地址单元的数据均不会被破坏,可供再次使用。然而,在实际应用中通常并不一定要完整地保留两个操作数。此时,可以用其中的一个操作数地址(A1 或 A2)也作为存放操作结果的地址,这样即得到二地址指令格式。

二地址指令含有两个地址字段,其格式如下:

OP	A2	A1

指令完成的操作:

$$(A1)OP(A2) \rightarrow A1(\text{或 } A2)$$
$$(PC)+1 \rightarrow PC$$

其中,目的操作数 A1(或 A2)在运算前提供一个数据作为输入,同时在运算后保存运算结果。

同样,若地址字段均为主存地址,执行一条二地址指令也需访问 4 次存储器。

这是最常用的指令格式,对于常用的算术和逻辑运算指令,往往要求使用两个操作数,常采用这种格式。

4) 一地址指令

为了压缩指令的长度和提高指令的执行速度,在某些字长较短的微型机中(如早期的 Z80、Intel 8080 等),在 CPU 内部设置一个专门的寄存器,存放操作数或中间结果,如累加寄存器(Accumulator,Acc)。这样二地址指令可以演变为一地址指令。

一地址指令中只有一个地址码,格式如下:

OP	A1

指令完成的操作:

$$(Acc)OP(A1) \rightarrow Acc$$
$$(PC)+1 \rightarrow PC$$

若地址字段 A1 为主存地址,执行一条一地址指令只需访问两次存储器。

一地址格式的指令还有另外一种情况,即指令只需一个操作数,该地址既是操作数的地址,也是操作结果的存储地址。例如,自加 1 指令、自减 1 指令就采用这种形式。

指令完成的操作:

$$OP(A1) \rightarrow A1$$
$$(PC)+1 \rightarrow PC$$

5）零地址指令

零地址指令格式中只有操作码,而没有地址码,格式如下:

OP

这种指令有两种可能:

① 指令不需要操作数。如停机指令、空操作指令等。

② 所需的操作数是默认的。如堆栈结构计算机,它没有一般计算机中必备的通用寄存器,所需的操作数默认在堆栈中,由堆栈指针(SP)隐含指出,操作结果仍然放回堆栈中。

以上所述的几种指令格式是一般情况,是针对同一种性质的操作在不同的机型上可以采取的不同的实现方案。例如同一个双操作数指令,在字长较长的大中型机中采用三地址格式,在字长较短的微型机中采用二地址或一地址格式,在堆栈计算机中采用零地址格式。一般来说,零地址、一地址和二地址指令具有指令短,执行速度快,硬件实现简单等优点,适合结构简单、字长较短的小型机、微型机所采用;而三地址和多地址指令具有功能强,便于编程等特点,多为字长较长的大、巨型机所采用。在某些性能较好的大中型机甚至高档小型机中,往往设置一些功能更强的、用于处理成批数据的指令,如字符串处理指令、向量和矩阵运算指令等。为了描述一批数据,指令中需要多个地址指出数据存放的首地址、长度和下标等信息。例如,CDC STAR-100 的矩阵运算指令的地址码部分有 7 个地址段,用以指明运算的两个矩阵的存储情况及结果的存放情况。

在具体的某种机型的指令系统中,根据操作类型的不同,又可以采用不同的地址格式,因为指令格式中地址码的个数不仅与计算机的硬件结构有关,还与操作的性质有关,如一般的算术加减运算指令需要两个操作数,而求补指令只需要一个操作数,停机指令却不需要操作数。另外,指令中地址个数的选取还要考虑其他的一些因素,如硬件的复杂度、指令的访存次数、指令的字长、程序的长短等。一般而言,指令中地址个数越多,指令越长,编写的程序就越短。

2. 指令中操作码格式

指令的操作码字段用来指示计算机执行什么样的操作,不同指令的操作码的编码也不同。操作码字段的位数越多,所能表示的操作种类就越多,指令系统的规模也越大。如操作码占 8 位,则该机器最多包含 $2^8 = 256$ 条指令。

目前,指令操作码的编码在设计上主要有定长和变长两种方案。

1) 定长操作码组织方案

在这种方案中,操作码的长度固定,且集中放在指令字的一个字段中。当前多数计算机中,一般都在指令字的最高部分分配固定的若干位用于表示操作码,至于分配多少位,则取决于指令系统的规模。假定某指令系统有 M 条指令,操作码字段的位数为 N,则有以下关系式:

$$2^N \geqslant M, \quad 即 \quad N \geqslant \log_2 M$$

如指令系统有 100 条指令,则至少要 7 位操作码才能表示。

定长操作码组织方案中,操作码规整,对于简化计算机的硬件设计、提高指令译码和识别的速度非常有利,在字长较长的计算机以及 RISC 上广泛使用,如 IBM370 机、VAX-11 机等都采用定长操作码组织方案,操作码的位数都为 8 位。

2) 变长操作码的组织方案

在上述定长操作码组织方案中,操作码字段的位使用率不高,如 IBM370 机采用 8 位定长操作码,允许容纳 256 条指令,但实际上只有 183 条指令,存在着极大的信息冗余。为了有效地利用每一位二进制位,常采用变长操作码的组织方案,即操作码的长度是可变的,且分散地放在指令字的不同字段中,这种方式能有效地压缩程序中操作码的平均长度,在字长较短的微型机上广泛使用,如 PDP-11 机、Z80、Intel 8086/Pentium 等,操作码的长度都是可变的。其中 PDP-11 机的指令分为单字长(字长 16 位)、双字长和三字长三种,操作码字段占 4~16 位不等,可遍及整个指令长度。

显然,操作码的长度不固定将增加指令译码和分析的难度,使控制器的设计复杂化,因此,确定操作码的编码至关重要。通常变长操作码的组织方案中采用扩展操作码技术,使操作码的长度随地址数的减少而增加,不同地址数的指令可以具有不同长度的操作码,即在指令字中用一个固定长度的字段来表示基本操作码,而对于一部分不需要某个地址码的指令,把它们的操作码扩充到该地址码字段,这样既能充分利用指令字的各个字段,又能在不增加指令长度的情况下扩展操作码的长度,使其能表示更多的指令。

例 6.1 某机器的指令长度是 16 位,包括 4 位基本操作码字段和 3 个 4 位地址码字段,其格式如下:

OP(4 位)	A3(4 位)	A2(4 位)	A1(4 位)

4 位操作码有 16 种编码组合,若全部用于表示三地址指令,则只能表示 16 条。但是,若该机器指令系统有 15 条三地址指令,15 条二地址指令,15 条一地址指令,16 条零地址指令,共 61 条,应如何安排操作码呢?显然只有 4 位基本操作码是不够的,必须将操作码的长度向地址码扩展才行。一种可扩展的方法如表 6.1 所示。

表 6.1 操作码扩展方式举例

	D15　　　　D12	D11　　　　D8	D7　　　　D4	D3　　　　D0
	OP	A3	A2	A1
三地址指令	0000—1110	地址码 3	地址码 2	地址码 1
二地址指令	1111	0000—1110	地址码 2	地址码 1
一地址指令	1111	1111	0000—1110	地址码 1
零地址指令	1111	1111	1111	0000—1111

从表 6.1 可以看出:

(1) 15 条三地址指令的操作码由 4 位基本操作码从 0000 至 1110 给出,剩下的一个编码 1111 用于把操作码扩展到 A3,即 OP 由 4 位扩展到 8 位,从而形成二地址码指令;

(2) 15 条二地址指令的操作码由 8 位操作码从 11110000 至 11111110 给出,剩下的一个编码 11111111 用于把操作码扩展到 A2,即 OP 由 8 位扩展到 12 位,从而形成一地址码指令;

(3) 15 条一地址指令的操作码由 12 位操作码从 111111110000 至 111111111110 给出,剩下的一个编码 111111111111 用于把操作码扩展到 A1,即 OP 由 12 位扩展到 16 位,从而形成零地址码指令;

(4) 16 条零地址指令的操作码由 16 位操作码从 1111111111110000 至 1111111111111111 给出,没有地址码。

当然,根据指令系统所包含不同格式的指令的条数,可以有不同的扩展方法,如还可形成 15 条三地址指令,14 条二地址指令,31 条一地址指令和 16 条零地址指令,共 76 条。在实际设计指令系统时,应当根据各类指令的条数采用更为灵活的扩展方法。

由此可见,操作码扩展技术是一种重要的指令优化技术,它可以缩短指令的平均长度,减少程序总位数以及增加指令字所能表示的操作信息。当然扩展码比固定长度操作码译码复杂,使控制器的设计难度增大,且需要更多的硬件支持。

3. 指令字长

指令字长是指一条指令中包含二进制代码的位数,主要取决于操作码的长度、操作数的地址的长度和操作数地址的个数。指令字长有固定的,也有不固定的。例如,PDP-8 的指令字长固定为 12 位;NOVA 的指令字长固定为 16 位;IBM370 的指令字长可变,可以是 16 位、32 位或者 48 位;Intel 8086 的指令字长也是可变的,可以为 8 位、16 位、24 位、32 位、40 位和 48 位共 6 种。

前面的章节已经介绍过两个术语:机器字长和存储器字长。机器字长是指计算机能直接处理的二进制数据的位数,它决定了计算机的运算精度。机器字长越长,计算机的运算精度越高。存储器字长是访问一次存储器能够得到二进制信息的最大长度。例如,PowerPC 的存储器字长为 32 且采用字编址方式,每次访问存储器只能是 32 位;而 Intel 8086 的存储器字长为 16 且采用字节编址方式,每次访问存储器可以是 8 位、16 位或者 32 位。

在一台计算机中,指令字长和机器字长之间没有必然联系,指令字长可以小于或等于机器字长,也可以大于机器字长。通常把指令字长小于机器字长的指令称为短字长指令,指令字长等于机器字长的指令称为单字长指令,指令字长大于机器字长的指令称为多字长指令。在指令字长固定的计算机中,指令字长通常等于机器字长,而在指令字长可变的计算机中,

指令系统及汇编语言程序设计

可能会同时有短字长指令、单字长指令和多字长指令。

指令字长和存储器字长、存储器编址方式密切相关。例如,当存储器采用字编址时,指令字长是存储器字长的整数倍;当存储器采用字节编址时,指令字长是8的整数倍。这样做的目的主要是节省存储空间。

在设计指令字长可变的指令系统时应遵循一个重要的原则:使用频度高的指令应分配较短的指令字长,频度低的指令应分配较长的指令字长。这样不仅可以有效地缩短指令的平均长度以节省存储空间,而且缩短了经常使用的指令的译码时间,从而提高了程序的运行速度。

6.1.3 指令的类型

一台计算机的指令系统往往由几十条到几百条指令组成。不同类型的计算机,其硬件功能的差异很大,指令系统的差别也很大。但一个较完善的指令系统无论其指令系统的规模如何,都应当包含一些基本的功能类型,如数据处理、数据存储、数据传送、程序控制等指令。下面就按照指令的功能对指令进行分类,分别介绍一些常见的指令类型。

1. 数据传送类指令

数据传送类指令是最基本的指令类型,用于实现通用寄存器之间、通用寄存器与存储单元之间、存储器不同单元之间的数据传送功能。对于存储器来讲,数据传送包含了对数据的读或写操作。数据传送时,数据是从源地址传送到目的地址,而源地址中的数据保持不变,因此实际上是数据复制。数据传送类指令一次可以传送一个数据,也可以传送一批数据。

2. 运算类指令

运算类指令包括算术运算指令和逻辑运算指令,是控制计算机完成对一个或两个数据的算术运算或逻辑运算,产生运算结果,以及结果的有关特征,是每台计算机必须具有的指令。几乎所有计算机的指令系统都设置了一些常用的算术、逻辑运算指令。

1) 算术运算指令

通常算术运算指令有加法指令、减法指令、求补指令、自加1指令、自减1指令、比较指令等。

对于低档机而言,一般算术运算只支持最基本的二进制加减、比较、求补等指令,对于性能较强的计算机,除了这些基本的运算指令外通常还设置了定点乘、除运算指令,有些机器还设置了浮点运算指令和十进制数运算指令或向量运算指令,以满足科学计算和商业数据处理的需要。在大型机、巨型机中,还设置了向量运算指令,可以同时对组成向量或矩阵的若干标量进行求和、求积等运算。对于未设置某种运算指令的机器,如果要实现这种运算,必须通过程序的方法来实现。如在没有乘、除指令的简单计算机中,可以通过乘法程序、除法程序来实现乘除运算功能。

2) 逻辑运算指令

一般的逻辑运算指令都包括逻辑与运算指令、逻辑或运算指令、逻辑非运算指令、逻辑异或运算指令;有些机器还专门设置了位操作指令,如位测试指令、位测试并置位指令、位测试并复位指令等。对于没有专门的位操作指令的机器,一般通过逻辑运算指令来实现位操作。

算术运算指令和逻辑运算指令除了给出运算结果外,还要产生一些状态标识信息,如运算结果的正负、是否为零、是否溢出、是否有借/进位等,这些状态信息记录在程序状态寄存器 PSW 中,常常作为条件转移指令的判断依据。

3. 移位类指令

移位包括算术移位、逻辑移位、循环移位三种,用于把指定的操作数左移或右移一位或若干位。算术移位和逻辑移位很相似,但由于操作对象不同(前者的操作数为有符号数,后者的操作数为无符号数)而移位操作有所不同。它们的主要差别在于右移时填入最高位的数据不同。算术右移保持最高符号位保持不变,而逻辑右移最高位补零。循环移位按是否与 PSW 中的进位标志 CF 一起循环还分为带进位的循环移位和不带进位的循环移位两种。它们一般用于实现循环式控制、高低字节互换或与算术逻辑移位指令一起实现双倍字长或多倍字长的移位。

通常,移位类指令有以下几种:

算术左移指令、算术右移指令、逻辑左移指令、逻辑右移指令、循环左移指令、循环右移指令、带进位循环左移指令、带进位循环右移指令,具体实现功能如图 6.1 所示。

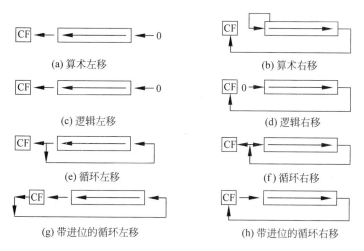

图 6.1　移位操作

算术移位指令、逻辑移位指令还有一个很重要的作用,就是实现简单的乘除运算。算术左移或右移 n 位,分别实现对有符号数的乘以 2^n 或除以 2^n 的运算;逻辑左移或右移 n 位,分别实现对无符号数的乘以 2^n 或除以 2^n 的运算。移位指令的这个性质对于无乘除运算指令的计算机特别重要。移位指令的执行时间比乘除运算的执行时间短,因此,采用移位指令来实现乘除运算可取得较高的速度。

4. 程序控制类指令

在多数情况下,计算机是按顺序执行程序中的每条指令的,但有时需要根据某些条件或状态改变这种顺序,此刻可以用程序控制类指令来实现。程序控制类指令用于解决变动程序中指令执行次序的需求,控制程序执行的顺序与方向,主要包括转移类指令、子程序调用与返回指令等。

1) 转移类指令

在程序执行的过程中,通常用转移类指令改变程序的常规执行顺序,此时指令中必须包括转向地址。转向地址可以是相对于当前指令地址(即 PC 的值)的,也可以在地址码字段直接给出。按转移的性质,转移类指令分无条件转移指令和条件转移指令两种。

无条件转移指令执行时,不受任何条件的约束,直接把程序转向该指令中地址码指出的新位置执行,即无条件地使程序计数器(PC)的内容改变为指令中给出的转向地址。

条件转移指令总是根据前序指令执行完后 PSW 中的某一个或者某几个状态标识信息判断转移条件是否满足,若条件满足则转移到该指令地址码指出的新位置执行,不满足则继续按顺序执行。条件转移指令主要用于设计分支程序结构,转移条件满足则发生转移后处理其中一个分支;否则顺序执行后处理另一个分支。

通过转移指令也可以设计循环程序结构,但有的机器为了提高指令的执行效率,专门设置了循环控制指令。

2) 子程序调用与返回指令

子程序是具有相对独立功能并能重复使用的指令序列。使用子程序是一种好的编程习惯,因为它不但提高了程序代码的易读性和可维护性,而且节省了存储空间。

通过专门的子程序调用指令调用子程序,该指令被安排在主程序中需要调用子程序的地方,指令的地址码部分给出子程序的入口地址,以便跳转到子程序处执行。子程序调用指令一般与返回指令配合使用,返回指令通常位于子程序的最后,使子程序执行完后能准确返回主程序中子程序调用指令的下一条指令继续执行。子程序调用和返回指令也是通过修改PC 的值实现对程序执行顺序的控制。关于子程序调用和返回的详细过程请参阅 6.5.8 节。

5. 输入输出类指令

输入输出(I/O)类指令完成主机与外围设备间的数据传送,包括输入输出数据、主机向外设发控制命令或了解外设的工作状态等。因此从功能上讲,I/O 指令应该属于传送类指令。实际上有的机器的 I/O 操作就是用传送类指令实现的。通常,输入输出指令有三种设置方式。

设置专用的 I/O 指令。有些计算机系统将内存与输入输出设备接口寄存器单独编址,即将两者分为两个独立的地址空间,内存空间和 I/O 空间,为了区分是对内存操作还是对外设的寄存器操作,用专门的输入输出指令,以区别一般的数据传送指令。

用传送类指令实现 I/O 操作。在外围设备接口寄存器与主存单元统一编址的机器中,因为将 I/O 接口寄存器与主存单元统一对待,因此任何访问主存单元的指令均可以访问外设的寄存器,这样就可以用传送类指令去访问 I/O 接口的寄存器,而不用专门设置 I/O 指令。

通过 IOP 执行 I/O 操作。采取这种方式有助于主 CPU 提高工作效率。在这种方式中,I/O 操作相应地被分成二级,主 CPU 只有几条简单的指令,负责根据这些 I/O 指令生成 I/O 程序,IOP 执行 I/O 程序,控制外设的 I/O 操作。

6. 其他指令

除了上面讲到的一些指令,一些机器上还有某些用于完成特定功能的指令,如停机指令、空操作指令、置条件码指令等。

在多用户、多任务的计算机系统中还设置有特权指令,用于管理和分配系统资源,包括改变系统的工作方式、完成任务的创建与切换、变更管理存储器用的段表和页表的内容等。为确保系统与数据的安全,特权指令仅用于操作系统或其他系统软件,不提供给用户使用。一般来说,在单用户、单任务的计算机中不需要设置特权指令,而在多用户多任务的系统中是必要的。在有些多用户的计算机系统中,为了统一管理各种外设,I/O 指令也作为特权指令,不允许用户直接使用。需要输入输出时,可通过系统调用,由操作系统来完成。

为了适应计算机的信息管理、数据处理以及办公自动化等领域的应用,有的计算机还设置了非数值数据处理指令,如字符串的传送、比较、查询及转换等。在有些大型机或巨型机中,还设置有向量指令,可以对整个向量或矩阵进行运算。在多处理器系统中还设置了专门的多处理机指令。

6.2 寻址方式

所谓寻址,指的是根据指令中的地址码信息寻找指令操作数的地址或下一条将要执行的指令地址,因此分为数据寻址和指令寻址两大类。

在指令格式的介绍中知道,指令由操作码和地址码组成,操作码用来表示该指令所要完成的操作,地址码用来描述该指令的操作数或者下一条指令的来源。如果地址码都是直接用操作数所在内存单元的地址表示的,则地址码中的地址信息称为**形式地址**(记为 A),而操作数或者下一条指令在存储器中的实际地址称为**有效地址**(记作 EA)。因此,指令执行时必须能由形式地址转变为有效地址以便取得操作数或者下一条指令。这种由指令地址码中的形式地址转变为有效地址以获取指令操作数或者下一条指令的方法称为**寻址方式**(Addressing Mode),也就是规定如何对形式地址字段做出解释从而找到所需的信息。每一个地址码包含寻址方式 M 和形式地址 A 两部分内容,如图 6.2 所示。其中,寻址方式 M 的取值决定了该地址码所使用的某种具体寻址方式,而形式地址 A 的内容在不同的寻址方式中含义也不同。一条指令中地址码的个数与该指令所需要的操作数个数有关。

1. 指令寻址和数据寻址

1) 指令寻址

指令寻址可分为顺序寻址和跳跃寻址。

计算机在执行程序时,大部分情况下是按照程序中各条指令的存放顺序逐一取出并执行的,这种方式就称为顺序寻址。

```
          指令字
OP M A ··· M A
地址码1   地址码n
```

图 6.2　地址码的组成

顺序寻址通常通过 CPU 内专门设置的程序计数器(PC)的自增 1 功能实现,即每次根据 PC 的值从存储器中取到一条指令后,PC 的值自增 1,自动指向存放顺序上的下一条指令。例如,图 6.3(指令以符号形式表示)中从第一条指令依次执行到第四条指令就是按照顺序寻址方式执行的。执行前,PC 的值为 100,根据 PC 取到第一条指令后,PC 的值自动变为 101 指向第二条指令。执行完第一条指令再根据 PC 的值就可以取到第二条指令,PC 自增后变为 102 指向第三条指令,以此类推。

当执行到某条指令后,如果不再取存放顺序上的下一条指令,而是从其他位置取指令执行,这就是跳跃寻址。跳跃寻址通过转移类指令实现,通过指令中地址码字段指出下一条指令的内存地址。例如,图 6.3 中的第四条指令"JMP 110"就是无条件转移指令,执行完该指令后不是从 104 而是从 110 处取下一条指令执行,从而实现程序转移。

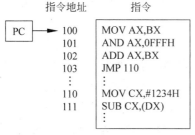

图 6.3　指令寻址方式示意图

指令系统及汇编语言程序设计

在计算机指令系统中,除转移控制类指令实现跳跃寻址外,其他指令都是顺序寻址。

2) 数据寻址

可以通过指令中的地址码字段给出数据的来源,但也有部分指令固定约定操作数的位置(如在堆栈栈顶或者某个寄存器内),因此在指令中不需要给出地址码。

在地址码字段可以直接给出操作数,但这种方式只是适用于操作数固定的情况,使用场合较少,如提供常数给寄存器赋初值等。更多的情况下,地址码给出的是操作数的地址。此时,当地址位数较少时,其访问内存的空间就受到限制,如地址为 4 位,只能访问 16 个单元。如想通过地址码字段的地址能访问较大的存储空间,必须给出较长的地址码位数,这样就会使指令长度变长,特别是指令需要几个地址码字段时,使这个问题更突出。另外,如果指令字的地址码字段只表示内存的实际地址,碰到需要按某种规律访问存放在内存中的一个表格、一个矩阵元素时将显得很不方便。

2. 常见的寻址方式

设计寻址方式是指令系统设计的另一个主要内容。从计算机硬件设计者的角度看,寻址方式与计算机硬件结构密切相关;从程序员角度看,寻址方式不但与汇编语言程序设计关系密切,而且与高级语言编译程序有同样的密切关系。寻址方式一方面有效地压缩了指令中地址码字段的长度,另一方面也丰富了程序设计手段,方便编程,提高了程序的质量。

每种机器的指令系统都有自己的一套寻址方式。不同计算机的寻址方式的意义和名称并不统一,但大多数可以归结为以下几种基本的方式(或它们的变型与组合):立即寻址、直接寻址、寄存器寻址、间接寻址和变址寻址等。通过指令中每一个地址码字段的值就可以确定寻址方式的类型。

下面介绍一些常用的寻址方式。

1) 立即寻址

指令地址码中形式地址 A 的内容就是操作数本身,而不是操作数的地址,这种表示操作数的方式即为立即寻址方式,其寻址过程如图 6.4 所示。A 中直接给出的操作数也称为立即数,它作为指令的一部分,取出指令的同时就取出了操作数,在执行阶段不需要再访问存储器,因此立即寻址方式的优点是指令的执行速度快。但由于操作数是指令的一部分,不能修改,灵活性较差。立即寻址通常用于提供常数、设定初始值,且该常数的范围受到形式地址 A 位数的限制。

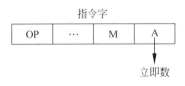

图 6.4 立即寻址方式

2) 寄存器寻址方式

在 CPU 内部一般都有一定数量的通用寄存器,可以用来存放操作数、数据运算结果、操作数或下一条指令地址、变址值、基址值等。由于寄存器位于 CPU 内部,而内存是位于 CPU 外部的独立部件,因此用寄存器存放信息可以有效地减少访问内存的次数,提高 CPU 的工作效率。

寄存器寻址方式就是操作数直接存放在 CPU 内部的指定寄存器中,通过地址码中形式地址 A 给出寄存器的地址 Rn(即寄存器号)。在寄存器寻址方式中,操作数的有效地址 EA=Rn,CPU 根据寄存器号访问内部的对应寄存器后就得到了操作数,其寻址过程如图 6.5 所示。

寄存器寻址方式中,由于操作数就在寄存器中,不需要访问存储器来取得操作数,因而可以取得较高的运行速度,通常用于 CPU 内部操作。

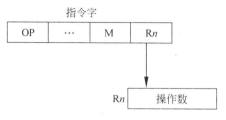

图 6.5　寄存器寻址方式

采用寄存器寻址具有几个优点:

① 与立即数寻址方式相比,寄存器寻址的操作数可变;

② 寄存器存取数据的速度比主存快得多。与操作数位于内存的寻址方式相比,寄存器寻址方式减少了指令的运行时间;

③ 由于寄存器的数量比较少,其地址码比主存单元地址短得多,因而这种方式可有效地压缩指令的长度,减少取指令的时间;

④ 用寄存器存放基址值、变址值可以派生出其他的寻址方式,使编程更加灵活。

综上所述,寄存器寻址在寻址方式中占有十分重要的地位。

3) 直接寻址

直接寻址方式的特点是地址码中形式地址 A 就是操作数的有效地址,即 EA＝A,需要用 A 的内容作为地址访问存储器后得到操作数,其寻址过程如图 6.6 所示。

直接寻址方式简单,不用做任何寻址计算。由于有效地址是指令的一部分,不能修改,因此只能访问固定的存储单元或者外部设备接口中的寄存器。该寻址方式的缺点是直接地址需要的二进制位数较多,造成地址字段较长。若减少直接地址的位数则会限制访问内存的范围。

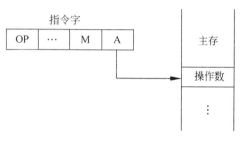

图 6.6　直接寻址方式

4) 间接寻址

间接寻址是指地址码中形式地址 A 不是操作数的内存地址,而是存储操作数的有效地址的存储单元的地址,即操作数地址的地址。间接寻址有一次间址和多次间址之分,其寻址过程如图 6.7 所示。

图 6.7(a)为一次间接寻址,形式地址 A 是操作数地址的地址,即 EA＝(A);图 6.7(b)为二次间接寻址,形式地址 A 是操作数地址的地址的地址,即 EA＝((A))。

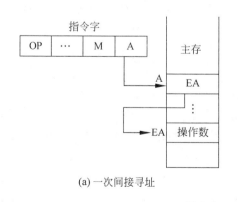

(a) 一次间接寻址

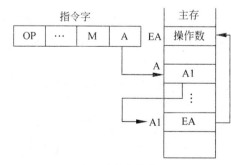

(b) 二次间接寻址

图 6.7　　间接寻址方式

第 6 章

指令系统及汇编语言程序设计

间接寻址要比直接寻址灵活得多,它的主要优点如下:

① 扩大了寻址范围,可以用指令中的短地址访问大的主存空间。

② 可以将主存单元作为程序的地址,用以指示操作数在主存中的位置。当操作数的地址需要改变时,不必修改指令,只需修改存放有效地址的那个主存单元的内容就可以了。

但是间接寻址在指令的执行阶段至少需要访问两次主存,降低了指令的执行速度。

5) 寄存器间接寻址

为了克服直接寻址中指令过长的缺点,可采用寄存器间接寻址。与前面讨论的寄存器寻址方式不同,寄存器间接寻址方式也是在指令地址码中形式地址 A 存放寄存器的编号 Rn,但寄存器的内容不是操作数,而是操作数的有效地址,操作数本身则在存储器中,即 EA=(Rn),其寻址过程如图 6.8 所示,访问一次内存就可以得到操作数。

6) 寄存器自增间接寻址

这种寻址方式在地址码中的形式地址 A 指定一个寄存器 Rn,寄存器的内容就是操作数的有效地址,即有效地址 EA=(Rn)。根据有效地址访问到操作数后 Rn 的内容自加 1,为访问下一个数据做好准备,下次访问到的就是当前操作数存放顺序上的下一个数据。寻址过程如图 6.9 所示。

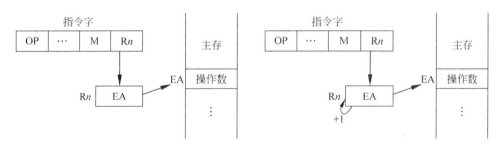

图 6.8　寄存器间接寻址方式　　　　图 6.9　寄存器自增间接寻址方式

此外,还有寄存器自减间接寻址,其寻址过程与寄存器自增间接寻址类似,不同之处在于寄存器的内容先进行自减 1,然后作为有效地址访问操作数。

7) 变址寻址

变址寻址是在地址码中指定一个寄存器 Ri 作为变址寄存器(有的机器变址寄存器的指定隐含在 M 字段里),再通过形式地址 A 给出一个常量 D 作为基准地址,变址寄存器的内容(称变址值)与形式地址给出的 D 相加作为操作数的有效地址,即有效地址 EA=(变址寄存器 Ri)+D,变址寻址过程如图 6.10 所示。

变址寻址将地址码中的形式地址作为数据区的基准地址,而变址寄存器的内容作为修改量(也称为位移量),常用于字符串处理、数组运算等成批数据处理的场合。在某些计算机中,还将变址寻址的功能增强,使变址寄存器的内容具有自动增量和减量的功能,即每取一个数据,它就根据数据的长度自动增减,以便指向下一个数据的主存单元地址,为存取下一个数据做准备。

8) 相对寻址

相对寻址可以看成变址寻址的特例,由程序计数器(PC)提供基准地址,指令中给出的

形式地址 D 作为位移量,二者相加后为操作数的有效地址,即有效地址 EA＝(程序计数器)＋D。相对寻址过程如图 6.11 所示。

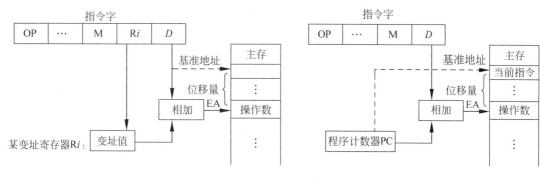

图 6.10　变址寻址方式　　　　　　　　图 6.11　相对寻址方式

相对寻址有两个特点:其一是有效地址不是固定的,它随着 PC 值的变化而变化,并且总是与 PC 相差一个固定的值 D。因此,无论程序装入存储器的任何地方,只要保证程序和所访问信息的相对位置不变,均能正确访问到最终信息;其二是位移量可正可负,通常用补码表示。如果位移量为 n 位,则这种方式的寻址范围为(PC)$-2^{(n-1)}$～(PC)$+2^{(n-1)}-1$。

9) 基址寻址

在计算机中一般都设置一个专用的基址寄存器。基址寻址是在地址码中形式地址 A 给出一个常量 D 作为位移量,基址寄存器的内容与 D 相加作为操作数的有效地址,即有效地址 EA＝(基址寄存器 Rb)＋D。基址寻址过程如图 6.12 所示。

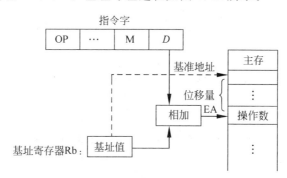

图 6.12　基址寻址方式

基址寻址是大型计算机经常采用的技术,用来将用户的逻辑地址转换成主存的物理地址。在多用户计算机系统中,由操作系统为多道程序分配主存空间。当用户程序装入主存时,就需要进行逻辑地址到物理地址的转换,即地址重定位。操作系统给每个用户程序一个基地址并放入相应的基址寄存器中,在程序执行时以基地址为基准自动进行逻辑地址到物理地址的变换。

由于多道程序在一段时间内往往只访问有限的存储区,这被称为"程序执行的局部性"。可利用这个特点缩短指令中地址字段的长度。设置一个基址寄存器存放这一区域的首地址,而在指令中给出以首地址为基准的位移量,二者之和为操作数的有效地址。基址寄存器的字长应足以指向整个主存空间,而位移量只需覆盖本区域即可。显然,利用基址寻址方

第 6 章

指令系统及汇编语言程序设计

式,既能缩短指令的地址字段长度,又可以扩大寻址空间。

基址寻址与变址寻址在形式上和操作数地址的形成方式上都十分相似。但在编程习惯上,使用变址寻址时,由变址寄存器提供修改量,地址码中的形式地址作为基准地址;而在基址寻址时,由基址寄存器提供基准地址,地址码中的形式地址作为位移量。在应用场合上基址寻址面向系统,可用来解决程序在主存中的重定位和扩大寻址空间等问题,而变址寻址却面向用户,用于访问字符串、向量和数组等成批数据。

至此,已经介绍了一些常用的操作数寻址方式,它们可以单独使用以给出一个形式地址,也可以把它们中的某几种组合后使用,如变址后再间接寻址、变址与基址相结合等。此外,不是每台计算机都使用所有的寻址方式,也不一定要把寻址方式设计得很复杂,简单的寻址方式可以使计算机系统有更高的运行效率。

需要说明的是,假如使用高级语言编程,就根本不用考虑寻址方式,因为这是编译程序的事,但如果用汇编语言编程,则应该对它有确切的了解,才能编出正确而又高效率的程序。此时,应认真阅读指令系统说明书,因为不同的计算机采用的寻址方式是不同的,即使是同一种寻址方式,在不同的计算机中也有不同的汇编语言书写形式。

6.3 RISC 技术

6.3.1 RISC 的产生及发展

随着超大规模集成电路(VLSI)技术的发展,计算机的硬件成本不断下降,软件成本不断提高,使得人们热衷于在指令系统中增加更多的指令和更复杂的指令,把常出现的指令串及子程序采用新设计出的指令替代,实现软件功能的硬化;另外,为了做到程序兼容,同一系列计算机的新机型和高档机的指令系统只能扩充而不能减去任意一条指令,因此指令系统越来越复杂。到了 20 世纪 70 年代,许多典型计算机的指令系统已经非常庞大,指令的功能相当复杂,这种计算机被称为**复杂指令集计算机**(Complex Instruction Set Computer,CISC)。例如,80x86 系列、VAX-11 系列等采用了 CISC 体系结构,指令系统庞大,具有多种指令字长及寻址方式,其中 DEC 公司的 VAX11/780 计算机有 303 条指令,16 种寻址方式和 9 种数据格式。

推动指令系统日益复杂的主要原因有以下三点:

(1) 简化编译器设计。编译器的任务是为每个高级语言语句产生一个机器指令序列,若有类似于高级语言语句的机器指令,则高级语言中的语句即可翻译成较少的机器指令,使编译器的设计似乎变得简单多了。

(2) 提供对更加复杂深奥的高级语言的支持。

(3) 提高程序执行效率,因为复杂的指令操作可以用微程序实现。

但大量分析发现,实际情况并非如此。指令系统的复杂化不但不能使得编译优化,而且使机器硬件的复杂度增强,不利于计算机系统速度的提高,这是因为:

首先,随着指令系统的复杂化,使得编译器在编译时选择目标指令的范围更大,增加了编译器的负担,使其难以生成高效的机器语言程序。这是因为编译器很难分析找到一条高级语言指令对应的完全合适的机器指令组合,产生最少量的代码以减少指令执行次数,并且使指令流水线的实现也变得非常困难。

其次,复杂的指令系统需要有复杂的系统控制部件支持,使每条指令的执行速度降低。原因如下:

(1) CISC 中采用很多复杂的寻址方式,执行一条指令要多次访问主存;

(2) 复杂指令系统的机器一般采用微程序控制。微程序控制结构中执行一条指令需要几个微周期;

(3) 在 CISC 中,为了增强系统性能常采用流水线,而复杂且不规整的指令使流水线的效率往往不高。

针对这些问题,20 世纪 70 年代中期,人们开始进一步分析研究 CISC,发现一个"80－20 规律",即多数计算任务中,最常使用的是一些比较简单的指令,如取数、加、转移等,它们仅占指令总数 20%,但在程序中出现的频率却占 80%。换句话说,有 80% 的语句仅仅使用处理器 20% 的指令。既然如此,为什么不用最常用的 20% 的简单指令重新组合不常用的 80% 的指令的功能?为什么不用一套精简的、高度优化的指令系统取代复杂的指令系统,以使机器结构简化,提高机器的性能价格比呢?基于这种思想,IBM、Stanford、UC-Berkerley 从 20 世纪 70 年代初和 80 年代开始了对**精简指令集计算机**(Reduced Instruction Set Computer,RISC)的研究。RISC 技术是通过简化指令系统,使计算机的硬件结构更为简单,从而减少指令的执行周期数,提高机器的处理速度。最早采用 RISC 思想的计算机系统是 IBM801,以后又相继研制出 RISC-1,RISC-2 及 MIPS 计算机等。目前运行中的许多处理机都采用了 RISC 体系结构,如 Sun 公司的 SPARC、Super SPARC、Utra SPARC,SGI 公司的 R4000、R5000、R10000,IBM 公司的 Power、PowerPC Intel 公司的 80860、80960,DEC 公司的 Alpha,Motorola 公司的 88100,HP 公司的 HP3000/930 系列、950 系列等。

6.3.2　RISC 的主要特征

RISC 是在继承 CISC 的成功技术并克服 CISC 的缺点的基础上产生并发展起来的,大部分 RISC 具有下述一些特点。

(1) 优先选取使用频率较高的简单指令以及有用而不复杂的指令,避免指令复杂,如 RISC Ⅱ 的指令系统只有 39 条指令。

(2) 指令长度固定,指令格式少,寻址方式种类少。指令之间各字段的划分比较一致,各字段的功能也比较规整。

(3) 只有取数/存数(LOAD/STORE)指令访问存储器,数据在寄存器和存储器之间传送。其余指令的操作都是在寄存器之间进行的。

(4) CPU 中通用寄存器数量相当多。算术逻辑运算指令的操作数都在通用寄存器中。

(5) 多级的指令流水线,几乎每个机器周期都有一条指令完成。

(6) 采用硬布线控制,不用微程序控制。

(7) 一般用高级语言编程,特别重视编译优化工作,以减少程序执行时间。

上述特点使得基于 RISC 体系结构的机器在提高性能和 VLSI 的实现上很有优势。相比之下,CISC 的指令系统规模大,指令长度不固定,指令格式多,寻址方式种类多。

6.3.3 RISC 与 CISC 的比较

RISC 与 CISC 相比,其主要优点可归纳如下:

(1) RISC 提高了计算机的运算速度,降低了执行程序所需时间。

精简指令系统计算机的着眼点不是简单地放在简化指令系统上,而是通过简化指令系统使计算机的结构更加简单合理,从而提高运算速度。

下面来分析一下计算机执行程序所需的平均时间。在计算机上执行任何一个程序的时间可用下式计算:

$$P = I \cdot CPI \cdot T$$

其中,P 是执行这个程序所使用的总的时间;I 是高级语言程序编译后在机器上运行的指令数;CPI 是每条指令执行的平均周期数;T 是一个周期的时间长度。

表 6.2 列出了 CISC 与 RISC 的三个参数的比较情况。

表 6.2 CISC 与 RISC 的 I、CPI 和 T 的比较

类型	指令条数 I	指令平均周期数 CPI	周期时间 T
CISC	1	2~5	33~5ns
RISC	1.3~1.4	1.1~1.4	10~2ns

① 程序执行所需的总的指令条数 I。

由于 RISC 的指令都比较简单,CISC 中的一条复杂指令所完成的功能在 RISC 中可能要用几条指令才能实现。显然对于同一高级语言程序,分别编译后生成的动态目标代码 RISC 要比 CISC 多。但是,由于 CISC 中复杂指令使用得频率很低,程序中使用的绝大多数指令都是与 RISC 一样的简单指令,因此,实际统计结果表明,RISC 的 I 值只比 CISC 的多 30%~40%。

② 指令平均执行周期 CPI。

由于 CISC 一般是用微程序实现的,一条指令往往要用好几个周期才能完成,一些复杂指令所需要的周期数就更多。根据统计,大多数 CISC 处理机中平均执行周期数 CPI 为 4~6。而 RISC 的大多数指令都是单周期执行的,它们的 CPI 应该是 1,但是,由于 RISC 中有 LOAD 和 STORE 指令,还有少数复杂指令,所以 CPI 要略大于 1。据统计,Sun 公司的 SPARC 处理机的 CPI 为 1.3~1.4,SGI 公司的 MIPS 处理机的 CPI 为 1.1~1.2。

③ 一个周期的时间长度 T。

由于 RISC 一般采用硬布线逻辑实现,指令要实现的功能都比较简单,所以,RISC 的 T 通常要比 CISC 的 T 小。目前使用中的 RISC 处理机的工作主频一般要比 CISC 处理机高。

从表 6.2 中可以很容易地计算出 RISC 的速度要比 CISC 快三倍左右。其中的关键在于 RISC 的指令平均执行周期数 CPI 减小了,这正是 RISC 设计思想的精华。

减小 CPI 是多方面共同努力的结果。在硬件方面,采用硬布线控制逻辑,减少指令和寻址方式的种类,使用固定的指令格式,采用 LOAD/STORE 结构,指令执行过程中设置多级流水线等,软件方面十分强调优化编译技术的作用。

(2) RISC 简化了指令系统和机器硬件结构并有效地提高了对高级语言的支持。

表 6.3 分别从 6 个方面对这两种技术进行了全面的比较。

表 6.3　RISC 和 CISC 技术特点的比较

类　　别	CISC	RISC
指令格式	CISC 指令数多,寻址方式多,指令格式多。指令数一般大于 100 条,寻址方式一般大于 4 种,指令格式大于 4 种	采用简单的指令格式和寻址方式,指令长度固定。指令数大都不超过 100 条,寻址方式为 2～3 种,指令格式限制为 2～3 种,指令长度固定
执行时间	绝大多数指令需要多个时钟周期才能执行完成	大部分指令可以在一个周期内完成
指令的操作	各种指令都可访问存储器	尽量都在 CPU 内的寄存器之间进行,只有 LOAD/STORE 指令访问存储器
编译	难以用优化编译生成高效的目标程序	优化编译技术。一是对寄存器分配进行优化,以减少对存储器的访问;二是对指令序列进行重新排序和调度,防止或减少流水线中出现的相关性,保证流水线畅通,提高程序的执行速度
控制方式	采用微程序控制	硬布线控制逻辑为主,很少或根本不用微程序控制
寄存器设置	有专用寄存器	使用较多的通用寄存器以减少访存,不设置或少设置专用寄存器

(3) RISC 便于设计,能充分利用 VLSI 芯片的面积,降低设计成本,提高可靠性。

RISC 指令系统简单,设计时出错的可能性较小,有错时也易于发现,故机器设计周期短;RISC 的控制器采用硬布线逻辑控制,其逻辑只占 CPU 芯片面积的 10%,可以将空出的面积供其他部件使用。因此 RISC 不仅降低了设计成本,也提高了设计的可靠性。

当然,与 CISC 相比,RISC 也存在一些缺陷,例如在指令系统的兼容性方面,CISC 大多能实现软件的兼容,即系列机中的高档机包含了低档机的全部指令,并可以加以扩充。但 RISC 简化了指令系统,指令数量少,格式也不同于老机器,因此,大多数 RISC 不能与老机器兼容。

至于 RISC 和 CISC 在性能上的比较,并没有得出统一的结论,因为:

(1) 没有在存活期、技术水平、门电路的复杂性、编译器的精致性、操作系统支持等各方面都可比较的成对的 RISC 和 CISC 机器。

(2) 不存在明确的测试程序。

(3) 难以将硬件影响与编译器的效果分开。

(4) 两者的比较都是在模型机而不是在商用机上完成的。

因此,RISC 和 CISC 在性能上的优劣仍存在一定的争论。

近年来,计算机的设计在 RISC 和 CISC 之间取长补短,相互结合,以设计出结构更加合理、快速的计算机。RISC 和 CISC 之间的界限越来越模糊。例如,在有些典型的 CISC 处理机中也采用了 RISC 的设计思想,如 Intel 公司的 80486、Pentium、Pentium Pro、Pentium Ⅱ 等。将来提高处理机速度的主要技术途径仍然是减少指令平均执行周期数。采用超标量、超流水线、VLIW(超长指令字)体系结构,可以使指令的平均执行周期数小于 1,即平均每个周期执行超过 1 条指令。目前已经商品化的微处理机,其内部大都有 4～16 个功能部件并行工作,每个周期可以平均执行 2 条以上指令。

6.4 指令系统举例

指令系统是软件和硬件的主要界面,它不仅集中反映了机器的性能,也是程序员编程的依据,因此指令系统的设计是设计一台计算机的起始点。在设计指令系统时要考虑指令系统的完备性、规整性、高效性、兼容性,其中核心问题是选定指令的功能和格式。而在确定指令格式时需要综合考虑寄存器的个数、操作的类型、数据类型、指令格式和寻址方式等。下面通过 3 个例子,分别介绍 Intel 8086、RISC Ⅱ以及 PowerPC 的指令系统。

6.4.1 Intel 8086 指令系统

8086 微处理器是 Intel 公司于 20 世纪 70 年代推出的 16 位微处理器,能够直接支持 8 位字节数据或者 16 位字数据的运算。8086 指令系统庞大,有一百多条指令,采用变长指令格式,属于典型的 CISC。根据操作数的个数,8086 的指令主要有双操作数指令、单操作数指令和无操作数指令。

1. 8086 的指令格式

8086 的指令格式如图 6.13 所示,操作码占一个字节,寻址方式占一个字节,位移量和立即数各为 1~2 个字节。一条指令的长度至少一个字节,多则为 6 个字节。

图 6.13 8086 指令格式

操作码字节中的 $D=0$ 表示寻址方式字节中由 REG 域指定的寄存器中的数据为源操作数;$D=1$ 表示该寄存器中的数据为目的操作数。另外一个操作数来自 R/M 域中的存储单元或者另外一个寄存器。$W=0$ 表示操作数的长度为 8 位,$W=1$ 表示操作数的长度为 16 位。

寻址方式字节包含 MOD、REG、R/M 三个域。REG 域指定双操作数指令其中一个操作数的寄存器号,当为单操作数或者无操作数指令时用于操作码扩展。MOD 域和 R/M 域联合指定双操作数指令另外一个操作数或者单操作数指令的操作数来源。

位移量用于计算操作数在内存中的地址,指令中是否需要位移量以及位移量的长度由寻址方式字节决定。是否需要立即数以及立即数的长度与操作码有关。

2. 8086 的寻址方式

8086 指令系统共支持 8 种寻址方式,分别是立即寻址、寄存器寻址、寄存器间接寻址、寄存器相对寻址、直接寻址、基址变址寻址、相对基址变址寻址和相对寻址,其中相对寻址方式只在部分转移类指令中隐含使用。除立即寻址和寄存器寻址方式外的其他寻址方式统称为存储器寻址,操作数来自内存中的存储单元。

寻址方式字节中的 MOD、R/M 两个域的含义分别如表 6.4 和表 6.5 所示。

表 6.4 MOD 域的含义

MOD 值	含　义	MOD 值	含　义
00	存储器寻址,无须位移量	10	存储器寻址,需要 16 位位移量
01	存储器寻址,需要 8 位位移量	11	寄存器寻址,无须位移量

表 6.5 R/M 域的含义

MOD / R/M	存储器寻址			寄存器寻址	
				W＝0	W＝1
	MOD＝00B	MOD＝01B	MOD＝10B	MOD＝11B	
000	基址变址寻址	相对基址变址寻址,8 位位移量	相对基址变址寻址,16 位位移量	操作数据来自 8 位寄存器	操作数据来自 16 位寄存器
001					
010					
011					
100	寄存器间接寻址	寄存器相对寻址,8 位位移量	寄存器相对寻址,16 位位移量		
101					
110	直接寻址				
111	寄存器间接寻址				

在表 6.5 中,同一种寻址方式可能对应不同的 R/M 值,其区别在于不同的 R/M 值表示的该种寻址方式使用了不同的寄存器。

3. 8086 的指令类型

8086 的指令按照功能分为以下 8 大类:

(1) 数据传送类,可进一步分为一般数据传送指令(如传送指令、交换指令等)、堆栈操作指令(如出栈、入栈指令等)、状态标识传送指令和地址传送指令;

(2) 算术运算类,如加、减、乘法、除法指令;

(3) 位操作运算类,可进一步分为逻辑运算指令(如与、或、异或、测试、取反指令)和移位指令;

(4) 程序控制类,如无条件转移、条件转移、子程序调用和返回、中断调用和返回指令等;

(5) 输入输出类,用于访问接口电路中端口内的数据;

(6) 字符串处理类,如字符串传送、装载、存入、比较和扫描等;

(7) 特权类指令,用于系统资源的分配和管理;

(8) 其他类,如标识位设置指令、停机指令、空操作指令、等待指令等。

6.4.2 RISC Ⅱ 指令系统

RISC Ⅱ 指令系统属于 RISC,较一般 CISC 计算机简单、规整。共包含 32 条指令,每条指令最多支持三个操作数。

1. RISC Ⅱ 指令格式

RISC Ⅱ 的指令格式比较简单,只有两种指令格式:短立即数格式和长立即数格式。指令字长固定为 32 位且每个字段都有固定的位置,如图 6.14 所示。

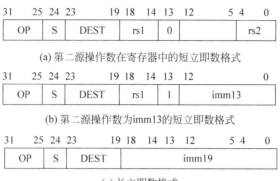

（a）第二源操作数在寄存器中的短立即数格式

（b）第二源操作数为imm13的短立即数格式

（c）长立即数格式

图 6.14　RISC Ⅱ 的指令格式

短立即数格式指令主要用于算术逻辑运算,如图 6.14(a)、图 6.14(b)所示。长立即数格式主要用于相对转移指令,如图 6.14(c)所示。OP 字段为操作码;S 字段用来表示是否需要根据操作结果来置状态位;DEST 字段在算术逻辑运算指令中用于指示存放结果的寄存器 Rd,在条件转移指令中用作转移的条件;imm13 和 imm19 为相对转移位移量;rs1 字段指明三操作数指令的一个源操作数,另一个源操作数的来源由第 13 位决定,当其为 0 时(如图 6.14(a)所示),第二个源操作数在寄存器 rs2 中,当其为 1 时(如图 6.14(b)所示),第二个源操作数为 13 位的立即数 imm13。

2. RISC Ⅱ 寻址方式

RISC Ⅱ 指令系统支持的寻址方式包括寄存器寻址、变址寻址和相对寻址,但可以用组合方式产生其他寻址方式。例如,若令变址寄存器的内容为 0,则演变为直接寻址方式;若令位移量为 0,则演变为寄存器间接寻址方式。

3. RISC Ⅱ 指令类型

RISC Ⅱ 指令系统中的 32 条指令可分为以下 4 类:

寄存器-寄存器操作类指令,包括逻辑运算、算术运算和移位指令等 12 条。

存取类指令,共 16 条,操作数的长度包括字节、半字和字等。

控制类指令,包括条件转移、调用、返回等指令。

其他指令,存取程序状态字 PSW 和程序计数器等 5 条。

RISC Ⅱ 中有一些常用指令没有被包含,但可以在硬件的辅助下由上面的指令来实现。

6.4.3　PowerPC 指令系统

PowerPC 是一种 RISC 架构的 CPU,其设计源自 IBM 的 POWER(Performance Optimized With Enhanced RISC)架构,因此其指令系统也属于 RISC,指令最多支持三个操作数。

1. PowerPC 指令格式

PowerPC 计算机采用固定的 32 位指令长度,格式规整。任何一条指令的最高 6 位都是操作码,部分指令将其他位作为操作码扩展。不同类型指令的格式差别较大,下面按指令类型介绍每一类指令的格式。

(1) 取数/存数类指令。这类指令用于在寄存器和存储器之间转存数据,指令格式如表 6.6 所示。

表 6.6　取数/存数指令的格式

31　　OP　　26	25　　　　21	20　　　　16	15　　　　11	10　　　　0
取数/存数间接	目标寄存器	基址寄存器	位移	
取数/存数间接	目标寄存器	基址寄存器	变址寄存器	大小、符号、更新 ∥ /
取数/存数间接	目标寄存器	基址寄存器	位移	XO

　　取数/存数指令的格式为在 6 位操作码后跟 2～3 个 5 位的寄存器号字段,分别选择处理器中的 32 个寄存器之一。XO 字段用作操作码扩展,下同。

　　(2) 运算类指令。这类指令用于实现整数算术、逻辑运算、移位运算和浮点运算,指令格式如图 6.15(a)、图 6.15(b)所示。

31 OP 26	25　21	20　16	15　　　　　　　　　　　0
算术运算	目标寄存器	源寄存器	源寄存器 ∣ O ∣ ADD、SUB 等 ∣ R
ADD、SUB 等	目标寄存器	源寄存器	有符号立即数
逻辑运算	目标寄存器	源寄存器	源寄存器 ∣ ADD、SUB 等 ∣ R
AND、OR 等	目标寄存器	源寄存器	有符号立即数
环移	目标寄存器	源寄存器	位移量 ∣ 屏蔽起点 ∣ 屏蔽终点 ∣ R
环移、平移	目标寄存器	源寄存器	源寄存器 ∣ 移位类型或屏蔽 ∣ R
环移	目标寄存器	源寄存器	位移量 ∣ 屏蔽字 ∣ XO ∣ S ∣ R
环移	目标寄存器	源寄存器	位移量 ∣ 屏蔽字 ∣ XO ∣ R
平移	目标寄存器	源寄存器	源寄存器 ∣ 类型或屏蔽 ∣ S ∣ R

(a) 整数算术/逻辑/移动指令

浮点运算	目标寄存器	源寄存器	源寄存器	源寄存器	浮点加等	R

(b) 浮点运算指令

图 6.15　运算类指令的格式

　　运算类指令中的 R 字段用来表示是否将运算结果的相关标志写入标志寄存器中,以供后续的条件转移指令使用。O 字段用于确定是否记录溢出标志位。S 字段作为位移量字段的一部分。

　　浮点运算指令有三个源操作数字段,但大多数情况下只用到两个,少数指令将两个数相乘后再与第三个数相加(如计算矩阵内积)。

　　(3) 转移指令。这类指令的格式如表 6.7 所示。

表 6.7　转移指令的格式

31　OP　21	25　　　　21	20　　　　16	15　　　　　2	1	0
条件转移	选项	CR 位	转移位移量	A	L
条件转移	选项	CR 位	通过计数器或者链接寄存器间接		L
无条件转移	选项	CR 位	通过计数器或者链接寄存器间接		L

　　指令中的链接指示字段 L 表示是否将紧接着该指令的指令地址送入链接寄存器用作返回地址。A 字段指明地址是绝对地址还是相对于 PC 的地址。CR 位字段指明转移条件

使用标志寄存器中的哪一位。选项字段的值用于指定以下几种转移方法:

① 总是转移;

② 如果计数器≠0且测试条件为真则转移;

③ 如果计数器≠0且测试条件为假则转移;

④ 如果计数器=0且测试条件为真则转移;

⑤ 如果计数器=0且测试条件为假则转移;

⑥ 如果计数器≠0则转移;

⑦ 如果测试条件为真则转移;

⑧ 如果测试条件为假则转移。

2. PowerPC 寻址方式

PowerPC 指令系统中的不同类型指令采用的寻址方式有所不同,下面分别介绍。

(1) 取数/存数指令的寻址方式。

该类指令主要支持间接寻址和间接变址寻址两种方式。间接寻址方式下有效地址 EA =(基址寄存器)+ 16 位有符号位移量,CPU 内任何一个通用寄存器都可以用作基址寄存器。间接变址寻址方式下有效地址 EA =(基址寄存器)+(变址寄存器),CPU 内任何一个通用寄存器都可以用作变址寄存器。

(2) 转移指令的寻址方式。

该类指令的寻址方式又分为绝对地址、相对地址和间接寻址三种。

① 绝对地址。无条件转移和条件转移指令中分别给出 24 位和 16 位地址,在最低端补两个 0,高端进行符号扩展后形成 32 位地址作为转移地址。

② 相对地址。无条件转移和条件转移指令中分别给出 24 位和 14 位地址,将它们按以上方法扩展后和 PC 的内容相加形成转移地址。

③ 下一条指令的有效地址存放在链接寄存器或者计数寄存器中。若采用计数寄存器,则计数寄存器此时不能再用作计数器使用。

(3) 算术指令的寻址方式。

整数算术指令可以采用寄存器寻址或者立即寻址(立即数为 16 位有符号数),而浮点算术指令只能使用寄存器寻址。

6.5　汇编语言程序设计

6.5.1　基本概念

要用计算机完成特定的功能,必须要从指令系统中选取合适的指令编写程序。由于机器指令是二进制格式的,难以记忆并且指令的功能和寻址方式等信息不能一目了然,因此用机器指令进行编程会极大地降低编程效率和程序维护的便利性。为了有助于对机器指令的理解和记忆,可以用符号表示指令中的操作码和操作数,从而产生了符号指令。所谓**符号指令**,就是用助记符、寄存器名和变量名等书写的指令。例如,"ADD　R0,R1"中的 ADD 就是操作码助记符,表示该指令的功能是完成加法运算,R0 和 R1 分别是两个寄存器的名称,用来指明运算的操作数。

用符号指令书写程序的规范称为**汇编语言**,采用汇编语言编写的程序称为**汇编语言源程序**或者汇编语言程序。

汇编语言源程序中的每一行文本称为汇编语句,其格式一般为

[名字项]　功能助记符　[操作数]　[注释]

一条汇编语句一般最多包含 4 项,相互之间用空格隔开。其中功能助记符指明该条汇编语句的功能(如进行某种运算、定义变量等),不可缺少,其他三项根据实际需要选取。名字项通常为变量名、语句标号或者子程序名等。操作数项中如果有多个操作数,相互之间用","隔开。注释项是对该行语句的释义,通常用";"开头。

例如:

```
VAR   DW   -1,2
NEXT: ADD  R0,R1   ;(R0)+(R1)→R1
          HALT
```

第一行语句中,DW 为助记符,表示定义变量;VAR 为变量名;"-1,2"为操作数,用于对两个变量空间赋初值。

第二行语句中,ADD 为助记符,表示进行加法操作;NEXT 为语句标号;R0,R1 为操作数项,包含两个操作数;";(R0)+(R1)→R1"为注释。

第三行语句中,HALT 为助记符,表示停机指令。

根据汇编语句的性质,可将其进一步分为两种:汇编指令和伪指令。

与机器指令对应的汇编语句称为**汇编指令**,指令系统中的每一条机器指令都可以用唯一的一条汇编指令表示,两者之间存在一一对应关系。机器指令可以由 CPU 直接执行,而汇编指令需要翻译成机器指令后才能执行。把汇编指令翻译成机器指令的专用程序称为**汇编程序**或者**汇编器**。上例中第二行和第三行都属于汇编指令。汇编指令属于执行性语句,也被称为硬指令。按照操作数的个数,JUC-Ⅱ模型机的汇编指令分为无操作数、单操作数和双操作数三类。单操作数汇编指令中将唯一的操作数称为目的操作数;双操作数汇编指令中将前一个操作数称为源操作数,后一个操作数称为目的操作数,之间用","隔开。在有些计算机中(如 Intel 8086),双操作数汇编指令的前一个操作数为目的操作数,而后一个为源操作数。

而**伪指令**属于说明性语句,仅仅在对汇编语言源程序进行翻译时由汇编器识别并执行,不会产生对应的机器指令,如上面的第一行就属于伪指令。

由于汇编指令和机器指令一一对应,而机器指令与计算机的硬件结构密切相关,因此汇编语言也是一种"面向硬件"的编程语言,属于低级编程语言,不同硬件架构计算机的汇编语言和汇编器各不相同,无法通用。下面以 JUC-Ⅱ模型机为例介绍其汇编语言程序设计。

6.5.2　JUC-Ⅱ模型机的功能结构

学习 JUC-Ⅱ模型机汇编语言程序设计首先要了解它的硬件抽象,即功能结构,这是学习汇编语言的硬件基础。此外,还要熟练掌握指令系统中每一条指令所对应汇编指令的语法及功能、操作数的寻址方式、汇编器所支持的伪指令以及汇编语言源程序的组织结构形式。

图 6.16 为面向汇编语言程序员的 JUC-Ⅱ的功能结构图,包含 CPU 和主存两个功能模块,它们之间通过一组系统总线连接。

指令系统及汇编语言程序设计

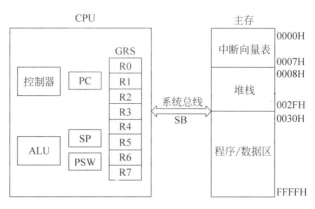

图 6.16　JUC-Ⅱ的主机功能结构

1. JUC-Ⅱ微处理器的寄存器

JUC-Ⅱ模型机的 CPU 字长为 16 位。CPU 内设置有一个通用寄存器组（General Register Set，GRS），包含 8 个 16 位的通用寄存器 $R_0 \sim R_7$，用于存放参加运算的操作数和操作结果。还有 3 个 16 位的专用寄存器：

PC，存放下一条将要执行的指令的地址。复位后 PC 的值为 30H，即 JUC-Ⅱ程序中第一条指令的地址必须为 30H；

PSW，存放当前指令执行后机器的状态标志信息，其中标志位包括借/进位标志 CF，溢出标志 OF，符号标志 SF 和零标志 ZF；

SP，存放堆栈栈顶的地址，复位后 SP 的值为 30H。

2. JUC-Ⅱ模型机的主存

存储器字长为 16，采用字编址方式，容量为 64K 个字。主存空间中的前 8 个单元（地址 0000H～0007H）为中断向量表；随后 40 个单元（0008H～002FH）为堆栈区，采用自底向上生长式结构（具体请参阅 6.5.8 节），因此 SP 的初始值为 30H；其他单元作为程序/数据区。由于 PC 的初始值为 30H，所以程序中的指令序列必须从 30H 单元开始连续存放，内存数据可以放在指令序列后的任意位置。

3. JUC-Ⅱ模型机系统总线

系统总线包括 16 位地址总线 AB、16 位数据总线 DB 和一组控制总线 CB。CPU 和主存间通过系统总线以字为单位进行数据传输，地址总线的宽度决定了内存的空间为 64K 字。

6.5.3　JUC-Ⅱ模型机的指令系统

模型机共有 38 条指令，按照操作数的个数可分为双操作数指令、单操作数指令和无操作数指令。JUC-Ⅱ模型机的指令系统属于 CISC。

1. 指令格式

JUC-Ⅱ模型机指令格式规整，以单字指令为基础，根据不同的寻址方式可扩展为双字指令和三字指令，如图 6.17 所示。任何一条指令的首字是指令编码，包含指令操作码 OP 和地址码中的寻址方式等信息。指令的第二字和第三字是地址码中的一些常数，其含义与寻址方式有关，如立即数、直接地址、间接地址、偏移量等。

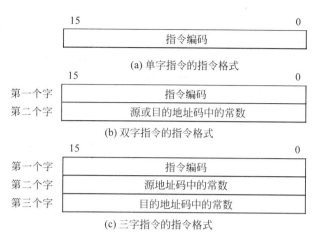

図の上部に以下のラベルがある图：

```
        15                                    0
       ┌──────────────────────────────────────┐
       │              指令编码                  │
       └──────────────────────────────────────┘
            (a) 单字指令的指令格式
        15                                    0
       ┌──────────────────────────────────────┐
第一个字 │              指令编码                  │
       ├──────────────────────────────────────┤
第二个字 │        源或目的地址码中的常数            │
       └──────────────────────────────────────┘
            (b) 双字指令的指令格式
        15                                    0
       ┌──────────────────────────────────────┐
第一个字 │              指令编码                  │
       ├──────────────────────────────────────┤
第二个字 │          源地址码中的常数              │
       ├──────────────────────────────────────┤
第三个字 │          目的地址码中的常数            │
       └──────────────────────────────────────┘
            (c) 三字指令的指令格式
```

图 6.17　JUC-Ⅱ模型机的指令格式

下面按照指令所需操作数的个数分别介绍各类指令的指令编码格式。

JUC-Ⅱ的操作码字段采用扩展操作码技术。基本操作码 4 位,一共有 16 个编码,用来表示双操作数指令。本模型机有 10 条双操作数指令,可以用基本操作码($IR_{15 \sim 12}$)中的 10 个编码表示,其格式如下:

```
 15    12 11    9 8      6 5    3 2    0
┌────────┬───────┬───────┬──────┬──────┐
│   OP   │  Ms   │  Rs   │  Md  │  Rd  │
└────────┴───────┴───────┴──────┴──────┘
```

Ms 表示源操作数的寻址方式,Md 表示目的操作数的寻址方式,Rs 和 Rd 分别表示的是源操作数和目的操作数的寄存器号,如果某种寻址方式中不涉及寄存器,Rs 或者 Rd 的内容任意,通常取全 0。

本模型机设计有 22 条单操作数指令,由于只用到一个操作数,所以基本操作码字段($IR_{15 \sim 12}$)用全 0 表示扩展,将双操作数指令的源操作数字段($IR_{11 \sim 6}$)用于表示单操作数指令的操作码,其指令格式如下:

```
 15    12 11          6 5    3 2    0
┌────────┬─────────────┬──────┬──────┐
│  0000  │     OP      │  Md  │  Rd  │
└────────┴─────────────┴──────┴──────┘
```

模型机设计有三条无操作数指令,由于没有操作数,所以将双操作数指令基本操作码字段($IR_{15 \sim 12}$)和源操作数字段($IR_{11 \sim 6}$)用于表示扩展,用全 0 表示,而用最低 6 位($IR_{5 \sim 0}$)表示操作码,其指令格式如下:

```
 15                        6 5         0
┌────────────────────────────┬──────────┐
│ 0 0 0 0 0 0 0 0 0 0        │    OP    │
└────────────────────────────┴──────────┘
```

2. 寻址方式

JUC-Ⅱ模型机在寻址方式设计上,采用最典型的寻址方式,分别是立即寻址、直接寻址、间接寻址、寄存器寻址、寄存器间接寻址、变址寻址、相对寻址、寄存器自增间接寻址 8 种,对应的编码及助记符如表 6.8 所示。

表 6.8　JUC-Ⅱ寻址方式及编码

Ms/Md 字段的值	助　记　符	寻　址　方　式
000	Rn	寄存器寻址
001	(Rn)	寄存器间接寻址
010	(Rn)+	寄存器自增间接寻址
011	♯imm	立即寻址
100	addr	直接寻址
101	(addr)	间接寻址
110	disp(Rn)	变址寻址
111	disp(PC)	相对寻址

3. 指令类型

　　JUC-Ⅱ模型机指令系统中的 38 条指令可分为 5 类,分别是数据传送类指令、算术及逻辑运算指令、移位指令、程序控制指令和其他指令,指令编码表见表 6.9。这些指令的详细用法将在后面进行介绍。

表 6.9　JUC-Ⅱ模型机指令编码表

指令助记符		指　令　编　码																影响 PSW			
		F	E	D	C	B	A	9	8	7	6	5	4	3	2	1	0	S	Z	O	C
MOV	src, dst	0	0	0	1	源地址码						目的地址码						—	—	—	—
ADD	src, dst	0	0	1	0	源地址码						目的地址码						√	√	√	√
ADDC	src, dst	0	0	1	1	源地址码						目的地址码						√	√	√	√
SUB	src, dst	0	1	0	0	源地址码						目的地址码						√	√	√	√
SUBB	src, dst	0	1	0	1	源地址码						目的地址码						√	√	√	√
AND	src, dst	0	1	1	0	源地址码						目的地址码						√	√	×	×
OR	src, dst	0	1	1	1	源地址码						目的地址码						√	√	×	×
XOR	src, dst	1	0	0	0	源地址码						目的地址码						√	√	×	×
CMP	src, dst	1	0	0	1	源地址码						目的地址码						√	√	√	√
TEST	src, dst	1	0	1	0	源地址码						目的地址码						√	√	×	×
SAR	dst	0	0	0	0	0	0	0	0	0	1	目的地址码						×	×	×	√
SHL	dst	0	0	0	0	0	0	0	0	1	0	目的地址码						×	×	×	√
SHR	dst	0	0	0	0	0	0	0	0	1	1	目的地址码						×	×	×	√
ROL	dst	0	0	0	0	0	0	0	1	0	0	目的地址码						×	×	×	√
ROR	dst	0	0	0	0	0	0	0	1	0	1	目的地址码						×	×	×	√
RCL	dst	0	0	0	0	0	0	0	1	1	0	目的地址码						×	×	×	√
RCR	dst	0	0	0	0	0	0	0	1	1	1	目的地址码						×	×	×	√
JC	dst	0	0	0	0	0	0	1	0	0	0	目的地址码						—	—	—	—
JNC	dst	0	0	0	0	0	0	1	0	0	1	目的地址码						—	—	—	—
JO	dst	0	0	0	0	0	0	1	0	1	0	目的地址码						—	—	—	—

指令助记符		指令编码																影响 PSW			
		F	E	D	C	B	A	9	8	7	6	5	4	3	2	1	0	S	Z	O	C
JNO	dst	0	0	0	0	0	0	1	0	1	1	目的地址码						—	—	—	—
JZ	dst	0	0	0	0	0	0	1	1	0	0	目的地址码						—	—	—	—
JNZ	dst	0	0	0	0	0	0	1	1	0	1	目的地址码						—	—	—	—
JS	dst	0	0	0	0	0	0	1	1	1	0	目的地址码						—	—	—	—
JNS	dst	0	0	0	0	0	0	1	1	1	1	目的地址码						—	—	—	—
JMP	dst	0	0	0	0	0	1	0	0	0	0	目的地址码						—	—	—	—
INC	dst	0	0	0	0	0	1	0	0	0	1	目的地址码						√	√	√	√
DEC	dst	0	0	0	0	0	1	0	0	1	0	目的地址码						√	√	√	√
NOT	dst	0	0	0	0	0	1	0	0	1	1	目的地址码						√	√	×	×
PUSH	dst	0	0	0	0	0	1	1	0	0	0	目的地址码						—	—	—	—
POP	dst	0	0	0	0	0	1	1	0	0	1	目的地址码						—	—	—	—
CALL	dst	0	0	0	0	0	1	1	0	1	0	目的地址码						—	—	—	—
HALT		0	0	0	0	0	0	0	0	0	0	0	0	0	0	0	0	—	—	—	—
NOP		0	0	0	0	0	0	0	0	0	0	0	0	0	0	0	1	—	—	—	—
RET		0	0	0	0	0	0	0	0	0	0	0	0	0	0	1	0	—	—	—	—
RETI		0	0	0	0	0	0	0	0	0	0	0	0	0	0	1	1	—	—	—	—
EI		0	0	0	0	0	0	0	0	0	0	0	0	0	1	0	0	—	—	—	—
DI		0	0	0	0	0	0	0	0	0	0	0	0	0	1	0	1	—	—	—	—

注：√表示指令设置 PSW 的该标志位；—表示不影响；×表示会影响、但没有意义。

6.5.4 JUC-Ⅱ模型机的汇编语言

JUC-Ⅱ模型机指令系统中的 38 条指令可分为 5 类，分别是数据传送类指令、算术及逻辑运算指令、移位指令、程序控制指令和其他指令；此外还定义了三条伪指令。下面分类介绍每条汇编指令的格式及功能。

1. 数据传送类指令

① 数据传送指令 MOV。

格式：MOV　　　Src，Dst

功能：(Src)→Dst，即将源操作数的内容赋值给目的操作数。

例如：

```
MOV    ♯1000H,  R0          ;给寄存器 R0 赋值 1000H
MOV    R2,       2000H       ;将寄存器 R2 的内容送给主存中地址为 2000H 的单元
MOV    300H(R1), (4000H)     ;将一个内存单元的内容送给另一个内存单元
```

② 入栈指令 PUSH。

格式：PUSH　　　Dst

功能：将 Dst 存入堆栈的栈顶，可分解为以下两步。

```
(SP) - 1→SP               ;栈顶指针寄存器自减
Dst→(SP)                  ;将 Dst 存入栈顶
```

例如：若(SP)＝20H,(R0)＝1234H,则执行指令"PUSH R0"后SP的值变为1FH,内存中1FH单元的内容变为1234H。

③ 出栈指令POP。

格式：POP　　Dst

功能：将堆栈栈顶的内容保存到目的操作数中,可分解为以下两步：

((SP))→Dst　　　　　　　　　　　　　　;读取栈顶的内容送给Dst
(SP)＋1→SP　　　　　　　　　　　　　;栈顶指针寄存器自增

因为数据传送类指令不对数据进行运算,所以执行结果不影响状态标志位。

2. 算术、逻辑运算指令

① 加法类指令。

完成加法操作的指令有ADD、ADDC和INC三条。

加法指令：ADD Src,Dst；完成(Dst)＋(Src)→Dst,并保存状态标志位到PSW。

带进位加法指令：ADDC Src,Dst；完成(Dst)＋(Src)＋(CF)→Dst,并保存状态标志位到PSW。

加1指令：INC Dst；完成(Dst)＋1→Dst,并保存状态标志位到PSW。

② 减法类指令。

完成减法操作的指令有SUB、SUBB、CMP和DEC 4条。

减法指令：SUB Src,Dst；完成(Dst)－(Src)→Dst,并保存状态标志位到PSW。

带借位减法指令：SUBB Src,Dst；完成(Dst)－(Src)－(CF)→Dst,并保存状态标志位到PSW。

比较指令：CMP Src,Dst；将(Dst)－(Src)运算产生的状态标志位保存到PSW,但不保存差。

以上三条指令都是执行(Dst)－(Src)操作而不是(Src)－(Dst)操作。JUC-Ⅱ模型机内部将减法运算转变成加法运算,并且直接将加法后的进位信息作为原来减法运算的借位信息CF,所以减法运算后CF的值与真正的借位信息相反：有借位则CF为0,无借位则CF为1。

减1指令：DEC Dst；完成(Dst)－1→Dst,并保存状态标志位到PSW。

③ 逻辑运算指令。

完成逻辑运算的指令有AND、TEST、OR、XOR和NOT 5条。

与指令：AND Src,Dst；完成(Dst)∧(Src)→Dst,并保存状态标志位到PSW。

测试指令：TEST Src,Dst；将(Dst)∧(Src)运算产生的状态标志位保存到PSW,但不保存两操作数按位进行与操作的结果。

或指令：OR Src,Dst；完成(Dst)∨(Src)→Dst,并保存状态标志位到PSW。

异或指令：XOR Src,Dst；完成(Dst)⊕(Src)→Dst,并保存状态标志位到PSW。

非指令：NOT Dst；完成$\overline{\text{Dst}}$→Dst,并保存状态标志位到PSW。

不同的算术、逻辑运算指令对PSW中4个状态标志位的影响各不相同,具体请参阅表6.9。

3. 移位类指令

共7条指令,分别是算术右移SAR、逻辑左移SHL、逻辑右移SHR、循环左移ROL、循环右移 ROR、带进位循环左移 RCL 和带进位循环右移 RCR。它们均为单操作数指令，格式为：OP Dst。功能是把目的操作数 Dst 按照与操作码 OP 对应的规则移动 1 位，保存移位结果到 Dst，并保存移位产生的 CF 到 PSW 中。每种移位指令的移位规则请参阅图 6.1。

4. 程序控制类指令

共 12 条指令，可分为 4 类：无条件转移指令、条件转移指令、子程序调用及返回指令、中断返回指令。

① 无条件转移指令：JMP Dst；执行完该指令后无条件转移到 Dst 指定的地址取下一条指令执行。

② 条件转移指令有 8 条，格式均为 OP Dst。执行条件转移时根据操作码 OP 判断 PSW 中的某个状态标志位的值，如果为 1 则转移到 Dst 指定的地址取下一条指令执行，否则顺序执行下一条指令。不同条件转移指令的转移条件如表 6.10。

表 6.10　条件转移指令的转移条件

条件转移指令	转移条件	条件转移指令	转移条件
JC	CF=1	JZ	ZF=1
JNC	CF=0	JNZ	ZF=0
JO	OF=1	JS	SF=1
JNO	OF=0	JNS	SF=0

③ 子程序调用指令 CALL 和返回指令 RET。

子程序调用指令格式：CALL　Dst；先将 PC 的当前值（即返回地址）压入堆栈保护，然后转移到 Dst 指定的地址（即子程序入口）取下一条指令执行。

子程序返回指令格式：RET；从栈顶取出返回地址送给 PC，从而返回主程序中继续执行 CALL 指令的下一条指令。

④ 中断返回指令 RETI。

执行该指令后由中断服务程序返回主程序。

总结：程序控制类指令的作用都是完成对 PC 值的修改，从而控制 CPU 执行指令的顺序。JMP、CALL 都是用 Dst 中的地址修改 PC，条件转移指令在转移条件成立的前提下用 Dst 中的地址修改 PC，而 RET 从栈顶取出返回地址修改 PC。控制转移类指令中的操作数寻址方式不能使用立即寻址方式和寄存器寻址方式。

程序控制类指令也不影响状态标志位。

5. 其他指令

共 4 条指令，均为无操作数指令，它们分别是：

开中断指令 EI。允许 CPU 响应中断请求。

关中断指令 DI。禁止 CPU 响应中断请求。

空操作指令 NOP。该指令的执行阶段不做任何操作，可用作延时用途。

停机指令 HALT。执行该指令后，CPU 停止执行后续指令。

6. 伪指令

JUC-Ⅱ 的伪指令有三条，分别是 ORG、DW 和 END。

1) ORG 伪指令

ORG 是定位伪指令,用于指定随后内存变量或者指令的起始地址,格式为

ORG 起始地址

例如:ORG 30H 表示随后的信息从内存中 0030H 号单元开始顺序存放。

2) DW 伪指令

DW 是字变量定义伪指令,用于在内存中定义变量作为指令操作数,格式为

[变量名] DW 数值列表

其中,变量名可以省略。如果数值列表中有多个数值,之间用逗号隔开。

例如:

```
ORG     1000
X       DW      1,2,?
        DW      -1
Y       DW      11,12
```

上例中共定义了 6 个内存变量,从内存中地址为 1000 的单元顺次存放。这些变量在内存中的组织形式如图 6.18 所示,数值列表中的"?"表示只为变量在内存中开辟空间但没有初始值。

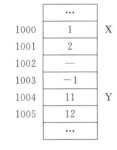

主存地址	主存内容	
	...	
1000	1	X
1001	2	
1002	—	
1003	-1	
1004	11	Y
1005	12	
	...	

图 6.18 各变量值在内存中的组织形式

定义变量后,在指令中可以通过用数值直接指定地址的直接寻址方式访问变量的值。如"MOV 1001,R0"执行后,(R0)= 2。

为了便于编写汇编语言程序,也可以在指令中通过变量名访问变量的值,JUC-Ⅱ汇编器会自动处理成对应的直接寻址方式。例如,汇编器会将"MOV Y,R0"自动处理成与"MOV 1004,R0"一致的机器指令,即将变量名用它后面定义的第一个变量的地址代替。该指令执行后(R0)= 11。

3) END 伪指令

该伪指令用在汇编语言源程序的最后一行,表示源程序到此结束,汇编器不再对后续语句进行汇编。

6.5.5 顺序结构程序设计

与高级语言一样,用汇编语言编写的源程序,按照语句序列被执行的方式,也可以分成三种程序结构形式:顺序、分支和循环。

顺序结构是指语句序列在被执行时,按语句书写顺序从第一条指令一直执行到最后一条指令,中间不发生任何转移。通常一个完整的程序很少从头到尾都是顺序的,一般总会局部有分支结构或者循环结构,甚至两种都有。

例 6.2 X、Y 是内存中定义的两个字变量,计算表达式"$3X-5$",并将结果保存到变量 Y 中。

分析:要求解一个表达式的结果,只需要根据各运算符的优先级编制一个顺序结构的程序片段即可。

汇编语言源程序如以下程序清单中的第二列所示。

```
                           ORG    30H
0030H: 1800   0050         MOV    50H,R0      ;X→R0
0032H: 1001                MOV    R0,R1       ;X→R1
0033H: 0081                SHL    R1          ;2X→R1
0034H: 2001                ADD    R0,R1       ;3X→R1
0035H: 4601   0005         SUB    ♯5H,R1      ;3X－5→R1
0037H: 1060   0051         MOV    R1,51H      ;3X－5→Y
0039H: 0000                HALT

                           ORG    50H
0050H: 2014         X      DW     2014H
0051H: －           Y      DW     ?
                           END
```

该例的重点在于如何计算 $3X$。JUC-Ⅱ指令系统中没有专门的乘法指令,但可以将求解 $3X$ 分解为计算 $2X+X$,而 $2X$ 可以对 X 通过 SHL 指令逻辑左移一位实现。运算开始前先将变量 X 的值装入寄存器 R0 和 R1,然后通过操作寄存器完成运算可以缩短指令执行时间。最终将寄存器中的运算结果转存到变量 Y。

通过程序中的 ORG 伪指令确定了 X 和 Y 的地址分别是 50H 和 51H,指令中通过这两个地址采用直接寻址方式访问 X 和 Y。为了程序的易读性,JUC-Ⅱ汇编器支持以变量名给出地址的直接寻址方式访问变量,如可将"MOV 50H, R0"改写为"MOV X, R0",将"MOV R1, 51H"改写为"MOV R1, Y"。为方便起见,后续例题均采用这种方式访问单个内存变量。

前面已经提到,汇编语言源程序需要转换成对应的机器程序后才能够执行,这个转换过程可以使用汇编器自动完成也可以手工完成。根据表 6.8 和表 6.9,可以将任何一条汇编指令翻译成与之一一对应的机器指令。上面程序清单中的第一列就是转换后的机器程序,":"之前是存储器地址,之后是与每一行汇编指令对应的机器指令或者所定义变量的值。

6.5.6 分支程序设计

设计分支程序时需要使用无条件转移指令和条件转移指令。在执行条件转移指令时,根据条件是否成立决定是转移还是顺序执行。如果条件成立,则发生转移,处理其中一个分支;如果转移条件不成立,则顺序执行,处理另一个分支。无条件转移指令用在两个分支的中间,保证在任何情况下根据一个转移条件选择一个并且只能选择一个分支进行处理。无条件转移指令的目标就是最后一个分支的下一条汇编指令,即分支结构的出口。

下面介绍几种应用场合下的条件判断规则。

(1)判断数的奇偶性。

一个数 A 的奇偶性取决于其二进制格式中最低位的值为 0 还是 1,因此可对逻辑运算"A 与 1"执行后的零标志位 ZF 进行判断,如果 ZF＝1(表示运算结果为零)则 A 是偶数,反之 ZF＝0(表示运算结果为非零)则 A 是奇数。

(2)比较两个无符号数的大小关系。

要判断两个无符号数 A、B 的大小关系,可对算术运算"A 减 B"执行后的某个或某些状态标志位进行判断,如表 6.11 所示(注:JUC-Ⅱ的 CF 取值与表中相反,见 4.1.3 节)。

(3) 判断两个有符号数的大小关系。

要判断两个有符号数 A、B 的大小关系,可对算术运算"A 减 B"执行后的某个或某些状态标志位进行判断,如表 6.12 所示。

表 6.11　两个无符号数比较大小的判定条件

大 小 关 系	判 定 条 件
大于	CF＝0 且 ZF＝0
大于等于(不小于)	CF＝0
等于	ZF＝1
不等于	ZF＝0
小于	CF＝1
小于等于(不大于)	CF＝1 或 ZF＝1

表 6.12　两个有符号数比较大小的判定条件

大 小 关 系	判 定 条 件
大于	OF⊕SF＝0 且 ZF＝0
大于等于(不小于)	OF⊕SF＝0
等于	ZF＝1
不等于	ZF＝0
小于	OF⊕SF＝1
小于等于(不大于)	OF⊕SF＝1 或 ZF＝1

1. 单分支结构

根据一个条件是否成立可以选择两个分支中的某一个进行处理。如果其中一个分支为空,不进行任何操作,直接转移到分支出口处,这种分支结构被称为单分支结构,其流程如图 6.19 所示。

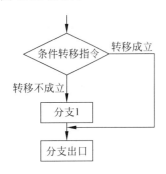

图 6.19　单分支结构

例 6.3　将变量 X 中存放的有符号数(用补码表示)的绝对值存入变量 Y。使用 JUC-Ⅱ汇编语言编写完成该功能的源程序。

分析:

(1) 要计算数据 X 的绝对值,先判断它是否是一个负数,如果是则计算其相反数(即取补操作),否则无需做任何处理。显然,该例指定的功能可通过单分支结构实现,当断定 X 为非负数时对应一个空分支。

(2) 要判断一个数 X 是否是负数有多种方法,本例通过"X 与 8000H 做与运算"之后的状态标志位 SF(也可通过 ZF)进行判断。如果(SF)＝1 则 X 为负数,否则 X 为非负数。

(3) JUC-Ⅱ指令系统没有提供取补指令,但可以通过"$0-X$"的减法运算实现。

汇编语言源程序如下面程序清单的第二列所示。

```
                        ORG    30H
0030H: 1820 0100 0101    MOV    X,Y          ;先用 X 给 Y 赋值
0033H: A620 8000 0100    TEST   ♯8000H,X     ;测试 X 的最高位
0036H: 03E0 003E         JNS    003EH        ;非负数转至出口
0038H: 1600 0000         MOV    ♯0H,R0       ;用"0-Y"修改 Y
003AH: 4800 0101         SUB    Y,R0
003CH: 1020 0101         MOV    R0,Y
003EH: 0000             HALT

                        ORG    100H
0100H: 9520             X   DW   9520H
0101H: －               Y   DW   ?
                        END
```

上面的汇编语言源程序中,条件转移指令 JNS 在执行时如果转移条件成立即(SF)=0,说明变量 X 是一个非负数,变量值本身就是绝对值,无需做任何操作,直接转移到分支出口 HALT 指令,这是一个空分支。如果转移条件不成立即(SF)=1,则顺序执行后面的非空分支,计算"0-Y"并修改 Y,执行完该分支后继续顺序执行也到达分支出口。

源程序中的条件转移指令 JNS 采用直接寻址方式给出转移后目标指令的地址,在寻址方式中用数值 3EH 给出目标指令的绝对地址。采用这种方式比较麻烦,需要计算程序中每条指令的长度才能确定目标指令的地址。为了易于编程,JUC-Ⅱ汇编器支持在转移控制类指令中通过语句标号给出目标指令的地址,在汇编时自动转换成相应的直接寻址方式(变量名表示该条指令的绝对地址)。因此,上面的源程序可以改写为

```
        ORG     30H
        MOV     X,Y
        TEST    ♯8000H,X
        JNS     EXIT
        MOV     ♯0H,R0
        SUB     Y,R0
        MOV     R0,Y
EXIT:   HALT

        ORG     100H
X  DW   9520H
Y  DW   ?
        END
```

很显然,采用语句标号使得编程更加方便和人性化,后续例题中的控制转移类指令均采用这种方式。改写后的源程序和原来的源程序在汇编后生成的机器程序完全相同。

也可以将源程序中转移指令的寻址方式改写为相对寻址方式,关键是要正确计算出偏移量。相对寻址方式中要得到目标地址,首先应根据 PC 访问存放在机器指令中的偏移量,然后根据公式"EA=PC+偏移量"得到目标地址。JUC-Ⅱ每次根据 PC 访问存储器后将其内容加 1,因此取得偏移量后 PC 已经指向偏移量所在单元的下一个单元。以上面源程序中的 JNS 指令为例,将其改写为相对寻址方式后,对应的机器指令长度仍为 2,还是占用内存中 36H 和 37H 两个单元(37H 单元存放位移量),计算目标地址时 PC 的值为 38H,而目标地址为 3EH(即 HALT 指令的地址),因此,偏移量=目标地址-PC=3EH-38H=6H。改写后的汇编指令为"JNS 6H(PC)",对应的机器指令为"03F8 0006"。

2. 双分支结构

双分支是最典型的分支结构,根据某个条件是否成立决定执行两个语句序列中的哪一个,而且一次只能执行一个。图 6.20 是按照程序书写顺序画出的双分支结构的流程图。

在设计分支结构时,一定要注意在相邻的两个分支之间书写一条无条件转移指令直接转移到分支出口,保证每次判断后只能执行其中的某一个分支,否则不能称为分支结构。

例 6.4 内存中有一数组 A,起始地址为 100H,包含三个数据。用 JUC-Ⅱ汇编语言编写一个汇编源程序,实现图 6.21 所示的流程图规定的功能,流程图中 A[0]、A[1] 和 A[2] 分别表示数组 A 中第 1～第 3 个数据。

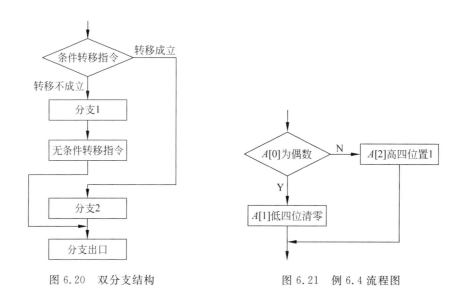

图 6.20 双分支结构   图 6.21 例 6.4 流程图

分析：本流程是一个典型的二分支结构，根据 $A[0]$ 的奇偶性分别选择一个分支执行。可以用 TEST 指令测试 $A[0]$ 的最低二进制位来判断其奇偶性，用 AND 指令实现对 $A[1]$ 的部分位清零，用 OR 指令实现对 $A[2]$ 的部分位置 1。汇编语言源程序如下：

```
        ORG     30H
        MOV     ♯100H, R0
        TEST    ♯1H, (R0)
        JZ      EVEN              ;为偶数则转移,否则顺序执行
        OR      ♯F000H,2H(R0)
        JMP     EXIT              ;跳转至分支出口
EVEN:   AND     ♯FFF0H,1H(R0)
EXIT:   HALT


        ORG     100H
A DW            14H,59H,1068H
        END
```

程序中用 R0 存储数组 A 的首地址，分别用寄存器间接寻址"(R0)"访问 $A[0]$，用变址寻址"1H(R0)"和"2H(R0)"访问 $A[1]$ 和 $A[2]$。

3. 多分支结构

多分支结构是通过分支结构的嵌套(即在分支内部继续使用条件转移指令形成分支)形成三个以上的分支结构。例如，图 6.22 是一种三分支结构的流程。

例 6.5 用 JUC-Ⅱ汇编语言编写一个汇编源程序，实现以下功能：将有符号字变量 X、Y 中的较大者保存到变量 Z。

分析：可以通过比较指令 CMP 将数据 X 和 Y 进行有符号数的大小比较确定 X 与 Y 的大小关系。如果 $X<Y$，则运算后 $OF \oplus SF = 1$(即 OF 和 SF 的取值相反)。由于 JUC-Ⅱ指令系统中的任一条条件转移指令只能根据单个状态标志位进行判断，因此需要用多条条件转移指令配合才能对 OF 和 SF 进行判断，流程图如图 6.23 所示。

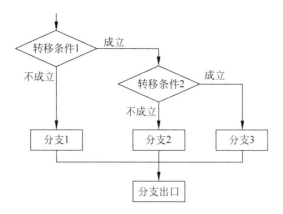

图 6.22　多分支结构

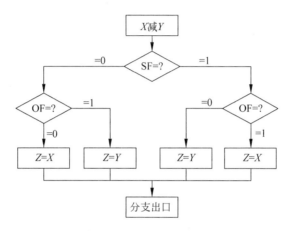

图 6.23　根据 SF、OF 判断有符号数大小的流程

汇编语言源程序如下：

```
         ORG    30H
         CMP    Y,X
         JS     SF1          ;(SF) = 1 则转移到 SF1 处执行,否则顺序执行
         JNO    XTZ1         ;(SF) = 0 且(OF) = 0,说明 X≥Y,转移后将 X 赋给 Z
         MOV    Y,Z          ;SF 与 OF 相反,说明 X < Y,将 Y 赋给 Z
         JMP    EXIT         ;转至分支出口
XTZ1:    MOV    X,Z          ;将 X 赋给 Z
         JMP    EXIT         ;转至分支出口
SF1:     JO     XTZ2         ;(SF) = 1 且(OF) = 1,说明 X≥Y,转移后将 X 赋给 Z
         MOV    Y,Z          ;SF 与 OF 相反,说明 X < Y,将 Y 赋给 Z
         JMP    EXIT         ;转至分支出口
XTZ2:    MOV    X,Z          ;将 X 赋给 Z
EXIT:    HALT

         ORG    100H
X        DW     8020H
Y        DW     4100H
Z        DW     ?
         END
```

指令系统及汇编语言程序设计

上面的流程图形式上是 4 个分支,但它们的功能两两重复,为了缩短源程序的长度,将功能重复的两个分支用共同的语句序列实现。修改后的源程序如下:

```
            ORG     30H
            CMP     Y,X
            JS      SF1              ;(SF) = 1 则转移到 SF1 处执行,否则顺序执行
            JNO     XTOZ             ;(SF) = 0 且(OF) = 0,说明 X≥Y,转移后将 X 赋给 Z
YTOZ:       MOV     Y,Z              ;SF 与 OF 相反,说明 X < Y,将 Y 赋给 Z
            JMP     EXIT             ;转至分支出口
XTOZ:       MOV     X,Z              ;将 X 赋给 Z
            JMP     EXIT             ;转至分支出口
SF1:        JO      XTOZ             ;(SF) = 1 且(OF) = 1,说明 X≥Y,转移将 X 赋给 Z
            JMP     YTOZ             ;SF 与 OF 相反,将 Y 赋给 Z
EXIT:       HALT

            ORG     100H
X           DW      8020H
Y           DW      4100H
Z           DW      ?
            END
```

6.5.7 循环程序设计

循环结构是指一段语句序列重复执行固定的次数或者一直重复执行到某个条件成立为止。重复执行的这段语句序列称为循环体。如果重复次数事先已知,称这种循环结构为次数控制的循环;如果重复次数事先未知,而是直到某个条件满足后才停止循环,称这种循环结构为条件控制的循环。根据循环体和循环判断语句执行的先后顺序,循环结构可分为 While 型和 Do-While 型循环,图 6.24 是它们的结构形式。从图中可以看出,循环结构程序包括三个组成部分:循环初始化部分、循环体部分和循环控制部分。While 型结构中循环体可能一次都不执行,而 Do-While 型结构中循环体至少执行 1 次。一般而言,计数控制的循环从结构形式上都属于 Do-While 型循环,而条件控制的循环属于 While 型循环。

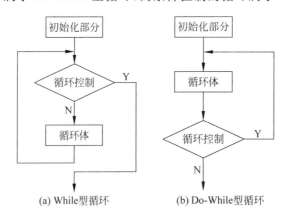

(a) While 型循环   (b) Do-While 型循环

图 6.24　循环结构的两种形式

JUC-Ⅱ没有设置专门的循环指令,但可以通过条件转移指令来实现。例如,要实现次数控制的循环结构程序,可用某个寄存器存放循环次数,每循环一次后将该寄存器减 1,直

到减为 0 时停止循环。

例 6.6 使用 JUC-Ⅱ 汇编语言设计一个延时程序。

分析：延时程序通常就是一个循环体为空的计数循环程序,执行该循环体所需要的时间就是延时时间,可以通过更改计数初值改变延时时间。源程序如下:

```
        MOV     #7FFFH,R0           ;修改 R0 的值可改变延时时间
DELAY:  DEC     R0
        JNZ     DELAY
```

例 6.7 在内存中定义一个包含 5 个数据的数组 LIST,求所有元素的和,将结果存入变量 SUM 中。

分析:

(1) 可以通过一个计数循环实现该功能。用一个寄存器作为累加和,初始值为 0,每循环一次用数组中的下一个数据与累加和相加并修改累加和,循环结束后累加和中的内容就是所有数据的总和。

(2) 为了在每次循环时取到数组中的下一个数据,可以在循环开始前将数组的起始地址存入某个寄存器,在循环体中通过寄存器间接寻址方式访问数组元素,然后将寄存器的内容加 1,为下次循环时访问数组中的下一个数据做好准备。

汇编语言源程序如下:

```
        ORG     30H
        MOV     #5H,R0             ;初始化循环次数
        MOV     #100H,R1           ;初始化数组起始地址
        MOV     #0H,R2             ;初始化累加和
NEXT:   ADD     (R1),R2            ;数据累加求和
        INC     R1                 ;数据地址加 1
        DEC     R0                 ;循环次数减 1
        JNZ     NEXT               ;循环判断
        MOV     R2,SUM             ;转存累加和
        HALT

        ORG     100H
LIST    DW      1H,2H,3H,4H,5H
SUM     DW      ?
        END
```

可以使用寄存器自增间接寻址方式改写以上程序,将循环体中的两条语句"ADD (R1),R2"和"INC R1"用一条语句"ADD (R1)+,R2"替换,不需要专门通过指令修改 R1,从而简化源程序。

例 6.8 使用 JUC-Ⅱ 汇编语言编写一个程序实现以下功能:统计字变量 VAR 二进制格式中二进制位"1"的个数,将结果存入字变量 Result 中。例如,若(VAR)=1234H 则程序执行后(Result)=5,若(VAR)=FFFFH 则程序执行后(Result)=16。

分析:实现本例最容易想到的方法是通过逻辑移位指令和次数控制的循环结构实现该功能,即每一次循环将 VAR 的内容左移(或者右移)1 位,然后通过移位后 CF 的值判断移出的二进制位是否为 1,循环 16 次即可得到结果。但如果 VAR 的初始值为 0 或者在某次

移位后 VAR 的值变为 0,则后续循环是多余的,降低了程序的执行时间效率。本例可以使用 While 型条件循环结构进行改进,汇编语言源程序如下:

```
          ORG      30H
          MOV      ♯0H,RESULT          ;统计结果清零
          MOV      VAR,R0              ;用 R0 暂存 X 的内容
NEXT:     TEST     ♯FFFFH,R0           ;测试 R0 是否为 0
          JZ       EXIT                ;若 R0 为 0 则循环结束
          SHL      R0                  ;将最高位移至 CF
          ADDC     ♯0H,RESULT          ;修改统计结果
          JMP      NEXT                ;转至循环判断部分
EXIT:     HALT

          ORG      100H
          VAR      DW       1234H
          RESULT   DW       ?
          END
```

在上例中,循环初始化后是循环控制部分,通过测试指令 TEST 判断 R0(存放着 VAR 的值)的内容是否为 0(有可能初值就为 0,或者某次循环执行后变为 0),决定是否继续循环。如果继续循环,则通过随后循环体中的逻辑左移指令 SHL(高位移至 CF,低位补充 0,其他位均左移 1 位)执行后 CF 的值修改统计结果,然后通过 JMP 指令转至循环控制部分决定是否继续循环,最多经过 16 次循环后 R0 的内容一定变为 0,循环结束。请读者思考程序中的指令"ADDC ♯0H,RESULT"在本例中的作用,并试确定 VAR 取不同数值时循环的执行次数。

上例中的循环体也可以通过一个单分支结构实现:移位后通过条件转移指令判断 CF 的值,若为 1 则将统计结果加 1,否则直接转至分文出口。

6.5.8 堆栈及子程序

1. 堆栈

堆栈是计算机中一种按照"后进先出"原则存取数据的特定数据结构,在内存中划定若干个地址连续的存储单元作为堆栈区域,该区域一端地址是固定的,称为栈底,另一端称为栈顶,栈顶单元的地址用 CPU 内一个特定的寄存器给出,该寄存器被称为堆栈指针(Stack Pointer,SP)。对堆栈数据的操作只能在栈顶进行,往栈顶存入数据叫"入栈"或"压栈",从栈顶取出数据叫"出栈"。入栈和出栈操作通常由专门的堆栈指令实现。

在栈顶存取数据后,SP 的值及时修改以便指向其他相邻的存储单元,形成新的栈顶,因此栈顶是浮动的而不是固定不动的。在内存中开辟的堆栈有两种形式,分别是向上生长式堆栈和向下生长式堆栈。

向上生长式堆栈在建栈时,栈底是堆栈区域中地址最大的内存单元,栈顶指针 SP 指向栈底的下一个单元,即初始 SP 指向的单元不属于堆栈区。每次入栈时,SP 先减 1,再把要入栈的数据存入 SP 指向的单元。出栈时,先取出 SP 指向单元的内容,然后 SP 加 1。即入栈、出栈操作各分解为以下两步。

入栈操作:① (SP) − 1→SP; ② 入栈数据→(SP)。

出栈操作：① 从(SP)处读出数据；② (SP) ＋ 1→SP。

例如，用内存中地址为1000H～1002H的三个单元构造堆栈区,则向上生长堆栈的初始情况及数据入栈、出栈情况如图 6.25(a)～图 6.25(d)所示。

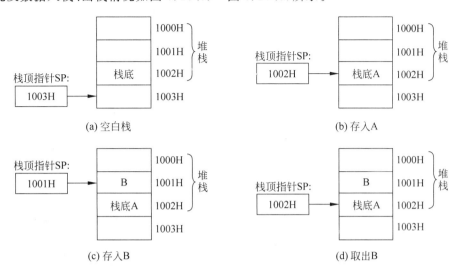

图 6.25　向上生长式堆栈的数据存取

因为这种堆栈在数据入栈后,栈顶指针 SP 向地址小的方向变化,故名向上生长式堆栈。

需要注意的是,当从栈顶出栈数据后,只是得到了该数据的一个备份,并没有从存储器中擦除,当随后再进行入栈操作时才会被新数据覆盖。例如,图 6.25(d)中出栈数据 B 后,栈顶 SP 调整为1002H,但数据 B 仍存储在1001H 单元中。当随后将数据 C 入栈时,栈顶 SP 调整为1001H,数据 B 被数据 C 替换。

而向下生长式堆栈在建栈时,栈底指向地址最小的单元,而栈顶指针 SP 指向栈底的上一个单元(栈顶也不属于堆栈区)。每次入栈时,SP 先加 1,再把入栈数据存入 SP 指向的单元。出栈时先读取 SP 所指向单元的内容,然后 SP 减 1,即入栈、出栈操作各分解为以下两步。

入栈操作：① (SP) ＋ 1→SP；　② 入栈数据→(SP)。

出栈操作：① 从(SP)处读出数据；② (SP) － 1→SP。

因为这种堆栈在数据入栈后,栈顶指针 SP 向地址大的方向变化,故名向下生长式堆栈。

2. 子程序

关于子程序的定义、调用及返回在6.1.3节已做过初步介绍。计算机指令系统中一般都会提供子程序调用指令(如 CALL 指令)和子程序返回指令(如 RET 指令)。

调用子程序时必须记住返回地址,以便子程序执行结束后能正确返回到主程序中子程序调用指令的下一条指令继续执行。子程序调用和返回过程如图 6.26 所示。

在执行 CALL 指令时,先将返回地址(即 CALL 指令下一条指令的地址,就是当前 PC 的值)保存在特定位置(如堆栈或者 CPU 内的某个寄存器),然后将子程序入口地址(即子程序中第一条指令的地址)装入 PC。CALL 执行完后进入下一条指令的取指阶段,根据 PC

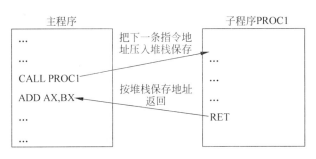

图 6.26　子程序调用和返回

的值就取到了子程序的第一条指令,开始执行子程序。子程序执行完毕后,通过 RET 指令把保存的返回地址重新装入 PC,返回主程序继续执行,完成对子程序的调用。

在使用子程序时,还会涉及主程序和子程序之间传递参数的问题。在执行 CALL 指令前,先对某些参数赋初值,进入子程序后可直接使用这些参数值。子程序则将处理结果赋值给某些参数,返回后主程序通过它们获取子程序运行结果。主、子程序间传递参数的方式通常有三种方式:内存变量传参、寄存器传参和堆栈传参。

例 6.9　使用 JUC-Ⅱ汇编语言编写一个求无符号数据平方根的子程序,并调用它求变量 X 的平方根,将结果存入变量 Y。

分析:

(1) 我们知道,可以利用累加公式"$N^2 = 1 + 3 + 5 + \cdots + (2N-1)$"求数据 N 的平方数。反之,可以通过累减运算求一个数据的平方根,其过程如下:

使用欲求平方根的数初始化被减数,与 1 相减并用差重新赋值被减数,然后继续和下一个数据(上次减法中的减数加 2)继续相减并修改被减数。重复以上过程直到不够减为止,在此之前已做的减法运算的次数就是所求的平方根。该算法可通过条件控制的 While 型循环结构实现。

(2) 主、子程序间采用寄存器方式传参:用 R0 传入欲求平方根的数据,通过 R1 返回平方根。

汇编语言源程序如下面程序清单中的第二列所示:

```
                    ORG    30H
0030H: 1800 0100    MOV    X,R0        ;初始化传入参数
0032H: 06A0 0037    CALL   ROOT        ;调用求平方根子程序
0034H: 1060 0101    MOV    R1,Y        ;保存返回结果
0036H: 0000         HALT               ;主程序结束

0037H: 0602    ROOT:PUSH   R2          ;保护现场
0038H: 1601 0000    MOV    ♯0H,R1      ;初始化平方根
003AH: 1602 0001    MOV    ♯1H,R2      ;初始化减数
003CH: 4080    NEXT:SUB    R2,R0       ;执行减法并修改被减数
003DH: 0260 0044    JNC    EXIT        ;不够减退出循环
003FH: 0441         INC    R1          ;记录减法次数(即平方根)
0040H: 2602 0002    ADD    ♯2H,R2      ;修改减数
0042H: 0420 003C    JMP    NEXT        ;转至循环控制部分
0044H: 0642    EXIT:POP    R2          ;恢复现场
```

```
0045H: 0002          RET                    ;子程序结束

                     ORG 100H
0100H: 0190      X   DW      190H
0101H: -        Y   DW      ?
                     END
```

上例中需要特别注意的是,JUC-Ⅱ模型机内部将减法运算转变成加法运算,并且直接将加法后的进位信息作为原来减法运算的借位信息 CF,所以减法运算后 CF 的值与真正的借位信息相反:有借位则 CF 为 0,无借位则 CF 为 1。故源程序中 SUB 指令后面的 JNC 指令若发生转移则代表不够减。

JUC-Ⅱ汇编语言中虽然可以在 CALL 中直接用数值指定子程序入口地址的直接寻址方式调用子程序,但本例为子程序首条指令定义了语句标号 ROOT,并在 CALL 指令中通过它调用子程序,使得程序更加简洁明了。

在编制子程序时,通常需要进行现场保护和现场恢复。现场保护就是将子程序中用到的非传递参数用的寄存器依次压栈保护,而现场恢复则是以与入栈相反的顺序从堆栈中恢复各个寄存器的值。保护现场使用 PUSH 指令,如本例子程序的第一条指令"PUSH R2"就是将 R2 压栈保护。恢复现场使用 POP 指令,如子程序的倒数第二条指令"POP R2"就是将 R2 出栈恢复。

执行 CALL、RET 指令以及保护现场和恢复现场语句都要使用堆栈,读者需要注意在子程序调用期间堆栈的合理使用,保证子程序调用前后栈顶指针寄存器 SP 的内容一致。本例源程序在执行期间堆栈栈顶及堆栈内数据的变化情况如图 6.27 所示。可以看出,子程序调用前后 SP 的内容是一致的。

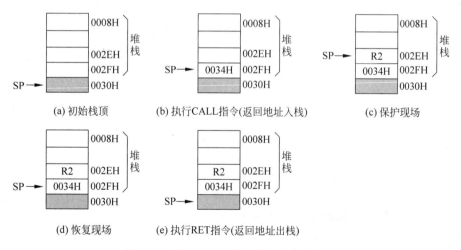

图 6.27 子程序调用期间堆栈的使用情况

6.5.9 汇编语言程序设计举例

本节介绍两个综合性的程序设计实例,源程序中均同时使用了分支、循环和子程序。

例 6.10 内存中有一个数组 ARRAY 存储着 50 个无符号数,起始地址为 100H。用 JUC-Ⅱ汇编语言编写一个程序,求数组中的最大值,将结果送入变量 VAR。

分析：

(1) 可以用比较指令 CMP 执行"$X-Y$"后的 CF 标志位确定 X 与 Y 的大小关系。将判断两个无符号数大小的部分编写为子程序 MAX,在主程序中通过循环结构反复调用。每调用一次用 VAR 和数组中的下一个元素作为参数传入子程序。主程序将子程序返回的较大值修改 VAR。本例采用寄存器传参方式,分别用 R0、R1 向子程序传入 VAR 和数组的下一个元素,子程序通过 R2 返回两个数中的较大者。

(2) 主程序是一个典型的次数控制的循环,循环次数就是数组长度 50,用 R3 存放。为了通过循环依次访问数组中的每一个元素,可以采用寄存器自增间接寻址方式。每次访问后自动将寄存器的内容加 1,下次循环再执行该指令时就可以访问下一个元素。在循环初始化时用 R4 存放数组的起始地址 100H。

汇编语言源程序如下：

```
        ORG     30H
        MOV     #0H,VAR         ;初始化 VAR 为 0
        MOV     #32H,R3         ;初始循环次数 50
        MOV     #100H,R4        ;初始数组地址
NEXT:   MOV     VAR,R0          ;为子程序准备参数
        MOV     (R4)+,R1
        CALL    MAX             ;调用子程序
        MOV     R2,VAR          ;用返回结果修改 VAR
        DEC     R3              ;循环次数减 1
        JNZ     NEXT            ;判断是否继续循环
        HALT                    ;主程序结束

MAX:    CMP     R0,R1           ;子程序定义
        JNC     BELOW           ;R1 小于 R0 则转移
        MOV     R1,R2
        JMP     EXIT            ;转至分支出口
BELOW:  MOV     R0,R2
EXIT:   RET                     ;子程序返回

        ORG     100H
ARRAY   DW 23H,…,59H            ;省略其他数据
VAR     DW ?                    ;存放最大值
        END
```

例 6.11 用 JUC-Ⅱ汇编语言编写利用补码一位乘法(Booth 算法)计算两个有符号整数乘积的程序,求有符号整型变量 X、Y 的乘积。

分析：

(1) 可以用 R1 存放部分积,用 R5 的最低位充当附加位,初始值均为 0。用 R0 存放乘数 Y 的补码。用 R2 存放被乘数 X 的补码,R3 存放 $-X$ 的补码。用 R1 和 R0 联合存放乘积的补码。

(2) 通过条件转移指令的嵌套判断附加位和 R0 最低位(共 4 种组合)的值决定在 R1 上加 R2 还是 R3,然后将 R1 和 R0 联合算术右移 1 位,并将 R0 移出的最低位(即新的附加位)保存到 R5 的最低位,完成 Booth 算法的一步操作。

（3）通过次数控制的循环将第（2）步中的算法重复执行 16 遍,然后将补码乘积转存到字变量 Z 开始的两个内存单元。

汇编语言源程序如下：

```
        ORG     30H
        MOV     X,R2            ;初始化被乘数补码
        MOV     ♯0H,R3
        SUB     R2,R3           ;初始化被乘数相反数的补码
        MOV     Y,R0            ;初始化乘数补码
        MOV     ♯10H,R4         ;初始化循环次数 16
        MOV     ♯0H,R5          ;初始化附加位为 0
        MOV     ♯0H,R1          ;初始化部分积为 0
NEXT:   SHR     R5              ;将 R5 最低位(附加位)移至 CF
        JC      BRCH            ;测试附加位,为"1"则转移
        TEST    ♯1H,R0          ;测试乘数最低位
        JZ      SHIF            ;低两位组合为"00",转移后移位
        ADD     R3,R1           ;低两位组合为"10", + [ - X]补
        JMP     SHIF            ;转移后进行移位操作
BRCH:   TEST    ♯1H,R0          ;测试乘数最低位
        JNZ     SHIF            ;低两位组合为"11",转移后移位
        ADD     R2,R1           ;低两位组合为"01", + [X]补
SHIF:   SAR     R1
        RCR     R0              ;R1 和 R0 联合算术右移 1 位,并形成新的附加位至 CF
        ADDC    ♯0H,R5          ;保存附加位至 R5 的最低位
        DEC     R4
        JNZ     NEXT            ;循环控制
        MOV     R0,102H         ;保存乘积低 16 位
        MOV     R1,103H         ;保存乘积高 16 位
        HALT

        ORG 100H
X   DW  4021H                   ;X 的补码
Y   DW  91ABH                   ;Y 的补码
Z   DW  ?                       ;存放乘积补码的低 16 位
    DW ?                        ;存放乘积补码的高 16 位
    END
```

习　　题

6.1　什么是机器指令？什么是指令系统？为什么说指令系统是计算机硬件和软件的界面？

6.2　指令系统的设计主要包含哪几个方面？一个完善的指令系统应该满足什么样的要求？

6.3　什么是寻址方式？指令系统中为什么要采用不同的寻址方式？

6.4　取操作数时,不同的寻址方式访问存储器的次数是不一样的,试举例说明。

6.5　画出先变址再间址的寻址过程示意图。

6.6　某机器字长16位,转移指令采用相对寻址,由两个字节组成,第一个字节为操作码字段,第二个字节为相对位移量字段,转移后的目标地址等于转移指令下一条指令的地址加相对位移量。若某转移指令所在的主存地址为2000H,相对位移量字段的内容为06H,试回答以下问题:

(1) 若主存按字节编址,则该转移指令成功转移后的目标地址是多少?

(2) 若主存按字编址,则该转移指令成功转移后的目标地址又是多少?

6.7　某指令系统字长16位,每个操作数的地址码长6位,指令分无操作数、单操作数和双操作数三类。若双操作数指令14条,无操作数指令7条,问最多可以安排多少条单操作数指令?

6.8　某机器指令字长16位,共能完成100种操作,若采用一地址指令格式,地址码可取几位?若想使指令的寻址范围扩大到2^{16},可采用哪些方法,试举例说明。

6.9　在一个36位长的指令系统中,设计一种操作码扩展方式,能表示下列指令。7条具有两个15位地址和一个3位地址的指令;500条具有一个15位地址和一个3位地址的指令;50条无地址指令。

6.10　假设变址寄存器R的内容为1000H,指令中的形式地址为2000H;地址1000H中的内容为2000H,地址2000H中的内容为3000H,地址3000H中的内容为4000H,则变址寻址方式下访问到的操作数是多少?试说明原因。

6.11　什么是RISC?为什么RISC机可以提高计算机的性能?

6.12　比较RISC和CISC的特点。

6.13　使用JUC-Ⅱ模型机汇编语言编写程序,分别实现以下功能。

(1) 利用公式"$N^2 = 1 + 3 + 5 + \cdots (2N-1)$"求变量$N$的平方数。

(2) 求无符号数组中的最小数。

(3) 在主存中有50个数,统计正数、负数和零的个数。

(4) 计算100以内所有奇数之和与所有偶数之和。

6.14　某计算机采用16位定长指令字格式,其CPU中有一个标志寄存器,其中包含进位/借位标志CF、零标志ZF和符号标志NF。假定为该机设计了条件转移指令,其格式如下:

15	11	10	9	8	7	0
00000		C	Z	N	OFFSET	

其中,00000为操作码OP;C、Z和N分别为CF、ZF和NF的对应检测位,某检测位为1时表示需检测对应标志,需检测的标志位中只要有一个为1就转移,否则不转移,例如,若$C=1$,$Z=0$,$N=1$,则需检测CF和NF的值,当CF=1或NF=1时发生转移;OFFSET是相对偏移量,用补码表示。转移执行时,转移目标地址为(PC)+2+2×OFFSET;顺序执行时,下条指令地址为(PC)+2。请回答下列问题。

(1) 某条件转移指令的地址为200CH,指令内容如图6.28所示,若该指令执行时CF=0,ZF=0,NF=1,则该指令执行后PC的值是多少?若该指令执行时CF=1,ZF=0,NF=0,则该指令执行后PC的值又是多少?请给出计算过程。

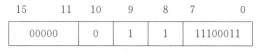

15	11	10	9	8	7	0
00000		0	1	1	11100011	

图 6.28 指令内容

（2）实现"无符号数比较小于等于时转移"功能的指令中，C、Z 和 N 应各是什么？

6.15 某计算机的指令系统采用操作码扩展方式，指令按操作数的个数分为双操作数、单操作数和无操作数三种。双操作数指令的格式如下所示：

双操作数指令要求有一个操作数必须位于寄存器，由地址码 1 指定，R 字段为寄存器号，S/D 字段说明该操作数是源操作数还是目的操作数（S/D=1 时为目的操作数，S/D=0 时为源操作数）。另一个操作数由地址码 2 指定，M 字段为寻址方式，A 字段为形式地址，支持的寻址方式如表 6.13 所示。F 字段说明该指令的执行结果是否影响程序状态字 PSW（F=1 时影响，F=0 时不影响）。

表 6.13 题 6.15 表

M 值	寻 址 方 式	说　　　明
000	寄存器寻址	字段 A 的低 4 位指定寄存器号
001	寄存器间接寻址	字段 A 的低 4 位指定寄存器号
010	寄存器自增间接寻址	字段 A 的低 4 位指定寄存器号
011	变址寻址	变址寄存器 Ri 隐含，A 为基准地址
100	立即寻址	A 为立即数
101	直接寻址	A 为有效地址
110	间接寻址	A 为有效地址的地址
111	相对寻址	A 为位移量，EA=(PC)+A

若该计算机的 CPU 内的通用寄存器字长度和主存储器字长均为 32。试回答以下问题：

（1）该计算机的 CPU 内共有多少个通用寄存器？

（2）该指令系统最多能容纳多少条双操作数指令？

（3）如果单操作数指令的执行结果有可能影响也有可能不影响程序状态字，操作数支持表 6.13 中除立即寻址方式外的其他所有寻址方式。无操作数指令不影响程序状态字。试设计一种操作码扩展方式，并说明该扩展方案分别能容纳多少条单操作数指令和无操作数指令。

（4）加法指令"ADD R5，92H(Ri)"中，R5 为目的操作数，寄存器寻址方式；92H(Ri) 为源操作数，变址寻址方式。若 ADD 的操作码序列为 0001110B，根据以上双操作数指令的格式以十六进制形式写出该指令的机器码。

（5）分别确定使用寄存器间接寻址方式、直接寻址方式和间接寻址时访问存储器的范围，并说明理由。

指令系统及汇编语言程序设计

第7章 控制器和中央处理器

中央处理器由运算器和控制器组成,它的作用是根据指令的内容译码产生控制信号,控制计算机各个组成部件有条不紊地工作,从而实现指令所规定的各种功能。其中,根据指令内容产生控制信号由控制器完成;对操作数进行运算由运算器完成。运算器在第4章已做过详细介绍,本章主要介绍控制器的结构、工作原理以及设计方法。

7.1 控制器概述

7.1.1 控制器基本组成

计算机的工作过程就是执行指令的过程。**控制器**(Control Unit)的作用就是产生指令执行过程中所需要的控制信号。控制器的基本组成如图7.1所示。

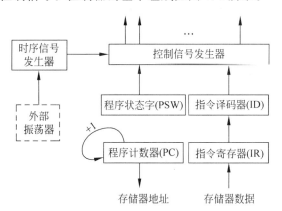

图 7.1 控制器的组成框图

按照冯·诺依曼的程序存储控制的原理,指令是控制器产生控制信号的主要依据。指令存放在主存储器中,程序计数器(Program Counter,PC)就是用来提供指令在存储器中的地址,以便将指令从存储器中取出。当指令从存储器中读出并送入指令寄存器之后,开始执行这条指令,同时PC的值会自增,为取下一条指令做准备。因此,程序计数器中存放的始终是将要执行的指令地址。程序计数器之所以称为计数器,就是因为它具备自增功能,概念上通常用加1表示,实际增量取决于存储器的字长和编址方式,可以是加1,也可以是加2、加4等。在计算机复位时,程序计数器(PC)有一个确定的初始值,比如0,这个初始值就是计算机启动后执行的第一条指令的地址。之后PC将自增,不断得到后续指令的地址。

指令寄存器(Instruction Register,IR)用来存放当前正在执行的指令。当指令从存储器中取到指令寄存器时,就意味着这条指令开始执行了。在指令执行过程中,指令寄存器的内容要保持不变,直至这条指令执行完成,下一条指令进入指令寄存器。

指令译码器(Instruction Decoder,ID)对指令寄存器中的指令编码进行分析,得到指令的功能、操作数的寻址方式等信息。

程序状态字(Program Status Word,PSW)也称做标志寄存器(Flag Register),通常存放两类信息,一类是运算结果的特征,如有无进位、是否溢出、是否为零、是否为负等,这些在运算器这一章已经学习过;另一类属于控制信息,如是否允许中断等,将在关于输入输出的第9章学习。

时序信号发生器产生严格的定时信号,分配各控制信号产生的时刻。CPU 外部有一个振荡器,产生周期性的振荡信号,送入时序部件经过分频或倍频之后,作为计算机的时钟基准。这个时钟信号的频率就称为主频。

控制信号发生器产生控制指令执行的操作控制信号,这些控制信号将送给计算机的各个部件,也包括控制器自身。控制信号的产生主要依据当前指令,例如当前指令是一条加法指令,那么将产生取操作数所需的控制信号以及完成加法运算的控制信号。控制信号发生器的另一个输入是 PSW,PSW 的状态可能对当前指令的执行产生影响,例如执行条件转移指令时,特征标志将影响程序的走向。一条指令的执行需要产生很多控制信号,这些控制信号并不是同时发出的,而是有一定的时间顺序。例如加法指令,要分别先取到两个操作数,然后才能做加法运算。也就是说这些控制信号的产生需要严格的定时,所以控制信号发生器的第三个输入来自时序部件。

综上所述,控制器的主要作用就是根据指令寄存器、程序状态字中的内容以及时序信号生成有时间先后顺序的各种控制信号,以控制计算机各组成部件有条不紊地协调工作,从而完成指令的功能。

7.1.2 控制器的工作过程

计算机的工作过程就是执行指令的过程。控制器的作用是产生指令执行过程中所需要的控制信号,所以控制器的工作过程也就是控制指令执行的过程。指令执行过程可以分为4个阶段,如图 7.2 所示。

取指令是第一个阶段。在指令到达指令寄存器之前,控制器不能依据指令来工作。很显然,取指令的过程与指令本身无关,所有指令的取指令过程都是一样的。它将程序计数器的内容作为地址,到主存储器中取出指令,送入指令寄存器。取指令完成以后,接下来就根据指令代码决定后续的操作。如果该指令是无操作数指令,就转入执行阶段;如果有操作数,转入取操作数阶段。

取操作数阶段主要依据指令代码中的寻址方式,操作数可能在内存中,也可能在寄存器中。如果只有一个操作数,接下来就转入执行阶段;如果是双操作数指令,接下来继续取目的操作数。所有的操作数取到之后,转入执行阶段。

执行阶段依据指令操作码对操作数进行加工并保存结

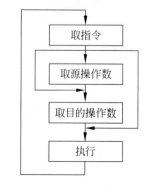

图 7.2　指令执行的基本过程

控制器和中央处理器

果,或者控制程序的流向。执行阶段结束后,重新开始取下一条指令。计算机的工作就是这样机械、周而复始的工作。

7.1.3 控制器的实现方式

前面已经介绍了控制器的基本组成,在控制信号发生器的设计实现方式上,有硬布线和微程序两种方法。对应两种不同的方法,控制器也分别称为硬布线控制器(Hardwired Control Unit)和微程序控制器(Microprogram Control Unit)。

硬布线控制用与或逻辑产生控制信号,故也称为组合逻辑控制。硬布线控制的优点是速度快,但是设计复杂、指令功能的修改和扩展不方便,尤其是当指令系统变得越来越复杂的时候,其复杂性限制了计算机的发展。

微程序控制采用类似程序设计的方法,将控制信号以微指令的形式存入专门的控制存储器。通过一段微指令序列产生指令执行所需要的控制信号。微程序控制设计方法规整,修改、扩充方便,易于实现机型系列化。但是相对硬布线控制器,由于增加了控制存储器的读出时间,微程序控制器的执行速度稍慢。

以上介绍了关于控制器的基本知识。对于一台真实的计算机,不管中央处理器内部的控制器采用哪种设计方法,其结构都非常复杂,产生的控制信号的数量也非常庞大。因此本章不是针对某种商品化的计算机来介绍控制器,而是结合一台简化了的模型计算机,介绍控制器的组成、指令执行的过程和控制器的设计方法等内容。与真实的计算机相比,仅仅是做了硬件组成上的简化,基本原理是相同的。

7.2 CPU 数据通路

运算器和控制器合称为中央处理器(Central Processing Unit,CPU)。将运算器和控制器的各个部件通过总线和控制门连接起来,形成信息传递和处理的**数据通路**(datapath);运算器负责加工信息,而控制器控制信息的传递和加工方法。本节首先介绍两种经典的中央处理器,然后介绍用于教学的 JUC-Ⅱ 模型机的数据通路。

7.2.1 Intel 8080 的数据通路

Intel 8080 是 Intel 公司 1974 年设计制造的 8 位微处理器,CPU 数据通路如图 7.3 所示,包括下列功能单元:

(1) 寄存器阵列及地址逻辑;

(2) 算术及逻辑单元(ALU);

(3) 指令寄存器及控制部分;

(4) 双向三态数据总线缓冲器。

6 个通用寄存器 B、C、D、E 及 H、L 既可以作为单个的寄存器(8 位)使用,也可以作为寄存器对(16 位)使用。8 位的寄存器和内部数据总线(8 位)之间传送数据,16 位的寄存器对只能和 16 位的递增/递减及地址锁存器之间传送数据。暂存寄存器对 W、Z 不能通过指令直接使用,也就是说对程序员是不可见的。此外寄存器阵列还包括程序计数器(PC)和堆栈指示器 SP。

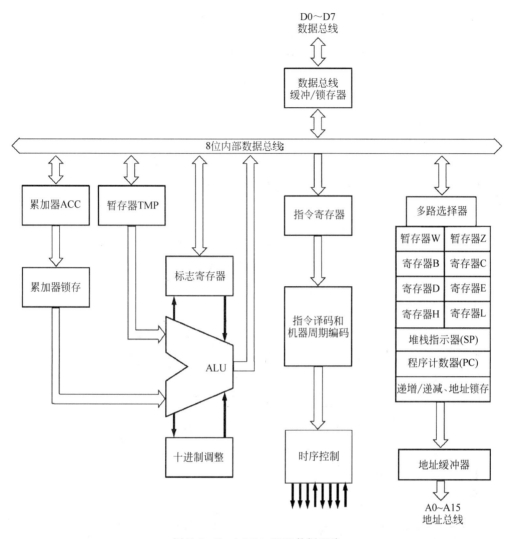

图 7.3　Intel 8080 CPU 数据通路

　　算术、逻辑运算及移位操作是在 ALU 中进行的,它的操作数来自于累加器 ACC,如果是双操作数运算,另一个操作数来自于暂存寄存器 TMP;运算结果通过内部总线传送给累加器 ACC,运算结果的特征标志保存在标志寄存器。

　　暂存寄存器 TMP 既可以接收内部总线的数据,也可以将它的内容送到总线。在通用寄存器之间传送数据就利用暂存器 TMP 进行中转。例如 MOV B,D 指令将寄存器 D 的内容传送给寄存器 B,需要先从 D 传给 TMP,再从 TMP 写入寄存器 B。

　　累加器(Accumulator)是一个特殊的寄存器,它既是操作数的来源,也存放运算结果。例如 8080 的加法指令 ADD r 或 ADD M 将某个寄存器或存储单元的内容与累加器的内容相加,结果送回累加器中。在初期的计算机结构中,CPU 中没有通用寄存器,累加器是一个不可或缺的寄存器。8080 虽然设计了 6 个通用寄存器,但是指令系统并没有设计成可以将运算结果直接保存到通用寄存器;如果需要将结果送给寄存器或存储器,还要再执行一条数据传送指令。由于所有的运算都要将结果保存在累加器中,影响了处理速度。在后来的计算机设计中,累加器逐渐被通用寄存器取代,现在几乎看不到"累加器"的存在了(在某些单片机中,如 MCS-51,仍然使用了累加器)。

8 位双向三态缓冲/锁存器用于隔离 CPU 内部总线和外部数据总线。8080 的数据传送指令可以在累加器或通用寄存器与存储器之间传送数据。在读写存储器之前,还要将H、L 寄存器的内容送到地址锁存器,并经过地址缓冲器输出地址总线上。

指令寄存器的内容是在取指令周期从存储器中得到,再送给指令译码器的。指令译码器的输出结合各种时序信号,为寄存器阵列、ALU 及数据缓冲器部件提供控制信号。

在 8080 之后,Intel 公司设计制造了 16 位的 8086 微处理器,以及后来的 80186、80286,32 位的 80386、80486 以及 Pentium,统称为 80x86 系列微处理器,在个人电脑市场获得了巨大的成功。

7.2.2 VAX-11/780 的数据通路

VAX-11/780 是 DEC 公司 1977 年 10 月发布的 32 位小型计算机系统。它的 CPU 数据通路(不包括微程序控制器)由 4 个独立的并行工作的部分组成:运算部分、地址部分、数据部分和指数部分,如图 7.4 所示。

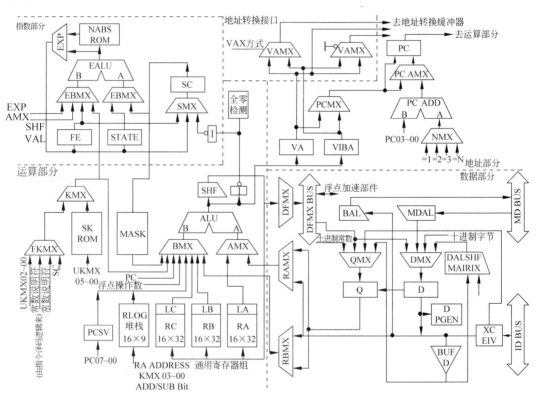

图 7.4 VAX-11/780 中央处理器数据通路

1. 运算部分

运算部分负责对数据通路各部分的地址和数据执行算术或逻辑运算,还实现位屏蔽或常数生成、浮点数装配、移位及数据和地址的暂存等功能。

ALU 是运算部分的核心,它执行 32 位的算术和逻辑运算。操作数主要由通用寄存器组或数据部分的 D、Q 寄存器提供。在浮点数运算时,从数据部分来的小数,从指数部分来的指数以及从控制逻辑部分来的符号通过 ALU 装配成一个完整的浮点数输出到数据部分。ALU 的输出经移位器(SHF)存入通用寄存器组或数据部分。SHF 还可将 ALU 的输出右移或左移。

通用寄存器组(RA、RB、RC)是由 3 组 16×32 位的寄存器组成的。寄存器组 RC 暂存微程序执行期间产生的地址和操作数。在寻址方式分析和指令执行时,寄存器组 RA 和 RB 可快速提供操作所需要的数据。

位屏蔽产生器(MASK)用来产生一个 32 位的位掩码,和 ALU 及移位计数器 SC 配合进行位段操作。常数生成部件(KMX、KFMX、SK ROM)为运算部分提供各种运算功能所需的常数。寄存器记录栈(RLOG)是一个 16×9 位的寄存器组,它保存了现行指令执行期间通用寄存器内容的有关信息。程序计数器后备寄存器(PCSV)是一个 8 位寄存器,它保存当前指令的低 8 位地址。当一个故障发生后,PCSV 和 RLOG 提供当前指令被重新执行所需要的信息。

2. 地址部分

数据通路的地址部分主要包含虚拟地址寄存器(VA)、指令缓冲地址寄存器(VIBA)及程序计数器(PC)、程序计数器加法器(PCADD)等。VA 保存由微程序产生的读写存储器数据的地址,这些数据是从数据通路写入存储器或者从存储器送往数据通路的。VA 中存放的地址是虚拟地址,必须经过地址转换缓冲器转换成物理地址,才能访问存储器。虚拟地址多路器(VAMX)是地址部分与存储管理子系统的接口,它用于选择并提供正确的虚拟地址格式。

3. 指数部分

指数部分主要用来处理浮点数的阶码。浮点数的阶码在指数部分运算,尾数在运算部分运算,这两部分的运算是并行的,最后在运算部分装配成完整的浮点数,经 ALU 送到数据部分。

EALU 主要用于实现阶码的运算。它的操作数由浮点数寄存器 FE、移位计数器 SC、状态寄存器 STATE 以及从运算部分来的指数字段提供。在对阶和规格化操作时所需要的移位值,分别由负数绝对值 NABS ROM 和从数据部产生的移位值提供。

4. 数据部分

数据部分也是 MD BUS 和 ID BUS 之间的数据传输接口。它不仅用于暂存操作数,而且还能实现操作数的移位、字节排列以及浮点数据的拆卸等功能。

多路器 DFMX、RAMX、RBMX 是数据部分与运算部分之间的数据传送接口。数据格式多路器 DFMX 将从 SHF 来的数据以整数和拆卸的浮点数格式传送。在浮点指令执行期间,它也传送装配好的浮点数。寄存器多路器 RAMX、RBMX 将 Q 或 D 寄存器的数据送到运算部分的 ALU 输入端。

Q 和 D 寄存器暂存其他部分送来的数据。在 ID BUS 或 MD BUS 上来往的数据分别保存在 Q、D 寄存器中。D 寄存器的输出经奇偶校验产生器(D PGEN)产生校验位,它与 D 寄存器一起传送到 ID BUS 或 MD BUS。当执行位字段或双精度浮点数指令时,Q 与 D 寄存器可以连接使用,以便存放大于 32 位的数据。

Q 寄存器还可以左移或右移一位,在执行乘除法运算时用它存储乘数或商。在十进制运算时,Q 寄存器还生成十进制常数"6",供 ALU 进行加 6 或减 6 的修正。

存储器数据排列部件 MDAL 与字节排列部件 DAL 组成存储器数据接口。存储器中的数据是按长字存取的,而数据部分对存储器的访问是按字节进行的,因此在数据部分和存储器之间传送信息需要对数据字节适当排列,由 MDAL、BAL 部件完成此功能。

7.2.3 模型机 CPU 的数据通路

从上面的介绍可以看出商业机型的中央处理器并不适合于初学者,它们过于复杂,每种机型都有它的特殊性,还有些结构或技术已经被改进。本节介绍一个教学模型计算机的中央处理器,它抽取了一些基础的、共性的结构,摒弃了一些特殊的细枝末节,从中反映 CPU 的一些基本特性。

图 7.5 给出了教学模型机的 CPU 数据通路,它是在本书第一版的 JUC1 模型机的基础上改进的,为了便于后面的讨论,将其命名为 JUC-Ⅱ。

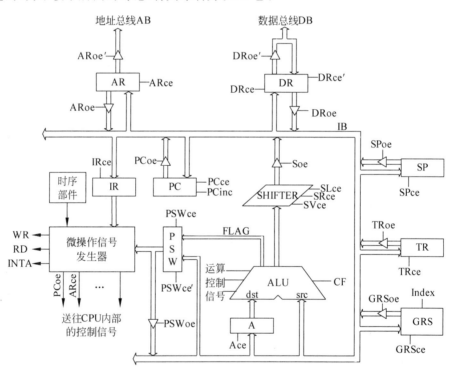

图 7.5　JUC-Ⅱ型 CPU 数据通路及模型机结构

JUC-Ⅱ型 CPU 的字长为 16 位,内部采用单总线结构。CPU 外部的系统总线包括 16 位的数据总线(DB)、16 位的地址总线(AB)和控制总线(CB)。主存储器的字长也是 16 位,并且按字编址,不能按字节访问。

通用寄存器组(General Register Set,GRS)包含 8 个 16 位的通用寄存器 R0~R7,用来存放参加运算的操作数和运算结果。此外还有一些专用寄存器,每个寄存器的字长都是 16 位,这些寄存器大部分在 4.6 节运算器组织和上面 7.1 节控制器中已经介绍过,新增加的寄存器有 AR、DR、TR 和 SP。其中地址寄存器 AR 是内部总线和系统地址总线 AB 的缓冲器；数据寄存器 DR 是内部总线和系统数据总线 DB 的缓冲器；临时寄存器 TR 用来存放源操作数或其他需要暂时存放的数据；SP 是堆栈指示器,存放当前栈顶地址。

图 7.5 中的程序计数器(PC)、指令指针寄存器(IR)、程序状态字(PSW)、堆栈指示器(SP)、时序部件和微操作信号发生器构成了模型机的控制器；算术逻辑单元(ALU)、暂存器 A、移位器 SHIFTER、寄存器组(GRS)和临时寄存器(TR)构成了模型机的运算器。

需要说明的是,虽然有一个寄存器的符号是 A,但它并不是累加器。它不保存运算结果,只保存运算所需要的操作数；它只能接收内部总线上的数据,不能向内部总线输出数据。

下面介绍该数据通路信息加工处理过程的 3 种类型。

1. 内部总线的数据传送

在图 7.5 中的每个组成部件上都标注了一些控制信号,如 Ace、PCoe,这些信号控制信息传递的动作,如打开或关闭控制门,从而控制信息传递的流向,这些控制信号所完成的操作称为**微操作**(Micro-operation),是 CPU 数据通路上最基本的操作。因此,产生这些控制信号的部件称为微操作信号发生器,它也是本章关注的重点。学习这一章后,最终要清楚这些控制信号是如何产生的。这里首先理解这些信号的含义和作用。大部分控制信号有相似的形式,分别是以 ce 结尾的输入控制信号和以 oe 结尾的输出控制信号。

寄存器向总线输出数据都必须经过一个三态缓冲器,XXoe 是三态缓冲器的输出使能(output enable)信号。只有当某个输出使能信号 XXoe 有效时,相应寄存器的数据才能输出到总线上,否则该三态门输出为高阻态。显然,控制器必须控制这些输出使能信号,使得在某一时刻最多有一个寄存器向总线输出数据。

寄存器需要一个时钟输入 CLK,在时钟的上升沿将输入数据保存在触发器中。图 7.5 中所有的寄存器共用一个时钟信号,为了简化表达,时钟信号在图中没有表示出来。虽然所有的寄存器共用一个时钟信号,但是并不能在每个时钟上升沿到来时所有的寄存器都更新数据,各个寄存器需要独立地控制是否更新数据。图 7.5 中几乎每个寄存器都有一个 XXce 信号,它是时钟使能(clock enable)信号,只有当它有效时,在 CLK 时钟的上升沿才能将数据保存在寄存器中,也可以称为写使能(write enable)。所以,尽管所有的寄存器共用同一个时钟信号 CLK,由于每个寄存器的时钟使能信号是独立控制的,从而可以独立地选择要保存数据的寄存器。这种方法在计算机数据通路的设计中非常普遍,将在后面 7.4.2 节时序系统详细讨论。

内部总线上的数据传送需要在同一个节拍内完成。例如将 PC 的内容送给 AR 寄存器,PC 寄存器输出数据到内部总线、AR 寄存器保存内部总线上数据；在这个节拍内,PCoe＝1且 ARce＝1,在该节拍结束时,CLK 时钟信号将内部总线上的数据即 PC 值存入 AR 寄存器。

需要特别说明的是通用寄存器之间的数据传送,例如 R1 送给 R2,不能在一个节拍内完成。通用寄存器组由寄存器号(Index)选择所访问的寄存器,Index 由指令给出；在某个时刻只能选择一个寄存器,无法同时选择源寄存器和目的寄存器。通用寄存器之间的数据传送需要经过 ALU 和后面算术逻辑运算的操作过程相同。

2. 系统总线的数据传送

系统总线连接 CPU、主存储器和外部设备。JUC-Ⅱ模型机的外设与主存统一编址,所以这里以存储器为例讨论经过系统总线的数据传送。

CPU 内部总线和系统总线之间有 AR 和 DR 寄存器作为地址和数据的缓冲。AR 和系统总线之间是单向传输的,只能从 AR 输出到地址总线;DR 和系统总线之间是双向传输,既可以从 DR 输出到数据总线,也可以将数据总线上的信息保存到 DR 寄存器。ARoe' 和 DRoe' 控制向系统总线输出的三态门,ARoe 和 DRoe 控制向内部总线输出的三态门;ARce 和 DRce 是从内部总线写入 AR 或 DR 寄存器的使能信号,DRce' 是从系统总线写入 DR 寄存器的使能信号。

下面分别讨论读和写两种情况下的信息传递过程。

CPU 读存储器需要 3 个节拍。第一拍,将要访问单元的地址通过内部总线送到 AR 寄存器;第二拍,将地址输出到地址总线,给出存储器读信号,并且将读出的数据通过数据总线写入 DR 寄存器;第三拍,将 DR 寄存器的内容送到目的寄存器。用控制信号表示为

① XXoe,ARce

② ARoe',RD,DRce'

③ DRoe,ZZce

其中 XXoe 表示某个寄存器输出到内部总线的三态控制信号,如 PCoe;ZZce 表示某个寄存器的写入使能信号,如 TRce。这个过程中第一拍和第三拍完成的都是一次内部总线的数据传送,系统总线的数据传送是在第二拍。

CPU 写存储器需要 3 个节拍。第一拍也是将要访问单元的地址通过内部总线送到 AR 寄存器;第二拍,将要写入的数据通过内部总线送入 DR;第三拍,将 AR 中的地址通过地址总线送到存储器的地址输入,将 DR 中的数据通过数据总线送到存储器的数据端,同时给出存储器写信号,将数据写入相应的存储单元。用控制信号表示为

① XXoe,ARce

② YYoe,DRce

③ ARoe',DRoe',WR

第一拍和第二拍是两次内部总线上的数据传送,不能合并在一个节拍内完成,因为 CPU 内部是单总线结构,不能同时有两个寄存器向内部总线输出。第三拍完成一次系统总线的数据传。

上述存储器读写假设节拍时间不小于读写时间。如果 CPU 的节拍时间比存储器的读写时间短,也就是 CPU 比存储器快,那么 CPU 就需要插入等待,在后面时序部分将会具体讨论。

3. 算术逻辑运算

1) 双操作数算术逻辑运算

ALU 的 3 个输入输出端口上有两个寄存器,一个是存放目的操作数的 A 暂存器,一个是存放运算结果的 SHIFTER 寄存器。源操作数来自内部总线,在运算期间由某个寄存器输出到内部总线。在单总线 CPU 数据通路上,完成一次算术逻辑运算需要 3 个节拍,第一拍将目的操作数保存到 A;第二拍将源操作数送到内部总线,和 A 暂存器中的目的操作数进行 ALU 运算,同时将运算结果保存在 SHIFTER 寄存器中;第三拍将 SHIFTER 的内容保存到目的寄存器。用控制信号表示为

① XXoe, Ace

② YYoe, ALUop, SVce

③ Soe, ZZce

其中第一拍和第三拍完成的都是一次内部总线的数据传送, ALU 运算在第二拍完成。因为 ALU 是组合逻辑电路, 本身不具备保持运算结果的能力, 所以必须在同一个节拍内将结果保存到 SHIFTER 寄存器(SVce 有效)。此外对于组合逻辑电路来说, 如果输入端运算数据有变化, 输出的运算结果也会随之改变; 因为目的操作数在第一拍已经保存到 A 暂存器中不会变化, 所以在第二拍 ALU 运算期间, 内部总线上的源操作数必须一直保持不变(YYoe 有效)。也就是说, 第二拍的 3 个操作必须在同一个节拍。

2) 单操作数算术逻辑运算

如果是单操作数运算, 操作数仅来自于 A 暂存器, 第二拍的操作为

② ALUop, SVce

3) ALU 的数据传送

ALU 还有一个传送功能。当 ALU 不进行任何运算时, 将 A 暂存器的内容送到输出端。前面提到的通用寄存器之间的数据传送就需要经过 ALU 传送, 这时第二拍将 A 的数据直接传送到 ALU 输出端, 同时保存在 SHIFTER 寄存器中。第二拍的控制信号表示为

② SVce

例如通用寄存器之间的数据传送就需要经过 ALU, 操作表示为

① GRSoe, Ace

② SVce

③ Soe, GRSce

4) 移位操作

除了保存数据, 移位寄存器 SHIFTER 还有左移和右移的功能。不仅保存数据需要时钟信号, 左移、右移也是在时钟的作用下操作的, 它的 3 个控制信号 SLce、SRce、SVce 都是时钟使能信号。在时钟上升沿到来时, 如果 SVce 有效, 将输入数据即 ALU 的运算结果保存在寄存器中; 如果 SLce 信号有效, 将输入数据左移一位; 如果 SRce 信号有效, 将输入数据右移一位; 如果 3 个控制信号都无效, 寄存器内容保持不变。需要注意的是, JUC-Ⅱ 的移位寄存器和常规的移位寄存器不同, 它不是对存储在寄存器内部的数据进行移位, 而是将输入端数据移位后存储在寄存器中。例如将 DR 中的内容左移一位, 操作过程为

① DRoe, Ace

② SLce

③ Soe, DRce

第一拍将 DR 寄存器的内容通过内部总线送到 A 暂存器; 第二拍 ALU 不进行任何运算, 将 A 暂存器的内容直接送到 SHIFTER 寄存器的输入端, SLce 控制移位寄存器将输入端数据左移一位, 在 CLK 时钟作用下保存在 SHIFTER 寄存器中; 第三拍将 SHIFTER 寄存器的内容通过内部总线送到 DR 寄存器保存。

控制器和中央处理器

7.3 指令执行流程

计算机的工作过程就是周而复始地执行指令的过程,所以理解了指令执行流程,也就理解了计算机的工作流程。从7.1.2节已经知道,指令执行过程分为取指令、取操作数、执行等几个阶段,本节就详细分析这几个阶段。在后面两节,将讨论如何实现这些流程。

7.3.1 取指令阶段

取指令是任何指令执行的第一个阶段,而且它与指令本身的功能和寻址方式无关,所有指令的取指令阶段都是相同的。

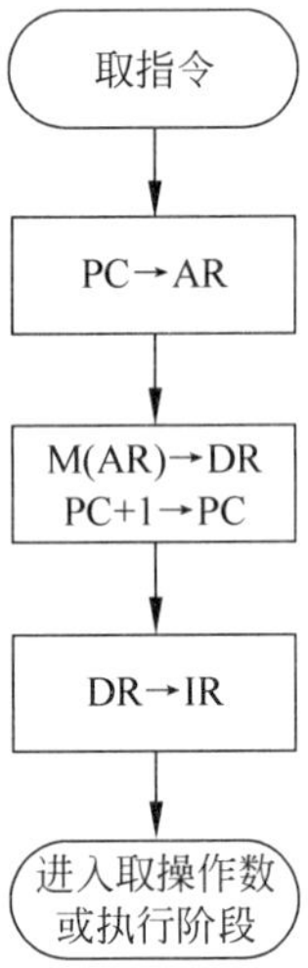

指令存放在主存储器中,首先要给出指令的地址,这个地址是由程序计数器(PC)提供的;从存储器中读出指令后,最终要存放到指令寄存器(IR)中。依据图7.5的数据通路,可以找出信息流动的路径,如图7.6所示,其中M(AR)→DR表示以AR为地址,读存储器相应单元,读出的内容送DR寄存器;取指令过程中PC的值还要自增,即PC+1→PC,为下一次取指令做准备。

指令到达IR以后,根据指令代码决定下一步操作。如果是无操作数指令,转入执行阶段;如果是有操作数指令,转入取操作数阶段。

图 7.6 取指令的微流程

7.3.2 取操作数阶段

取操作数阶段分为取源操作数阶段和取目的操作数阶段。取操作数的依据是寻址方式。JUC-Ⅱ型处理器的寻址方式在第6章已经介绍过。根据指令类型不同,可能是双操作数,也可能是单操作数。如果是双操作数,先取源操作数,后取目的操作数。如果是单操作数指令,只需要取一次目的操作数。取到的源操作数放在TR暂存器中,目的操作数放在A寄存器中。取源操作数的信息传递流程见图7.7。

取目的操作数的流程与取源操作数类似,不同的是取到的操作数最后存入A寄存器中,而不是TR寄存器;此外存放程序代码的内存区域通常是由操作系统保护的,不能被用户程序写入,而立即寻址的立即数是在指令中的,所以立即寻址不能用于目的操作数。特别注意,如果目的操作数在内存中,取操作数完成后,它的有效地址将被保留在AR中,这样在执行阶段保存操作结果时,就可以直接利用AR里存放的目的地址,而不必重新按寻址方式计算有效地址,这也是先取源操作数、后取目的操作数的原因所在。

7.3.3 执行阶段

执行阶段是指执行指令操作码所表示的指令功能,如加法、数据传送等,并将结果保存在目的操作数所在的内存单元或寄存器。显然,不同类型的指令有不同的执行流程,双操作数算术运算指令的执行流程如图7.8所示。

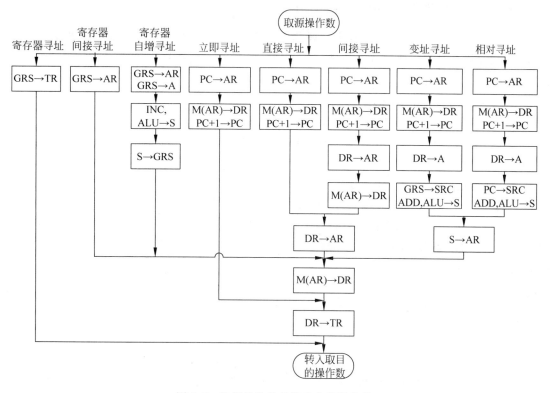

图 7.7　取源操作数的信息传递微流程

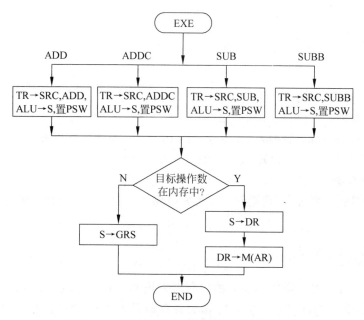

图 7.8　双操作数算术运算指令的执行微流程

控制器和中央处理器

7.3.4 指令执行的微操作序列举例

上面介绍了指令执行过程各个阶段的微流程,图7.6~图7.8中的每个图框表示一个步骤,如取指令过程需要分3个步骤完成。划分步骤的主要依据是完成一次数据通路的基本操作,具体有3种(见7.2.3节):

(1) CPU 内部总线上的一次数据传送;

(2) 系统总线上的一次数据传送,如主存的读或写操作;

(3) ALU 完成一次算术逻辑运算,包括将源操作数送到内部总线以及将运算结果保存到移位寄存器。

下面通过几个例子描述指令执行完整的微操作序列。

例 7.1 加法指令 ADD R1,(R2)的微操作序列。

该指令的源操作数是寄存器寻址,目的操作数是寄存器间接寻址;指令的功能是将两个操作数相加。根据 JUC-Ⅱ指令编码表和寻址方式编码表(见第6章),可以写出该指令的机器码如下:

15			12	11			9	8			6	5			3	2			0
0	0	1	0	0	0	0	0	0	0	1	0	0	1	0	1	0

1) 取指令

图 7.6 给出了取指令的微流程,要实现这个微流程,控制器必须给出一序列控制信号。例如 PC→AR,根据7.2.3节模型机数据通路,这是一次通过内部总线的数据传送,需要完成的微操作为 PCoe 和 ARce。类似地将图7.6微流程细化为微操作序列如下:

```
IF(Instruction Fetch)
    T0   PCoe,ARce
    T1   ARoe',RD,DRce',PCinc
    T2   DRoe,IRce
    T3   1→SOF
```

每个节拍与图7.6的一个图框对应。$T1$ 节拍完成读存储器和 PC 自增,因为这两个操作使用不同的部件,所以可以在同一个节拍完成。$T2$ 节拍将读出的指令送给指令寄存器 IR,也是一次内部总线的数据传送。指令取到 IR 之后,经过指令译码可知该指令是双操作数指令,因此 $T3$ 节拍的 1→SOF 表示下面进入取源操作数阶段。

2) 取源操作数

源操作数是寄存器寻址,根据图7.7可知需完成 GRS→TR 的数据传送,微操作如下:

```
SOF(Source Operand Fetch)
    T0   GRSoe,TRce
    T1   1→DOF
```

源操作数在 R1 寄存器中,$T0$ 节拍控制器发出 GRSoe 打开通用寄存器组的输出三态门,由指令码的 Rs 部分(第8~第6位)作为寄存器号 Index 选择寄存器 R1,将 R1 的内容送到内部总线 IB,TRce 允许在时钟作用下将 IB 上的数据保存在 TR 寄存器中。$T1$ 节拍的 1→DOF 表示下面进入取目的操作数阶段。

3) 取目的操作数

DOF(Destination Operand Fetch)
   T0   GRSoe, ARce
   T1   ARoe', RD, DRce'
   T2   DRoe, Ace
   T3   1→EXE

    目的操作数是寄存器间接寻址,寄存器 R2 的内容是有效地址,操作数在主存中的该地址单元里。$T0$ 节拍将 R2 寄存器送到 AR,此时由指令码的 Rd 部分(第 2~第 0 位)选择寄存器 R2。$T1$ 节拍完成一次存储器读操作。$T2$ 节拍将读出的操作数送到 A 寄存器。

    4) 执行

    本例指令的功能是将两个操作数相加,结果保存到以 R2 内容为地址的主存单元中。根据图 7.8 的微流程,写出微操作序列如下:

EXE(Execution)
   T0   TRoe, ADD, SVce, PSWce
   T1   Soe, DRce
   T2   ARoe', DRoe', WR
   T3   END

    $T0$ 节拍实现 ALU 运算,因为 ADD 指令将改变运算结果的状态标志,所以同时产生了 PSWce,将状态标志保存在 PSW 中。运算结果需要保存到目的操作数,因为目的操作数在主存中,所以 $T1$ 节拍将运算结果送到 DR,$T2$ 节拍将 DR 内容写入存储器。因为 AR 中保留着目的地址,所以并不需要重新获取目的地址。这也是先取源操作数、后取目的操作数的原因所在。

    微操作序列中的 1→SOF、1→DOF、1→EXE 以及 END 是送给时序部件的控制信号,将在 7.4.2 节讨论。

    例 7.2 数据传送指令 MOV ♯0100H, R0 的微操作序列。

    解:

IF
  (同前省略)
SOF
   T0   PCoe,ARce
   T1   ARoe',RD,DRce',PCinc
   T2   DRoe,TRce
   T3   1→DOF
DOF
   T0   GRSoe, Ace
   T1   1→EXE
EXE
   T0   TRoe, GRSce
   T1   END

    分析:

    该指令的源操作数是立即数,目的操作数是寄存器寻址,指令的功能是将常数 0100H 送到 R0 寄存器。根据指令编码表和寻址方式编码表,可以写出该指令的机器码如下:

15			12	11		9	8		6	5		3	2		0
0	0	0	1	0	1	1	0	0	0	0	0	0	0	0	0
0	0	0	0	0	0	0	1	0	0	0	0	0	0	0	0

从指令编码可以看出,立即数是指令的一部分,存放在指令的第二个字中,所以取立即数的过程与取指令类似,只是取到的数据不是送给 IR,而是送到 TR 暂存器的。

寄存器寻址在例 7.1 已经用过,只不过本例是目的操作数,取到的数据保存在 A 寄存器而不是 TR 寄存器。

执行阶段将 TR 暂存器中的源操作数送到目的寄存器。看起来数据传送指令 DOF 阶段的工作没有任何意义,取到 A 寄存器中的数据并没有使用;如果是运算指令,A 中的数据是有用的;但是取目的操作数只是根据寻址方式,如果还要考虑指令功能将使控制器的设计变得复杂。

例 7.3 转移指令 JMP　1000H 的微操作序列。

解:

```
IF
  (同前省略)
DOF
  T0   PCoe,ARce
  T1   ARoe',RD,DRce',PCinc
  T2   DRoe,ARce
  T3   ARoe',RD,DRce'
  T4   DRoe,Ace
  T5   1→EXE
EXE
  T0   ARoe, PCce
  T1   END
```

分析:

转移指令是单操作数指令,只有目的操作数,没有源操作数。根据指令编码表和寻址方式编码表,可以写出该指令的机器码如下:

15			12	11					6	5		3	2		0
0	0	0	0	0	1	0	0	0	0	1	0	0	0	0	0
0	0	0	1	0	0	0	0	0	0	0	0	0	0	0	0

本例中,目的操作数的寻址方式为直接寻址,DOF 阶段产生了两次存储器读操作。第一次是从指令的第二个字读出有效地址($T0$ 和 $T1$ 节拍),所以存储单元的地址是程序计数器(PC)的内容;第二次是读操作数,是以刚刚读出的有效地址作为存储器地址再次读存储器($T2$ 和 $T3$ 节拍)。$T4$ 节拍将读到的数据存入 A 寄存器。

执行阶段实现"转移"的功能,这是通过改变程序计数器(PC)的值来实现的。将转移的目标地址送给 PC,那么后面的取指令过程就依据新的 PC 值进行。需要说明的是,目的操作数并不是转移地址,目的操作数的有效地址才是转移地址,所以是将 AR 的内容送给 PC。

取到 A 中的"操作数"是没用的,有用的只是目的地址。因为这是一条转移指令,实际上取到 A 中的不是操作数,而是转移后要执行的指令的指令码。如果不是转移指令,A 寄存器中的操作数是有用的。虽然可以设计成转移指令的取操作数阶段不取"操作数",但是会增加控制逻辑的复杂性。

例 7.4 减法指令 SUB （2000H）， 1000H(R3)的微操作序列。

解：

IF
（同前省略）
SOF
    T0   PCoe,ARce
    T1   ARoe',RD,DRce',PCinc
    T2   DRoe,ARce
    T3   ARoe',RD,DRce'
    T4   DRoe,ARce
    T5   ARoe',RD,DRce'
    T6   DRoe,TRce
    T7   1→DOF
DOF
    T0   PCoe,ARce
    T1   ARoe',RD,DRce',PCinc
    T2   DRoe,Ace
    T3   GRSoe,ADD,SVce
    T4   Soe,ARce
    T5   ARoe',RD,DRce'
    T6   DRoe,Ace
    T7   1→EXE
EXE
    T0   TRoe, SUB, SVce, PSWce
    T1   Soe, DRce
    T2   ARoe', DRoe', WR
    T3   END

分析：

本例指令是一条三字指令。第二、第三个字分别是源操作数和目的操作数中包含的常数,如下:

15			12	11				6	5		3	2		0
0	1	0	0	1	0	1	0	0	1	1	0	0	1	1
0	0	1	0	0	0	0	0	0	0	0	0	0	0	0
0	0	0	1	0	0	0	0	0	0	0	0	0	0	0

源操作数是间接寻址,一共产生了 3 次存储器读操作。第一次($T0$、$T1$ 节拍)是读指令的第二个字,即间接地址 2000H;第二次($T2$、$T3$ 节拍)是根据间接地址读出有效地址;第三次($T4$、$T5$ 节拍)读出的才是操作数。

目的操作数是变址寻址。$T0$、$T1$ 节拍读指令的第三个字,即形式地址 1000H;$T2\sim$

控制器和中央处理器

$T5$ 节拍将形式地址与寄存器内容相加,相加的结果作为有效地址,再去读出操作数。计算有效地址的加法运算是由 ALU 完成的,但是注意,与加法指令执行阶段不同,这里的运算结果不改变 PSW。

执行阶段将减法运算的结果存入目的操作数所在的内存单元。执行阶段并不需要重新计算目的地址,因为在取目的操作数时计算出的有效地址仍然保留在 AR 中。从这个例子更能看出先取源操作数,后取目的操作数的意义;如果先取目的操作数,那么在取源操作数的过程中会将 AR 中的目的地址覆盖,保存结果时需要重新计算目的地址,增加了流程的复杂性并延长了指令的执行时间。

例 7.5 加 1 指令 INC 5(PC)的微操作序列。

解:

```
IF
  (同前省略)
DOF
  T0    PCoe,ARce
  T1    ARoe',RD,DRce',PCinc
  T2    DRoe,Ace
  T3    PCoe,ADD,SVce
  T4    Soe,ARce
  T5    ARoe',RD,DRce'
  T6    DRoe,Ace
  T7    1→EXE
EXE
  T0    TRoe, INC, SVce, PSWce
  T1    Soe, DRce
  T2    ARoe', DRoe', WR
  T1    END
```

分析:

本例是单操作数指令,没有取源操作数阶段。目的操作数的寻址方式为相对寻址,$T0$、$T1$ 节拍从指令的第二个字取出偏移量,$T2 \sim T4$ 节拍将偏移量与 PC 的内容相加作为有效地址,$T5$ 节拍根据有效地址读操作数,$T6$ 节拍将操作数保存到 A 寄存器中。寻址过程中,有两次将 PC 的内容输出,第一次是作为指令第二个字的地址,第二次是作为相加的运算数;第一次输出之后,PC 加 1,所以参与相加的 PC 值是偏移量所在单元的下一个单元的地址。

7.4 硬布线控制器

无论是硬布线控制器还是微程序控制器,产生的控制信号必须是有时间先后顺序的,即要对控制信号进行定时。与微程序控制器相比,硬布线控制器对控制信号的定时要复杂得多,常用的时序控制方式有同步方式、异步方式和两种方式的结合。

7.4.1 同步控制和异步控制

1. 同步控制方式

同步控制方式是指各项操作由统一的时标单位进行同步。时序系统产生统一的、顺序固定的、周而复始的多级时序信号,所有的操作都与某一级时序信号同步。每一个时序信号的出现时刻和长度都是固定的。

对于不同的指令,因为所完成的操作不同,所需的时间也就不同,例如条件转移指令的执行阶段,产生转移和不产生转移所需的时间不同。在同步控制方式下,不管实际需要的时间是否一样,留给执行操作的时间都是一样的,到达规定的时间才转入下一阶段,因此执行时间短的操作就会有空闲的时间。

在设计同步时序系统时,某一级时序信号的长度应该照顾到最慢的操作也能够完成,显然这种方式有其不合理之处,使得快速操作迁就慢速的操作,影响了指令执行速度;但是它设计简单,容易实现,在各个操作速度差别不大的情况下,仍然是最好的选择。

2. 异步控制方式

异步控制方式的时序系统不设置统一的时标单位,各部件按自身的操作速度决定占用时间,分别实现对各部件的时序控制。各部件之间以应答的方式协调不同的工作速度,如图 7.9 所示,3 个部件的操作速度不同,一个部件的操作完成的信号作为下一个部件的启动信号,各部件根据自己的需要决定占用的时间长度。

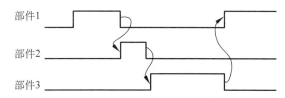

图 7.9　异步控制方式的时序信号举例

异步控制方式最大限度地利用了时间,没有浪费,但是时序系统的设计较为复杂。

3. 混合控制方式

现代计算机不同程度地采用异步控制方式,差别在于异步的范围不同。一般是在功能部件级,如 CPU、存储器、输入输出部件之间采用异步控制;功能部件内部,如 CPU 内部采用同步控制。

另一方面,在以同步控制为主的设计中也可以采取局部性的异步控制措施。对慢速部件仍然采用异步的应答信号,只不过并不是在任何时刻立即对应答信号做出反应,而是等到下一个同步信号到达时才生效的,相当于按同步信号的长短延迟或插入一个或几个时标单位。这种方式也称做准同步控制方式。

7.4.2　多级时序系统

在同步控制方式中,通常将时序信号划分为几级,称为多级时序。硬布线控制器的时序系统通常分为 3 级:机器周期、节拍、时钟脉冲。3 级时序信号之间的关系如图 7.10 所示。

1. 节拍

节拍是完成一些最基本的操作所需的时间,如一次 CPU 内部数据传送、一次 ALU 运算、一次存储器访问。节拍长度的确定有两种策略,同步控制策略和准同步控制策略。

在同步控制方式下,节拍长度要迁就最慢的操作。由于读写主存储器的时间比 CPU 内部操作的时间要长,所以将主存储器的存取时间作为节拍的长度。这样在一个节拍的时

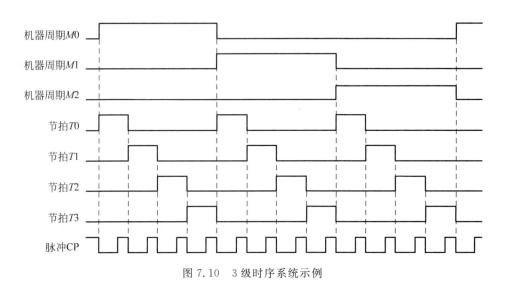

图 7.10　3级时序系统示例

间内,可以完成一次 CPU 内部的数据传送,或者一次 ALU 运算,或者一次存储器访问。如果主存储器的速度与 CPU 内部操作速度的差距比较大,这种方式对 CPU 内部操作来说,就会造成较大的时间浪费,没有充分发挥 CPU 的性能。

在准同步控制方式下,以 CPU 内部操作的时间作为节拍时间,在访问存储器时,CPU 发出读/写信号后,冻结同步时序,等待存储器操作完成,如图 7.11 所示。存储器按照自己的速度操作,当存储器操作完成时,发出 Ready 信号。在冻结期间,每隔一个节拍时间,时序系统检测 Ready 信号,直到 Ready 信号有效才解除对同步时序的冻结,CPU 继续按同步时序运行。冻结的时间一定是节拍时间的整数倍,可以理解为插入了若干个等待节拍。

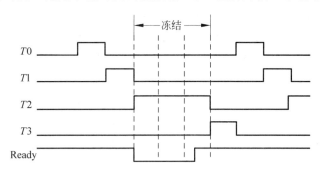

图 7.11　准同步控制方式的时序信号举例

2. 机器周期

在一个指令周期中分为几个阶段,每个阶段称为一个**机器周期**,也称为 **CPU 周期**。如取指令周期、取源操作数周期、取目的操作数周期、执行周期等。

时序系统通常设计一组触发器来标志不同的机器周期,在某一时刻只能有一个触发器置 1,表示当前处于哪一个周期,如图 7.12 所示。

一个机器周期包含若干个节拍,有定长机器周期和不定长机器周期两种策略。

不定长机器周期包含的节拍个数是不固定的,根据操作的需要,需要多少节拍就产生多少节拍。在每个周期的最后,发出进入下一个机器周期的控制信号,标志本周期结束、下一

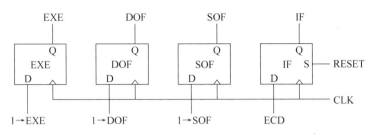

图 7.12　产生机器周期信号的逻辑电路

个周期即将开始。7.3.4 节的举例采用的都是这种策略。

定长机器周期包含节拍的个数是固定的,如图 7.10 所示的时序系统就是定长机器周期的,每个周期固定为 4 个节拍。简单的策略是以最长的机器周期为准定出节拍数,如果 7.3.4 节的举例采用定长机器周期,变址寻址、间接寻址和相对寻址的节拍数最多,以它们为准,机器周期长度就需要定为 8;显然这样不够合理,大部分操作只需要 4 个节拍,另外 4 个节拍就处在等待周期结束状态。因此,通常是以大部分操作需要的节拍数为准,在复杂操作时延长一个周期。

3. 脉冲

脉冲用来保存操作的结果。在一个节拍中,无论是数据传送还是运算,都需要保存结果。以取指令阶段为例,在 $T0$ 节拍:PCoe、ARce,PC 的输出经过内部总线送到 AR 的输入端,并且要将其存入 AR 寄存器;在 $T1$ 节拍:ARoe'、RD、DRce',从存储器读出的数据存入 DR 寄存器;AR 和 DR 寄存器都需要一个时钟上升沿将输入数据打入内部,脉冲就是用来将结果打入寄存器的时钟信号。由于数据从 PC 输出三态门传送到 AR 输入端有传输延迟,触发器还有建立时间的要求,所以脉冲应该在节拍的后半部分出现,如图 7.10 所示。从图中可以看出,脉冲 CP 在每个节拍都会出现,在 $T0$ 节拍将内部总线上的 PC 值打入 AR,在 $T1$ 节拍将存储器读出数据打入 DR,等等。

那么如何控制 CP 作用在不同的寄存器上呢?这就是时钟使能信号 ARce、DRce'的作用。时钟使能信号 ARce、DRce'是电平有效信号,在整个节拍时间都保持高电平,它控制脉冲是否作用在相应的寄存器上,如图 7.13(a)所示。从图中可以看出,尽管时钟脉冲 CP 是共用的,但是如果 ARce 或 DRce'无效,数据是不会打入寄存器的。图 7.13(a)用与门是为了便于理解,实际上,为了避免门控时钟带来副作用,通常在触发器设计上考虑时钟使能,这里不深入阐述,对应关系如图 7.13(b)所示。

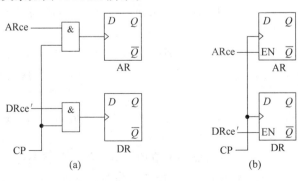

图 7.13　时钟脉冲及时钟使能的作用

控制器和中央处理器

4. 指令周期

指令周期是指完成一条指令的时间,即从取指令到执行完指令的全部时间。不同指令的指令周期不尽相同,例如无操作数指令不需要取操作数,其指令周期就比需要到主存取操作数的指令要短。在时序系统中,通常不需要为指令周期产生标志信号,因此也不将其作为一级时序。

平均指令周期反映了计算机指令的执行速度,它与 MIPS 的关系是:

$$MIPS = \frac{1}{\text{平均指令周期}(\mu s)} \tag{7.1}$$

例 7.6 设某计算机的主频为 25MHz,采用定长机器周期,每个机器周期 4 个节拍,每个节拍占 4 个时钟周期,每个指令周期平均是 3.125 个机器周期。试问该计算机的 CPI 是多少? 平均指令周期是多少? MIPS 是多少? 若每个节拍占 2 个时钟周期,其他条件都不变,MIPS 又是多少?

解:CPI 即执行一条指令所需的平均时钟周期数,故

CPI = 每个机器周期的时钟周期数 × 每条指令的平均机器周期数
= (4×4)×3.125 = 50

已知主频为 25MHz,所以时钟周期为 1/25MHz=0.04μs,平均指令周期为 50×0.04μs=2μs。由式(7.1),则平均指令执行速度

MIPS=1/2=0.5

第 1 章中式(1.4)给出了主频与 CPI、MIPS 之间的关系,即

MIPS= 主频/(CPI×10⁶)=25MHz/(50×10⁶)=0.5

两种方法计算结果一样,从中可以更深入地理解这些指标的含义。

若每个节拍为 2 个时钟周期,那么平均指令周期为(4×2)×3.125×0.04μs=1μs,则平均指令执行速度为 1MIPS。

7.4.3 硬布线控制器的设计

硬布线控制器常见的设计方法有状态表法、延迟单元法和时序计数器法。曾经广泛采用的是时序计数器法。时序计数器法的实质,是将复杂的时序问题,转化为定时区域内较简单的组合逻辑设计问题。本节主要介绍用时序计数器法设计控制器。

1. 硬布线控制器的设计步骤

在设计完成 CPU 数据通路、指令系统、时序系统之后,硬布线控制器的设计步骤如下:

(1) 拟定指令的微流程。将每一条指令的执行过程按时间顺序以流程图的形式表示出来,例如图 7.6~图 7.8 所示。

(2) 进一步将微流程表达成微操作序列的形式,并按照时序系统的设计,将微操作分配到各个机器周期和节拍。这一步将指令流程中所规定的具体操作落实到由哪个部件完成,在什么时间完成。

(3) 根据微操作流程,逐个写出微操作控制信号的逻辑表达式。它是一个与或逻辑表达式,一般形式是:

微操作控制信号=机器周期×节拍×指令码×状态条件 + ……

(4) 对逻辑表达式进行逻辑化简,并采用适当的逻辑器件实现。

2. 硬布线控制器设计举例

下面通过举例说明硬布线控制器的设计方法。

（1）拟定全部指令的微操作流程。

图 7.6～图 7.8 已经给出了取指令周期、取操作数周期以及算术运算指令执行周期的微流程，对应地画出微操作流程图，如图 7.14～图 7.16 所示，图中每个框表示占用一个节拍，并在左上角标明节拍号。

取目的操作数和取源操作数的差别是最后一个节拍，取源操作数时将取到的操作数存入 TR，取目的操作数时将取到的操作数存入 A。此外，立即寻址只能用于源操作数，不能用于目的操作数。取目的操作数的微操作流程图不再给出。

（2）写出微操作控制信号的逻辑方程。

根据图 7.14～图 7.16 的微操作流程图，写出每个微操作控

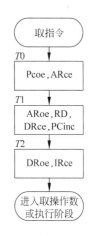

图 7.14 取指令的微操作流程图

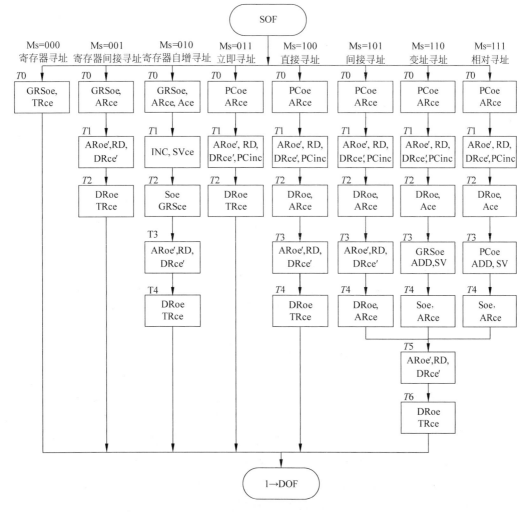

图 7.15 取源操作数的微操作流程图

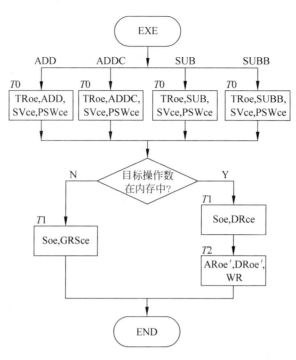

图 7.16　算术运算指令执行周期的微操作流程图

制信号的逻辑表达式。为简化问题，这里假设要设计的 CPU 只包含图 7.16 的 4 条算术运算指令。以 ARce 和运算器的 ADD 控制信号为例。

$$ARce = IF \cdot T0 + SOF \cdot (Ms=001) \cdot T0 + SOF \cdot (Ms=010) \cdot T0 + SOF \cdot (Ms=011) \cdot$$
$$T0 + SOF \cdot (Ms=100) \cdot T0 + SOF \cdot (Ms=101) \cdot T0 + SOF \cdot (Ms=110) \cdot T0 +$$
$$SOF \cdot (Ms=111) \cdot T0 + SOF \cdot (Ms=100) \cdot T2 + SOF \cdot (Ms=101) \cdot T2 + SOF \cdot$$
$$(Ms=101) \cdot T4 + SOF \cdot (Ms=110) \cdot T4 + SOF \cdot (Ms=111) \cdot T4 + DOF \cdot (Md=$$
$$001) \cdot T0 + DOF \cdot (Md=010) \cdot T0 + DOF \cdot (Md=011) \cdot T0 + DOF \cdot (Md=100) \cdot$$
$$T0 + DOF \cdot (Md=101) \cdot T0 + DOF \cdot (Md=110) \cdot T0 + DOF \cdot (Md=111) \cdot T0 +$$
$$DOF \cdot (Md=100) \cdot T2 + DOF \cdot (Md=101) \cdot T2 + DOF \cdot (Md=101) \cdot T4 + DOF \cdot$$
$$(Md=110) \cdot T4 + DOF \cdot (Md=111) \cdot T4$$

$$ADD = SOF \cdot (Ms=110) \cdot T3 + SOF \cdot (Ms=111) \cdot T3 + DOF \cdot (Md=110) \cdot T3 + DOF \cdot$$
$$(Md=111) \cdot T3 + EXE \cdot ADD \cdot T0$$

（3）设计逻辑电路。

逐个写出所有微操作控制信号的逻辑表达式后，进行化简，然后设计逻辑电路。需要说明的是，上述逻辑表达式是在极端简化的假设下得到的，也就是假设所设计的 CPU 只包含图 7.8 列出的 4 条算术运算指令，实际计算机的逻辑方程要复杂得多。几十个、几百个控制信号的生成逻辑组合在一起，构成一个多输入多输出的巨大的树状网络，结构无规则，导致实现电路异常复杂，在大规模集成电路出现以后，可以采用可编程与或阵列器件实现。硬布线控制器的整体结构如图 7.17 所示。某些控制信号的产生，还和 PSW 的状态标志有关，如 PCce，在执行条件转移指令时，状态条件满足时 PCce 为 1；否则 PCce 为 0。

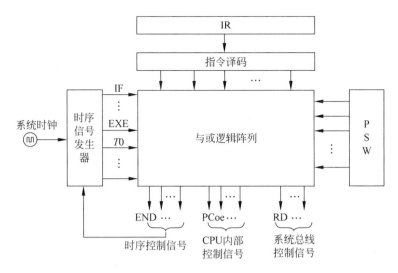

图 7.17　硬布线控制器结构框图

　　硬布线控制器的优点是速度快,微操作控制信号的产生只需要经过一级与门和一级或门。但是每个控制信号的产生没有统一的方法,其设计过程十分繁琐,不便于设计自动化,当指令系统复杂、不规整时,逻辑网络十分庞大,修改和调试都很困难。当硬布线控制器设计好后,如果要在指令系统中增加指令,则需要重新设计控制器,不便于扩展和实现系列机。

7.5　微程序控制器

7.5.1　微程序控制基本原理

　　计算机的操作可以归结为信息传递,而信息传递的关键是控制门。控制门可以用存储器中的信息来控制,从而可用类似于程序设计的方法来设计复杂的控制逻辑,这就是微程序控制(Microprogrammed Control)的基本思想,是由英国剑桥大学威尔克斯(M. V. Wilkes)教授早在 1951 年首先提出的。直到 1964 年,IBM 公司在 IBM System/360 系列机首次成功地应用了微程序控制技术,20 世纪 70 年代进入鼎盛发展时期。

　　微程序控制是将程序设计思想引入硬件逻辑控制,将微操作控制信号编码并有序存储起来,将一条指令的执行过程转化为一条条微指令的读出和执行的过程,这样做的结果使得控制器的设计变得容易并且控制器的结构也十分规整,便于扩充。

　　1. 基本术语

　　1) 微命令与微操作

　　用来打开或关闭信息控制门的控制命令称为**微命令**,由微命令控制实现的操作称做**微操作**。微命令与微操作是一一对应的,是同一事物的不同方面,从控制部件的角度,它发出的是微命令,从执行部件的角度,它的执行过程是微操作。例如,控制器发出的 PCoe 信号就是微命令,而将 PC 的内容输出到内部总线上就是该微命令对应的微操作。微命令实际上就是之前所说的微操作控制信号。

控制器和中央处理器

2）微指令和微周期

微指令(Microinstruction)是若干个微命令的组合。在某一个时间片内,通常需要产生多个微命令,例如 ARoe'、RD、DRce'、PCinc,这些微命令组合起来构成一条微指令。微指令是微程序执行的基本单位。

完成一条微指令的时间称为**微周期**,包括取微指令和执行微指令的时间。对于给定的微程序控制器,微周期的时间是一定的,与所包含的微命令的个数无关。

3）微程序

微程序(Microprogram)是一系列微指令的有序集合。一段微程序通常完成指令执行过程中的一个阶段,例如取指令阶段对应一段微程序,依据某种寻址方式取操作数对应一段微程序,不同指令的执行阶段对应各自的微程序。

4）控制存储器和微地址

用来存放微程序的存储器称为**控制存储器**(Control Memory,CM),简称控存。因为微程序是用来实现机器的指令系统的,应预先编制好存在控存中,通常不允许用户修改,所以控制存储器用 ROM 器件实现。某些机器允许用户扩充指令系统,设计了少量 RAM 存放用户微程序。控制存储器作为微程序控制器的组成部分,位于中央处理器的内部。

每个控存单元存放一条微指令,所以控制存储器的字长就是微指令的字长,在设计微指令格式时根据需要来确定。控存单元的地址称为微地址,即微指令的地址。

2. 微程序控制器的基本组成

图 7.18 是微程序控制器的基本组成框图。下面结合该图说明微程序控制的基本原理。

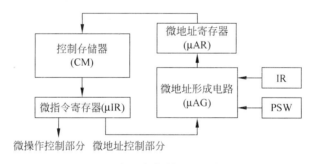

图 7.18　微程序控制器的基本组成

控制存储器(CM)在上面已经介绍。从控存取出的微指令送给微指令寄存器(μIR),开始执行这条微指令。微指令寄存器包含两部分:微操作控制部分和微地址控制部分。微操作控制部分通常以编码的形式存在,经过微指令译码后形成微操作控制信号,即微命令。微地址控制部分包含下一条微指令地址的信息,用于形成后继微指令的微地址;也就是控制微程序的执行顺序,所以也叫作微程序的顺序控制部分。

微地址形成电路(μAG)有 3 个输入,除了 μIR 的微地址控制部分之外,还有 IR 和 PSW。IR 主要用于产生微程序的入口地址,如依据指令的操作码形成对应各指令执行阶段的微程序入口地址。PSW 中的状态标志,在某些需要判定是否符合条件的场合,决定分支转移的微地址。

由 μAG 形成的微地址送给 μAR 之后,即开始从控存中读取相应单元的微指令。如此不断重复上述过程,完成一条条微指令的执行。

3. 微程序控制的基本工作过程

微程序控制的工作过程就是实现机器指令的过程,总体来说,仍然可以分为取指令、取操作数、执行几个阶段,每个阶段都对应了一段或若干段微程序,如图 7.19 所示。

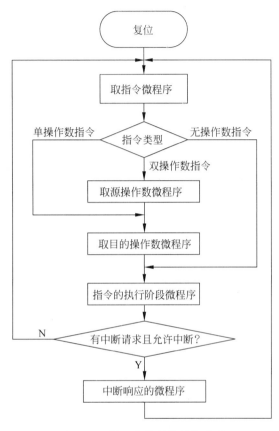

图 7.19　微程序控制的总体流程

(1)首先执行的微程序是取指令的微程序。在计算机系统复位时,微地址寄存器(μAR)被初始化为取指令微程序的入口地址,从控存相应单元读出取指令阶段的第一条微指令,并送给 μIR 执行微指令的功能。当取指令微程序的最后一条微指令完成时,机器指令被存放在 IR 中,即取到了将要执行的指令。

取指令微程序是公用的,也就是说,任何指令的取指令微程序都是同一段微程序,它在控存中的入口地址是固定的。只是在不同指令的取指微程序执行阶段,PC 的值不同,因此根据 PC 的值访问内存就可以取到不同的指令。

(2)IR 中的机器指令的操作码字段通过微地址形成电路(μAG)产生下一段微程序入口地址。如果是双操作数指令,则依据源操作数的寻址方式产生取源操作数的微程序入口地址;如果是单操作数指令,则依据目的操作数的寻址方式产生取目的操作数的微程序入口地址;如果是无操作数指令,则依据无操作数指令的操作码产生相应执行阶段微程序的入口地址。

(3)执行取源操作数,或者取目的操作数,或者无操作数指令的执行阶段的微程序。取源操作数的微程序完成后,转入取目的操作数的微程序。

(4) 取目的操作数的微程序完成后,依据有操作数指令的操作码产生相应执行阶段微程序的入口地址。

(5) 指令执行阶段的微程序完成后,如果没有中断请求,又回到取指令微程序的入口地址;如果有中断请求且允许中断,执行中断响应的微程序。如此周而复始。

7.5.2 微指令编码方式

微指令分为微操作控制部分和微地址控制部分,微操作控制部分是若干个微命令的组合。以何种方式组合,就是微指令编码方式要讨论的问题。在微指令的编码格式上,有一些术语,如直接编码和间接编码、水平型和垂直型等,它们在含义上存在一定的交叉。

所谓**水平型微指令**,是指微指令的字长比较长,在一条微指令中可以产生较多的微命令,操作的并行性较高。而**垂直型微指令**的字长比较短,操作的并行性不高,完成同样的操作,垂直型微指令编制的微程序比水平型微指令编制的微程序要长。一个在水平方向上比较宽,一个在垂直方向上比较深,故分别称为水平型和垂直型。

下面着重从编码方式的角度阐述微指令格式,并且讨论其水平、垂直的特性。

1. 直接控制方式

直接控制方式是指微指令中微操作控制部分的每一位对应一个微命令,微命令的产生不必经过译码,输出后直接作为微操作控制信号,因此又称不译法。

例如将 ALU 和移位寄存器的控制信号用直接控制法进行组合,结果如图 7.20 所示。

图 7.20 直接控制方式的微指令编码举例

这种方法直观,硬件实现简单,执行速度快,具有高度的并行操作能力,能控制多个部件同时操作。但是编码的效率太低,导致微指令字长很长,对控存容量的需求较大,对于需要几百个微命令的计算机,很不经济,缺乏实用价值。直接控制方式编码的微指令是典型的水平型微指令。

2. 字段直接编码方式

在实际操作中,很多微命令并不是同时需要的,甚至是不可能同时操作的。仍以图 7.20 为例,移位寄存器的控制信号 SLce、SRce 和 SVce 就不会同时产生,ALU 在一个微周期中只能做一种运算,运算控制信号 ADD、SUB、…、NOT 等只能有一个有效。但是运算控制和移位控制可能需要同时产生,如 ALU 做加法运算的同时,需要将结果保存到移位寄存器,就需要 ADD 和 SVce 同时有效。因此可以对它们分别进行二进制编码,如图 7.21 所示。可以看出,产生图 7.20 的 10 个微命令现在只需要 5 位,缩短了微指令字长,同时也保证了某些操作的并行性要求。

像这样将微指令分为若干个字段,每个字段独立编码,与其他字段无关,每种编码表示一个微命令,就称为**字段直接编码方式**。

对于那些在一个微周期中不应该或者不可能同时出现的微命令,称为**相斥性微命令**;而那些可以同时出现的微命令称为**相容性微命令**。例如,ALU 的运算控制微命令就是相斥

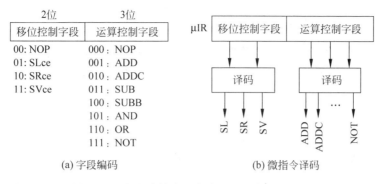

2位	3位
移位控制字段	运算控制字段

00: NOP　　000 : NOP
01: SLce　　001 : ADD
10: SRce　　010 : ADDC
11: SVce　　011 : SUB
　　　　　　100 : SUBB
　　　　　　101 : AND
　　　　　　110 : OR
　　　　　　111 : NOT

(a) 字段编码　　　　　　　　(b) 微指令译码

图 7.21　字段直接编码方式的微指令编码举例

性微命令,存储器的读和写也是相斥性的。但是 ALU 运算和存储器读写,这两类操作是对不同的部件,可以同时进行,就属于相容性的。很显然,相斥性的微命令应该安排在同一字段,而相容性的、尤其是那些必须同时操作的相容性微命令必须安排在不同字段,这是分段的基本原则。每条微指令的各个字段并不是始终都产生有效的微命令,因此每个字段还要安排一个编码表示没有任何操作,通常用编码 0 表示。

字段直接编码方式既可以缩短微指令字长,又保持了一定的并行操作能力。遵照相容、相斥的分段原则,常见的分段方法有两种考虑。

一种是按照明显的相斥性微命令分段。属于同一部件的微操作控制信号往往是相斥的;例如,移位寄存器不能同时做左移、右移和并行输入操作,运算器在一个微周期内只能做一种运算,存储器不能同时读写,这些都具有明显的相斥性。

另一种是从机器的实际操作出发,对所有的指令微操作流程仔细分析,将尽可能多的微命令编入同一字段。例如指令寄存器和存储器这两个部件的微命令,虽然原则上是相容的,可以同时操作,但是假设在分析了指令微流程之后,发现在所有的微流程中并没有同时操作的需要,那么也可以当作是相斥的,编入同一字段。

比较两种方案,第一种方法字段含义明确,可灵活地组成各种可能的操作,便于编写和扩充微程序。第二种方法进一步提高了编码率,缩短了微指令字长,但是设计较为困难,不利于微程序的修改和扩充。

字段直接编码方式和直接控制方式相比,缩短了微指令字长,但是并没有降低并行操作能力而导致微程序变长,仍然属于水平型微指令格式。在实际设计中,往往会将字段直接编码方式和直接控制方式混合使用。

3. 字段间接编码方式

字段间接编码方式是在字段直接编码方式的基础上,进一步缩短微指令字长的一种编码方法。在这种方式中,微命令的产生并不是直接从一个字段译码得到,而是需要另一个字段的编码加以解释,这就是间接的含义。

假设有两组不同类型的微命令,A 组和 B 组。可以采用这样的方案,在微指令中增加一位作为解释字段。当解释字段为 0 时,选择 A 组输出;当解释字段为 1 时,选择 B 组输出。这样 A 组和 B 组就可以共用一个字段,缩短了微指令字长。如果解释字段不止一位,就可以将更多的组归入同一字段。如图 7.22 所示,字段 K 的含义需要字段 N 来解释,假设字段 N 是 3 位,可以对字段 K 做出 8 种解释。

7.3.4 指令执行的微操作序列举例

上面介绍了指令执行过程各个阶段的微流程,图 7.6～图 7.8 中的每个图框表示一个步骤,如取指令过程需要分 3 个步骤完成。划分步骤的主要依据是完成一次数据通路的基本操作,具体有 3 种(见 7.2.3 节):

(1) CPU 内部总线上的一次数据传送;

(2) 系统总线上的一次数据传送,如主存的读或写操作;

(3) ALU 完成一次算术逻辑运算,包括将源操作数送到内部总线以及将运算结果保存到移位寄存器。

下面通过几个例子描述指令执行完整的微操作序列。

例 7.1 加法指令 ADD R1,(R2) 的微操作序列。

该指令的源操作数是寄存器寻址,目的操作数是寄存器间接寻址;指令的功能是将两个操作数相加。根据 JUC-Ⅱ指令编码表和寻址方式编码表(见第 6 章),可以写出该指令的机器码如下:

15	12	11	9	8	6	5	3	2	0
0 0 1 0		0 0 0		0 0 1		0 0 1		0 1 0	

1) 取指令

图 7.6 给出了取指令的微流程,要实现这个微流程,控制器必须给出一序列控制信号。例如 PC→AR,根据 7.2.3 节模型机数据通路,这是一次通过内部总线的数据传送,需要完成的微操作为 PCoe 和 ARce。类似地将图 7.6 微流程细化为微操作序列如下:

```
IF(Instruction Fetch)
   T0   PCoe,ARce
   T1   ARoe',RD,DRce',PCinc
   T2   DRoe,IRce
   T3   1→SOF
```

每个节拍与图 7.6 的一个图框对应。T1 节拍完成读存储器和 PC 自增,因为这两个操作使用不同的部件,所以可以在同一个节拍完成。T2 节拍将读出的指令送给指令寄存器 IR,也是一次内部总线的数据传送。指令取到 IR 之后,经过指令译码可知该指令是双操作数指令,因此 T3 节拍的 1→SOF 表示下面进入取源操作数阶段。

2) 取源操作数

源操作数是寄存器寻址,根据图 7.7 可知需完成 GRS→TR 的数据传送,微操作如下:

```
SOF(Source Operand Fetch)
   T0   GRSoe, TRce
   T1   1→DOF
```

源操作数在 R1 寄存器中,T0 节拍控制器发出 GRSoe 打开通用寄存器组的输出三态门,由指令码的 Rs 部分(第 8～第 6 位)作为寄存器号 Index 选择寄存器 R1,将 R1 的内容送到内部总线 IB,TRce 允许在时钟作用下将 IB 上的数据保存在 TR 寄存器中。T1 节拍的 1→DOF 表示下面进入取目的操作数阶段。

3）取目的操作数

DOF(Destination Operand Fetch)

   T0 GRSoe, ARce

   T1 ARoe', RD, DRce'

   T2 DRoe, Ace

   T3 1→EXE

目的操作数是寄存器间接寻址,寄存器 R2 的内容是有效地址,操作数在主存中的该地址单元里。T0 节拍将 R2 寄存器送到 AR,此时由指令码的 Rd 部分(第 2~第 0 位)选择寄存器 R2。T1 节拍完成一次存储器读操作。T2 节拍将读出的操作数送到 A 寄存器。

4）执行

本例指令的功能是将两个操作数相加,结果保存到以 R2 内容为地址的主存单元中。根据图 7.8 的微流程,写出微操作序列如下:

EXE(Execution)

   T0 TRoe, ADD, SVce, PSWce

   T1 Soe, DRce

   T2 ARoe', DRoe', WR

   T3 END

T0 节拍实现 ALU 运算,因为 ADD 指令将改变运算结果的状态标志,所以同时产生了 PSWce,将状态标志保存在 PSW 中。运算结果需要保存到目的操作数,因为目的操作数在主存中,所以 T1 节拍将运算结果送到 DR,T2 节拍将 DR 内容写入存储器。因为 AR 中保留着目的地址,所以并不需要重新获取目的地址。这也是先取源操作数、后取目的操作数的原因所在。

微操作序列中的 1→SOF、1→DOF、1→EXE 以及 END 是送给时序部件的控制信号,将在 7.4.2 节讨论。

例 7.2　数据传送指令 MOV　♯0100H，　R0 的微操作序列。

解:

IF

  (同前省略)

SOF

   T0 PCoe, ARce

   T1 ARoe', RD, DRce', PCinc

   T2 DRoe, TRce

   T3 1→DOF

DOF

   T0 GRSoe, Ace

   T1 1→EXE

EXE

   T0 TRoe, GRSce

   T1 END

分析:

该指令的源操作数是立即数,目的操作数是寄存器寻址,指令的功能是将常数 0100H 送到 R0 寄存器。根据指令编码表和寻址方式编码表,可以写出该指令的机器码如下:

转移方式字段在断定测试的基础上增加了固定转移的控制。固定转移时,微地址直接由下址字段给出;测试后转移时,微地址高位部分由下址字段的相应高位部分给出,微地址低位部分由测试结果给出。

7.5.4 微程序控制的时序

在微程序控制中,微操作控制信号是由微指令发出的。相比于硬布线控制时序,微程序控制不需要划分机器周期,也不需要划分节拍,只需要控制微指令的执行就可以了,因此微程序控制时序比较简单。与机器指令类似,完成一条微指令分为两个阶段:取微指令和执行微指令;微指令执行方式也与机器指令的执行方式类似,有串行方式和并行方式之分。

1. 串行执行方式

串行方式也称为顺序方式。在这种方式中,取微指令和执行微指令按顺序进行,在一条微指令执行完成后,才能取下一条微指令。也就是说,读取控存的操作和 CPU 数据通路的操作是串行进行的。如图 7.23 所示,时序系统有两个周期相等的信号 CP1 和 CP2:CP1 将 μAG 形成的微指令地址打入 μAR,启动了从控存读出微指令的操作;CP2 将控存输出的微指令打入微指令寄存器 μIR,开始执行这条微指令。下一条微指令的读出,表示当前微指令执行结束,因此在每个 CP1 出现时还应该保存上一条微指令的执行结果。

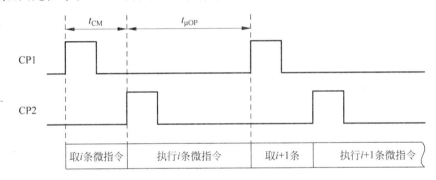

图 7.23　微指令的串行执行时序

假设控存的读出时间为 t_{CM},微指令的执行时间为 $t_{\mu OP}$,则一个微周期的时间可表示为

$$T_{\mu} = t_{CM} + t_{\mu OP}$$

$t_{\mu OP}$ 相当于硬布线控制的节拍周期,由于硬布线控制方式不需要从控存读取微指令,省去了控存的读出时间,所以硬布线控制比微程序控制速度更快。串行方式的主要缺点是速度慢。为了提高微程序的运行速度,可以采用并行方式。

2. 并行执行方式

并行执行方式又称为重叠方式。在这种方式中,取微指令和执行微指令是重叠进行的。在一条微指令执行结束之前,下一条微指令提前从控存中取出。也就是说,读取控存的操作和 CPU 数据通路的操作是并行进行的。图 7.24 中,CP1 和 CP2 的作用与串行方式基本相同,只不过下一条微指令的读出,在当前微指令执行结束之前。另外,因为 CP2 的出现表示上一条微指令执行结束,下一条微指令执行开始,所以通过 CP2 保存上一条微指令的执行结果,这一点也与串行执行方式不同。

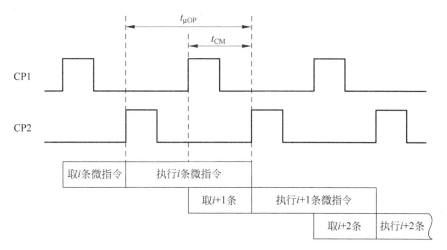

图 7.24　微指令的并行执行时序

可见,微周期就是微指令的执行时间,即

$$T_{\mu} = t_{\mu OP}$$

与串行执行方式相比,并行执行方式大大提高了运行速度。

但是由于某些微转移地址的生成依赖于当前微指令的执行结果,在微指令尚未执行完成时,相关的状态条件尚未形成,取到的微指令有可能并不是下一条要执行的微指令。简单的解决办法是,当遇到需要根据当前微指令的操作结果来决定下一条微指令的地址时,增加一条空操作微指令,将分支判断放在空操作微指令中进行,相当于延迟了一个微周期,显然这损失了并行执行的性能。其他方法如微指令预取将增加微程序控制器设计的复杂性。

以上介绍了微程序控制器的组成、工作原理以及所涉及的相关技术,下面将这些技术用于模型计算机的微程序控制器设计。

7.6　微程序控制器设计实例

本节以基于 JUC-Ⅱ型处理器的模型机为例,具体介绍微程序控制器的设计。在设计微程序控制器之前,要先完成 CPU 数据通路(见 7.2.3 节)、指令系统(见 6.5.3 节)的设计,并拟定指令的微流程,这与硬布线控制器设计的前期工作是一样的。JUC-Ⅱ模型机的微程序控制器基本组成框图如图 7.25 所示,时序系统采用串行执行方式。后续工作主要是设计微指令格式(包括微命令编码、后继微指令地址形成方式),并设计与指令系统对应的微程序。

7.6.1　微指令编码设计

首先要分析微命令的相容、相斥性。同一部件的微操作控制信号具有明显的相斥性,可以归入一个字段,例如 ALU 的各种运算控制、移位寄存器的操作,见表 7.1 的 F2、F3 字段。但是大部分部件的操作种类很少,如果完全按照部件来分段,会导致利用率不高,微指令字长很长。考虑到数据通路上的各个部件不能同时向内部总线输出数据,所以把 XXoe 归入一段,见表 7.1 的 F0 字段;从内部总线接收数据 XXce 虽然不具备硬件上的相斥性,但是数据通路上的数据传送,大部分都是一个发送,一个接收,故也可以把它们归入一段,见

T5 节拍将形式地址与寄存器内容相加,相加的结果作为有效地址,再去读出操作数。计算有效地址的加法运算是由 ALU 完成的,但是注意,与加法指令执行阶段不同,这里的运算结果不改变 PSW。

执行阶段将减法运算的结果存入目的操作数所在的内存单元。执行阶段并不需要重新计算目的地址,因为在取目的操作数时计算出的有效地址仍然保留在 AR 中。从这个例子更能看出先取源操作数,后取目的操作数的意义;如果先取目的操作数,那么在取源操作数的过程中会将 AR 中的目的地址覆盖,保存结果时需要重新计算目的地址,增加了流程的复杂性并延长了指令的执行时间。

例 7.5 加 1 指令 INC 5(PC)的微操作序列。

解:

```
IF
    (同前省略)
DOF
    T0    PCoe, ARce
    T1    ARoe', RD, DRce', PCinc
    T2    DRoe, Ace
    T3    PCoe, ADD, SVce
    T4    Soe, ARce
    T5    ARoe', RD, DRce'
    T6    DRoe, Ace
    T7    1→EXE
EXE
    T0    TRoe, INC, SVce, PSWce
    T1    Soe, DRce
    T2    ARoe', DRoe', WR
    T1    END
```

分析:

本例是单操作数指令,没有取源操作数阶段。目的操作数的寻址方式为相对寻址,T0、T1 节拍从指令的第二个字取出偏移量,T2~T4 节拍将偏移量与 PC 的内容相加作为有效地址,T5 节拍根据有效地址读操作数,T6 节拍将操作数保存到 A 寄存器中。寻址过程中,有两次将 PC 的内容输出,第一次是作为指令第二个字的地址,第二次是作为相加的运算数;第一次输出之后,PC 加 1,所以参与相加的 PC 值是偏移量所在单元的下一个单元的地址。

7.4　硬布线控制器

无论是硬布线控制器还是微程序控制器,产生的控制信号必须是有时间先后顺序的,即要对控制信号进行定时。与微程序控制器相比,硬布线控制器对控制信号的定时要复杂得多,常用的时序控制方式有同步方式、异步方式和两种方式的结合。

7.4.1　同步控制和异步控制

1. 同步控制方式

同步控制方式是指各项操作由统一的时标单位进行同步。时序系统产生统一的、顺序固定的、周而复始的多级时序信号,所有的操作都与某一级时序信号同步。每一个时序信号的出现时刻和长度都是固定的。

对于不同的指令,因为所完成的操作不同,所需的时间也就不同,例如条件转移指令的执行阶段,产生转移和不产生转移所需的时间不同。在同步控制方式下,不管实际需要的时间是否一样,留给执行操作的时间都是一样的,到达规定的时间才转入下一阶段,因此执行时间短的操作就会有空闲的时间。

在设计同步时序系统时,某一级时序信号的长度应该照顾到最慢的操作也能够完成,显然这种方式有其不合理之处,使得快速操作迁就慢速的操作,影响了指令执行速度;但是它设计简单,容易实现,在各个操作速度差别不大的情况下,仍然是最好的选择。

2. 异步控制方式

异步控制方式的时序系统不设置统一的时标单位,各部件按自身的操作速度决定占用时间,分别实现对各部件的时序控制。各部件之间以应答的方式协调不同的工作速度,如图 7.9 所示,3 个部件的操作速度不同,一个部件的操作完成的信号作为下一个部件的启动信号,各部件根据自己的需要决定占用的时间长度。

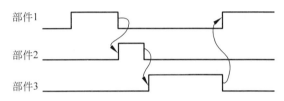

图 7.9　异步控制方式的时序信号举例

异步控制方式最大限度地利用了时间,没有浪费,但是时序系统的设计较为复杂。

3. 混合控制方式

现代计算机不同程度地采用异步控制方式,差别在于异步的范围不同。一般是在功能部件级,如 CPU、存储器、输入输出部件之间采用异步控制;功能部件内部,如 CPU 内部采用同步控制。

另一方面,在以同步控制为主的设计中也可以采取局部性的异步控制措施。对慢速部件仍然采用异步的应答信号,只不过并不是在任何时刻立即对应答信号做出反应,而是等到下一个同步信号到达时才生效的,相当于按同步信号的长短延迟或插入一个或几个时标单位。这种方式也称做准同步控制方式。

7.4.2　多级时序系统

在同步控制方式中,通常将时序信号划分为几级,称为多级时序。硬布线控制器的时序系统通常分为 3 级:机器周期、节拍、时钟脉冲。3 级时序信号之间的关系如图 7.10 所示。

1. 节拍

节拍是完成一些最基本的操作所需的时间,如一次 CPU 内部数据传送、一次 ALU 运算、一次存储器访问。节拍长度的确定有两种策略,同步控制策略和准同步控制策略。

在同步控制方式下,节拍长度要迁就最慢的操作。由于读写主存储器的时间比 CPU 内部操作的时间要长,所以将主存储器的存取时间作为节拍的长度。这样在一个节拍的时可见,如果是双操作数指令,那么指令编码的 $IR_{15\sim12}$ 不全为零,则 $\mu AR_1=0,\mu AR_0$ 任意;如果是单操作数指令,那么 $IR_{15\sim12}$ 全为零,但 $IR_{11\sim6}$ 不全为零,则 $\mu AR_1=1,\mu AR_0=0$;如果是无操作数指令,$IR_{15\sim12}$ 和 $IR_{11\sim6}$ 都全为零,则 $\mu AR_1=1,\mu AR_0=1$。

3. 依据指令操作码的多分支微转移

在进入执行阶段时,应根据机器指令的操作码产生该指令的微程序入口地址。通常一条机器指令对应一段微程序,所以转移的分支将非常多,称为宽转移。这条宽转移是所有指令执行阶段的总入口,微转移方式 BM 编码为 4。

依据指令操作码生成微转移地址,可以直接用操作码作为微地址的低位,微地址的高位是预先设定的常数,它决定了微地址范围。以双操作数指令为例,指令操作码是指令编码的 15～12 位,将其直接作为微地址的最低 4 位;假设需要将微程序入口分配在 040H ～ 04FH,则微地址的高 5 位固定为 00100,如图 7.27(a)所示。

(a) 双操作数指令的微程序入口地址形成

(b) 单操作数指令的微程序入口地址形成

(c) 无操作数指令的微程序入口地址形成

图 7.27 依据指令操作码的多分支转移地址形成

对照指令编码表,可以得到各个双操作数指令的微程序入口地址。用类似的方法可以产生单操作数指令和无操作数指令的微程序入口地址,如图 7.27(b)和图 7.27(c)所示,可知单操作数指令的微程序入口地址范围是 060H～07FH,无操作数指令的微程序入口地址范围是 058H～05FH。

对比上面 BM=2 的 3 分支微转移地址形成方法,共同点是微地址分两段,低位是根据运行时的条件(如当前指令的编码)决定的;不同的是高位形成方法,BM=2 的微转移地址高位是由当前微指令的下址字段 NA 决定的,而 BM=4 的微转移地址高位是固定的常数。常数的取值根据整个控存空间的分配决定,并无特定的含义。

4. 依据目的操作数寻址方式的两分支微转移

在指令执行阶段保存运算结果时,需要判断目的操作数是在寄存器中,还是在内存中,这就需要依据目的操作数寻址方式决定转移地址。根据寻址方式编码和指令格式,只有当 IR_5、IR_4 和 IR_3 都为零时,结果存入寄存器,其他情况均存入存储器。因此可以用 μAR_0 区分二分支的微转移地址,逻辑方程如下:

$$\mu AR_0 = IR_5 + IR_4 + IR_3$$

如果目的操作数是在寄存器中,则 $\mu AR_0=0$;如果目的操作数是在内存中,则 $\mu AR_0=1$。微地址的高位由下址字段 NA 直接给出,微地址的形成方法如图 7.28 所示。

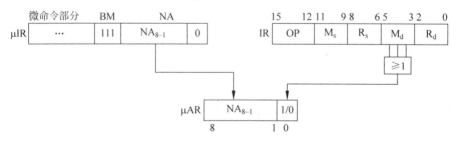

图 7.28 依据目的寻址方式的两分支微地址形成

7.6.3 取指令的微程序设计

根据图 7.14 的取指令微流程和表 7.1 微指令的编码格式,可以写出取指令的微程序。第一条微指令包含两条微命令:PCoe、ARce,查表 7.1,F0 字段为 1 表示 PCoe 有效,F4 字段为 2 表示 ARce 有效,因此这两个字段分别填入 001 和 010,见表 7.3;其他没有操作的字段填入 0,F9 下址字段填入下一条微指令的地址,微转移方式为固定转移,故 F8 为 000。整个微指令转换为十六进制表示是 20080001H。

表 7.3 第一条微指令的编码

F0:XXoe (3 位)	F1:XXce (3 位)	F2:ALU (4 位)	F3:Shifter (2 位)	F4:AR (2 位)	F5:DR (2 位)	F6:PC (1 位)	F7:M/IO (3 位)	F8:BM (3 位)	F9:NA (9 位)
001	000	0000	00	010	00	0	000	000	000000001

表 7.3 反映了手工计算微指令编码的方法,填表时需注意根据每个字段的宽度填入相应的二进制位数。为了方便书写,后面用十六进制表示字段编码和微指令编码,见表 7.4。

表 7.4 取指令的微程序

微地址 (H)	微指令(H)	微指令字段(H)										微命令
		F0	F1	F2	F3	F4	F5	F6	F7	F8	F9	
000	20080001	1	0	0	0	2	0	0	0	0	001	PCoe、ARce
001	00069002	0	0	0	0	1	2	1	1	0	002	ARoe'、RD、DRce'、PCinc
002	CC000003	6	3	0	0	0	0	0	0	0	003	DRoe、IRce
003	00000404	0	0	0	0	0	0	0	0	2	004	BM2

表 7.4 中的第一列对应每条微指令在控存中的微地址;第二列为每条微指令的 10 个字段拼接后形成的十六进制编码;微指令字段所包含的 10 列为每条微命令 10 个字段的编码,也用十六进制表示,0 代表空操作;最后一列对应每条微指令中有效的微命令。

000~002 微指令完成取指令的功能,003 是一条微转移指令(F8 字段为 2),它将产生 3 个分支。表 7.4 中 003 微转移指令的下地址 NA=004H,经过微地址生成逻辑产生 μAR_1 和 μAR_0 后形成的微地址分别为 004H、005H、006H、007H,其中 004H 和 005H 是取源操作数微程序的入口地址,006H 是取目的操作数的微程序入口,007H 是执行阶段的微程序入口。

7.6.4 取操作数的微程序设计

取操作数的微程序转移比较频繁,不能像取指令的微程序那样完全按照微地址的顺序执行,为了能够比较容易地看清微程序的执行顺序,这里采用流程图的形式来表达微程序。如图 7.29 所示,每条微指令用一个图块表示,图块的左上角是以十六进制表示的该微指令的微地址,右上角是微指令代码,中部是该微指令包含的微命令,右

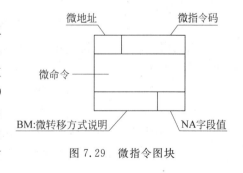

图 7.29 微指令图块

控制器和中央处理器

4. 指令周期

指令周期是指完成一条指令的时间,即从取指令到执行完指令的全部时间。不同指令的指令周期不尽相同,例如无操作数指令不需要取操作数,其指令周期就比需要到主存取操作数的指令要短。在时序系统中,通常不需要为指令周期产生标志信号,因此也不将其作为一级时序。

平均指令周期反映了计算机指令的执行速度,它与 MIPS 的关系是:

$$\text{MIPS} = \frac{1}{\text{平均指令周期}(\mu s)} \tag{7.1}$$

例 7.6 设某计算机的主频为 25MHz,采用定长机器周期,每个机器周期 4 个节拍,每个节拍占 4 个时钟周期,每个指令周期平均是 3.125 个机器周期。试问该计算机的 CPI 是多少?平均指令周期是多少? MIPS 是多少? 若每个节拍占 2 个时钟周期,其他条件都不变,MIPS 又是多少?

解:CPI 即执行一条指令所需的平均时钟周期数,故

CPI = 每个机器周期的时钟周期数 × 每条指令的平均机器周期数

$$= (4 \times 4) \times 3.125 = 50$$

已知主频为 25MHz,所以时钟周期为 1/25MHz=0.04μs,平均指令周期为 50×0.04μs=2μs。由式(7.1),则平均指令执行速度

$$\text{MIPS} = 1/2 = 0.5$$

第 1 章中式(1.4)给出了主频与 CPI、MIPS 之间的关系,即

$$\text{MIPS} = 主频/(\text{CPI} \times 10^6) = 25\text{MHz}/(50 \times 10^6) = 0.5$$

两种方法计算结果一样,从中可以更深入地理解这些指标的含义。

若每个节拍为 2 个时钟周期,那么平均指令周期为 (4×2)×3.125×0.04μs=1μs,则平均指令执行速度为 1MIPS。

7.4.3 硬布线控制器的设计

硬布线控制器常见的设计方法有状态表法、延迟单元法和时序计数器法。曾经广泛采用的是时序计数器法。时序计数器法的实质,是将复杂的时序问题,转化为定时区域内较简单的组合逻辑设计问题。本节主要介绍用时序计数器法设计控制器。

1. 硬布线控制器的设计步骤

在设计完成 CPU 数据通路、指令系统、时序系统之后,硬布线控制器的设计步骤如下:

(1) 拟定指令的微流程。将每一条指令的执行过程按时间顺序以流程图的形式表示出来,例如图 7.6~图 7.8 所示。

(2) 进一步将微流程表达成微操作序列的形式,并按照时序系统的设计,将微操作分配到各个机器周期和节拍。这一步将指令流程中所规定的具体操作落实到由哪个部件完成,在什么时间完成。

(3) 根据微操作流程,逐个写出微操作控制信号的逻辑表达式。它是一个与或逻辑表达式,一般形式是:

微操作控制信号 = 机器周期×节拍×指令码×状态条件 + ······

(4) 对逻辑表达式进行逻辑化简,并采用适当的逻辑器件实现。

2. 硬布线控制器设计举例

下面通过举例说明硬布线控制器的设计方法。

（1）拟定全部指令的微操作流程。

图 7.6～图 7.8 已经给出了取指令周期、取操作数周期以及算术运算指令执行周期的微流程，对应地画出微操作流程图，如图 7.14～图 7.16 所示，图中每个框表示占用一个节拍，并在左上角标明节拍号。

取目的操作数和取源操作数的差别是最后一个节拍，取源操作数时将取到的操作数存入 TR，取目的操作数时将取到的操作数存入 A。此外，立即寻址只能用于源操作数，不能用于目的操作数。取目的操作数的微操作流程图不再给出。

（2）写出微操作控制信号的逻辑方程。

根据图 7.14～图 7.16 的微操作流程图，写出每个微操作控

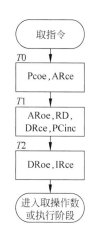

图 7.14 取指令的微操作流程图

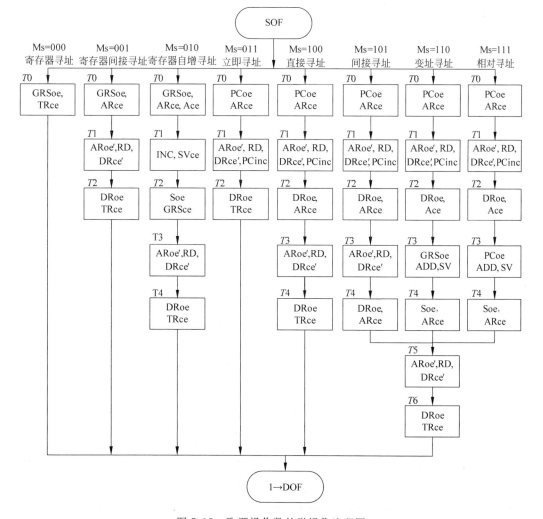

图 7.15 取源操作数的微操作流程图

207

第 7 章

控制器和中央处理器

MOV 指令是将源操作数送给目的寄存器或内存单元,原本并不需要 ALU 运算;为了能够和运算指令共用保存结果的微程序,需要将 TR 中的源操作数送给 SHIFTER 寄存器,因此也经过了 ALU。041H 微指令将 TR 送到 ALU 的 A 输入端,下一条微指令将结果保存在 SHIFTER 中,并根据目的操作数的寻址方式决定转向 050H 还是 051H,将 SHIFTER 的内容保存到目的寄存器或内存单元。

图 7.31 的微程序中,040H、042H、048H 等微指令的下址字段 NA＝050H,根据 BM＝7 的微转移实现方法(见图 7.28),可知产生的两分支微地址分别是 050H(目的操作数在寄存器中)和 051H(目的操作数在内存中)。

保存结果之后,意味着当前指令执行完成,微程序应该转向 000H 去取下一条指令。但是考虑到对中断的支持,050H 和 052H 微指令的 BM＝1,测试是否有中断请求并且允许中断,如果没有,转向 000H 取下一条指令;如果有,转向 080H 执行中断响应的微程序。有关中断的内容将在后面输入输出章节介绍。

数值比较指令 CMP 和逻辑测试指令 TEST 只影响特征标志,不保存运算结果,并且测试是取下一条指令还是响应中断。

2. 子程序调用指令的微程序设计

子程序调用指令是单操作数指令,实际上它并不需要取操作数阶段取到的"操作数",它需要的只是有效地址,也就是被调用子程序的首地址。例如指令"CALL　addr"的 addr 指出了子程序的首地址,CALL 指令执行的结果就是使程序转到该地址执行,但是和 JMP 指令的转移不同,在子程序结束时,还要能通过 RET 指令返回调用程序,即 CALL 指令的下一条指令。因此,必须将返回地址保存在堆栈中,以便通过 RET 指令返回。假设堆栈是向上增长的,用符号描述 CALL 指令的操作如下:

$$(SP)-1 \rightarrow SP, \quad PC \rightarrow (SP), \quad addr \rightarrow PC$$

即首先将堆栈指针减 1,得到新的栈顶地址,然后将 PC 的内容压入堆栈,将下一条指令的地址保存在堆栈中,最后将目的地址送入 PC,使程序转到被调用的子程序。实现这些操作的微程序见表 7.5,为便于后面更清楚地观察分析,用空白表示值为 0 的字段。

表 7.5　CALL 指令的微程序

微地址 (H)	微指令(H)	微指令字段(H)										微　命　令
		F0	F1	F2	F3	F4	F5	F6	F7	F8	F9	
07A	F4000090	7	5							0	090	SPoe、Ace
090	02B00091			A	3					0	091	DEC、SVce
091	B0000092	5	4							0	092	ARoe、TRce
092	60080093	3				2				0	093	Soe、ARce
093	7C000094	3	7							0	094	Soe、SPce
094	20030095	1					3			0	095	PCoe、DRce
095	00052096						1	1	2	0	096	ARoe'、DRoe'、WR
096	84000200	4	1							1	000	TRoe、PCce

07AH 和 090H 微指令利用 ALU 完成(SP)-1,也就是计算新的栈顶地址;092H 微指令将这个地址送给 AR,093H 微指令更新 SP;接下来的 094H 和 095H 微指令将当前 PC 的内容存入栈顶单元。在这个过程中,因为要访问堆栈,所以必须通过 AR 给出栈顶的地

址,但是 AR 的内容是取操作数阶段得到的子程序的首地址,最终要将它送入 PC 实现程序的转移,不能被破坏,所以 091H 微指令事先将 AR 中的地址保存在 TR 中,最后的 096H 微指令从 TR 中取出送入 PC。

3. 微程序的优化

仔细分析表 7.5 的微程序,发现有些微指令的操作分别作用在不同的部件上,可以合并成一条微指令。例如 090H 和 091H 微指令,一个是 ALU 的操作,一个是内部总线上的传送;再如 092H 和 093H 两条微指令,移位寄存器 S 的输出可以同时送给 AR 和 SP 保存;还有 095H 和 096H 两条微指令,一个是通过系统总线访问存储器,一个是 CPU 内部总线上的传送,也可以合并。表 7.6 是优化后的微程序。可见优化后的微程序充分发挥了微指令的并行操作能力,将原来的 8 条微指令减少到 5 条,提高了 CALL 指令的执行速度。从这个例子可以看出,合理细致的微指令分段对并行操作能力有很好的作用。

表 7.6 优化后的 CALL 指令的微程序

微地址(H)	微指令(H)	F0	F1	F2	F3	F4	F5	F6	F7	F8	F9	微命令
07A	F8000090	7	5	0	0	0	0	0	0	0	090	SPoe、Ace
090	B2B00091	5	4	A	3	0	0	0	0	0	091	DEC、SVce、ARoe、TRce
091	7C080092	3	7	0	0	2	0	0	0	0	092	Soe、ARce、SPce
092	20030093	1	0	0	0	0	3	0	0	0	093	PCoe、DRce
093	84052200	4	1	0	0	1	1	0	2	1	000	ARoe'、 DRoe'、WR、TRoe、PCce

到此为止,两种方式控制器的组成结构、控制原理和设计方法已全部介绍完毕。硬布线控制器和微程序控制器各有自己的特点,因此使用场合也不同。例如,在精简指令集计算机(RISC)系统中,通常用硬布线方式设计控制器;在复杂指令集计算机(CISC)系统中,通常用微程序控制方式设计控制器。总的目标是降低控制器的复杂度,提高指令的执行速度。

7.7 流水线技术

7.7.1 流水线的基本原理

前面几节介绍的计算机执行指令的过程,是在一条指令执行完后,才取下一条指令的,这种方式并不能充分发挥各个部件的并行工作能力。例如,在取指令阶段,存储器工作,但执行部件运算器是空闲的。为了提高计算机的性能,将流水线生产的思想用于计算机,形成了流水线技术(Pipelining)。

流水线是将一个重复性的过程分解为若干个处理时间大致相等的子过程,每个子过程由一个特定的功能部件来完成,这样,多个子过程就可以同时在不同的部件中完成。将流水线技术应用于指令的执行过程,就形成了**指令流水线**(Instruction Pipeline)。这些子过程称为流水线的"段"或"级"(stage),例如一个流水线分为 4 个子过程就称为 4 段流水线或 4 级流水线。流水线的段数也称为流水线的深度。

流水线的工作可用如图 7.32 所示的时空图来描述。假设指令的执行过程可分为取指令、译码(取数据)和执行 3 个阶段,图中横坐标表示时间,纵坐标表示空间,即流水线的段。

2) 微指令和微周期

微指令(Microinstruction)是若干个微命令的组合。在某一个时间片内,通常需要产生多个微命令,例如 ARoe'、RD、DRce'、PCinc,这些微命令组合起来构成一条微指令。微指令是微程序执行的基本单位。

完成一条微指令的时间称为**微周期**,包括取微指令和执行微指令的时间。对于给定的微程序控制器,微周期的时间是一定的,与所包含的微命令的个数无关。

3) 微程序

微程序(Microprogram)是一系列微指令的有序集合。一段微程序通常完成指令执行过程中的一个阶段,例如取指令阶段对应一段微程序,依据某种寻址方式取操作数对应一段微程序,不同指令的执行阶段对应各自的微程序。

4) 控制存储器和微地址

用来存放微程序的存储器称为**控制存储器**(Control Memory,CM),简称控存。因为微程序是用来实现机器的指令系统的,应预先编制好存在控存中,通常不允许用户修改,所以控制存储器用 ROM 器件实现。某些机器允许用户扩充指令系统,设计了少量 RAM 存放用户微程序。控制存储器作为微程序控制器的组成部分,位于中央处理器的内部。

每个控存单元存放一条微指令,所以控制存储器的字长就是微指令的字长,在设计微指令格式时根据需要来确定。控存单元的地址称为微地址,即微指令的地址。

2. 微程序控制器的基本组成

图 7.18 是微程序控制器的基本组成框图。下面结合该图说明微程序控制的基本原理。

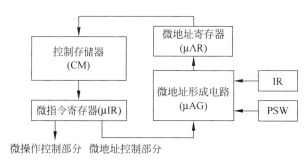

图 7.18 微程序控制器的基本组成

控制存储器(CM)在上面已经介绍。从控存取出的微指令送给微指令寄存器(μIR),开始执行这条微指令。微指令寄存器包含两部分:微操作控制部分和微地址控制部分。微操作控制部分通常以编码的形式存在,经过微指令译码后形成微操作控制信号,即微命令。微地址控制部分包含下一条微指令地址的信息,用于形成后继微指令的微地址;也就是控制微程序的执行顺序,所以也叫作微程序的顺序控制部分。

微地址形成电路(μAG)有 3 个输入,除了 μIR 的微地址控制部分之外,还有 IR 和 PSW。IR 主要用于产生微程序的入口地址,如依据指令的操作码形成对应各指令执行阶段的微程序入口地址。PSW 中的状态标志,在某些需要判定是否符合条件的场合,决定分支转移的微地址。

由 μAG 形成的微地址送给 μAR 之后,即开始从控存中读取相应单元的微指令。如此不断重复上述过程,完成一条条微指令的执行。

3. 微程序控制的基本工作过程

微程序控制的工作过程就是实现机器指令的过程,总体来说,仍然可以分为取指令、取操作数、执行几个阶段,每个阶段都对应了一段或若干段微程序,如图 7.19 所示。

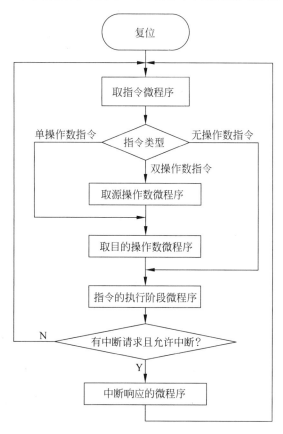

图 7.19 微程序控制的总体流程

(1) 首先执行的微程序是取指令的微程序。在计算机系统复位时,微地址寄存器(μAR)被初始化为取指令微程序的入口地址,从控存相应单元读出取指令阶段的第一条微指令,并送给 μIR 执行微指令的功能。当取指令微程序的最后一条微指令完成时,机器指令被存放在 IR 中,即取到了将要执行的指令。

取指令微程序是公用的,也就是说,任何指令的取指令微程序都是同一段微程序,它在控存中的入口地址是固定的。只是在不同指令的取指微程序执行阶段,PC 的值不同,因此根据 PC 的值访问内存就可以取到不同的指令。

(2) IR 中的机器指令的操作码字段通过微地址形成电路(μAG)产生下一段微程序入口地址。如果是双操作数指令,则依据源操作数的寻址方式产生取源操作数的微程序入口地址;如果是单操作数指令,则依据目的操作数的寻址方式产生取目的操作数的微程序入口地址;如果是无操作数指令,则依据无操作数指令的操作码产生相应执行阶段微程序的入口地址。

(3) 执行取源操作数,或者取目的操作数,或者无操作数指令的执行阶段的微程序。取

控制器和中央处理器

从上面的计算过程可以看出,只有当流水线中有源源不断的任务输入时,才能够充分发挥流水线的高效率。

7.7.3 流水线的分类

从不同的角度和观点,可以有多种不同的流水线分类方法。下面是几种常见的分类。

(1) 按处理级别分。

将流水线技术用于计算机系统的不同层次,可分为部件级流水线、处理器级流水线和系统级流水线。

部件级流水线是将复杂运算过程分为几个阶段,按照流水线的工作方式连接各段,这种流水线也称为**算术流水线**(Arithmetic Pipeline)。例如,浮点加减运算可分为求阶差、对阶、尾数加减和规格化 4 个阶段,可按照 4 段流水线组织其工作。

处理器级流水线又称为**指令流水线**,前面已经简单介绍了,7.7.4 节还将以 5 段流水线为例进一步讨论。

系统级流水线由多个处理机通过存储器串行连接起来,对同一数据流进行不同的处理。前一个处理机的输出结果通过存储器送给下一个处理机的输入。这种流水线又称为**宏流水线**(Macro Pipeline)。

(2) 按功能多少分。

按照流水线所完成的功能,可分为单功能流水线和多功能流水线。

单功能流水线(Unifunction Pipeline)的各段之间的连接关系固定不变,只能完成一种固定的功能。例如流水线浮点加法器只能完成浮点加减运算,流水线浮点乘法器只能完成浮点乘法运算。

多功能流水线(Multifunction Pipeline)的各段可以进行不同的连接,以实现不同的功能。例如美国 TI 公司的 ASC 计算机的算术流水线就是多功能流水线,它有 8 个功能段,

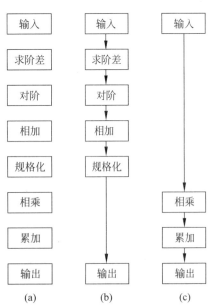

图 7.33 TI-ASC 计算机的多功能流水线

如图 7.33(a)所示,按不同的方式连接,可以实现浮点加减法运算(图 7.33(b))和定点乘法运算(图 7.33(c))。

(3) 按静动态分。

多功能流水线可以进一步细分为静态流水线和动态流水线。

静态流水线(Static Pipeline)在同一时间内只能按一种功能连接流水线。当流水线要切换到另一种功能连接时,必须等当前的流水线排空,才能改变连接。以图 7.33 的多功能流水线为例,如果流水线当前实现的是浮点加法运算,如果要切换到定点乘法运算,必须等最后一个浮点加法运算完全流出流水线,才能改变连接,开始定点乘法运算。显然,如果功能连接频繁转换,将严重影响流水线的效率。

动态流水线(Dynamic Pipeline)允许在同一时间内多功能流水线的各功能段连接成多个功能,以

同时执行多种功能。动态流水线不必排空当前功能的流水线,就可以进入另一功能流水线,提高了流水线的效率。但是由于在同一时间内某一个功能段只能加入一种连接中,切换时要保证不能在公用段发生冲突,使得动态流水线的控制比静态流水线的控制要复杂得多。

(4) 按是否存在反馈回路分。

如果流水线的处理从头到尾顺序进行,中间不存在反馈回路,就称为**线性流水线**(Linear Pipeline);否则,称为**非线性流水线**(Nonlinear Pipeline)。非线性流水线在一次任务处理过程中,某些功能段要流过一次以上。由于存在反馈,非线性流水线必须解决新任务不与先前的任务争用功能段的问题,因此非线性流水线的控制更为复杂。

7.7.4 指令流水线的相关与冲突

相关(dependence)是指两条指令之间存在某种依赖关系,**冲突或冒险**(hazard)是指对于给定的流水线,由于相关的存在,使得指令流水线不能顺利地重叠执行。本节以典型的 5 段流水线为例,讨论指令流水线的相关和冲突。假设流水线的 5 个阶段是:

(1) 取指令(IF)。从存储器中取出指令送给 IR。

(2) 指令译码(ID)。对指令进行译码,根据 IR 中的寄存器地址从寄存器组读取操作数。

(3) 执行计算(EX)。ALU 对操作数进行运算;对于访存类指令,计算访存的有效地址。

(4) 存储器访问(MEM)。访存类指令根据上面计算出的有效地址从存储器中读出数据或者写入数据到存储器。转移类指令将有效地址作为转移地址,没有数据操作。其他指令没有操作。

(5) 结果写回寄存器(WB)。ALU 运算结果写入寄存器,或者是从存储器装入的数据写入寄存器。

为了便于后面的讨论,采用另一种时空图的表示方法,如图 7.34 所示。横坐标是以时钟周期表示的时间,纵坐标是指令的执行顺序,时空区中是相应指令的各个流水段。这种时空图更直观地展现了指令的重叠执行情况。

时钟周期	1	2	3	4	5	6	7	8
指令1	IF	ID	EX	MEM	WB			
指令2		IF	ID	EX	MEM	WB		
指令3			IF	ID	EX	MEM	WB	
指令4				IF	ID	EX	MEM	WB

图 7.34 5 段指令流水线的时空图

1. 结构相关与冲突

结构相关是指两条指令在同一个时钟周期争用同一个硬件资源,满足不了指令重叠执行的要求,由此发生的冲突称为**结构冲突**,又称资源相关、冲突。以图 7.34 为例,假设指令 1 是访存指令,在时钟周期 4,指令 1 和指令 4 都要访问存储器,指令 1 存取数据,指令 4 从存储器取指令;如果指令和数据放在同一个存储器中,就发生了冲突。

相关和冲突会引起流水线的阻塞,如图 7.35 所示,指令 4 将被推迟,显然这种停顿影响了流水线的性能。

时钟周期	1	2	3	4	5	6	7	8	9
指令1	IF	ID	EX	MEM	WB				
指令2		IF	ID	EX	MEM	WB			
指令3			IF	ID	EX	MEM	WB		
指令4				阻塞	IF	ID	EX	MEM	WB

图 7.35　用延迟执行解决流水线冲突

另一种办法是采用哈佛结构,即将程序存储器和数据存储器分开,或者主存储器仍然是一个,但是指令 cache 和数据 cache 分开。图 7.34 指令 1 保存数据访问的是数据存储器,指令 4 取指令访问的是程序存储器,就不会引起冲突。

2. 数据相关与冲突

如果一条指令的操作数,依赖于前面某条指令的操作结果,那么这两条指令就发生了**数据相关**。例如,执行以下两条指令:

```
ADD  R1, R2, R3  ;(R1) + (R2)→R3
OR   R3, R2, R6  ;(R2) ^ (R3)→R6
SUB  R3, R4, R5  ;(R4) - (R3)→R5
```

第二条 OR 指令和第三条 SUB 指令的操作数 R3 依赖于第一条 ADD 指令的运算结果,在非流水线的执行中,ADD 指令先将结果写入 R3,后续指令再从 R3 读出,保证了先写后读的顺序。但是在流水线中执行就发生了数据冲突,如图 7.36 所示,ADD 指令要到第五个时钟周期才将结果写入 R3,但是 OR 指令和 SUB 指令在 ID 阶段就将 R3 作为操作数取出,造成了先读后写的错误,这种情况称为**写后读冲突**(Read After Write, RAW)。

时钟周期	1	2	3	4	5	6	7
ADD	IF	ID	EX	—	WB		
OR		IF	ID	EX	—	WB	
SUB			IF	ID	EX	—	WB

图 7.36　数据相关与冲突的示例

解决数据相关可以采用后推法,即暂停流水线中后继指令的运行,直至前面指令已经写入结果,显然这种方法会影响流水线的效率。

另一种解决方法是采用**转发**(forwarding)技术,又称为**定向传送**或**旁路**(bypassing)技术。其基本思想是设计一条专用的数据通路,将暂存器中的运算结果直接转发给 ALU 的输入端,这样就不必等待运算结果写入通用寄存器组、然后再从通用寄存器组中取出。在图 7.36 的例子中,ADD 指令的运算结果,实际上在第三个时钟周期的 EX 阶段结束时就已经产生了,如果将其直接送给需要它的 SUB 指令的 EX 段,流水线就不需要停顿。但是第二条 OR 指令的数据相关并不能用定向传送解决。

数据相关与冲突除了上例的写后读,还有读后写(WAR)、写后写(WAW),这里就不一一介绍了。

3. 控制相关与冲突

控制相关与冲突主要是由转移指令引起的。图 7.37 中,假如第一条指令是无条件转移指令,转移地址是在 MEM 段写入 PC 的,而在此之前进入流水线的指令 2、指令 3、指令 4 都是按照没有转移的顺序取指令的,所以它们都不应该进入流水线。

时钟周期	1	2	3	4	5	6	7	8
JUMP	IF	ID	EX	MEM	WB			
顺序指令2		IF	ID	EX	MEM	WB		
顺序指令3			IF	ID	EX	MEM	WB	
顺序指令4				IF	ID	EX	MEM	WB

图 7.37　转移指令引起的控制相关与冲突

解决控制冲突最简单的方法仍然是使流水线停顿。即一旦在流水线的指令译码 ID 段检测到转移指令,就暂停其后所有指令的执行,等到 MEM 段之后重新取指令,如图 7.38 所示,流水线将会阻塞(停顿)三个周期。

时钟周期	1	2	3	4	5	6	7	8
JUMP	IF	ID	EX	MEM	WB			
目标指令1		阻塞	阻塞	阻塞	IF	ID	EX	MEM	WB
目标指令2						IF	ID	EX	MEM
目标指令3							IF	ID	EX

图 7.38　转移指令造成的流水线停顿

假如是条件转移指令,有可能转移,也有可能顺序执行。为了优化流水线的性能,可以采用尽早判别转移是否发生,尽早生成转移目标地址;预取转移或不转移两个分支上的目标指令;提高分支预测准确率等方法。

7.7.5　流水线的指令调度

指令调度就是在一个局部的程序块中重新安排指令的顺序,以消除指令间的相关性,提高流水线的效率。

指令调度分为静态调度和动态调度。**静态调度**是在编译阶段分析确定指令间的相关性,并通过调整指令的顺序来避免冲突。**动态调度**是在运行阶段通过硬件调整指令的实际执行顺序,以减少流水线的空闲。

下面以数据相关为例,说明静态调度的基本思想。假设程序中有这样的指令序列:

```
ADD  R1, R2, R3    ;(R1) + (R2)→R3
OR   R3, R2, R6    ;(R2) ^ (R3)→R6
SUB  R3, R4, R5    ;(R4) - (R3)→R5
LOAD M, R7         ;(M)→R7
```

前面已经分析第二条指令和第一条指令存在数据相关,但是最后一条指令和前面的指令都没有冲突,如果将指令的顺序调整如下,就可以利用定向传送消除相关性。

```
ADD  R1, R2, R3    ;(R1) + (R2)→R3
LOAD M, R7         ;(M)→R7
OR   R3, R2, R6    ;(R2) ^ (R3)→R6
SUB  R3, R4, R5    ;(R4) - (R3)→R5
```

时空图如图 7.39 所示。

静态指令调度由编译器完成。除了数据相关,也可以解决某些情况下无条件转移指令

第 7 章

控制器和中央处理器

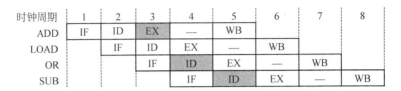

时钟周期	1	2	3	4	5	6	7	8
ADD	IF	ID	EX	—	WB			
LOAD		IF	ID	EX	—	WB		
OR			IF	ID	EX	—	WB	
SUB				IF	ID	EX	—	WB

图 7.39　指令调度解决数据相关

引起的控制相关。静态调度只能解决部分冲突,程序运行时流水线硬件负责检测是否仍然存在冲突,如果不能采用数据旁路等技术消除冲突,那么将从产生相关的指令开始暂停流水线。

　　动态调度通过硬件在程序运行期间重新排列指令的执行顺序,消除指令间的相关性,减少流水线的停顿。典型的实现方法有记分板(Scoreboard)和 Tomasulo 算法等。

7.7.6　超标量与超流水线

　　一般的流水线处理机只有一条指令流水线,每个时钟周期完成指令的平均条数小于1,即它的**指令级并行度**(Instruction Level Parallelism,ILP)<1。超标量和超流水线处理机在一个时钟周期内可以有多条指令完成,即它们的指令级并行度 ILP 都大于1。

1. 超标量

　　超标量(superscalar)处理机通过重复设置独立的功能部件,建立两条以上的指令流水线,在多条流水线中同时执行多条指令,因而在每个时钟周期内可以有多条指令完成。例如 Intel Pentium 处理机采用了超标量技术,它有 U、V 两条指令流水线,每条流水线都有自己的 ALU、地址生成电路和数据 cache 的接口。同时执行两条流水线的三级超标量流水线工作示意图如图 7.40 所示。

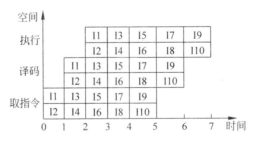

图 7.40　超标量流水线工作示意图

2. 指令发射策略

　　指令发射(instruction issue)是指启动指令去处理器功能单元执行的过程,通常发生在指令从流水线的译码阶段转向执行阶段的时候。

　　如果指令的发射是按照指令在程序中预定的顺序进行的,称为**按序发射**(in-order issue);否则,称为**乱序发射**(out-of-order issue)。同样,如果指令的完成是按照指令在程序中预定的顺序的,称为**按序完成**(in-order completion);否则称为**乱序完成**(out-of-order completion)。

　　超标量流水线的指令发射策略通常分为3种:按序发射,按序完成;按序发射,乱序完成;乱序发射,乱序完成。

　　最简单的指令发射策略是按序发射,按序完成,即指令按程序规定的顺序发射,并以同样的顺序写结果。如果流水线中的两条指令存在相关,引起流水线停顿,后续指令就无法执行,使超标量处理机中的多条流水线、多个功能部件并不能完全发挥效率。

乱序发射是在运行时由硬件动态地调整发射顺序,而不是完全按照程序中规定的顺序,从而尽可能地避免指令之间的冲突,更大地发挥超标量流水线的效率。采用乱序发射时,指令的完成顺序也必然是乱序的。乱序发射,乱序完成是典型的动态调度。

3. 超流水线

超流水线(super pipelining)是通过增加少量硬件,将流水线的段再进一步细分为若干子段,通过各部分硬件的高度重叠执行,使得流水线的处理周期比普通流水线的处理周期短,从而提高处理机的性能。

图 7.41 是超流水线的工作示意图。超流水线处理机的工作方式和超标量处理机不同。超标量处理机是通过重复设置多个译码、执行、写回等功能部件构成多条流水线同时运行多条指令;而超流水线是在一个时钟周期内再进一步分段,例如 ID 段可细分为"取操作数 1"和"取操作数 2"两个子段,提高并行处理能力。

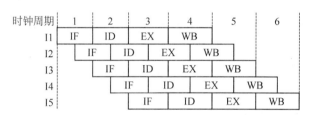

图 7.41　超流水线工作示意图

习　题

7.1　控制器主要由哪些部件组成? 各部分的功能是什么? 产生控制信号的依据是什么?

7.2　控制器有哪几种实现方式? 各有什么特点?

7.3　为什么说计算机的工作过程就是执行指令的过程? 简述指令执行的基本过程。

7.4　指令和数据均以二进制形式存放在存储器中,CPU 是怎样区分指令和数据的?

7.5　中央处理器(CPU)包含哪两大部件? 它的主要功能是什么?

7.6　CPU 数据通路需要能够完成哪些基本操作? 如何确定哪些操作必须在同一个节拍完成、哪些操作不能在同一个节拍?

7.7　根据图 7.5 的数据通路,写出下列指令的微操作序列。

(1) MOV ＃1008H,R1

(2) AND R1,1000H

(3) DEC (2000H)

(4) SAR (R3)

(5) JMP 10H(PC)

7.8　什么是同步控制? 什么是异步控制? 各有什么特点?

7.9　三级时序系统是指哪三级? 三者之间有什么关系?

7.10　设机器 A 的主频为 8MHz,机器周期含 4 个时钟周期,且该机的平均指令执行速度是 0.4MIPS,试求该机的机器周期和平均指令周期,每个指令周期中平均含几个机器周期? 如果机器 B 的主频为 12MHz,且机器周期也含 4 个时钟周期,试问机器 B 的平均指令执行速度为多少 MIPS?

7.11　微程序控制的基本思想是什么? 和硬布线控制相比,有什么优点和不足?

7.12　画出微程序控制器的基本组成框图,根据指令运行过程,结合相关部件说明其工作原理。

7.13　微指令编码采用字段直接编码方式时,分段的基本原则是什么?

7.14　什么是水平型微指令? 什么是垂直型微指令?

7.15　写出表 7.2 中 BM＝5 时的微转移地址生成方法,假设 NA＝008H,所产生的寄存器寻址、寄存器间接寻址、变址寻址和其他寻址的微程序首地址分别是什么?

7.16　根据图 7.27,写出 PUSH、POP 和 CALL 指令执行阶段的微程序入口地址,各条移位指令执行阶段对应的微程序入口地址又分别是多少?

7.17　假设无操作数指令执行阶段对应的微程序地址范围是 038H～03FH,参照图 7.27 写出微程序入口地址的生成方法。

7.18　已知某计算机采用微程序控制方式,其控制存储器容量为 512×48 位,微程序可在整个控存范围内实现转移,可控制转移的条件共 4 个,微指令格式如下,试问微指令中 3 个字段分别应为多少位?

微命令字段	测试断定字段	下地址字段

7.19　某计算机字长 16 位,采用 16 位定长指令字结构,部分数据通路结构如图 7.42 所示,图中所有控制信号为 1 时表示有效、为 0 时表示无效,例如控制信号 MDRinE 为 1 表示允许数据从 DB 打入 MDR,MDRin 为 1 表示允许数据从内总线打入 MDR。假设 MAR 的输出一直处于使能状态。加法指令"ADD (R1),R0"的功能为(R0)＋((R1))→(R1),即将 R0 中的数据与 R1 的内容所指主存单元的数据相加,并将结果送入 R1 的内容所指主存单元中保存。

表 7.7 给出了上述指令取指令和译码阶段每个节拍(时钟周期)的功能和有效控制信号,请按表中描述方式用表格列出指令执行阶段每个节拍的功能和有效控制信号。

表 7.7　题 7.19 表

时　钟	功　能	有效控制信号
C1	MAR ← (PC)	PCout、MARin
C2	MDR←M(MAR),PC←(PC)+1	MemR、MDRinE、PC+1
C3	IR←(MDR)	MDRout、IRin
C4	指令译码	无

7.20　某计算机有 8 条微指令 I1～I8,每条微指令所含的微命令控制信号如表 7.8 所示。

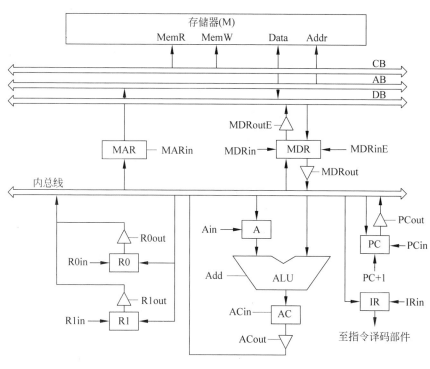

图 7.42 题 7.19 图

表 7.8 题 7.20 表

微指令	微 命 令									
	a	b	c	d	e	f	g	h	i	j
I1	√	√	√	√	√					
I2	√			√		√	√			
I3		√						√		
I4			√							
I5			√		√		√	√	√	
I6	√							√		√
I7			√	√				√		
I8	√	√	√					√		

a～j 分别代表 10 种不同性质的微命令,假设一条微指令的操作控制字段为 8 位,试安排微指令的操作控制字段格式,并写出表中微指令的代码。

7.21 某双总线模型机如图 7.43 所示。双总线分别记为 B1 和 B2;图中连线和方向标明数据通路及流向,并注有相应的控制信号(微命令);A、B、C、D 为 4 个通用寄存器;X 为暂存器,M 为多路选择器,用于选择进入暂存器 X 的数据;存储器为双端口,分别面向总线 B1 和 B2,当 RD1 有效时,读出存储单元的内容并保存在 DR1 中,当 RD2 有效时,读出存储单元的内容并保存在 DR2 中。

试写出指令"ADD (A),(B)"从取指阶段、取数阶段到执行阶段的全部微流程。该指令功能源和目的操作数均为寄存器间接寻址。

控制器和中央处理器

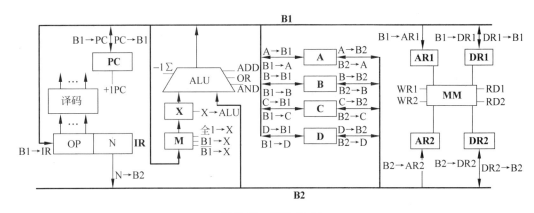

图 7.43　题 7.21 图

7.22　在 5 个功能段的指令流水线中,假设每段的执行时间分别是 10ns、8ns、10ns、10ns 和 7ns。对于完成 12 条指令的流水线而言,其加速比为多少? 该流水线的实际吞吐量为多少?

7.23　某计算机的指令流水线由 4 个功能段组成,分别完成取指(IF)、译码并取数(ID)、执行(EX)、写结果(WR),假设指令流经各个功能段的时间(忽略各功能段之间的缓存时间)分别为 90ns、80ns、70ns 和 60ns。

(1) 该计算机 CPU 时钟周期至少是多少?

(2) 若相邻的指令发生数据相关,那么后一条指令安排推迟多少个周期才不至于发生错误? 画出这两条指令在流水线中执行的时空图。

(3) 若相邻的指令发生数据相关,为了不推迟后一条指令的执行,可采取什么措施?

7.24　某计算机采用以下"按序发射、按序完成"的 5 级指令流水线:IF(取指)、ID(译码及取数)、EXE(执行)、MEM(访存)、WB(写回寄存器),且硬件不采取任何转发措施,BNE 分支指令的执行均引起三个时钟周期阻塞,则下面的程序中哪些指令的执行会由于数据相关而发生流水线阻塞? 哪条指令的执行会发生控制冲突? 为什么指令 I1 的执行不会因为与指令 I5 的数据相关而发生阻塞?

```
I1: LOOP:    SLL  R4, R2, 2      ;(R2)<< 2→R4
I2:          ADD  R4, R4, R3     ;(R4) + (R3)→R4
I3:          LOAD R5, 0(R4)      ;((R4) + 0)→R5
I4:          ADD  R1, R1, R5     ;(R1) + (R5)→R1
I5:          ADDI R2, R2, 1      ;(R2) + 1→R2
I6:          BNE  R2, R6, LOOP   ;if(R2)!= (R6) go to LOOP
```

7.25　表 7.9 给出了某 16 位计算机指令系统中部分指令格式,其中 Rs 和 Rd 表示寄存器,mem 表示存储单元地址,(x)表示寄存器 x 或存储单元 x 的内容。

该计算机采用 5 段流水方式执行指令,各流水段分别是取指(IF)、译码/读寄存器(ID)、执行/计算有效地址(EX)、访问存储器(M)和结果写回寄存器(WB),流水线采用"按序发射,按序完成"方式,没有采用转发技术处理数据相关,并且同一个寄存器的读和写操作不能在同一个时钟周期内进行。存储器采用哈佛结构。请回答下列问题。

表 7.9 题 7.25 指令系统中部分指令格式

名　　称	指令的汇编格式	指 令 功 能
加法指令	ADD　Rs,Rd	(Rs) ＋ (Rd)→Rd
算术/逻辑左移	SHL　Rd	2 * (Rd)→Rd
算术右移	SHR　Rd	(Rd)/2→Rd
取数指令	LOAD　Rd,mem	(mem)→Rd
存数指令	STORE　Rs,mem	(Rs)→mem

(1) 若某个时间段中,有连续的 4 条指令进入已排空的流水线,在其执行过程中没有发生任何阻塞,则执行这 4 条指令所需的时钟周期数为多少?

(2) 若高级语言程序中某赋值语句为 x＝a+b,x、a 和 b 均为 int 型变量,它们的存储单元地址分别为[x]、[a]和[b]。该语句对应的指令序列及其时空图如图 7.44 所示。

```
I1   LOAD   R1,[a]
I2   LOAD   R2,[b]
I3   ADD    R1,R2
I4   STORE  R2,[x]
```

则这 4 条指令执行过程中,I3 的 ID 段和 I4 的 IF 段被阻塞的原因各是什么?

指令	时间单元													
	1	2	3	4	5	6	7	8	9	10	11	12	13	14
I1	IF	ID	EX	M	WB									
I2		IF	ID	EX	M	WB								
I3			IF				ID	EX	M	WB				
I4							IF				ID	EX	M	WB

图 7.44 题 7.25 指令序列及其执行过程示意图

(3) 若高级语言程序中某赋值语句为 x＝2 * x+a,x 和 a 均为 unsigned int 类型变量,它们的存储器单元地址分别表示为[x]、[a],试写出该语句对应的指令序列,并画出它们在流水线中执行的时空图。

第8章 存 储 体 系

存储体系是指计算机中由存放程序和数据的各种存储设备、控制部件及管理信息调度的设备(硬件)和算法(软件)所组成的系统。

8.1 并行存储器

目前,计算机性能的瓶颈主要集中在主存储器的带宽上,由于在冯·诺依曼机中存储器处于核心地位,所有的信息交换都需要通过主存储器进行,所以对主存储器的性能要求极高。通常提高主存储器数据传输率的方法只有两种,一种是采用高速存储器件来提高访问速度;另一种是采用并行技术来提高存储器的带宽。

8.1.1 双端口存储器

传统的单端口存储器,只有一组访问端口,包含一套主存地址寄存器 MAR、地址译码器、主存数据寄存器 MDR 和一套读写电路,在任何一个时刻,只能接受来自外部的一个访问请求,属于一种串行工作方式,所以在 CPU 和 I/O 外设都需要访问主存时,经常产生主存争用冲突。

双端口存储器(Dual-ported RAM)正是为了解决这个问题而专门设计的,它有两组相对独立的访问端口,即两套主存地址寄存器 MAR、地址译码器、主存数据寄存器(MDR)和两套读写电路,两个端口可以分别连接两套独立的总线,见图 8.1。由于两套端口相对独立,所以可以同时接受来自 CPU 和 I/O 外设的访问请求,使得存储器访问工作实现了并行,从而能有效地提高整个存储系统的效率。

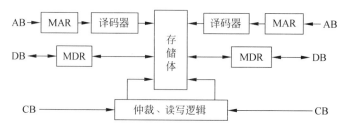

图 8.1 双端口存储器示意图

两个访问端口独立工作互不干扰,只有当两个端口试图在同一时间内访问同一地址单元时,才会发生冲突。这时将由存储器的仲裁逻辑根据两端口访问请求到达存储器的微小时间差,决定首先为哪一方服务,被延缓访问的另一方的等待时间很短,小于一个存储周期。

8.1.2 多模块交叉存储器

一般的存储器是单体单字存储器,只包含一个存储体。多模块存储器是按照资源重复的思想并行设立了多个相同的存储模块,在一个存储周期中,多个存储模块同时存取多个字,以此来提高访问速度。根据其组织方式的不同,多模块存储器又可以分为单体多字和多体单字两种方式。

1. 单体多字存取方式

单体多字的单体是指只有一套地址寄存器 MAR 和译码电路,多字指的是存在多个容量相同的存储模块或存储体。由于共用同一套地址寄存器 MAR 和译码电路,所以在同一个读写周期中,将按同一地址并行访问各个存储模块的相对应单元,若存储模块有 N 个,每个存储模块每次访问的字长为 W 位,则 N 个存储模块可以同时访问 $N \times W$ 位。所以这 N 个存储模块也可以看成一个大的存储器,其容量为所有模块容量之和,每次访问的信息长度为 $N \times W$ 位,含 N 个字,如图 8.2 所示。

这 N 个字被读出以后可以同时或分时送到总线上,CPU 在访问主存的时候,带宽将提高为原来的 N 倍。当然这需要一个前提条件,那就是指令和数据在主存中的存放必须是连续的,一旦遇到转移指令,或数据本身无法连续存放,这种方法的效果就不怎么明显,甚至还会出现大量的访存冲突。

2. 多体单字交叉访问方式

多体单字的多体是指含有多个容量相同的存储模块,而且每个存储模块都有各自独立的地址寄存器 MAR、译码电路、数据寄存器 MDR 和读写电路。各个模块可以独立工作,既能并行工作也能交叉工作。所

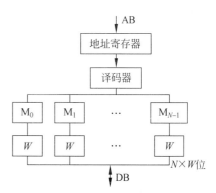

图 8.2 单体多字存储器示意图

谓交叉访问是指,各个模块的存储单元交叉编址且存取时间均匀分布在同一个存取周期当中。

多体单字交叉访问存储器结构如图 8.3 所示,存储器地址寄存器的低位部分经过译码选择不同的存储模块,而高位部分则存放每个存储模块的模块内地址。现以 4 个存储模块构成的多体交叉存储器为例来说明其常用的编址方式。若有 4 个存储模块分别为 M_0、M_1、M_2、M_3,可以看到连续的地址 0、1、2、3 被依次分配到相邻的存储模块 M_0、M_1、M_2、M_3 中,然后 4、5、6、7 又被依次分配到相邻的存储模块 M_0、M_1、M_2、M_3 中,直到所有地址全部分配完成为止。可以看到由于连续的地址被分布到相邻的存储模块中,而同一个存储模块内的地址是不连续的,所以称为交叉编址,又称为横向编址。在本例中,由于存储模块有 4 个,所以成为模 4 交叉编址。若有 N 个存储模块,则称为模 N 交叉编址。一般 N 应为 2 的整数幂。

多体交叉访问存储器采用分时启动的方式,利用流水线的工作方式进行工作,在不改变每个模块的存储周期的前提之下,利用流水线的时间重叠技术,提高整个主存的访问速度。例如 4 个存储模块,在第一个存储周期 T 的开始时刻启动存储模块 M_0,之后在 $T/4, T/2,$ $3T/4$ 的时刻分别启动模块 M_1、M_2、M_3,如图 8.4 所示,经过 T 后,4 个模块进入并行工作方式,各模块的存储周期互相重叠,在完全并行无冲突的理想状态下,整个主存的存储周期可以缩小为原来的 1/4,即存储速度提高为原来的 4 倍。若存储模块的个数为 N 个,则存储周

期可以缩小为原来的 $1/N$，即存储速度提高为原来的 N 倍。

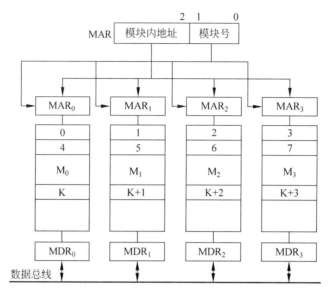

图 8.3　多体单字交叉访问存储器示意图

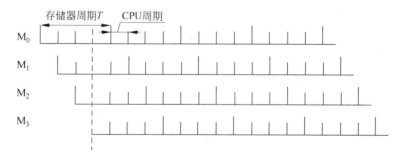

图 8.4　多体单字交叉访问存储器($N=4$)分时启动时序图

但是在实际应用过程中，由于数据相关和程序转移的原因，并行性将无法达到理想状态，所以实际值一般在 T/N 到 $T/\sqrt{N}$ 之间。交叉存取的最大缺陷是当任一模块出现问题的时候，整个存储器都将无法正常工作。

例 8.1　设有 8 个模块组成的 8 体存储器结构，每个模块的存取周期为 400ns，存储字长为 32 位。数据总线宽度为 32 位，总线传输周期为 50ns，求交叉存储的存储器带宽。

解：8 体存储器的总信息量 $=32\times8$ 位 $=256$ 位。

对于 8 体交叉存储器，连续读出 8 个字所花费的总时间为

$$t2 = T + (m-1)\tau = 400\text{ns} + (8-1)\times50\text{ns} = 750\text{ns} = 7.5\times10^{-7}\text{s}$$

因此，交叉存储器的带宽 $=256/(7.5\times10^{-7})=34\times10^{7}(\text{b/s})$。

8.1.3　相联存储器

常规的存储器都是按照地址去寻找内容的，但是在某些情况下需要根据内容去查找其所在的地址或者是根据一部分内容去查找与之相关的其他内容。

相联存储器(Content-Addressable Memory,CAM)就是既可以按地址寻址,又可以按内容查找的存储器,其基本原理是把存储单元所存内容的某一部分作为检索项(即关键字项),去检索该存储器,查看存储单元单元的内容是否与检索项相匹配。若匹配,则检索成功;否则检索不成功。特别值得注意的是,相联存储器是根据某个已知内容在整个存储器各个存储单元中同时进行查找的,因此是一种并行工作模式。这使得相联存储器和普通的随机存储器一样,检索任何存储单元的时间都是相同的,不依赖于存储位置或前面的存取样式。

如果按照顺序方式,在按地址查找访问的普通线性存储器中寻找一个存储字的平均操作是 $m/2$(m 是存储器的字数总和),而在相联存储器中,仅需要一次检索操作,因此可以极大地提高处理速度。在计算机系统中,相联存储器主要用于在虚拟存储器中,存放分段表、页表和快表;在高速缓冲存储器中,相联存储器作为存放 cache 的 Tag 标记之用;以及在数据库与知识库中按关键字检索。

相联存储器(见图 8.5)的组成主要包括以下几个部分。

(1)检索寄存器:用来存放检索字,其位数和相联存储器存储单元的位数相等。

(2)屏蔽寄存器:用来存放屏蔽码,屏蔽一些不用选择查找的字段,其位数和检索寄存器的位数相同。

(3)符合寄存器:用来存放查询比较的结果,其位数等于相联存储器的存储单元个数,每一位对应一个存储单元,位的序数即为相联存储器的单元地址。

(4)比较电路:用于将检索项和从存储体中读出的所有单元内容的相应位进行比较,如果有某个存储单元和检索项符合,就把符合寄存器的相应位置"1",表示该字已被检索;否则置"0"。

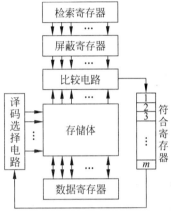

图 8.5 相联存储器的基本组成

(5)数据寄存器:用来存放存储体中读出的数据,或者存放向存储体中写入的数据。

(6)存储体:由高速半导体存储器构成,以求快速存取。

8.2 高速缓冲存储器

由 DRAM 组成的主存的速度始终无法达到 CPU 的速度要求,两者之间的速度差距在一个数量级以上,所以,在进行信息交换的过程中,往往是 CPU 在等待主存进行工作。为了形象地说明这一点,可以举一个例子,一个 CPU 速度为 2GHz、DDR SDRAM 速度为400MHz 的系统,为了简化起见,假定处理器每个时钟周期内可以执行一条指令,在每个时钟周期内内存都可以发送/接收数据,同时不考虑可能会出现其他需要 CPU 去处理的操作。在这个简单的例子中,CPU 每秒可以处理 20 亿条指令(和/或数据),而内存每秒只能传送 4 亿个数据。结果是在每 5 个 CPU 时钟周期中就有 4 个浪费在等待上。即使 CPU 这个时候还可能会去处理某些中断,控制某些 I/O 操作等,但是仍然还是有许多时间浪费在等待数据上。

而高速缓冲存储器的产生正是为了平衡两者之间的速度差异,它的速度基本接近或等于 CPU 的速度,在与 CPU 进行信息交换时,等待的时间远小于主存。

8.2.1 cache 的基本原理

cache 的基本工作原理是程序访问的局部性原理,其包含两个方面的含义:时间局部性和空间局部性。时间局部性是指如果某一个存储单元刚刚被访问到,则很有可能该存储单元很快会被再次访问,如循环程序。空间局部性是指如果某一个存储单元刚刚被访问过,则与该存储单元相邻的单元也很可能马上将被访问到。这主要是由于程序大部分都是顺序编写、顺序存储的,而且绝大部分情况下也是顺序执行的。至于数据,单个标量数据本身是具有离散性的,但是现在操作的很多图形图像、声音等多媒体数据以及数据库表等数据一般是

以向量、数组、树、表等形式存储在一起。

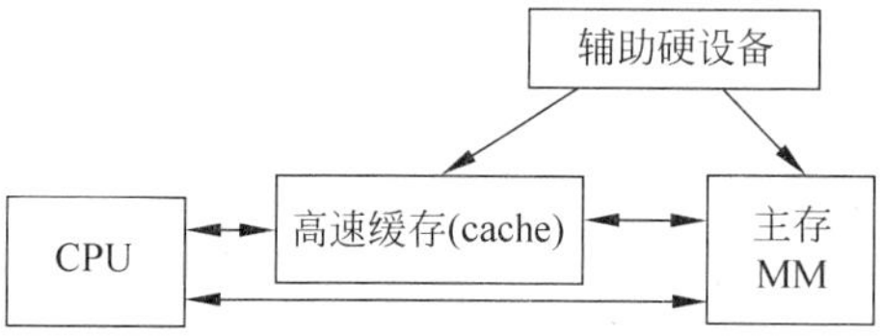

正因如此,高速缓冲存储器将正在访问的主存中的部分程序和数据拷贝到一个小容量高速度的存储器中,并使得 CPU 访问存储器的操作,主要集中在 cache 中,从而使得程序运行的速度大大提高,其在系统中的位置如图 8.6 所示。

图 8.6 cache 在系统中的位置

8.2.2 地址映像

由于主存和 cache 相比,容量大很多,所以 cache 只能保存主存中最活跃部分的副本,且两者之间是以块为单位来进行信息交换的。因此,为了将主存中最活跃的部分装入指定的 cache 位置,必须按照某种规则或算法将主存地址映射为 cache 的对应地址,这种规则或算法就是地址映像。该规则或算法通常以硬件方式加以实现,加快了从主存地址到 cache 地址的变换过程,该硬件通常称为地址变换机构。

主存与 cache 的地址映像有三种方式:全相联映像方式、直接映像方式和组相联映像方式。cache 与主存的信息交换都是以块为单位来进行的,cache 的数据块通常称为行(Line),cache 行与主存块的大小是相等的,如图 8.7 所示,每个块(行)中含 2^b 个字。图中主存容量为 2^m 块,cache 容量为 2^c 行,后面的讨论均以此为例。

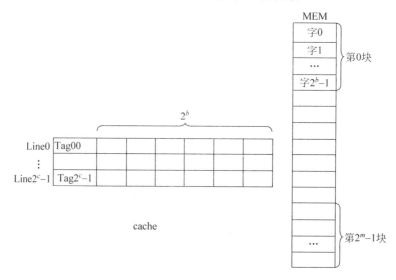

图 8.7 cache 中的行与主存中的块

1. 全相联映像方式

全相联映像(Associative Mapping)方式的具体规则是主存中的任何一块都可以装入 cache 中的任何一块中。由于没有任何确定的位置要求,所以只要 cache 有空闲块,主存的块就可以调入,通常又称为自由映像。在这种方式下,地址变换机构如图 8.8 所示,tag 字段是用于存放每个 cache 行的对应主存块的标记字段,显然 tag 标记的数量与 cache 的行数相同,tag 号和 cache 的行号一一对应。因为全相联映像方式没有明确的对应关系,所以主存地址被分为两个部分,分别是主存块号和块内地址。图 8.8 中,主存地址块号为 m 位,块内地址为 b 位。由于主存任一块可以存入 cache 的任一行中,所以用 tag 标记字段记录主存的块号,cache 的行与主存块的对应关系。因此 tag 标记字段的位数与主存块号的位数相同,为 m 位。当主存中的块装入 cache 的时候,其块号将被装入 cache 中对应 tag 标记字段的单元位置。

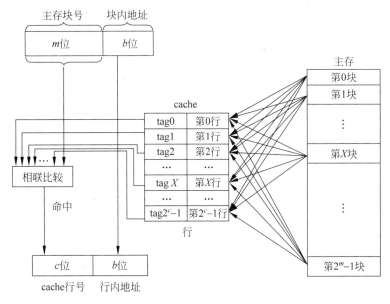

图 8.8　全相联映像方式地址变换过程示意图

全相联映像方式下的检索过程如下:CPU 访存指令给出一个主存地址,地址变换机构将主存地址中的主存块号放入相联存储器的比较器中,并行比较 cache 中所有行的标记。如果主存块号与其中一个标记相匹配,则命中,且该主存块号对应标记所在的存储单元号就是 cache 的行号,将主存的 b 位块内地址与 cache 的 c 位行号拼接成 cache 的地址,从而实现了从主存地址到 cache 地址的变换过程。

全相联映像方式的优点是简单灵活,cache 的存储空间利用率在三种方式中最高,但缺点也很明显,就是采用了相联存储器做目录表,地址变换机构复杂,成本高,集成度低,规模受到一定限制,因此只适合一些小容量的 cache 采用。在本例中同时比较的位数为 $2^c \times m$ 位。

2. 直接映像方式

直接映像(Direct Mapping)方式的规则是主存的任意一块只能复制到 cache 的一个固定位置的行中。直接映像的规则有以下函数关系:

$$j = i \bmod 2^c \tag{8.1}$$

其中 j 表示 cache 的行号,i 表示主存的块号,2^c 为 cache 的行数。

其主要方法是将主存的块按照 cache 的大小分成若干个大小相同的区,按取模方式对主存块号和 cache 行号进行映像,设主存块数 2^m 个,cache 行数 2^c 个,主存分为 $2^m/2^c = 2^{m-c}$ 个区,每个区大小都是 2^c 个块,每个区的区内第 0 块(即主存的第 0 块、2^c+0 块、$2^{c+1}+0$ 块……)对应于 cache 的第 0 块,而主存的每个区的区内第 1 块(即主存的第 1 块、2^c+1 块、$2^{c+1}+1$ 块……)对应于 cache 的第 1 块,以此类推。而此时的主存地址分为三个字段,分别是主存区号、区内块号和块内地址,它们的位数分别为 $m-c$ 位、c 位和 b 位。cache 地址分为两个字段,分别是行号和块内地址,与全相联映像方式下的 cache 地址相同。

直接映像方式的地址变换机构如图 8.9 所示,cache 中 tag 标记字段的数量与 cache 的行数相同,tag 号和 cache 的行号一一对应。由于主存区内块号和 cache 的行号直接对应,所以主存地址中需要进行变换的部分只有主存区号,以此作为主存块调入 cache 的对应行时的标识,放入地址变换机构的对应 tag 存储单元中,则 tag 存储单元字长等于主存区号位宽为 $m-c$ 位,tag 存储器总位数为 $2^c \times (m-c)$ 位。

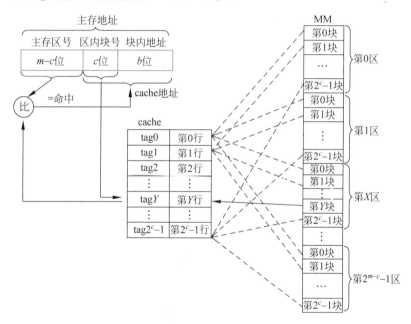

图 8.9　直接映像方式地址变换过程示意图

直接映像方式下的地址检索过程如下:CPU 访存指令给出一个主存地址,地址变换机构将主存地址中的主存区内块号作为 tag 存储单元号,检索找到对应的 tag 单元,取出其中存放的 $m-c$ 位标识,与主存地址中的主存区号相比较。如果主存区号命中,则表明该主存块已经被放入 cache 的对应行中,将主存地址的 b 位块内地址与命中的 cache 的 c 位行号拼接成 cache 的地址,从而实现了从主存地址到 cache 地址的变换过程。

直接映像方式的优点是地址变换硬件简单,成本低。但是缺点是不灵活,每个主存块都只有固定的一个 cache 位置可以存放,当主存地址的区内块号相同时,由于对应同一个 cache 行,即便其他 cache 行都是空闲的,也无法使用,所以空间利用率是三种方式中最低的。当某段时间内恰巧要访问主存不同区号但相同区内块号的两块数据时,就会出现两块数据频繁调入调出的不合理现象,称为"抖动"。

3. 组相联映像方式

组相联映像(Set Associative Mapping)方式的规则是前两种方式的结合,前两种方式的优缺点刚好相反,从灵活性和存储空间利用率考虑,全相联映像较好;从电路实现以及硬件成本来考虑,直接映像方式较好。所以组相联映像方式将两种方式做了个折中。

组相联映像方式先将 cache 等分成若干组,每组由若干行组成。直接映像的式(8.1)是建立从主存块号到 cache 行号的映像规则,而这里是建立从主存块号到 cache 组号之间的映像规则。假设将 cache 按照每两行为一组来进行分组,则 cache 可以分成 2^{c-1} 个组,则

$$i = j \bmod 2^{c-1} \tag{8.2}$$

其中 i 表示 cache 的组号,j 表示主存的块号,2^{c-1} 为 cache 的组数。主存每个区大小都是 2^{c-1} 个块,一共分出 $2^m/2^{c-1} = 2^{m-c+1}$ 个区。此时主存地址分为三个字段,分别是主存区号、区内块号和块内地址,其字段长度分别为 $m-c+1$ 位、$c-1$ 位和 b 位,cache 的地址分为三个字段,分别是 cache 组号($c-1$ 位)、cache 组内行号(1 位)和块内地址(b 位)。由于组相联映像建立的是主存的块号和 cache 的组号的映射关系,两者是一一对应的,所以主存中任何一区的第 0 块只能映射到 cache 的第 0 组,主存中的任何一区的第 1 块只能映射到 cache 的第 1 组,以此类推。由于主存的每一块都只能映射到 cache 的对应一个组上,所以说主存的块与 cache 的组之间采用的是直接映像方式,但是组内却采用全相联映像方式,即主存中任何一块可以映射到 cache 对应组的任意一行中。例如主存第 0 区第 0 块可以放入 cache 对应的第 0 组的两行其中任何一行中,而第 1 区第 0 块也可以放入 cache 对应的第 0 组的两行其中任何一行中,虽然对应 cache 组号是一致的,但是由于有两个行供选择,所以存储冲突的概率要小于直接映像方式。一组 2 行通常称为 2 路(2-way)组相联,一组 4 行称为 4 路组相联。

组相联映像方式的地址变换机构如图 8.10 所示,其 tag 标记存储单元的数量等于 cache 的行数。由于主存地址中,区内块号和 cache 的组号相同,块内地址也和 cache 的块内地址相同,所以用于区分的标记是主存地址中的主存区号,在本例中位数是 $m-c+1$ 位。

组相联映像方式下的地址检索过程如下:CPU 访存指令给出一个主存地址,地址变换机构用主存地址中的组号找到该组的 tag 单元,将该组的 2 个 tag 单元内容送到相联存储器,与主存地址中的主存区号进行相联比较,一共比较 $2 \times (m-c+1)$ 位。如果命中,则主存的对应块已经调入 cache 中,将主存区内块号直接作为 cache 的组号,相联比较匹配的相联存储单元号作为 cache 的组内行号,再加上主存的块内地址 b 位,共同构成 cache 的地址,从而实现了从主存地址到 cache 地址的变换。

组相联映像方式的优点和缺点介于前两种之间,通过分组时,组内块数的选择,可以实现到直接映像和全相联映像的转化,如每组只有一个块,则变成了直接映像方式,如果 cache 只有一组,则变成了全相联映像方式。

8.2.3　替换算法

机器刚开始运行时,cache 是基本空闲的,但是随着程序的不断运行,cache 中存放的内容也将不断更新为主存中新的最活跃部分。而此时如果 cache 已经装满,新的主存块装入

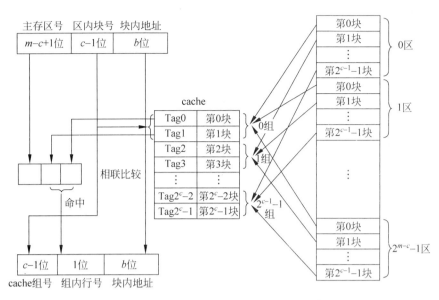

图 8.10　组相联映像方式地址变换过程示意图

之前,必须释放部分 cache 空间,这就是替换算法的作用,即按照一个什么样的策略去淘汰那些 cache 中已有的行。如果是直接映像,因为规则已经固定,主存中的块只能存入 cache 的指定位置,所以替换比较简单,不需替换算法,所以替换算法只在全相联映像方式和组相联映像方式时才适用。

常用的替换算法一般有以下三种:

(1) 先进先出(FIFO)算法。

先进先出算法是按照主存块进入 cache 的时间先后次序决定淘汰的顺序,需要替换的时候,将最先进入 cache 的行作为被淘汰的行。这种方法可以用一个排队序列来决定淘汰的先后次序。它的优点是容易实现,将时间作为淘汰依据。根据程序大多是顺序执行的特点,有一定的合理性,但是缺点是根据一般的编程习惯,程序开始部分通常定义了公共变量、经常调用的函数和子程序,如果单纯按照时间决定淘汰,会导致这部分内容频繁地调入调出,形成"抖动"。

(2) 最不常用(LFU)算法。

最不常用算法,即 LFU 算法(Least Frequently Used)。这种算法选择最少访问的页面作为被替换的页面。它的基本思想是,到目前为止最少使用的页面,很可能也是将来最少访问的页面。为了能计算 cache 行的使用次数,需要给每个行加一个计数器,记录 cache 行的使用情况,每命中一次,则计数器加一;需要替换的时候,找出计数值最小的,进行淘汰。该算法保护了 cache 中使用次数较多的数据,但是缺点是它只考虑了使用频率,而没有考虑时间因素。例如刚刚装入的块,使用次数最少,淘汰出去显然不合理。

(3) 最近最少使用(LRU)算法。

LRU(Least Recently Used)算法把最久没有被访问过的页面作为被替换的页面。这种方法所依据的是局部性原理的一个推论:最近刚用过的块很可能就是马上将要再用到的块,因此最久没有用过的块就是最佳的被替换者。

目前硬件实现 LRU 算法的方法之一是计数器法,为了能计算 cache 行的使用时间,需要给每个行加一个计数器,记录 cache 行的使用情况,每命中一次,则命中行的计数器清零,而其他计数器加一,需要替换的时候,找出计数值最大的行,进行淘汰。

另一种方法是建立一个索引表记录组相联 cache 的同一组中各行被访问的先后次序。这个先后次序是用表中元素的物理位置来反映的,从表尾到表首依次记录了该组中各行被访问的先后次序(存放的是组内行地址)。表尾记录的是该组中最早被访问过的行,表首记录的是刚访问过的行,如图 8.11 所示。如此,如果需要替换的时候,就可以选择从表尾得到应该被替换出去的行(行地址)。

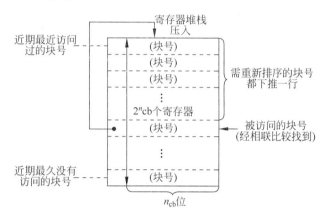

图 8.11　用索引表记录访问次序

如果 CPU 访问 cache 命中时,通过用行地址进行相联查找,在堆栈中找到相应的元素,然后,将本次访问命中的 cache 行地址抽出来,将该元素之上的所有元素依次向下移一个位置,再将抽出的元素放入表首。其他元素保持不动。

如果 CPU 访问 cache 不命中,则把本次访问的行地址从最上面加入表首,表中所有元素下移一个位置。如果 cache 中该组已经没有空闲行,就要替换一个行。这时从表尾被挤出去的行地址就是需要被替换的行的行地址。

该方法对索引表的要求比较高,不仅要有相联比较功能,还要具备全部下移、部分下移和从中间抽出一项的功能,成本较高,只适合相联度较小的 LRU 算法。

下面以 4 路组相联为例说明整个过程,见图 8.12。开始索引表为空,随着程序的不断执行,依次加入第 2 块、第 3 块到表首位置,在指令流执行到第三个时钟周期时,由于访问主存第 2 块命中,于是将堆栈中第 2 块所对应的单元从表中抽出来,放在表首位置,而原先在第 2 块之上的第三块下移一个单位。接下来,依次压入第 1 块、第 5 块到表首,到了第 6 个时钟周期,第 2 块再次访问命中,再次被抽出来,放到表首位置,而在第 2 块上面的第 1 块、第 5 块依次下移一位。到了第 7 个时钟周期,由于待访问的第 4 块在 cache 中没有命中,于是将表尾的第 3 块所对应的 cache 块置换出 cache,而将第 4 块调入 cache,同时将第 4 块放到表首。到了第 8 个周期,访问第 5 块命中,于是抽出第 5 块对应的堆栈块放表首位置,并将原先在第 5 块上方的第 2 块和第 4 块依次下移一位。到了第 9 个周期,由于访问第 3 块不命中,于是将表尾的第 1 块所对应的 cache 块替换出去,而将在它之上的第 2 块、第 4 块和第 5 块依次下移一位,同时把第 3 块放在表首位置。

时间	1	2	3	4	5	6	7	8	9
页地址流	2	3	2	1	5	2	4	5	3
索引表	2	3	2	1	5	2	4	5	3
		2	3	2	1	5	2	4	5
				3	2	1	5	2	4
					3	3	1	1	2
命中情况			命中			命中		命中	

图 8.12　LRU 算法

（4）随机替换算法。

随机替换算法完全不考虑程序执行的情况，只是产生一个随机数，作为淘汰的 cache 行号，这种方法在硬件上容易实现，速度也很快。缺点是随机替换出的块可能很快又会使用到，从而降低了命中率和 cache 的效率，但是这种不足会随着 cache 容量的增大而逐渐减小，研究表明，随机替换策略的功效并不是最差的。

8.2.4　cache 的读写策略

图 8.13 是高速缓存工作过程的示意图。如果访存操作是读操作，当命中时，CPU 将直接从 cache 中读出对应单元，不再访问主存，如果不命中，则仍需访问主存，此时，可以有两种方法：一种方法是直接从主存中读取对应单元，并装入 cache 中；另一种方法是先装入 cache，然后从 cache 中读取对应单元。在装入 cache 时，如果 cache 已满，则需根据所用的替换算法，选择替换掉 cache 中的淘汰页。

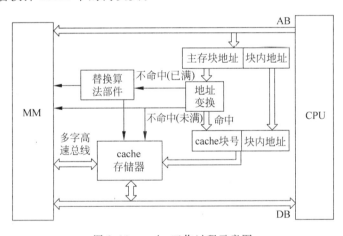

图 8.13　cache 工作过程示意图

如果访存操作是写操作，由于 cache 中所存放内容只是主存中部分活跃内容的副本，所以当命中时，如果只写入 cache，不改写主存对应单元，将会导致两者内容不一致。通常所采用的解决方法有两种：一种方法称为**写直达法**（Write Through），是指在执行写操作时，直接对 cache 和主存中的对应单元同时改写，由于两者的内容始终保持一致，所以能保证 cache 的透明性和可靠性，此种方法实现简单，但是由于一般程序中写入主存的内容很多都是中间结果和临时变量，如果都写入主存，需要耗费多次不必要的存储周期，降低了主存读写速度;另一种方法称为写回法(Write Back),是指先写入 cache,而不写入主存,只有在需要替换的时候,才将已经被修改过的 cache 块写回主存中去。在这种方式中,由于存在 cache 和主存内容的不一致,所以需要一个标志位以标识修改的状态,如果以标志位为"1",表示已经修改过,则在替换的时候,需要将该块写回主存对应的位置中去。如果标志位为"0",表示没有被修改过,则在替换的时候,直接覆盖就可以了。

据统计,在通常访问主存储器的操作中,对主存的写操作一般要占 10%到 34%,这里假设为 25%。cache 的命中率为 99%。每块为 4 个字,主存的字长为一个字。当 cache 发生块替换时,有 30%块需要写回到主存,其余的块因为没有被修改过而不必写回主存。则对于写直达法,写主存的信息量为 25%;而对于写回法,写主存的信息量为$(1-99\%)\times 30\%\times 4=1.2\%$。因此,与主存的通信量,写直达法要比写回法多 20 多倍。

当出现写 cache 不命中时,有一个是否要把包括所写字在内的一个块从主存读入 cache 的问题。一般有两种方法:一种是**不按写分配法**,这种方法不从主存读入 cache 包括所写字在内的一个块;另一种是**按写分配法**,这种方法在写 cache 不命中时,除了完成把所写字写入主存之外,还要把包括所写字在内的一个块从主存读入 cache。写操作命中和不命中的情况下各有两种策略,一般在写回法中按写分配法,而在写直达法中不按写分配法。

8.2.5 cache 的多层次结构

早期的计算机系统中,只有一个 cache。随着集成度的不断提高,多 cache 的计算机系统已经非常普遍。按照信息读取顺序和与 CPU 结合的紧密程度,高速缓存可以分为一级缓存(Level 1 cache 简称 L1 cache),二级缓存(Level 2 cache 简称 L2 cache),其层次结构见图 8.14,部分高端计算机还具有三级缓存(Level 3 cache 简称 L3 cache),根据局部性原理,每一级缓存中所存储的全部信息都是下一级缓存的一部分,这三种缓存的技术难度和制造成本是相对递减的(即 L1>L2>L3),所以其容量也是相对递增的(即 L1<L2<L3)。

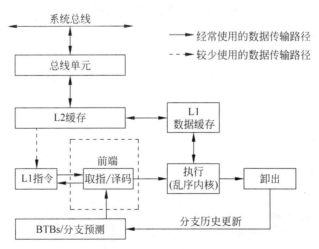

图 8.14　二级缓存层次结构示意图

当 CPU 要读取一个数据时,首先从一级缓存中查找,如果没有找到,再从二级缓存中查找,如果还是没有就从三级缓存或内存中查找。一般来说,每级缓存的命中率大概都在 80%左右,也就是说全部数据量的 80%都可以在一级缓存中找到,只剩下 20%的总数据量才需要从二级缓存、三级缓存或内存中读取,由此可见一级缓存是整个 CPU 缓存架构中最为重要的部分。一级缓存位于 CPU 内核的旁边,是与 CPU 结合最为紧密的 CPU 缓存,也是历史上最早出现的 CPU 缓存。由于一级缓存的技术难度和制造成本最高,提高容量所带来的技术难度和成本增加非常大,所带来的性能提升却不明显,性价比很低,而且现有的一级缓存的命中率已经很高,所以一级缓存是所有缓存中容量最小的,比二级缓存要小得多。

根据哈佛结构的基本原理,通常一级缓存可以分为一级数据缓存(Data Cache,D-Cache)和一级指令缓存(Instruction Cache,I-Cache)。二者分别用来存放 CPU 处理过程中用到的数据以及用于执行这些数据的指令,而且两者可以同时被 CPU 访问,减少了争用 cache 所造成的冲突,提高了处理器效能。目前大多数 CPU 的一级数据缓存和一级指令缓存具有相同的容量,例如 AMD 的 Athlon XP 就具有 64KB 的一级数据缓存和 64KB 的一级指令缓存,其一级缓存就以 64KB+64KB 来表示,其余的 CPU 的一级缓存表示方法以此类推。

统一 cache 和分离 cache 的优点如下。

统一 cache 的优点:①对于给定的 cache 容量,统一 cache 比分离的 cache 具有更高的命中率,因为它会在获取指令和数据的负载之间进行自动平衡;②只需要设计和实现一个cache。

分离 cache 的优点:特别适用于超标量流水线。分离 cache 可以消除流水线中指令处理单元和执行单元之间的竞争冲突;通常处理器会预取指令,并把将要执行的指令装入缓冲器或流水线,指令和数据混合存放的 cache 在执行单元和指令预取器同时发出访问请求时发生阻塞,cache 只能先为执行单元服务,使之完成当前的指令,这样的竞争将会降低系统性能,导致流水线断流。

8.3 虚拟存储器

虚拟存储器是由主存储器和联机工作的辅助存储器(一般为高速磁盘存储器)在操作系统的管理调度下,结合相关软硬件设备共同工作,对于一般的应用程序员而言,它是一个整体,是一个单一的存储器,其内部结构和组成对应用程序员来讲都是透明的,如图 8.15所示。

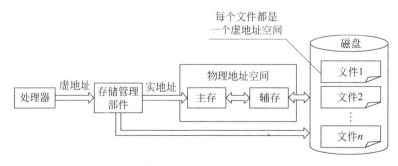

图 8.15　虚拟存储器示意图

8.3.1 虚拟存储器的基本概念

虚拟存储技术的提出,主要是为了应对日益增大的程序存储空间的要求,随着软件程序越来越庞大,功能越来越多,应用越来越广,使得程序员对于存储空间的要求也越来越大,而系统自身的主存容量大小已无法满足其需求。程序员希望能摆脱主存地址空间的限制,而完全按照自身需要来确定所需存储容量。虚拟存储技术借助于辅助存储器以透明的方式给用户提供一个足够大的存储空间。在这个空间里面,程序员可以自由地编程,而无需担心程序在存储器当中如何存储以及实际主存容量是否限制程序无法运行。

此外,多道程序运行技术的应用也是促进虚拟存储器发展的原因之一,所谓多道程序运行指的是允许多个程序同时进入一个计算机系统的主存储器并启动进行计算的方法。也就是说,计算机内存中可以同时存放多道(两个以上相互独立的)程序,它们都处于开始和结束之间。从宏观上看各个程序之间是并行的,多道程序都处于运行中,并且都没有运行结束;从微观上看对于每个程序而言,它们都是串行的,各道程序轮流使用CPU,交替执行。引入多道程序运行技术的根本目的是为了提高CPU的利用率,充分发挥计算机系统部件的并行性,现代计算机系统都采用了多道程序运行技术。用户编写程序时使用的地址,一般称为**虚地址**或者**逻辑地址**,而实际的主存地址称为**实地址**或者**物理地址**。显而易见,虚地址的位数远远大于实地址。程序运行之前,先将程序数据存入磁盘当中,然后在操作系统的调度管理之下,将当前运行所需要的部分调入主存当中,其他的仍然存在磁盘当中,信息在磁盘和主存之间由操作系统软件根据需要实现自动调度。于是磁盘被当作主存的一部分来使用,有效地扩大了存取空间。

程序运行时,CPU以虚地址来访问主存储器,由辅助硬件转换成实际主存地址,这部分辅助硬件,称为存储管理部件(Memory Management Unit,MMU),主要用于实现虚拟存储器中快速的地址映像,即将虚地址和实地址之间的对应关系以硬件的方式加以实现,并可判断该虚地址所对应的单元是否已经装入主存。如果已经装入主存,则经过地址变换,CPU将直接访问变换后的实地址所对应的主存单元;否则,将把包含对应虚地址单元的一个页或者一个段装入主存后,再由CPU对该页或该段进行访问。这里同样适用于程序执行的局部性原理,所以在主存和磁盘之间进行信息交换的过程中,所采用的基本信息传递单位一般为页或段,两者有明显差异,将在后面具体分析。如果主存在需要装入新页或新段时已满,则由替换算法决定从主存中需要淘汰出去的页或者段,然后由硬件调出淘汰页或者段,调入新的页或者段。这一切的过程对于用户而言都是透明的,都是由操作系统软件和MMU共同完成的。

按虚地址和实地址的对应方式的不同,一般可以把虚拟存储器分为三类:页式虚拟存储器、段式虚拟存储器和段页式虚拟存储器。

8.3.2 页式虚拟存储器

页式虚拟存储器的前提是要将主存空间和虚存空间按同样容量大小分成若干个页,分别称为实页和虚页,每次信息交换都是以页为单位的。不同的计算机页的大小也不完全一样,一般从512B到64KB不等。

页式虚拟存储器所使用的虚地址分为三个字段,分别是基号、虚页号和页内地址。而实际主存地址由两个字段构成,分别是实页号(也称页框号)和页内地址。虚地址中基号是操作系统给每个程序产生的附加的地址字段,用于区分不同程序的地址空间。页内地址由于页面大小相同,调入调出都是以页为单位的,所以完全相同。因此虚地址与实地址变换的主要工作是由页表来完成的,所谓**页表**是指一张存放在主存中的虚页号和实页号之间的映像表,记录着程序中虚页在调入主存时在主存中的实际位置,每一条记录称为一个**页表条目**(Page Table Entry,PTE)。如果是多道程序运行的计算机系统,则每个用户作业都应建立一个页表,而硬件上需要设置一个页基地址表,它是一个专门的寄存器组,用于存放当前所有程序所对应的页表起始地址。

页表是按虚页号顺序排列的,每一行表示一个虚页,记录了包括主存实页号、装入位和访问方式。访问方式包含只读/可写/只执行,用于提供页的访问方式保护。页式虚拟存储管理的地址变换过程如下:首先根据基号,查找页基地址表,由页基地址表找到页表基地址,从而找到页表。其次将虚页号转换为相对于页表基地址的偏移地址,因为是顺序排列的,所以通过页表基地址加上虚页号的方式,可以得出该虚页号在页表中的对应行位置,然后,读出该行的内容,含实页号、装入位和访问方式,检测装入位的值,若为1,则表示该虚页已经装入实页,可以直接访问主存实页号所对应的实页;若为0,则表示该虚页未装入主存,需要从磁盘调入对应虚页,一般的做法是通过外部地址变换,将虚地址转换为外部磁盘中的实际地址,然后需要启动 I/O 系统,将该页从磁盘上调入主存供 CPU 使用,具体过程如图 8.16 所示。

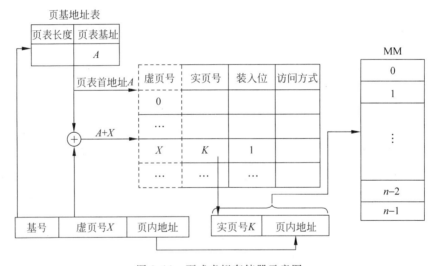

图 8.16 页式虚拟存储器示意图

从以上过程描述来看,CPU 访存首先要查页表,需要访问一次主存,如果该页不在主存中,还需要进行外部地址变换、页面替换和页表修改,实际访问主存的次数较多,速度较慢。

页式管理的另一个问题就是由于页面大小固定,而程序不可能恰好是页面的整倍数,所以最后一页的零头将无法利用造成浪费。而如果为了减少零头,将页面大小设置较小,从而导致页面较多,则页表本身将会占用较大空间,引起页式管理工作效率的下降。相对于程序段来讲,页本身不是一个逻辑上的独立实体,对于程序的处理、保护和共享都比较麻烦。

8.3.3　段式虚拟存储器

段式虚拟存储器是按照程序的逻辑段机构来进行划分的,它和页式虚拟存储器最大的区别在于每个段的长度都是因程序而异的,可以任意设定。在段式虚拟存储器管理当中,一般操作系统为每个正在运行的用户程序分配一个或几个段,每个程序只能访问分配给该程序的段所对应的主存空间,每个程序都以段内地址来访问主存储器,即每个程序以各自的虚地址来访问主存。

段式虚拟存储器管理同样需要将虚地址转换为实地址,因此需要一个段表。**段表**用于指明各段在主存中的位置,一般也驻留在主存中。段表的每一行记录了该段所对应的若干信息,包括段基址、装入位、段长和访问方式。如果是多道程序运行的计算机系统,则每个用户作业都应建立一个段表,而硬件上需要设置一个段基地址表,它是一个专门的寄存器组,用于存放当前所有程序所对应的段表起始地址。

段式虚拟存储器所采用的虚地址同样分为三个字段,分别是基号、段号和段内地址。其中基号是一个段标识符,用以标识不同程序中的地址被映像到不同的段中。其地址变换过程如下:首先,由虚地址的基号查找段基地址表,找到该程序所对应的段表的起始地址。其次,将段号作为位移量加上段表起始地址,找到该段在段表中的对应行位置,读取该行的信息。含段基址、装入位、段长和访问方式,检测装入位的值,若为1,则表示该段已经装入主存,可以将段基址加上段内地址得到主存实际地址,直接访问主存;若为0,则表示该段未装入主存,需要从磁盘调入对应段,并决定该段将装入主存中的位置并修改段表,其具体过程如图8.17所示。

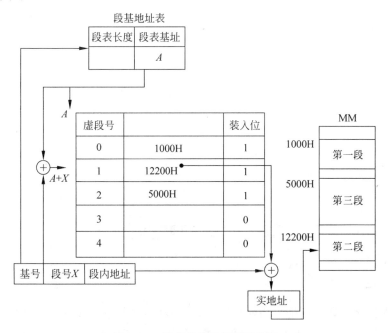

图8.17　段式虚拟存储器示意图

段式虚拟存储器的优点是用户地址空间分离。段表占用空间较少,管理简单,且较大的程序可以分模块编写,独立运行,具有逻辑独立性,易于程序的编译、管理、修改和保护,方便

存储体系

实现多道程序的共享。但是由于段长参差不齐,每次调入调出必须以整个段为单位,一旦段长大于主存容量,则无法装入,给主存空间分配带来很多麻烦,且在运行一段时间之后,容易在段间留下不能使用的零头,造成空间上的浪费。

8.3.4 段页式虚拟存储器

段页式虚拟存储器是段式和页式两种方式的结合。将虚存存储空间先按逻辑模块分成段,然后每个段再分成若干大小相同的页,然后在主存中按同样大小分成若干页。主存和虚存之间以页为基本信息传输单位。每个程序都对应一个段表,每个段对应一个页表。段长必须为页长的整数倍,段的起点必须是某一个页的起点。

段页式虚拟存储器的虚地址由4个字段部分构成,分别是基号、段号、段内页号和页内地址(见图8.18)。其地址变换过程如下:首先由基号查找段基地址表,找到段表基地址,其次,以段号为偏移地址加上段表基地址,得到该段在段表中的对应位置,读取其中内容,其内容与段式虚拟存储器的段表类似,只是将段基址改为页表基地址,然后,以段内页号为偏移地址加上页表基地址,得到该页在页表中的对应位置,读取其中内容,其内容与页式虚拟存储器的页表一样,后面的过程与页式虚拟存储管理类似。

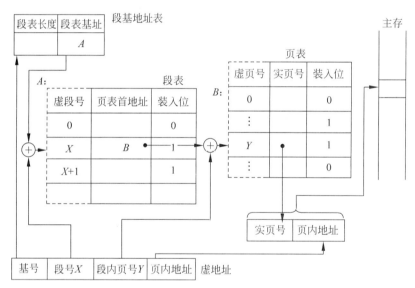

图 8.18 段页式虚拟存储器示意图

段页式虚拟存储器综合了前两者的优点,但是需要经过两次查表的过程,需耗费较多时间。

8.3.5 快速地址变换

由于在虚拟存储器中不论采用何种管理方式,都需要查表来实现地址变换的过程,所以若想要提高访问速度,使之接近于主存的速度,关键在于加快查表的速度。由于程序访问的局部性原理,在一段时间之内,对页表的访问往往也只是局限在少数几个页面上。若能提高对这些使用频率较高的页面的访问速度,也就可以提高CPU的访存速度。因此,将当前最常用的地址变换关系的信息存放在一个小容量高速存储器(类似cache)中,这个用于地址变换的高速小容量的特殊存储器称为**快表**（Translation Lookaside Buffer，TLB），而原来用于存放整个地址变换关系的页表或段表称为慢表。

　　当 CPU 执行机构收到应用程序发来的虚拟地址后，首先到 TLB 中查找相应的页表数据，如果 TLB 中正好存放着所需的页表，则称为 TLB 命中，接下来 CPU 再依次看 TLB 中页表所对应的物理内存地址中的数据是不是已经在一级、二级缓存里了，若没有则到内存中取相应地址所存放的数据。既然说 TLB 是内存里存放的页表的缓存，那么它里边存放的数据实际上和内存页表区的数据是一致的。由于一个页表条目管理一页存储器，因此 TLB 中的页表条目并不要求有很多，所以 TLB 一般采用全相联结构，一行页表条目除了有物理地址页号和装入位之外，还要有虚地址页号，以便做全相联比较（见图 8.19）。

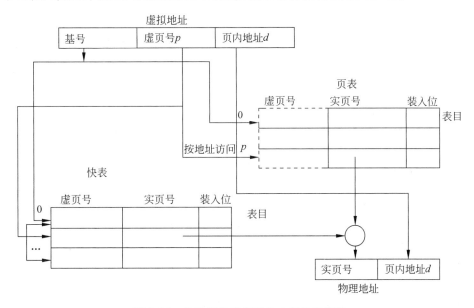

图 8.19　快表和慢表实现的内部地址转换

　　如同 cache 与主存的关系一样，快表只是慢表中部分内容的一个副本，它们之间的关系类似于 cache 与主存之间的关系，其具体实现和操作过程也类似，最终都是为了使查表的速度接近于 cache 快表的速度。

8.4　存储体系的层次结构

　　一般来说，在合理的价格下，高速度、大容量的存储器无法只用一种存储器件来实现。所以在计算机系统中，它的存储系统往往是由很多不同类型的存储器共同构成的，例如高速缓冲存储器（cache）、主存储器（MM）及属于辅助存储器的磁盘等，采用存储体系的层次结构，利用程序访问的局部性原理，实现一个对 CPU 来讲既具有最高层 cache 的高速度，又具有最低层辅存的大容量的三级存储体系（cache-MM-AM），如图 8.20 所示。

　　虽然采用的原理相同，但是在解决存储器性能的问题上，三级存储体系却又有不同。cache-MM 主要解决的是存储器速度的问题，所以 cache-MM 层次间的地址变换和替换算法等功能都完全由硬件完成，以满足地址高速变换的要求，而 MM-AM 却主要解决的是存储器容量的问题,以软件为主,由操作系统软件、硬件联合完成,因为 AM 不直接被 CPU 访问,其变换速度不像 cache-MM 层次那么重要,使用软件可大幅度降低成本。

此外,在层次间进行信息交换的时候,由于容量大小的不同,cache-MM 以块为单位,通常只有几十到几千字节,而 MM-AM 则是以段或页为单位,通常在几千到几十千字节之间。

假设 M_1、M_2 分别代表构成存储体系的两级存储器,如图 8.21 所示,S_1、S_2 分别代表其容量,T_1、T_2 分别代表其读写周期,C_1、C_2 分别代表其单位价格。若 M_1 是比 M_2 高一层的存储器,则有 $S_1 < S_2$,$T_1 < T_2$,$C_1 > C_2$。若用 H 表示访问 M_1 的命中率,即 CPU 产生的逻辑地址在 M_1 中能访问到的概率,则两级存储器的平均等效读写周期 T 可以表示为

$$T = H \times T_1 + (1 - H) \times T_2$$

显然命中率 H 越高,平均读写周期 T 也就越接近 M_1 的读写周期 T_1,而命中率 H 的提高显然与地址流、所采用的地址预判算法以及 M_1 的容量 S_1 的增大有很大关系。

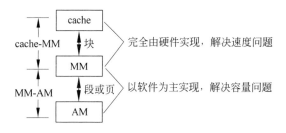

图 8.20 存储体系层次结构图

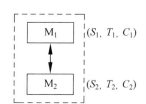

图 8.21 两级存储体系示意图

设 CPU 对存储层次相邻的两级的访问时间比为 $r = T_1/T_2$,则访问效率

$$e = \frac{T_1}{T} = \frac{T_1}{H \times T_1 + (1 - H) \times T_2} = \frac{1}{H + (1 - H) \times r}$$

由上式可知,要使得 e 接近于 1,在 r 值越大时,要求 H 的值越高。

例 8.2 CPU 执行一段程序时,访问 cache 的次数为 1950 次,访问主存的次数为 50 次,已知主存的存储周期为 200ns,cache 的存储周期为 20ns,求(1)存储系统等效存储周期 T 是多少? (2)cache-MM 的访问效率 e 是多少?

解:$H = \dfrac{N_c}{N_c + N_m} = \dfrac{1950}{1950 + 50} = 0.975$

$T = 0.975 \times 20 + (1 - 0.975) \times 200 = 24.5 (\text{ns})$

$r = \dfrac{t_m}{t_c} = \dfrac{200}{20} = 10$

$e = \dfrac{1}{0.975 + (1 - 0.975) \times 10} = 81.6\%$

习　　题

8.1　为什么多体交叉存储器可以提高存储器的访问速度?

8.2　cache 的几种地址映像方式各有什么特点?

8.3　cache 的几种替换算法各有什么特点?

8.4　CPU 执行一段程序时,cache 完成存取的次数为 2910 次,主存完成存取的次数为

90 次,已知 cache 的存储周期为 30ns,主存存储周期为 280ns,求 cache-主存系统的平均等效读写周期和访问效率。

8.5 主存-高速缓冲存储器采用组相联映像方式,按字节编址,块大小为 256B,高速缓存包含 32 块,每一组包含 4 块,主存容量为 4096 块。

(1) 画出主存与高速缓存的分段地址格式。

(2) 地址变换表应包括多少个存储单元? 每个单元几位? 每次参与相联比较的单元为多少位?

8.6 若主存 1MB,高速缓存 16KB,按 64B 分块,cache-MM 层次采用全相联映象,问:

(1) MM,cache 各分多少块,并画出 MM 与 cache 的地址格式,注明各部分的名称和长度。

(2) 若由相联存储器实现 MM-cache 地址变换,问该相联存储器应包含几个单元,每个单元几位?

(3) 若 cache 读写周期为 25ns,MM 读写周期为 250ns,平均命中率为 98%,求平均读写周期。

8.7 某计算机的主存地址空间为 256MB,按字节编址,指令 cache 与数据 cache 分离,均有 8 个 cache 行,每个 cache 行的大小为 64B,数据 cache 采用直接映射方式,现有两个功能相同的程序 A 和程序 B,其伪代码如下所示:

程序 A:

```
int a[256][256];
…
int sum_array1( )
{   int i,j,sum = 0;
    for (i = 0; i < 256; i++)
        for (j = 0; j < 256; j++)
        sum += a[i][j];
    return sum;
}
```

程序 B:

```
int a[256][256];
…
int sum_array2( )
{   int i,j,sum = 0;
    for (j = 0; j < 256; j++)
        for (i = 0; i < 256; i++)
        sum += a[i][j];
    return sum;
}
```

假定 int 类型数据用 32 位补码表示,程序编译时 i,j,sum 均分配在寄存器中,数组 a 按行优先方式存放,其地址为 320(十进制数),请回答下列问题,要求说明理由或给出计算过程。

(1) 若不考虑用于 cache 一致性维护和替换算法的控制位,则数据 cache 的总容量是多少?

(2) 数组元素 $a[0][31]$ 和 $a[1][1]$ 各自所在的主存块对应的 cache 行号分别是多少(cache 行号从 0 开始)?

(3) 程序 A 和程序 B 的数据访问命中率各是多少?哪个程序的执行时间更短?

8.8　设存储器容量为 32 字,字长 64 位,模块数 $m=4$ 块,分别用顺序方式和交叉方式进行组织。存储周期 $T=200\text{ns}$,数据总线宽度为 64 位,总线传输周期 $t=50\text{ns}$。问顺序存储器和交叉存储器的带宽各是多少?

8.9　某虚拟存储器的用户空间共有 32 个页面,每页 1KB,主存 16KB。试问:

(1) 逻辑地址的有效位是多少?

(2) 物理地址需要多少位?

(3) 假定某时刻系统用户的第 0、第 1、第 2、第 3 页分别分配的物理块号为 5,10,4,7,试将虚地址 0A5C 和 093C 变换为物理地址。

第9章 输入输出系统

输入输出系统(Input/Output System，I/O系统)是计算机主机与外界交换信息时所涉及的硬件和软件的总称，除了I/O设备以外，还包括I/O设备与主机之间的连接部件——接口，数据传送的通路——总线，以及相关软件——I/O程序。I/O设备种类繁多，功能广泛，性能千差万别，充分体现着系统的综合处理能力。程序、数据和各种外部信息要通过输入设备输入计算机内，计算机内的各种信息和处理结果要通过输出设备进行输出。计算机和I/O设备的数据传输，在硬件线路与软件实现上都有其特定的要求和方法。本章将介绍基本的I/O设备、I/O接口、总线等，重点分析I/O设备与主机信息交换的控制方式及相关控制逻辑、总线技术等。

9.1 输入输出系统概述

9.1.1 输入输出系统的组成

一般来说，I/O系统由I/O软件和I/O硬件两部分构成。I/O软件包括用户程序、驱动程序、管理程序等。I/O硬件包括外部设备、接口、系统总线等。

在软件方面，操作系统有一组针对各种外围设备的设备驱动程序，如磁盘驱动程序、打印机驱动程序等；为用户提供一个方便而统一的操作界面，如通过逻辑设备名调用某外围设备，而不必过多地了解外围设备的物理细节。在一些设备控制器(如磁盘控制器、打印机控制器)中，往往采用微处理器和半导体存储器，执行设备控制程序。此外，在用户编制输入输出程序时，需要考虑采用何种信息传送控制方式，以进行相应的程序组织，如果采用中断方式，还需要编制相应的中断服务程序。以上就是输入输出系统中有关软件的几个层次，即用户I/O程序(用户自己编写)、设备驱动程序(在操作系统中)、设备控制程序(在设备控制器中)。

在硬件方面，输入输出系统包含外围设备、接口、系统总线等。接口的一侧面向各具特色的外围设备，另一侧则面向某种标准系统总线，并与所采用的信息传送控制方式(如中断、DMA)有关。系统总线是连接CPU、主存、外围设备的公共信息传送线路，总线逻辑既要考虑如何通过接口部件连接各种外围设备，又要考虑如何与CPU相连接。

9.1.2 输入输出设备

输入输出设备(Input/Output Device)是实现计算机系统与人或其他设备、系统之间进行信息交换的装置，也称外部设备、外围设备(Peripheral Device)，简称外设。输入输出设备的工作原理,除常见的机电式、电子式外,还涉及各种新的技术成果,涉及各种各样的物理、化学机制,而且一直在不断地发展。

可以从不同角度对外部设备进行分类,如按功能与用途、工作原理、速度快慢、传送格式等。根据外设在计算机系统中所起的作用,可以分为以下三类。

(1) 人-机交互设备。是用于人和计算机交流信息的设备,如键盘,鼠标,摄像头,扫描仪,光笔,手写输入板,游戏杆,语音输入装置等输入设备,显示器、打印机、绘图仪、扬声器等输出设备。

(2) 外部存储设备。如磁盘、磁带、光盘等,既能输入信息(读),也能输出信息(写),对计算机而言既是输入设备也是输出设备。

(3) 机-机交互设备。计算机在各种应用领域可能会连接一些设备,如工业控制领域中的传感器和执行器,它们和计算机之间存在着输入输出关系,这些设备也可看作计算机的外围设备。

计算机 I/O 设备的种类繁多,它们在工作原理、驱动方式、信息格式以及工作速度等方面彼此差别很大,与处理器的工作方式也大相径庭,概括起来主要有以下几点:

(1) 信号差异。I/O 设备与主机在信号线的功能定义、逻辑电平定义、电平范围定义以及时序关系等方面可能存在差异。

(2) 数据传送格式差异。主机是以并行传送方式在系统总线上传送数据的,而一些 I/O 设备则属于串行设备,只能以串行方式传送数据。

(3) 数据传送速度差异。主机的数据传送速度通常远高于 I/O 设备的数据传送速度。

正是由于这些差异的存在,使得外部设备不能直接与计算机连接和通信,必须在这两者之间设置一个接口部件。

9.1.3 输入输出接口

两个相对独立的子系统之间的连接部分称为接口(Interface),也可叫做界面。例如,在软件中调用模块或子程序时必须遵守的参数传递规则,称为软件接口;软件对某个硬件电路进行控制,或者硬件要传递一些信号给软件,它们之间共同遵守的协议规定,常称为软硬件接口;两个硬件设备之间的连接逻辑以及信号传递协议称为硬件接口;软件与其使用者之间的联系部分常常被称为该软件的"人机接口"或"人机界面"。本章讨论的接口是指主机和输入输出设备(I/O 设备)之间的硬件接口,称为 I/O 接口,简称接口。从图 9.1 可以看出主机、I/O 接口和 I/O 设备这三者之间的关系。不同的 I/O 设备都有其相应的设备控制器,而它们往往都是通过接口与主机取得联系的。通过接口可以很好地解决上面提出的几个问题,这就是接口所必须具备的基本功能。

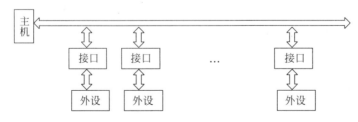

图 9.1 主机与外设的连接

1. 接口的功能和组成

由于外部设备的不同,采用的信息交换格式不同,其接口的功能也大不相同,但作为接口电路它必须具备以下一些基本功能:

(1)数据缓冲功能。由于主机与I/O设备工作速度差异很大,主机速度较高,外设速度一般相对较低,需要解决两者之间的速度匹配问题。解决办法就是设立数据缓冲寄存器,因此数据缓冲寄存器是任何接口必须具备的器件。

(2)接收主机命令并提供外设状态。主机需要了解外设的情况,如忙还是闲,有无故障等,这是外设的工作状态。另外主机要根据外设的工作状态发出相应的指令,如启动或者停止外设,允许还是禁止外设中断等。因此需要设立专门的二进制位来暂存这些命令、状态信息,这就是命令/状态寄存器。尽管由于外设的繁简相异,命令、状态信息可能多少不等,意义不同,但它是任何接口必备的器件。

(3)控制功能。接口需要根据主机发来的控制命令(如读、写等)及外设的工作状态对接口线路实现必要的控制,实现控制功能的器件就是控制电路。这也是任何接口中必须具备的。当然由于接口功能不同(如有无中断功能,有无DMA功能,有无串-并转换功能等),这些控制电路的繁简程度可能大不相同。

(4)寻址功能。由于一台主机往往连接有多台外部设备,每个外设接口中都包含数据缓冲寄存器、命令/状态寄存器等不止一个寄存器,因此接口必须具备对这些不同寄存器寻址的功能。这一功能是由接口中的地址译码器实现的。

(5)提供主机和I/O设备所需的驱动能力和工作电平,满足一定的负载要求和电平要求。接口既要面向主机,又要面向设备。I/O接口的一侧通常与系统总线相连接,由于总线上连有许多电路,且有一定传输距离从而要求接口必须能提供足够的驱动能力,接口的另一侧又与外设相连,一些设备的信号电平与主机不同,需要进行电平转换这也是接口的基本功能。

另外还有一些其他的功能,例如提供主机和外设的时序匹配的控制等。

综上所述,外设与主机之间通过接口需要传送的信息主要有:

1)数据信息

包括输入设备送给主机的输入数据,或者经主机运算处理和加工后,送给输出设备的结果数据。可以是并行数据,也可以是串行数据。

2)控制信息

主机对外设的控制信息或管理命令。例如启动和停止,清除、屏蔽、读、写命令等。

3)状态信息

这类信息用来表明外设的工作状态。例如,设备是否准备就绪,设备空闲、设备忙等。CPU可以通过查询这类信息了解外设的工作状态,来决定下一步的操作。

其他还有外设识别信息,即寻址信息,外设和主机间的时序联络信息等。

根据上面接口的基本功能和要传送的信息,接口通常必须要有相应的寄存器来存储数据信息、状态信息、控制信息。图9.2给出了接口的基本组成以及与主机、外设之间的连接。

通常一个接口中包含多个寄存器,能够被CPU直接访问的某些寄存器也叫做端口。注意接口(Interface)和端口(Port)是两个不同的概念,若干个端口加上相应的控制逻辑电

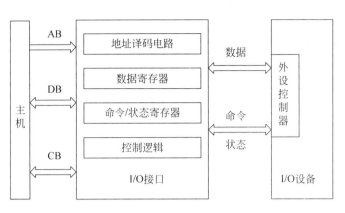

图 9.2　接口的基本组成

路才组成接口。存放数据信息的寄存器称为数据端口,存放状态信息的寄存器称为状态端口,存放控制命令的寄存器称为命令端口或控制端口。这些端口都有不同的地址,CPU 可通过端口地址来直接访问这些寄存器中的信息。为了节省硬件,有的接口电路中,状态信息和控制信息可以共用一个寄存器,称为命令状态寄存器。

2. I/O 端口的编址方式

主机为了能够从众多的外设中找出与之进行信息交换的那一个,必须对外设进行编址,也就是必须给出外设识别信息。外设的识别是通过地址总线和接口电路中的译码电路来实现的。而接口中的端口地址就是主机与外设进行通信的地址,CPU 可以通过端口来对外设发送命令、读取外设的状态以及传送数据。CPU 如何来访问这些端口呢? 这就是 I/O 端口的编址方式。常见的编址方式有两种。

1) 统一编址

将接口中有关的端口看作存储器单元,与主存储器单元统一编址,这样对端口的访问如同主存单元的访问一样。采用这种编址方法,在指令系统中不需要设置专门的 I/O 指令,可通过与内存操作一样的指令来操作端口,其代价是减小了可访问的内存空间,如图 9.3(a)所示。例如在 PDP-11 机中,把主存的高 4KB 地址空间留给了外设寄存器和 CPU 内部寄存器,这 4KB 存储空间是不允许用户再放其他内容的。

2) 独立编址

在这种编址方式中,I/O 端口地址空间和主存地址空间是相互独立的,分别单独编址。使用专门的 I/O 指令访问,并且有专门的信号线区分当前是存储器操作还是 I/O 端口操作,如图 9.3(b)所示。独立编址方式在 Z80 系列微机、Intel 系列机以及大型计算机中得到广泛的应用。如 Intel 80x86 的 I/O 地址空间有 64K(2^{16})个独立编址的 8 位端口组成,两个连续的 8 位端口可作为一个 16 位端口处理,4 个连续的 8 位端口可看作一个 32 位的端口。80x86 的专用 I/O 指令 IN 和 OUT 可以采用直接寻址和间接寻址两种类型来访问这些端口。直接寻址的端口地址范围为 0000H～00FFH,至多为 256 个端口地址。间接寻址由 DX 给出 I/O 端口地址,因为 DX 是 16 位的寄存器,所以寻址范围从 0000H 到 FFFFH,共 64K 个 8 位端口。

3. I/O 接口分类

按照不同的标准对接口进行分类,有不同的分类方法。

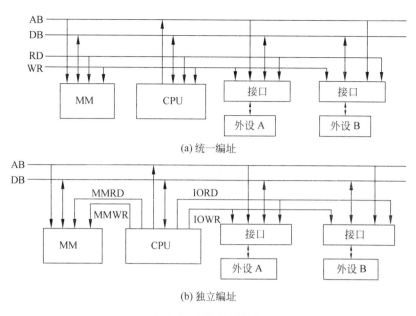

(a) 统一编址

(b) 独立编址

图 9.3　I/O 端口编址

1）按信息传送格式分类

按照信息传递的格式,接口可分为并行接口和串行接口。并行接口是指,在主机与 I/O 接口间、接口与 I/O 设备间均以并行方式传送数据(即 n 位二进制数据同时发送)。串行接口是指接口与 I/O 设备之间采用串行方式传送数据(即 n 位二进制数据分时逐位传送),而串行接口与主机间一般仍为并行方式,因此串行接口中应设有移位寄存器来实现串并转换。

2）按时序控制方式分类

按照时序控制的方式,接口可分为同步接口和异步接口。

同步接口是与同步总线连接的接口,接口与系统总线间的信息传送由统一的时序信号控制,如 CPU 提供的时序信号,或是专门的系统总线时序信号。接口与外围设备间,则允许有独立的时序控制操作。

与异步总线相连的接口即异步接口,接口与系统总线间的信息传送采用异步应答的控制方式。

3）按信息传送的控制方式分类

按照信息传送的控制方式,接口可分为程序查询接口、中断接口、DMA 接口以及更复杂一些的 I/O 处理机。

9.1.4　输入输出接口与主机的信息传送控制方式

实现外设与主机的数据传送是 I/O 接口的主要功能之一,根据外设的工作特点,可以采用多种具体实现方式,如图 9.4 所示。数据传送可以通过处理器执行 I/O 指令完成,此时可分成程序查询方式和程序中断方式。为加快传输速度,外设数据也可以以硬件为主,如直接存储器存取(DMA)或使用专门的 I/O 处理器。

（1）程序查询控制方式。

程序查询控制方式就是由 CPU 通过程序不断查询外设是否已做好准备,从而控制主

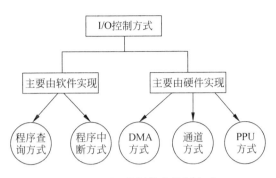

图 9.4　I/O 数据传送控制方式

机和外设交换信息。只要一启动外设,CPU 便不断查询外设的准备情况,终止了原程序的执行,就如原地"踏步"。

这种方式使 CPU 和外设处于串行工作状态,CPU 的工作效率不高。只适用于外设数量较少,对 I/O 处理的实时性要求不高,CPU 任务简单不很忙的情况。

（2）程序中断方式。

主机启动外设后,不再查询外设是否准备就绪,而是继续执行自身程序,只是在外设准备就绪并向主机发出中断请求后才予以响应,这将大大提高 CPU 的工作效率。程序中断方式不仅仅适用于外设的输入输出,也适用于对外界发生的随机事件的处理。

程序中断方式在几种控制方式中是最重要的一种方式,它不仅允许主机和外设并行工作,并且允许一台主机管理多台外设,使它们同时工作。但是完成一次程序中断还需要很多辅助操作,当外设数量过多,中断请求过分频繁,也可能使 CPU 来不及响应;另外一些高速外设,由于信息交换是成批的,如果处理不及时,可能会造成信息丢失。因此,程序中断方式主要适用于低、中速外设。

（3）直接存储器存取(DMA)方式。

DMA 方式是在内存和外设之间采用直接的数据通路来进行数据交换的,基本上不需要 CPU 的介入。输入时直接由外设写入内存,输出时由内存写入外设。由于不需要 CPU 靠指令来进行输入输出,主要靠硬件实现,这样不仅能保证 CPU 的高效率,也能满足高速外设数据传输速率的需要。

（4）通道方式。

通道方式是 DMA 方式的进一步发展。在计算机系统中设置能够代替 CPU 管理控制外设的独立部件,即 I/O 通道,是一种能执行有限的通道指令的控制器,它使主机与外设之间达到更高的并行性。主机在执行 I/O 操作时,只需要启动有关通道,通道将执行通道程序完成输入输出操作。一个通道可以控制多台不同类型的外设。

在一个大型计算机系统中可以有多个通道,一个通道可以连接多个 I/O 控制器,一个 I/O 控制器又可以管理一台或多台 I/O 设备,由此构成一种由主机—通道—I/O 控制器—I/O 设备组成的四级输入输出系统结构。

（5）I/O 处理机。

I/O 处理机(IOP)也称为外围处理机(PPU),其功能与一般的处理机相仿,有时甚至于就是一台普通的通用计算机。I/O 处理机能够承担起输入输出过程中的全部工作,完全不需要 CPU 参与。

CPU 在执行用户程序的过程中,一旦遇到输入输出广义指令,就将输入输出任务完全交由 I/O 处理机去完成,自己则继续执行用户程序。

I/O 处理机基本上是独立于 CPU 异步工作的,它有着自己的局部存储器,因此,I/O 处理机不必通过主存,就能完成与 I/O 设备的数据交换。当 I/O 处理机需要与主存交换数据时,通过主存—I/O 处理机总线高速进行。

随着 I/O 处理机功能的不断扩展,其作用已超出了单纯的输入输出设备管理和数据传送的范畴,计算机系统中的其他一些功能也逐渐移到了 I/O 处理机上,如处理人机对话;连接网络或远程终端,完成远程用户服务;完成数据库和知识库的管理工作等。这样就进一步提高了整个计算机系统的性能和工作效率。

9.2 程序查询方式

程序查询方式是 I/O 数据传送控制方式中最为简单的一种,是通过 CPU 执行 I/O 指令来实现主机和外设的数据传送的。作为一种特例,如果外设总是准备好的,不需要查询,主机可在任何时间输入或输出数据,这种方式可称为直接访问方式,也称为无条件传送方式。对应地,程序查询传送方式,也称条件传送方式。

(1) 无条件传送方式。

I/O 接口可以随时与主机进行信息交换。这种控制方式主要用于简单系统,用于控制简单外设的信息交换,如按键、发光二极管、七段数码管等。CPU 无须了解外设的工作状态,总是认为外设处于就绪状态,相应的接口电路中不需要设置状态寄存器及相关逻辑。

(2) 程序查询传送方式。

在这种控制方式中,在每一轮数据传输前,CPU 必须对接口状态进行查询,若外设没准备好,那么 CPU 必须等待,然后继续查询接口状态;若外设准备好了,CPU 才可以与外设进行数据传输。

程序查询传送方式采取 CPU 主动联系 I/O 设备的方式进行输入输出,使 CPU 将大量时间浪费在循环查询设备状态上,故只适用于 CPU 不忙且数据传送速度要求不高的系统。

9.2.1 程序查询传送工作流程

采用程序查询传送方式,传送一次数据包含两个环节,一个是查询环节;一个是数据传送环节。在查询环节中 CPU 需要了解外设的状态,因此,需要访问 I/O 接口中的状态端口来测试状态信息。如果设备尚未"就绪",程序查询方式需要 CPU 等待设备"就绪"。等待的过程实际上是 CPU 循环查询设备状态的过程。只有当外设就绪后,才脱离该环节进入数据传送环节,完成数据的传送。单个设备的查询传送程序流程如图 9.5(a)所示。

若有多台外设需要采用查询方式工作,CPU 可以对多台外设轮流查询,如图 9.5(b)所示,CPU 轮流逐个查询外设,当发现外设准备就绪,则转入为该外设服务,进行数据的输入输出。然后再查询下一外设,直到最后一台查询完毕再返回查询第一台,周而复始地循环,直到所有设备的 I/O 操作全部完成。在整个查询过程中,CPU 不能做其他的事。如果某一外设刚好在查询过自己之后才处于准备就绪状态服务,那么它就必须等 CPU 查询完其他外设再次循环查询到自己时,才能得到 CPU 为该设备服务,对于实时性要求比较高的设备这种方式就不太适合了。

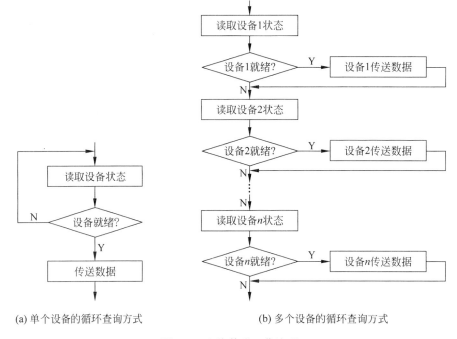

(a) 单个设备的循环查询方式   (b) 多个设备的循环查询万式

图 9.5   查询传送工作流程

例 9.1 某计算机处理器主频为 50MHz,CPI 为 5。采用定时查询方式控制设备 A 的 I/O,查询程序包含 100 条指令。在设备 A 工作期间,为保证数据不丢失,每秒需对其查询至少 20 000 次,则 CPU 用于设备 A 的 I/O 的时间占整个 CPU 时间的百分比至少是多少?

解:查询程序包含 100 条指令,CPI 为 5,则执行一次查询程序需要 500 个周期;

每秒 20 000 次查询,则 CPU 用于设备 A 每秒花费最少 $20\ 000 \times 500 = 10^7$ 个周期;

CPU 主频为 50MHz,即每秒 50M 个周期,所以用于设备 A 的 I/O 的时间占整个 CPU 时间的百分比至少是:$10^7/50M = 20\%$。

9.2.2   查询输入接口

图 9.6 是一个查询方式的输入接口电路。该接口包括一个 8 位的输入数据寄存器、一个 1 位的状态寄存器以及地址译码逻辑。当输入设备准备好数据,送往数据寄存器的输入端 D 端,并产生一个脉冲信号 STB,这个脉冲信号有两个作用,一方面将外设输入数据锁存到数据寄存器中,另一方面使状态寄存器的 Ready 位置"1",表示输入数据已准备就绪。

数据信息和状态信息通过不同的端口地址与数据总线相连。假定图中数据端口地址为 0061H,状态端口地址则为 0060H。CPU 要从外设输入数据时分两步完成。第一步,检测状态字,先通过状态端口 0060H 读取状态字,并检测相应的 Ready 位(图中是 D0 位)是否等于 1,如果 Ready=1,说明输入数据已经在数据寄存器中了,则执行第二步;如果 Ready=0,表示未准备就绪,则继续检测,此时 CPU 处于等待状态。第二步执行输入指令从数据端口 0061H 读取数据,同时把状态位 Ready 清"0",为下一个数据的传送做好准备。

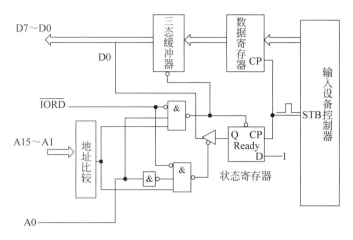

图 9.6　查询输入接口示例

9.2.3　查询输出接口

图 9.7 是一个查询方式的输出接口电路。该接口包括一个 8 位的输出数据寄存器、一个 1 位的状态寄存器以及地址译码逻辑。输出数据时,只有在外设处于空闲不忙状态时,CPU 才能将新的输出数据送往接口中的输出锁存器。因此,CPU 要向外设输出数据,同样第一步要首先检测状态。通过状态端口读取状态字,并检测相应的 BUSY 位(图中是 D0 位)是否等于 0,如果 BUSY＝1,表示外设还处于忙状态,接口的输出锁存器中的数据还没有真正被外设取走,CPU 只能继续查询,踏步等待,直到 BUSY＝0。如果 BUSY＝0,则表示接口的输出锁存器中的数据已被外设取走,CPU 通过执行输出指令,将新的数据送入接口的输出锁存器,同时将 BUSY 置"1"。当输出设备把 CPU 送来的数据取走后,发回一个响应信号$\overline{ACK}$,使 BUSY 清"0",为下一次数据传送做好准备。

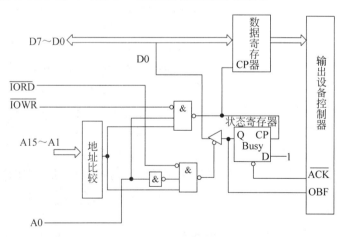

图 9.7　查询输出接口示例

从上面的介绍中可以看出,程序查询方式中,CPU 和外设的工作是顺序的,当 CPU 和外设交换信息时,就把 CPU 的控制权交给了该设备,而 CPU 只能做测试等待,直到外设工作完成。CPU 大部分时间被浪费了。假若 CPU 在启动外设工作后,设备释放对 CPU 的控制权使 CPU 继续工作,当外设工作完成后向 CPU 发中断请求信号,若 CPU 响应中断,则停止正在执行的程序,转到中断服务程序为该程序服务,这样就能实现 CPU 和外设并行工作,使 CPU 的效率充分发挥。

9.3 程序中断方式

9.3.1 中断概述

1. 中断的概念

中断概念是 20 世纪 50 年代中期提出的,在这之前,计算机虽然能自动运行程序,但有几个问题不能很好解决:

(1) 不能自动处理异常情况或特殊请求,如电源掉电等。

(2) CPU 与外设串行工作,CPU 得不到充分利用。

(3) 实时控制。

CPU 是电子设备,基本操作时间为纳秒级,而外设大多为机电设备,基本操作时间为毫秒甚至秒级,CPU 等待外设工作,会造成时间上的很大浪费,使 CPU 的效率大大降低。为改变这种状况,充分利用机器资源,提出了中断的概念。

所谓**中断**,是指 CPU 在执行程序的过程中,随机地出现某个事件要求处理,CPU 暂停当前的程序,转去执行该事件的处理程序,处理完毕后又返回原来程序被中断的地方继续执行。中断过程如图 9.8 所示。

一般,被中断的现行程序称为**主程序**。引发中断的事件称为**中断源**。处理中断事件的程序段称为**中断服务程序**。主程序被中断的地方,称为**断点**,也就是下一条指令所在的内存地址。中断服务程序一般存放在内存中一个固定的区域内,它的起始地址称为中断服务程序的入口地址。从图 9.8 中可以看到,中断的处理过程实际上是程序的切换过程,即从主程序切换到中断服务程序,再从中断服务程序返回到主程序。

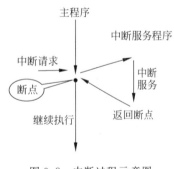

图 9.8 中断过程示意图

从表面上看起来,计算机的中断处理过程有点类似于调用子程序的过程,这里现行程序相当于主程序,中断服务程序相当于子程序,但有本质上的区别:

(1) 子程序的执行是由程序员事先安排好的,而中断服务程序的执行则是由随机的中断事件引起的。

(2) 子程序的执行受到主程序或上层子程序的控制,而中断服务程序一般与被中断的现行程序无关。

(3) 不存在同时调用多个子程序的情况,而可能发生多个外设同时请求 CPU 为自己服务的情况。

中断是计算机系统中非常重要的一种技术,是对处理器功能的有效扩展。利用外部中断,计算机系统可以实时响应外部设备的数据传输请求。中断系统是计算机实现中断功能的软、硬件总称。一般在 CPU 中配置中断机构,在外设接口中配置中断控制器,在软件上设计相应的中断服务程序。本节将在展开中断工作原理的基础上,重点介绍用于输入输出数据传输的程序中断方式。

采用程序中断方式进行数据的输入输出,CPU 将在程序中安排好在某一时刻启动某一台外设,然后 CPU 继续执行原来的程序,不需要像查询方式那样一直等待外设的准备就绪状态。一旦外设完成数据传送的准备工作时,便主动向 CPU 发出一个中断请求,请求 CPU 为自己服务。在可以响应中断的条件下,CPU 暂时中止正在执行的程序,转去执行中断服务程序为该外设服务,在中断服务程序中完成一次主机与外设之间的数据传送,传送完成后,CPU 仍返回原来的程序,从断点处继续执行。程序中断方式示意图如图 9.9 所示。

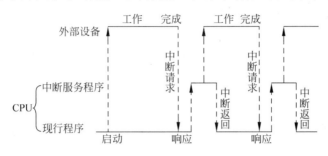

图 9.9　程序中断方式示意图

中断方式使得 CPU 和外设在一定程度上可以并行工作,提高了 CPU 的利用率。不仅如此,中断方式引入后,还可以使多个外设并行工作。CPU 根据需要可以启动多个外设,这些外设分别同时独立工作。如果某一时刻有几台外设同时发出中断请求,CPU 可以根据预先安排好的顺序,按轻重缓急处理几台外设与 CPU 之间的数据传送。

2. 中断的应用

中断方式不仅用于 I/O 设备的管理控制,还广泛应用于各种随机性质事件的处理中。

(1) CPU 与 I/O 设备并行工作。例如采用中断方式管理打印机,主机启动打印机后,继续执行其他程序;当打印机做好接收数据的准备后,向 CPU 发出中断请求;CPU 响应后,转去执行打印机中断处理程序向打印机送出一批(如一行)打印数据,然后继续执行其他程序;打印机在打印完这一批数据后,再向 CPU 提出中断请求;如此重复,直至数据打完毕。由于打印机打印一行字符的时间较长,而中断处理程序的执行时间却很短。所以主机与打印机可视为并行工作。另外,多台外部设备:显示器、键盘、打印机等,采用中断方式后它们也都处于并行工作状态。

(2) 处理突发故障。如掉电、存储器校验出错、运算溢出等故障,都是随机出现的,不可能预先安排在程序中某个位置进行处理,只能以中断方式处理。即事先编写好各种故障中断处理程序,一旦发生故障,CPU 响应中断后自动进行处理。

(3) 实现人机联系。在计算机工作过程中,如果用户要干预机器,如抽查计算中间结果,了解机器的工作状态,给机器下达临时性的命令等。在没有中断系统的机器里这些功能几乎是无法实现的。

(4) 实现多道程序和分时操作。计算机实现多道程序运行是提高机器效率的有效手段。多道程序的切换运行需借助于中断系统。在一道程序的运行中,由 I/O 中断系统切换到另外一道程序运行。也可以通过分时分配每道程序一个固定时间片,利用时钟定时发中断进行程序切换。

(5) 实时处理。例如在某个计算机过程控制系统中,当出现压力过大,温度过高等情况时,必须及时输入计算机进行处理。这些事件出现的时刻是随机的,而不是程序本身所能预见的,因此要求计算机中断正在执行的程序,转而去执行中断服务程序。

(6) 多处理机系统中各处理机间的联系。在多处理机系统中,处理机和处理机之间的信息交流和任务切换可以通过中断来实现。

3. 中断的分类

中断的分类方法有很多,根据不同的标准有不同的分类方法。

(1) 根据中断请求的来源,或者中断产生的原因,常将中断分为内中断与外中断两大类。内中断是指中断请求来源于 CPU 内部的中断,这类中断包括电源掉电、校验出错等硬件故障引起的中断,运算溢出、除数为零、非法指令等软件故障引起的中断,访内存地址不当引起的越界中断,访内存不命中引起的缺页中断,用户程序中使用特权指令等引起的访管中断,调试程序中使用的单步中断,断点中断等都属于内中断。

另外,有些机器像 80x86 处理器中的软中断指令"INT n",也常被归为内中断。"INT n"常被用于系统功能调用。将一些常用的输入输出、文件操作、存储管理等系统功能编成若干子程序,用中断 INT 指令进行调用。由于这些被调用的系统功能子程序与调用程序之间存在着必然的联系,没有中断事件随机性的特征,因此,就其本质应当属于子程序调用,但在程序切换方式上却按中断处理方式(断点保护、取中断向量、转向中断处理程序等),因而也常将之归为内中断。

外中断是指中断请求来源于 CPU 之外的中断,包括 I/O 设备发出的中断、时钟中断等。

(2) 根据 CPU 是否需要立即对中断请求做出反应可将中断分为不可屏蔽中断与可屏蔽中断。

不可屏蔽中断一般用于非常重要、需要无条件立即处理的中断,如掉电、存储器校验错等。内中断均属不可屏蔽中断,而外中断则有不可屏蔽中断与可屏蔽中断之分,为了区分它们一般通过不同的中断请求信号线连到 CPU。

(3) 根据 CPU 判断中断源并形成该中断源服务的中断处理程序入口地址的方法,将中断分为向量中断和非向量中断。后面会详细介绍。

4. 中断工作过程

中断的工作过程是指从中断源发出中断请求开始,CPU 响应这个请求,现行程序被中断,转至中断服务程序,直到中断服务程序执行完毕,CPU 再返回原来的程序继续执行的整个过程。对于不同类型的中断源,CPU 的响应及处理过程不完全一样,大体可以将中断工作全过程分为几个阶段:中断请求、中断响应、中断服务和中断返回。下面就按照这个过程逐步介绍。

9.3.2 中断请求的表示与控制

1. 中断请求

中断请求是指中断源向 CPU 发送中断请求信号。中断源向 CPU 发送中断请求的时间是随机的,中断请求并不是一出现就立即得到 CPU 的响应,CPU 在现行指令周期结束后,才检测有无中断请求。因此,必须对中断请求进行保存,直到被 CPU 响应。为了记录中断事件并区分不同的中断源,中断系统需对每个中断源设置中断请求触发器,当其状态为

"1"时,表示中断源有中断请求。

　　引入中断后,接口结构可以很简单地从查询接口扩展,图9.10是一个中断输入接口,和图 9.6 程序查询式输入接口对比,是将状态寄存器的 Ready 状态同时作为中断请求信号线 INTR。此时该状态触发器也称为中断请求触发器(IRF)。这种结构的输入接口,既可以采用软件查询方式,也可以采用中断方式。在读出数据寄存器时,同时清零了状态寄存器的 Ready 位,也清除了中断请求。硬件电路也可以设计成写入状态寄存器对其清零。

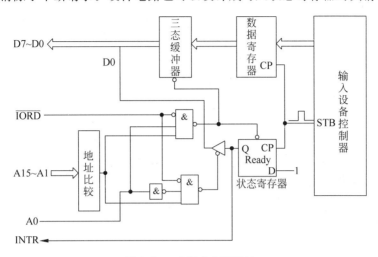

图 9.10　查询式中断接口

2. 中断屏蔽

　　中断源在发出中断请求后,这个请求并不一定能真正送到 CPU 去,在有些情况下,可以用程序方式有选择地阻止部分中断,这就是中断屏蔽。

　　要实现中断屏蔽,可以在中断源的接口电路中设置一个中断屏蔽触发器(MASK),每个中断请求信号在送给 CPU 之前,还要受到中断屏蔽触发器的控制,如图9.11所示。MASK 的 $\overline{Q}$ 输出和中断请求触发器的 Ready 信号相与后产生中断请求,所以对 MASK 写入 1,表

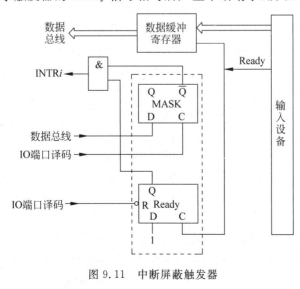

图 9.11　中断屏蔽触发器

示对应中断源的中断请求被屏蔽;对 MASK 写入 0,才能将中断请求送往 CPU。MASK 屏蔽位由程序来设置。

3. CPU 响应中断的条件

如果有中断请求没有被屏蔽传递到了 CPU,CPU 也并非一定响应。在 CPU 内部一般设有一个总的控制是否允许中断的触发器 IE(Interrupt Enable),若 IE＝1,称为开中断状态,即 CPU 允许中断,此时若有可屏蔽中断产生,则 CPU 能够响应。若 IE＝0,称为关中断状态,对于可屏蔽中断请求 CPU 不响应。也就是说,对于所有可屏蔽中断请求,IE 是一个总的是否响应的控制。中断允许触发器的状态可以由指令控制。

CPU 允许中断时也不是即刻就能响应的,因为中断处理需要切换到中断服务程序,不能在一条指令执行尚未完成之前就切换到其他程序。为了保证一条指令的完整执行,CPU 是在一条指令执行结束时才检测有无中断请求信号的。

能改变 CPU 执行流程的请求信号有多个,优先级别最高的是总线请求信号(如 DMA 请求),接着是不可屏蔽中断请求信号,最后才是用于外设数据交换的可屏蔽中断请求。如果出现同时请求的情况,CPU 自然先处理优先级别较高的请求。

综上所述,CPU 响应中断必须满足以下几个条件:

(1) CPU 允许中断;

(2) 有未被屏蔽的中断请求传递到 CPU;

(3) 当前指令执行结束;

(4) 没有更高级别的其他请求,如 DMA 请求。

9.3.3　中断响应

如果上述 CPU 响应中断的条件被满足,CPU 就要中止执行现行程序,完成一些必要的操作后去执行中断服务程序,这个过程称为**中断响应**。中断响应意味着 CPU 从一个程序切换至另一个程序。在响应过程中,需要解决的主要问题有三个。

(1) 断点及程序状态的保存。

中断是程序的切换,为了在中断处理结束后能够返回断点继续执行,需要保存当前的程序计数器(PC)的内容。由于中断的随机性,现行程序的 PSW 在断点前后可能被关联地使用,因此程序状态字(PSW)也必须保存,中断返回时再恢复,以免影响原来程序的状态。PC 和 PSW 的保护是至关重要的,由 CPU 在中断响应过程中自动完成。此外,一些通用寄存器保存着程序执行的现行值,在现行程序被切换后也需要保护,通常由中断服务程序在使用这些寄存器之前将它们复制到内存单元中去,不需要在中断响应时自动完成。

(2) 识别中断源。

识别中断源就是确定哪个设备提出的中断请求。如果有多个外设同时提出了中断请求,还要确定一个优先级,先响应哪一个中断源的请求。识别中断源和优先级排队往往可以结合在一起进行。

(3) 实现程序转移。

通过修改 PC 值就可以实现程序转移。在切换到中断处理程序之前,CPU 还会自动地关中断。因为此时中断请求信号往往尚未清除(通常在中断服务程序中清除),或者还存在其他中断源的中断请求,如果不关中断,会在转向中断处理程序后再次被中断,造成混乱。

下面首先介绍简单中断系统的中断响应过程,然后再介绍广泛采用的向量中断的中断响应。

在简单的中断系统中,可以采用程序查询的方法识别中断源。当 CPU 响应中断后,执行一段查询程序,依次查询各外设接口的中断请求标志,若检测到某个外设接口有中断请求,则转向该中断源的中断服务程序。假设有 A、B、C 三个设备,流程图如图 9.12 所示。

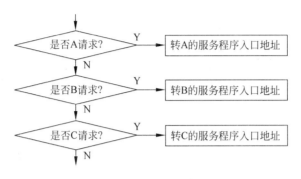

图 9.12　中断识别程序流程

显然软件查询的顺序就体现了各设备的优先顺序。一般应当把速度高的外设排在前面;若速度相当,应当把输入设备排在输出设备前。若各外设速度相同,如同一种外设,也可采用转圈查询的方法,如本次为 A 设备服务后,下次从 B 设备开始查询,使各设备机会均等。

这个中断识别程序的入口地址是在硬件设计时就确定下来了。在响应中断时,首先由硬件自动保存当前的 PC 和 PSW,一般是保存到堆栈中;然后将转移入口地址送入 PC,并且清零中断允许触发器,即关中断。在下一个周期将转去执行中断识别程序。

采用单一入口软件识别中断源的最大好处就是接口线路最简单,只要一般查询式接口逻辑就可以了(图 9.10)。另外一个好处是服务的优先顺序是靠查询顺序来决定的,因此很容易改变,但是软件查询中断源会降低中断处理的速度,较多地占用了 CPU 的时间。更广泛采用的方法是硬件向量中断法,下面重点介绍。

1. 向量中断

中断向量(Interrupt Vector)主要是指中断源所对应的中断服务程序的入口地址,有些系统还将中断源的中断屏蔽字也作为中断向量的一部分。所有中断源的中断向量通常集中存放在一个特定的内存区域中,称做**中断向量表**。根据中断向量所包含的项目的多少,每个中断向量占用 1 到 2 个字,其起始地址称为**向量地址**(Vector Address)。每个中断源所对应的向量地址是在 CPU 硬件设计时确定的,也就是固定不变的;而中断向量也就是中断服务程序的入口地址不是固定的,由主程序填入中断向量表。

所谓**向量中断**(Vectored Interrupt),是指 CPU 响应中断时,由中断机构自动提供该中断源的向量地址,CPU 根据向量地址获得中断向量,进而转向中断服务程序实现程序的切换。在实际实现中,往往不是直接提供向量地址的,而是一个编号,该编号反映了该中断源的中断向量在向量表中的顺序,由于每个中断向量占用的字节数是一定的,中断向量表在内存中的位置也是设计时固定的,根据编号就可以计算出向量地址。

如图 9.13 所示,向量中断过程如下。

① 当外设有中断请求,通过中断机构向 CPU 提出中断请求 INTR。

② 待 CPU 响应后,由中断响应信号 INTA 回答中断机构。

③ 中断机构将申请中断的优先级最高的向量地址 VA 送给 CPU。

④ CPU 将当前 PC 和 PSW 压入堆栈保护起来。

⑤ 根据向量地址从内存中的中断向量表中取出中断向量送入 PC;关中断。

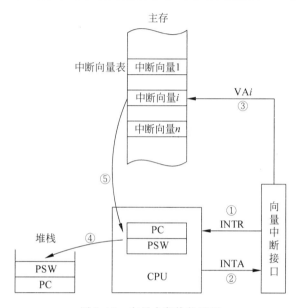

图 9.13　向量中断执行过程

图 9.13 中过程的②~⑤就是中断响应过程,在硬布线控制的处理器中需要占用一个或几个机器周期的时间,称做**中断响应周期**;在微程序控制的处理器中需要一段微程序完成中断响应的操作,因为微程序是用来实现机器指令的,而中断响应的操作并没有对应的机器指令,所以称做**中断隐指令**。

2. 向量中断接口

图 9.14 是一种向量中断接口模型。可以看出,它是在图 9.11 中断接口的基础上,增加了优先级排队和中断响应电路。下面大致介绍一下该接口的工作原理:当输入设备将一组数据送到接口的数据寄存器时,同时将中断请求触发器 IRF 置 1;如果此时该中断未被屏蔽,也就是屏蔽触发器 MASK 的 $\overline{Q}=1$,那么经过与门发出中断请求信号 INTR0;该信号经过优先级排队电路向 CPU 提出中断请求,即 INTR 有效;待 CPU 能够响应中断时,给出中断应答信号 $\overline{INTA}$ 有效,经过优先级排队电路产生相应接口的中断应答信号 $\overline{INTA0}$;该信号打开三态门使该接口的向量地址(或编号)送到数据总线。

图 9.14 只画出了一个 I/O 接口,如果有多个外设接口,需要分别连接到各自的 INTRi 和 $\overline{INTA}i$。在外设数量较多时,通常采用一种集中式的中断控制器,如图 9.15 所示。中断控制器将 I/O 接口中的屏蔽触发器集中到一起构成屏蔽寄存器,将 I/O 接口中的向量地址提供逻辑也集中到优先级编码电路中,如果有多个未被屏蔽的中断请求同时存在,优先级编码电路会产生优先级最高的中断源的编号。可见,集中式中断控制器使得 I/O 接口得到了简化。

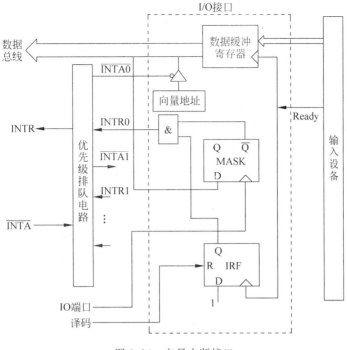

图 9.14　向量中断接口

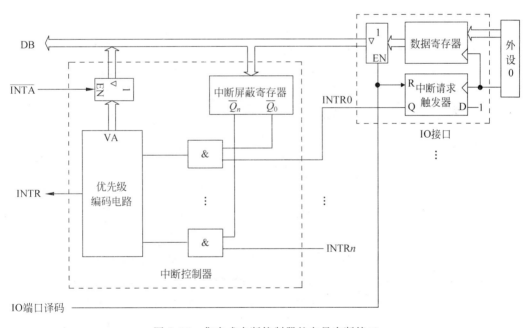

图 9.15　集中式中断控制器的向量中断接口

下面介绍几种优先级排队电路。

3. 中断优先级排队

向量中断采用硬件电路进行优先级排队。根据中断请求信号传送的方式不同,有不同的优先排队电路。常见的硬件排优电路有串行链式和并行式优先级排队电路。这些排队电路的共同特点是：优先级高的中断请求将自动封锁优先级低的中断请求的处理。和软件查询排优相比,硬件排优可以节省 CPU 时间,而且速度快,但是要增加硬件成本,而且每个中断源的优先级由硬件连接决定,不像软件排优那样可以灵活改变。

串行链式的优先级排队电路如图 9.16 所示。所有中断源的中断请求信号通过公共的中断请求信号线 INTR 送给 CPU,CPU 给出中断应答信号,沿 $\overline{INTA}$ 线以串行方式逐个通过各中断源的接口,若某中断源不曾发出中断请求,则 $\overline{INTA}$ 信号将通过该接口传往下一个接口。若该中断源有中断请求信号,则此接口将封锁 $\overline{INTA}$ 信号的继续传送。显然串行方式中,各中断源的锁链接口的优先顺序依次为接口 1,接口 2,…,接口 n。串行方式连线少,可扩展性好,但响应速度慢,当链路的某一部件出现故障,后继部件将无法得到响应。

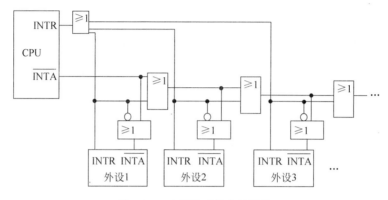

图 9.16　串行链式优先级排队

并行排优电路如图 9.17 所示。每个中断请求信号通过独立的中断请求信号线 INTRi 发出,排优后的中断应答信号通过不同的中断应答信号线发回相应的接口。编号越小优先级越高。可以看出该电路实际是根据中断请求的优先级对应答信号排队,如果有高优先级的请求存在,则不会应答低优先级的中断请求,这和上面的串行链式优先级排队电路是相同的,不同的是并行排优电路响应速度快,可靠性不受链的传递影响。

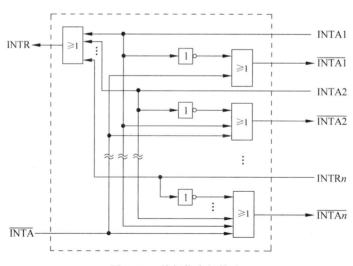

图 9.17　并行优先级排队

上述串行链式排优和并行排优电路可以用图 9.14 向量中断接口的优先级排队电路。图 9.15 中断控制器中的优先级编码电路可以采用图 9.18 的电路,如果有多个中断请求存在,该电路根据优先级别(0 最高)产生优先级高的中断源的编号。

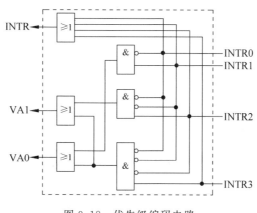

图 9.18　优先级编码电路

9.3.4　中断服务和中断返回

在中断响应的操作完成后,CPU 执行中断服务程序,它是中断系统的软件部分,根据中断源的具体要求来编写。一般中断服务程序由先行段、主体段和恢复段三部分组成,如图 9.19 所示。

先行段的保护现场是指保护通用寄存器,因为中断服务程序中可能会用到这些寄存器,必须将原来主程序的寄存器内容保存起来,在返回前的恢复段再恢复原来的寄存器内容。具体实现方法通常是将通用寄存器压入堆栈保存,恢复时再从堆栈弹出;由于堆栈具有后进先出的特性,需注意寄存器压入和弹出的顺序。

中断返回之前还必须开中断。因为在中断响应时 CPU 自动关闭了中断,如果不开中断,会导致无法再次响应中断。可以在中断返回前用一条开中断指令使中断允许触发器置 1,也可以在设计 CPU 时使中断返回指令包含开中断的功能。通常开中断指令结束时 CPU 不再检测是否有中断请求,这样只要开中断指令后面紧接着中断返回指令,返回之前就不会再次被中断。

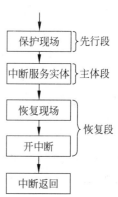

图 9.19　中断服务程序流程

中断返回就是使程序返回主程序的断点。在中断响应周期已经将断点地址保存到堆栈中,所以中断返回指令需要从堆栈中取出断点地址送给 PC。从图 9.13 可知,主程序的 PSW 也是在中断响应周期压入堆栈保存,所以中断返回时也要恢复 PSW。如果中断响应时先压入 PC、后压入 PSW,那么恢复时就要先弹出 PSW、后弹出 PC。此外,也可以在中断返回指令中完成开中断操作,这样中断服务程序中就无需安排一条开中断指令了。

通过前面的讨论可以知道,从中断请求、中断响应到中断服务、中断返回的整个中断过程中,有的用硬件实现,有的用软件实现。中断源的服务程序本身所占的时间只是其中一部分,其他如中断响应、保护现场、恢复现场、中断返回等一些额外开销也占用了一定的时间,尽量压缩额外开销可提高中断系统的效率,如向量中断和软件识别相比,响应速度提高了很多。和程序查询传送方式相比,中断方式提高了 CPU 的效率,外设与主机的并行工作能力有所增强。但是中断方式存在额外开销,比较适合低速外设及事件处理的场合。

例 9.2　某计算机的 CPU 主频为 500MHz,CPI 为 5。假定某外设的数据传输率为 0.5MB/s,采用中断方式与主机进行数据传送,总线宽度为 32 位,对应的中断服务程序包含 18 条指令,中断服务的其他开销相当于 2 条指令的执行时间。(1)该外设每隔多长时间产生一次中断请求?(2)在中断方式下,CPU 用于该外设 I/O 的时间占整个 CPU 时间的百分比是多少?

解:(1)外设的数据传输率为 0.5MB/s,每次中断传输 32 位(4B),则

每隔 $(4/0.5M)=8\mu s$ 产生一次中断请求。

(2) CPU 主频为 500MHz,CPI=5,则

平均指令周期 $=5/500M=0.01\mu s$

每次中断占用的 CPU 时间 $=(18+2)\times 0.01=0.2(\mu s)$

所以,CPU 用于该外设 I/O 的时间占整个 CPU 时间的百分比是 $0.2/8=0.025=2.5\%$。

9.3.5　中断嵌套

上述单级中断服务过程中不会再被其他中断源打断,即使又有更高优先级的中断请求提出。如果 CPU 在处理某一级中断的过程中,又有新的中断请求,CPU 暂停原中断的处理,转去处理新的中断,待新中断处理完毕后,再返回原来中断的处理,这种中断行为称为**多重中断**,也称**中断嵌套**。因为 CPU 在进入某个中断源的中断服务程序之前已经在中断响应周期中自动清除了中断允许标志,所以如果要允许中断嵌套,必须在进入中断服务程序后及时开放中断。

图 9.20 是一个中断嵌套的示意图。当 CPU 在执行现行程序的过程中,1#外设来了一个中断请求,CPU 转去执行 1#外设的中断服务程序。若在执行的过程中,又有 2#中断请求发生,而且 2#中断请求的优先级更高,那么,在 1#中断服务程序中开中断指令执行完毕后,就可以转去执行优先级更高的 2#中断请求的中断服务程序。待 2#中断服务程序执行

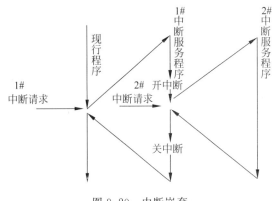

图 9.20　中断嵌套

结束后,再返回1#中断服务程序。1#中断服务程序执行结束后,再返回最开始被中断的程序处继续执行。由于断点通过堆栈保护,依靠堆栈先进后出的操作顺序,中断嵌套可以一级级进入,一级级返回。在图9.20中,2#外设的中断优先级更高,事务更紧迫,尽管它的中断请求比1#中断请求来得晚,却优先得到CPU的服务,这也是中断嵌套的意义所在。引入中断嵌套后,不但当多个中断请求同时到达时能为优先级高的请求服务,而且当优先级高的中断请求到得晚时也能尽快得到优先服务。

允许嵌套的中断服务程序流程如图9.21所示。在先行段的最后要开中断,在开中断之前除了保护通用寄存器,还要保护原屏蔽字、设置新屏蔽字。设置屏蔽字的目的,就是只允许比当前中断服务的优先级高的中断,屏蔽优先级低的中断请求。在恢复段还要恢复原来的屏蔽字和寄存器;通常恢复之前要关中断,以免恢复过程被中断。和无嵌套的中断流程一样,中断返回之前要开中断,准备好再次响应中断请求。

某些机型将屏蔽寄存器作为PSW的一部分,在中断响应周期保护PSW也就保护了屏蔽字,中断返回时恢复PSW也就恢复了屏蔽字,所以中断服务程序就可以省去保护和恢复屏蔽字的操作。如果将屏蔽字作为中断向量的一部分,那么在中断响应周期从中断向量表中不仅取出中断服务程序的入口地址送给PC,还取出中断屏蔽字送给PSW,相当于设置屏蔽字,所以中断服务程序中又可以省去设置屏蔽字的操作。这些措施都可以压缩先行段和恢复段的时间开销。

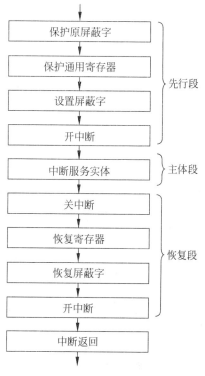

图9.21　允许嵌套的中断服务程序流程

例9.3　某计算机的中断系统有5级中断,中断响应的优先次序从高到低为#1→#2→#3→#4→#5。(1)试写出5个中断源的中断服务程序中应设置的中断屏蔽字。(2)如果在CPU执行某一正常程序时,同时出现了#1、#2、#4的中断请求,在执行#4中断的中断服务程序的过程中又出现了#3中断请求,在处理#3中断的过程中又出现了#1、#5中断请求,试说明中断处理的过程。

解:(1)表9.1列出了5个中断源的屏蔽字。其中#1中断源的屏蔽字是"11111",它的优先级最高,禁止本级和更低级的中断请求;#2的屏蔽字为"01111",优先级其次;以此类推,第#5中断源的屏蔽字是"00001",只有最低位为"1",它的优先级最低,仅禁止本级的中断请求,而对比它优先级高的1、2、3、4中断请求全部开放。

表9.1　例9.3各中断源的屏蔽字

中断源	屏蔽字(12345)	中断源	屏蔽字(12345)
#1	11111	#4	00011
#2	01111	#5	00001
#3	00111		

(2) CPU 将首先响应并处理♯1 中断,待处理完毕后返回原来程序;但此时还有♯2、♯4 中断请求尚未处理,所以在正常程序执行一条指令后,CPU 又转去处理♯2 中断,完成后同样返回原来的程序。紧接着执行完一条指令后,又转去处理还未处理的♯4 中断请求。

在执行♯4 中断的中断服务程序的过程中又出现了♯3 中断请求,因为♯3 中断的优先级高于 4 级中断,所以 CPU 必须转去先处理♯3 中断的请求。

在处理♯3 中断的过程中又出现了♯1、♯5 中断请求,因为♯1 中断优先级高于♯3,所以 CPU 将中断♯3 中断服务程序,而转去执行♯1 中断服务程序;由于♯5 中断的优先级最低,所以不能中断其他高级别的中断服务程序,只有在♯1 中断处理完成后,返回♯3 中断继续执行,待♯3 中断处理完毕后,返回♯4 中断服务程序继续执行,当♯4 级中断处理完成后,CPU 返回原来的正常程序,但此时还有♯5 中断没有被处理,所以在执行完一条指令后,CPU 又转去执行♯5 中断的中断服务程序,等到♯5 中断处理完毕后,返回原程序继续执行。

以上过程如图 9.22 所示。

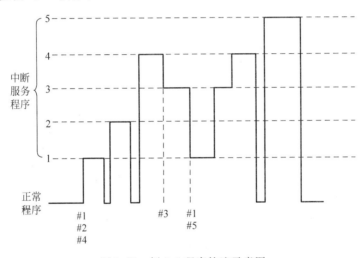

图 9.22　例 9.3 程序轨迹示意图

9.3.6　中断优先级的动态分配

在向量中断中,中断源的优先级是由硬件排队电路决定的,一旦硬件连接确定,外设的中断优先级也就随之确定下来。另一方面,中断服务程序中设置的屏蔽字要与优先级相匹配,开放高优先级、屏蔽低优先级的中断请求。

如果屏蔽字的设置和硬件排队的优先级不一致,开放了较低优先级的中断请求,那么在中断服务程序中开中断之后,中断服务的实体阶段就可能被低优先级的中断请求打断。利用这一特性,可以改变实际处理的优先级。

由硬件排队电路决定的优先级称为**响应优先级**;而在中断服务程序中通过屏蔽字的设置实际处理的优先次序称为**处理优先级**。需要特别注意的是,屏蔽字的设置并不能改变响应优先级。如果有多个中断源同时提出中断请求,首先是按照硬件排队电路规定的响应优先级响应中断;进入中断服务程序设置屏蔽字之后,如果有尚未响应的中断请求被开放,则会传递给 CPU;开中断之后就会响应这个中断请求,使得后响应的中断请求比先响应的中断请求更优先得到服务。下面通过一个例子说明。

例 9.4 如果将例 9.3 的中断处理的优先级次序改为 ♯1→ ♯4→ ♯3→ ♯2→ ♯5(响应优先级不变),试写出 5 个中断源相应的中断屏蔽字;如果各中断源发出中断请求的情况与例 9.3 相同,画出中断响应和处理的过程。

解:中断屏蔽字如表 9.2 所示。执行过程如图 9.23 所示。

表 9.2 改变中断处理次序的屏蔽字

中断源	屏 蔽 字				
	1	2	3	4	5
♯1	1	1	1	1	1
♯2	0	1	0	0	1
♯3	0	1	1	0	1
♯4	0	1	1	1	1
♯5	0	0	0	0	1

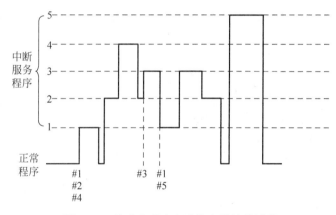

图 9.23 处理次序改变后的中断处理过程

可见,屏蔽字提供一种手段,它能动态调度多重中断的处理优先级的次序,使中断系统具有灵活性。

9.4 直接存储器存取方式

程序中断方式,使主机和外设交换数据时,实现了一定程序的并行,提高了系统的效率,但每交换一个数据,都要中断一次主机,且要花费相当多的时间去保存断点,保护现场,恢复现场等。这对于慢速外设(纸带输入机),它们单位数据之间的时间间隔一般都在 ms 级,这样主机还有相当的时间去执行原程序,故这种方式对慢速外设是可行的,但对像磁盘等高速外设,它们单位数据之间的时间间隔是 μs 级或更短,频繁中断主机会出现两个问题:①会使 CPU 效率下降;②若主机不马上响应请求,由于外设不断完成交换数据的准备,则可能冲掉已产生的需交换的数据,造成信息丢失。因此,对于高速 I/O 设备,必须寻求一种更高效的数据传送方式,这种方式就是 DMA。

9.4.1 DMA 概述

1. DMA 方式的特点

直接存储器访问(Direct Memory Access,DMA)方式直接在 I/O 设备与主存之间交换数据,数据交换过程由 DMA 控制器(DMAC)实施控制,不需要 CPU 的干预。因此,这是一种数据交换过程直接由硬件控制的 I/O 传送方式。DMA 方式特别适合于磁盘等高速 I/O 设备与主存之间的成组数据交换。

与程序中断方式相比,DMA 方式只需要占用系统总线,不需要切换程序,因此不存在保存断点、保护现场、开中断、关中断、恢复现场、恢复断点等操作,节省了 CPU 的大量时间,使得 CPU 的效率得以提高。

DMA 方式下数据传送的实现直接由硬件控制,提高了数据传输的效率,但是也增加了DMA 接口的复杂程度。DMA 方式只能实现数据传送,功能单一,不能像中断方式那样靠软件实现各种各样复杂的功能。

2. DMA 方式的应用场合

DMA 方式一般应用于高速外设和主存之间的简单数据传输,及其他与高速数据传送有关的场合,其主要应用有:

(1) 用于磁盘、磁带、光盘等外存储器设备接口。磁盘、磁带、光盘与主存之间数据交换以数据块为单位,在连续读写过程中数据传输率很高,不允许 CPU 花费过多的时间。一般采用 DMA 方式控制数据传送,数据块传送结束后采用中断方式由 CPU 进行后续处理。

(2) 用于网络通信接口。计算机网络通信一般以数据块为单位,以较快的数据传输率连续传输,因此也常采用 DMA 方式。

(3) 用于动态存储器刷新。动态存储器 DRAM 也利用 DMA 方式完成刷新,每隔一定时间间隔 CPU 让出系统总线,按行地址(刷新地址)访问主存,实现各芯片中的一行刷新。

(4) 用于大批量、高速数据采集接口。

由于 DMA 方式本身不能处理较复杂的事情,因此在某些应用场合常常将 DMA 方式与程序中断方式综合应用,二者互为补充。

9.4.2 DMA 控制器

DMA 控制器(DMAC)是 I/O 设备与主机之间的一个特殊接口。与一般接口不同的是,DMAC 能够控制总线,代替 CPU 来完成 I/O 数据交换。

1. DMA 控制器的功能

DMA 控制器在外设和主存之间直接进行数据传送时,完全代替 CPU 进行工作,它的主要功能有:

(1) 接受外设发出的 DMA 请求,并向 CPU 提出总线申请;

(2) 当 CPU 响应此总线请求,发出总线应答信号后,在现行机器周期结束后,接管对总线的控制,进入 DMA 响应周期;

(3) 确定主存缓冲区或数据单元的首地址及传送长度,并能自动修改主存地址计数值和传送长度计数值;

(4) 规定数据在主存和外设之间的传送方向,发出相应读/写或其他控制信号,并执行数据传送的操作；

（5）DMA 传送结束后，发中断信号报告 DMA 操作的结束。

2．DMA 控制器的基本组成

根据 DMA 控制器的主要功能，一个简单的 DMA 控制器的基本组成如图 9.24 所示，它主要由以下几个部分组成。

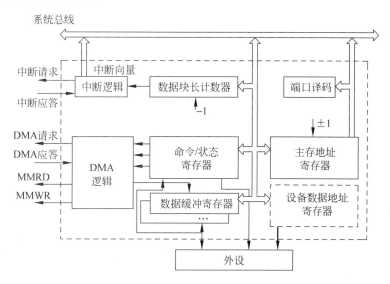

图 9.24　DMA 控制器的基本组成

（1）主存地址寄存器。

初始值由 CPU 在初始化时设置，指向主存缓冲区的首地址，具有计数功能。每进行一次 DMA 传送时，主存地址寄存器自动修改。

（2）数据块长计数器。

用来记录要传送的数据块的长度。初始化时由 CPU 将要传送数据的总字节数（或总字数）装入该计数器。每传送一个字节（或字），计数器自动减"1"，当减到"0"时，表示数据已全部传送完毕，用来产生中断请求信号。

（3）设备地址寄存器。

该寄存器用于存放外设的设备码或设备接口控制器的数据端口地址，其具体内容取决于 I/O 设备接口控制器的设计。

（4）数据缓冲寄存器，用来暂存要传送的数据。

（5）命令/状态寄存器，用于存放控制字和状态字。

以上各寄存器都有自己的端口地址，以便 CPU 访问。

（6）DMA 控制逻辑。

DMA 控制逻辑负责 DMA 请求的产生，向设备控制器发 DMA 应答信号，向 CPU 申请总线及控制总线等。

（7）中断逻辑。

DMA 中断逻辑负责在 DMA 传送结束后向 CPU 发出中断请求，申请对 DMA 操作进行结束处理或进行下一次 DMA 传送的预处理。

9.4.3 DMA 传送方式

根据总线控制权在 CPU 和 DMAC 之间流转的方式不同,一般有以下三种 DMA 数据交换方法:

(1) 连续的 DMA 数据交换法。采用这种方法时,DMAC 一旦获得总线控制权,就要连续地将一组数据全部传送完,才将总线控制权交还给 CPU。整个数据传送过程需要连续占用多个总线周期。图 9.25 是这种方式的时间示意图。

图 9.25　连续的 DMA 数据交换法

这种方法的优点是:数据传输率高,控制简单。缺点是:较长时间失去总线控制权,会使 CPU 处于无法工作的状态,这可能使系统中的一些突发事件因得不到 CPU 的及时处理,而造成系统运行的错误。

(2) 周期挪用(或周期窃取)法。每当 CPU 接到 DMAC 的总线申请,就将下一个总线周期的总线控制权交给 DMAC;DMAC 利用这个总线周期完成一个字节或字的数据交换后,立即将总线控制权交回给 CPU。

采用这种方法进行一组数据的 DMA 传送时,每当设备做好一个数据的传送准备,DMAC 就要提出一次总线申请,直到一组数据全部传送完毕。

在 DMAC 向 CPU 申请总线控制权时,可能碰到两种情况:①下个总线周期时段中,CPU 不用总线;②下个总线周期时段中,CPU 要用总线。对于第一种情况,CPU 将总线控制权交给 DMAC,不会对 CPU 的工作造成任何影响;对于第二种情况,通常规定 DMAC 的优先级高于 CPU,如图 9.26 所示。

图 9.26　周期挪用法

周期挪用法既实现了 I/O 传送,又对 CPU 的工作影响不大,因此被广泛使用。

(3) 交替控制总线法。将 CPU 的一个总线周期设计成两个主存存储周期长度,并将每个总线周期一分为二,一半给 CPU 使用,由 CPU 控制总线;另一半则给 DMAC 使用,由 DMAC 控制总线,如图 9.27 所示。

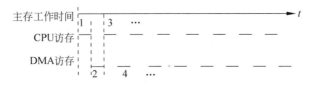

图 9.27　交替控制总线法

这种方法在硬件上设定了CPU与DMAC交替控制总线的时间段,因此,总线控制权的交接无需经过申请、响应、归还等环节,所需延时很小。这对提高DMA传送效率是很有利的。

交替控制总线法也称为"透明的DMA"法。但是,这要求有很短的主存存储周期,否则将使CPU的主存访问速度严重降低。

9.4.4 DMA 传送过程

采用DMA方式进行一次I/O数据交换需要经过4个阶段:预处理阶段,总线申请与响应阶段,数据交换阶段和后处理阶段。

预处理阶段:由CPU执行一个DMAC初始化程序,将所需交换的字节(或字)数和所需访问的主存区域基址,置入DMAC中的字节(或字)数计数器和地址寄存器;选择好一种数据交换方法,并设置好数据传送方向。

总线申请与响应阶段:当接在DMAC上的设备做好数据交换准备时,就向DMAC发出DMA数据传送请求;DMAC转而又向CPU提出总线使用申请。CPU在每个总线周期结束时,都会检测DMAC的总线申请线,如果检测到DMAC的总线申请信号,则立即做出响应,向DMAC让出总线控制权。

数据交换阶段:DMAC通过地址总线,分别向设备和主存送出地址,并根据已设置好的数据交换方式和数据传送方向,向设备和主存发出读/写控制信号,然后通过数据总线传送一个字节(或字)数据。传送完一个字节(或字)后,DMAC对字节(或字)数计数器减1,并对主存地址寄存器进行增量或减量操作。如果预先设定的数据量尚未传送完(计数器未减到0),则DMAC继续控制数据传送,直到传送结束。

后处理阶段:DMAC释放总线,并向CPU发出中断请求。CPU重新控制总线,响应DMAC的中断请求,做一些后续处理工作。

以上四个阶段中,只有数据交换阶段是完全不用CPU参与的,CPU可以在此期间继续执行原来的程序。但是,由于CPU暂时放弃了总线控制权,所以,CPU在此期间不能访问主存,使CPU的正常工作受到影响。

下面以磁盘读操作为例,说明DMA的工作过程,如图9.28所示。

(1)预处理。

当CPU把启动命令写入磁盘接口中的命令寄存器后,磁盘便启动了,首先完成的是磁盘寻址工作,根据磁盘地址寄存器的内容,完成选择盘面、寻道和寻找扇区后,便进入了DMA传送阶段。

(2)DMA请求和响应。

当接口中的输入数据已经准备好,接口缓冲寄存器已满(读盘),接口通过DMA请求逻辑向CPU发出DMA请求信号。

CPU接到DMA请求,在当前内存周期(或CPU周期)结束后,将总线输出端置成高阻态,发出DMA应答信号,将总线控制权交给DMA控制器。

(3)数据传送。

DMA控制器接到应答信号后,接过总线控制权,将接口中主存地址寄存器的内容送上地址总线,将存储器读/写命令等送上控制总线,完成一次磁盘与主存单元内容的数据传送。每次DMA传送后,接口中的主存地址寄存器内容将会修改,数据块长度计数器会减1,并

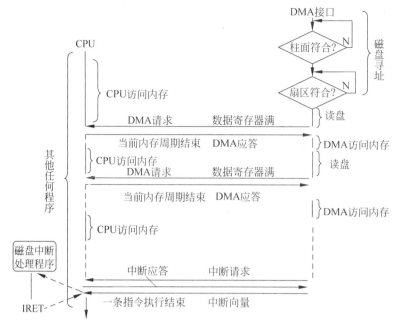

图 9.28　DMA 工作过程示意图

且 DMA 请求信号会清除,待准备好下一次数据时,接口再次发出请求信号,如此重复执行,直到完成整个数据块的传送。

(4) 当数据块传送完毕,块长计数器为 0,触发中断逻辑产生中断请求,CPU 进入中断服务程序,进行结束处理。

当一个系统中有多台设备采用 DMA 方式与主机交换数据时,DMAC 中也需要设置 DMA 响应的优先级。与中断方式不同的是,DMA 不能嵌套。此外,对 CPU 来说,DMA 请求的优先级高于中断请求。

例 9.5　设 DMAC 以周期挪用方式控制数据交换,以 8 位为传输单位,一次成组数据交换所允许的最大数据量为 400 字节。已知:主存存取周期为 100ns;所用字符设备的数据传输率为 9600b/s;CPU 每处理一次中断需 5μs。若采用 DMA 方式交换数据,每完成一组数据的交换都要请求 CPU 中断,并忽略对 DMAC 预处理所需的时间,则进行 1s 的数据交换需占用 CPU 多少时间? 如果完全采用中断方式进行数据传送,又需占用 CPU 多少时间?

解:(1) 对 DMA 方式,由字符设备的数据传输率,有

$$9600b/s = (9600/8)B/s = 1200B/s$$

如按每组数据 400 字节计算,每秒可交换 3 组数据,所以,共占用 CPU

$$100ns \times 1200 + 5\mu s \times 3 = 0.1\mu s \times 1200 + 15\mu s = 135\mu s$$

(2) 对中断方式,每次中断服务只能完成一个字节的交换,完成 1200 字节的交换共需占用 CPU

$$5\mu s \times 1200 = 6000\mu s = 6ms$$

例 9.6　设磁盘采用 DMA 方式与主机交换数据,其数据传输速率为 2MB/s;DMA 预处理需 1000 个时钟周期,后处理需 500 个时钟周期。如果磁盘一次 DMA 传送的平均数据

量为 4KB,CPU 的时钟频率为 50MHz,则 1s 内,CPU 用于 DMA 辅助操作(包括预处理和后处理)的时间所占的比例是多少?

解:磁盘每秒可与主机交换数据的组数平均为

$$2MB/4KB=2^{21}/2^{12}=512(组)$$

每进行一组数据交换,都要做一遍 DMA 辅助操作,所以 CPU 用于 DMA 辅助操作的时间所占的比例为

$$[(1000+500)\times512]/(50\times10^6)\times100\%=1.536\%$$

9.5 总 线

现代计算机系统大多采用总线结构。总线是计算机中连接各个功能部件的纽带,是计算机各部件之间传输信息的公共线路,在计算机系统中起着非常重要的作用。在第 1 章已经介绍过总线的基本概念和分类,随着计算机的发展,总线也变得日益复杂和重要。总线不仅仅是一组信息传输线,还包括总线接口、总线协议和总线仲裁逻辑等。

9.5.1 总线的特性和性能指标

1. 总线的特性

1) 物理特性

物理特性是指总线的物理连接方式,包括连线类型(电缆式/主板式/背板式等)、总线信号的根数、总线插头/插座的形状以及信号线的排列方式等。

2) 功能特性

功能特性是指每一根信号线的功能。例如数据总线传输数据信号,地址总线用来指出地址信息,控制总线发出控制信号,既有 CPU 发出的控制信号,如存储器读/写、I/O 读/写等,也有 I/O 向 CPU 发来的信号,如中断请求、DMA 请求等。

3) 电气特性

电气特性反映每一根信号线上信号的传递方向、有效电平范围、有效状态和信号单端/差分传送等。信号的传递方向有输入、输出和双向。有效电平范围指逻辑"1"和"0"对应的电压范围。有效状态指信号起作用的状态是低电平、高电平还是跳变沿等。

4) 时间特性

时间特性是指各信号线上信号有效的时间先后顺序,即时序。只有完全遵守总线的信号时序,才能保证通过该总线进行操作的准确可靠。

2. 总线的性能指标

通过总线的性能指标可以衡量不同总线标准的性能优劣,有多个方面,下面有选择地介绍总线的 5 个性能指标。

1) 总线宽度

总线宽度指的是总线中数据信号线的数量,用位(b)表示,总线宽度有 8 位、16 位、32 位和 64 位等。显然,总线宽度越大,能够同时传送的二进制信息位数越多。

2) 总线频率

总线频率指总线时钟信号的工作频率,单位为赫兹(Hz)。时钟是总线中各种信号的定时

标准。一般来说,总线时钟频率越高,其单位时间内数据传输量越大,但不完全成正比例关系。

3) 总线带宽

总线带宽也称最大数据传输速率,是指通过总线每秒钟能够传输的最大信息量,单位为字节/秒(B/s)或者位/秒(b/s),即每秒多少字节或每秒多少二进制位。最大数据传输率有理论值和实际值之分,实际的最大数据传输速率通常也被称为吞吐量(Throughput)。

总线是用来传输数据的,所采取的各项提高性能的措施,最终都要反映在数据传输速率上,所以在诸多指标中最大数据传输速率是最重要的。

例 9.7 在某总线系统中,总线宽度为 32 位,总线频率为 33MHz,在每个时钟信号的上升沿都可以完成一次数据传输。该总线的数据传输速率是多少? 如果总线宽度提高为 64 位,总线频率不变,在每个时钟信号的上升沿和下降沿都可以完成一次数据传输,此时的总线数据传输率是多少?

解:根据上面的定义可得总线数据传输速率为 $(32/8) \times 33M = 132MB/s$。

提升后总线数据传输速率为 $(64/8) \times 33M \times 2 = 528MB/s$。

4) 信号线数

信号线数是总线中信号线的总数,包括数据信号线、地址信号线和控制信号线等。信号线数与性能不成正比,但可以反映总线的复杂程度。

5) 负载能力

负载能力也称驱动能力,是指总线带负载的能力,即总线连接负载后总线输入输出的逻辑电平能够保持在额定范围之内。总线的负载能力可直接由它所能连接的最大设备数来反映。

除上述性能指标外,总线时序类型、仲裁方式等也是衡量总线性能的指标,这将在本章后续章节中介绍。表 9.3 中给出了几种典型总线的性能指标。

表 9.3 几种典型总线的性能比较

总线名称	ISA	EISA	MCA	PCI	PCI Express	FutureBus+
适用机型	80286/386/486 系列机	386/486/586 系列机 IBM 系列机	IBM 个人机与工作站	Pentium 系列机 PowerPC Alpha 工作站	Pentium 4 系列机 AMD64 系列机	多处理机系统
串/并类型	并	并	并	并	串/并组合	并
总线宽度	16 位	32 位	32 位	32 位	1 位/差分	64/128/256 位
地址宽度	24 位	32 位	32 位	32/64 位	—	64 位
信号线数	98	143	109	120	36(×1 模式)	—
总线频率	8MHz	8.33MHz	10MHz	33MHz	2.5GHz	—
最大传输率	15MB/s	33MB/s	40MB/s	133MB/s	双向 500MB/s	3.2GB/s
时序控制方式	准同步	同步	同步	同步	同步	异步/同步
64 位扩展能力	不可以	无规定	可以	可以	不可以	可以
负载能力	8	6	无限制	3	点对点	14
并发工作	—	—	—	可以	—	—
引脚复用	非	非	非	复用	非	—

9.5.2　总线仲裁

总线被多个部件共享,在某一时刻只能允许一对设备通过该总线进行信息传递。在这一对设备中,能够向总线上发送地址信息和各类控制信息的设备称为总线主控设备或主设备,只能监听总线上的信息并做出相应动作的设备称为总线从设备。例如,CPU 就是最典型的总线主设备,在有数据传输要求时,DMAC 和 IOP 等也可以成为总线主设备。主存储器总是作为总线从设备。

为了使用总线,主设备首先要申请总线的使用权。如果有多个主设备同时申请使用一组总线就会产生冲突,即总线争用。当发生总线争用时,必须由总线仲裁电路按照一定的优先级顺序决定各个主设备使用总线的先后顺序,这个决策过程称为总线仲裁(Bus Arbitrating)。

按照总线仲裁电路在计算机系统中的分布形式,总线仲裁分为集中式总线仲裁和分布式总线仲裁两种。集中式总线仲裁将控制逻辑做在一个专门的总线控制器或总线裁决器中,将所有的总线请求集中起来,利用一个特定的仲裁算法进行裁决。例如,在早期的8086/8088 计算机系统中就利用总线控制器 Intel 8289A 进行总线仲裁。分布式总线仲裁没有专门的总线控制器,其控制逻辑分散在各个部件或设备中。

1. 集中式总线仲裁

所谓集中式仲裁是指系统的总线仲裁逻辑电路集中在一起(例如 CPU 内部)。例如,在早期的 8086/8088 计算机系统中,由于存在着主处理器和多个协处理器同时工作,为了解决它们使用总线的顺序,系统中提供了总线仲裁器 8289,由其负责完成产生总线争用时的仲裁操作。根据仲裁原理的不同,集中式仲裁主要有串行链、计数查询和独立请求等三种形式。

1) 串行链式仲裁

如图 9.29 所示,每一个总线主控设备都通过一根公共的请求线 $\overline{\text{BR}}$(Bus Request)向总线仲裁逻辑提交总线使用请求,通过公共的总线忙信号线 $\overline{\text{BB}}$(Bus Busy)向总线仲裁逻辑发送其使用总线的状态。总线仲裁逻辑根据这两个信号的状态发回总线应答信号 BA(Bus Available),该信号在各个设备间串行向后传递。

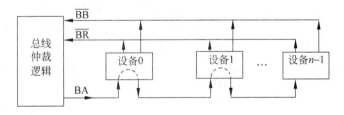

图 9.29　串行链仲裁方式

如果设备并未提出总线请求,则总线应答信号 BA 通过该设备进入下一设备,如果该设备有总线请求,则封锁 BA 信号(BA 信号不再往下传),同时撤销自己的总线请求信号 $\overline{\text{BR}}$ 并建立总线忙 $\overline{\text{BB}}$ 信号,表示它已获得了总线使用权,可以进行总线传送。总线仲裁逻辑一旦检测到 $\overline{\text{BB}}$ 信号有效就撤销 BA 信号,表示一轮总线分配结束。设备使用完总线后重新将 $\overline{\text{BB}}$ 信号置为无效,释放对总线的控制权。

显然，在串行链仲裁方式中每个设备使用总线的优先级与其在链中所处的位置有关，位置越靠前则优先级越高，即各个设备使用总线的优先级的顺序是固定的，从前到后依次降低，这样的仲裁策略称为优先级策略。

串行链仲裁方式需要的控制线少，仲裁逻辑简单，易扩充（设备可以随意增减）。但其缺点是不能动态改变各设备使用总线的优先级，灵活性差。当优先级高的设备频繁请求使用总线时，会使优先级较低的设备长期不能使用总线。另外，串行链仲裁方式对硬件电路的故障敏感，当某一级设备的电路出现问题时，就会影响它后面所有设备对总线的使用。

2）计数查询式仲裁

如图 9.30 所示，计数查询式仲裁比串行链仲裁方式多一组设备地址线，少一根总线应答线 BA。$\overline{BB}$ 和 $\overline{BR}$ 信号的连接情况与串行链方式相同。每一个设备都要分配一个唯一的设备号，所有设备的设备号是连续的。每个设备内部都有一个地址比较器，总线仲裁逻辑中设有计数器。

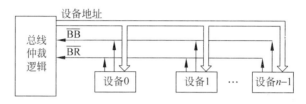

图 9.30　计数查询仲裁方式

总线仲裁逻辑接收到 $\overline{BR}$ 送来的总线请求信号后，在总线未被使用（$\overline{BB}=1$）的情况下，计数器开始计数，并将计数值通过设备地址线向各设备发出。设备中的地址比较器将接收到的计数值与本身的设备号进行比较，当某个有总线请求的设备号与计数值一致时，该设备便获得总线使用权，此时终止计数查询，同时该设备建立总线忙信号（$\overline{BB}=0$）。此时仲裁逻辑中的计数器停止计数，表示一轮总线分配结束。设备使用完总线后重新将 $\overline{BB}$ 信号置为无效，释放对总线的控制权。

计数查询仲裁方式中，每个设备使用总线的优先级与总线仲裁逻辑中计数器的计数规则有关。如果每次计数都从"0"开始，则优先级是固定的，设备号越小优先级越高。如果从上一次计数过程的终止点开始计数，则各个设备使用总线的优先级相同，此时称为公平策略。如果计数初始值可以用程序来设置，则可以灵活改变设备使用总线的优先级。计数查询仲裁方式对电路故障不如串行链仲裁方式那样敏感，不会因一个部件故障影响后继部件。但是可扩充性稍差，最大部件数受限于计数器的位数，并且需要增加一组设备线，总线设备的控制逻辑也更复杂，需对设备号进行译码比较等。另外，受到计数器计数频率的制约，总线分配的速度也不会太高。

3）独立请求式仲裁

在独立请求仲裁方式中，每个设备都有单独的一对信号（总线请求信号 $\overline{BRi}$ 和总线应答信号 BAi）与总线仲裁逻辑交换信息，而不采用共享请求线的方式，结构较前两种方式复杂。总线忙信号 $\overline{BB}$ 的连接情况与前两种方式相同，如图 9.31 所示。

某个设备使用总线时，将对应的 $\overline{BRi}$ 信号置为有效。在 $\overline{BB}$ 信号为无效的前提下，总线仲裁逻辑内部的仲裁电路使得 BAi 信号输出有效，它所连接的设备获得总线使用权，将 $\overline{BB}$

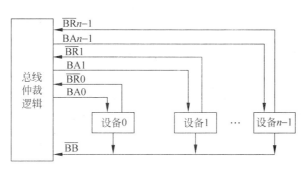

图 9.31　独立请求仲裁方式

信号置为有效,最后总线仲裁逻辑撤销 BAi 信号,表示一轮总线分配结束。设备使用完总线后重新将 $\overline{\text{BB}}$ 信号置为无效,释放对总线的控制权。

在独立请求仲裁方式中,各设备使用总线的优先级与总线仲裁逻辑内部的电路结构有关。总线仲裁逻辑是根据预先确定的优先顺序,对多个总线请求信号进行并行裁决,响应速度快。若可编程,则优先级可灵活设置。缺点就是总线制逻辑复杂,控制线数量多(n 个设备需要 $2n$ 根控制线)。PCI 总线采用的就是独立请求的集中仲裁方式,仲裁器位于 PCI 控制器中。

在设备比较多的场合下,还可以将串行链仲裁方式和独立请求仲裁方式结合起来形成分组链式裁决。

2. 分布式总线仲裁

分布式总线仲裁没有专门的总线控制器,每个主控设备都有自己的仲裁器。每次总线仲裁都由各个设备根据一定的仲裁算法来决定自己是否占有总线。常用的分布式仲裁主要有自举式、冲突检测式和并行竞争式等三种。

1) 自举分布式仲裁

每个设备都有自己的一根总线请求线,优先级固定,各设备独立决定自己是否是最高优先级请求者。需请求总线的设备在各自对应的总线请求线上送出请求信号,在总线裁决期间每个设备将比自己优先级高的请求线上的信号取回分析:若有总线请求信号,则本设备不能立即使用总线;若没有总线请求信号,则可以立即使用总线,并通过总线忙信号阻止其他设备使用总线。最低优先级设备可以不需要总线请求线。NuBus(Macintosh Ⅱ 中的底板式总线)、SCSI 总线等采用该方案。

2) 冲突检测分布式仲裁

每个设备都有自己的一根总线请求线,当某个设备要使用总线时,它首先检查一下是否有其他设备正在使用总线,如果没有,那它就置总线忙,然后使用总线;若两个设备同时检测到总线空闲,则可能会同时使用总线,此时发生冲突;所有设备在传输过程中,都会侦听总线以检测是否发生了冲突;当冲突发生时,两个设备都会停止传输,延迟一个随机时间后再重新使用总线。该方案一般用在网络通信总线上,如 Ethernet 总线等。

3) 并行竞争分布式仲裁

每个设备都有自己的仲裁号和仲裁器。当设备有总线请求时,将仲裁号发送到共享的仲裁线上。每个设备的仲裁器对仲裁号进行比较,如果仲裁线上的仲裁号比自己的仲裁号大,则该设备的总线请求不予响应,该设备撤销仲裁号。竞争获胜者的仲裁号保留在仲裁总线上。Futurebus+总线和工业通信总线 CAN 等采用该方案。

9.5.3 总线操作和定时

总线上的一对主、从设备通过总线完成一次数据传输称做一个**总线事务**,所需要的时间称为**总线周期**。为保证数据传输的可靠,发送双方必须在时间上进行配合,这就是**总线定时**(Timing)。对于独占总线方式(只有一个主设备),一个总线周期分为寻址和传数两个阶段;而对于共享总线方式(有多个主设备),一个总线周期分为总线申请和仲裁、寻址、传数和结束 4 个阶段。

总线的基本定时方式有同步定时和异步定时,基本操作有读传输、写传输;在此基础上演变出准同步传输、突发传输和分离式传输,下面具体介绍。

1. 同步传输

主、从双方由统一的时钟控制数据的传送过程称为同步传输。时钟信号通常由总线控制部件发出,送到总线所连接的所有部件,也可以由每个部件各自的时序发生器发出,但是必须由总线控制部件发出的时钟信号对它们进行同步。

图 9.32(a)为同步读操作时序的示例。主从设备每 4 个时钟周期完成一次数据传输过程。主设备需要读入数据时,在 T_0 前沿通过地址线向从设备发送数据的地址信息,在 T_1 前沿发出读信号,然后在 T_2 前沿对数据线进行采样,读入所需要的数据,在 T_3 前沿撤销读信号,最后撤销地址信息。由 T_0、T_1、T_2、T_3 构成了一个总线读周期。

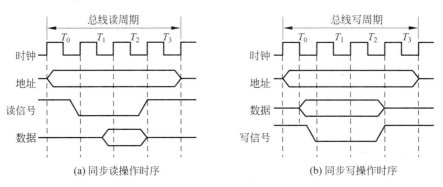

图 9.32   同步读写操作时序

图 9.32(b)为同步写操作时序的示例,由 T_0、T_1、T_2、T_3 构成了一个总线写周期。主设备需要发送数据给从设备时,在 T_0 前沿通过地址线向从设备发送地址信息并在 T_0 下降沿通过数据线发出数据信息,在 T_1 前沿发出写信号,然后在 T_3 前沿撤销数据和写信号,最后撤销地址信息结束总线操作。

从上面的分析可以看出,同步传输方式的实质就是主设备将各种信号分别固定在不同的时刻点依次有效,并认为从设备能够对这些信号及时做出响应。在图 9.32(a)中,主设备认为从设备在 T_2 前沿之前已经将数据送到了数据线上;图 9.32(b)中,主设备认为从设备在 T_3 前沿之前一定接收到了数据。从设备被动地与主设备以相同的步调工作。

同步定时方式要求通信双方的工作速度尽可能一致,如果相差太大就会降低总线的使用效率。这是因为总线控制部件发出的时钟信号的频率应该由速度最慢的部件决定。在较低频率时钟信号的控制下,高速部件本身的高速度不能发挥出来。

例 9.8 在如图 9.32 所示的总线操作时序中,假设总线宽度为 32 位,时钟频率为 50MHz,试计算总线的数据传输速率。

解:从图 9.32 可见,该总线每 4 个时钟周期完成一次数据传输。总线宽度为 32 位,即数据线为 32 位的,说明一次总线传输可以传送 4 个字节的信息。数据传输速率为

$$(50M/4) \times 32 = 400(Mb/s) = 50(MB/s)$$

2. 异步传输

异步传输方式没有公共的时钟标准,而是采用应答方式(或称握手方式)。主设备发请求信号,从设备回馈应答信号,这就要求主从模块之间至少要增加两条联络线。

异步方式根据联络信号的互锁机制分为不互锁、半互锁和全互锁三种方式,分别如图 9.33(a)、图 9.33(b)、图 9.33(c)所示。

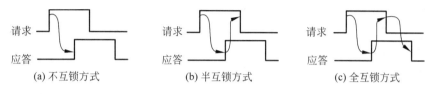

(a) 不互锁方式 (b) 半互锁方式 (c) 全互锁方式

图 9.33 异步通信的三种方式

下面以全互锁方式介绍异步通信的操作时序。图 9.34(a)为异步读操作时序。主设备需要读入数据时的过程如下:

(1) 主设备通过地址线向从设备发出地址信息,通过读信号线发送读信号,然后发送请求信号。

(2) 从设备检测到请求信号的上升沿后,将地址所对应的数据送到数据线上并回馈应答信号。

(3) 主设备检测到应答信号的上升沿后,知道从设备已经将数据送出,随后产生数据采样信号读取所需要的数据,并重新置请求信号无效,撤销地址信息和读信号。

(4) 从设备检测到请求信号的下降沿,知道主设备已取走数据,因此从数据线上撤销数据并重新置应答信号无效。两条虚线之间的时间间隔构成了一个异步读周期。

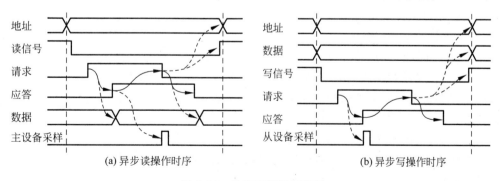

(a) 异步读操作时序 (b) 异步写操作时序

图 9.34 异步通信操作时序

图 9.34(b)为异步写操作时序。主设备需要写出数据时的过程如下:

(1) 主设备通过地址线向从设备发出地址信息,通过数据线发出数据,同时发送写信

号,然后发送请求信号。

(2)从设备检测到请求信号的上升沿后,将数据线上的数据保存到相应的地址单元中,然后回馈应答信号。

(3)主设备检测到应答信号的上升沿后,知道从设备已保存数据,撤销请求信号,从而撤销地址信息、数据信息和写信号。

(4)从设备检测到请求信号的下降沿后重新置应答信号无效。

可见,异步方式允许工作速度各不相同的主/从设备间进行可靠的数据传输,但结构比较复杂,应答过程降低了传输速度。

3. 准同步方式

如前所述,当总线连接多个工作速度各不相同的设备时,如果采用同步控制方式进行数据传输,会降低高速设备的数据传输效率。要解决这个问题,可以将同步控制和异步控制两种方式结合起来,在同步方式的基础上添加部分联络信号(如设备就绪信号 Ready),就形成了准同步定时方式。时钟信号的频率由速度最快的设备决定,如果慢速设备跟不上总线的工作速度,则置设备就绪信号为无效,另一方通过插入若干个时钟周期的等待来延长总线周期,从而保证速度不同的设备之间也可以进行可靠的数据传送。准同步定时方式的读操作时序如图 9.35 所示。

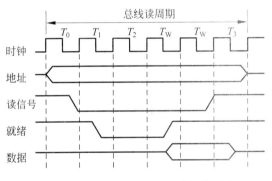

图 9.35 准同步通信方式的读操作时序

图 9.35 中增加了一条设备就绪信号线。主设备需要读取数据时,在 T_0 的前沿送出数据的地址信息,在 T_1 前沿发送读信号。从设备接收到相应信息后首先将就绪信号置为无效,并开始查找数据,找到后将数据送到数据线上并重新将就绪信号置为有效。主设备从 T_2 开始在每个时钟周期的前沿检测就绪信号线的状态,如果无效则下一个时钟周期进入 T_W 并在其前沿继续检测就绪状态,直至在某个 T_W 的前沿检测到就绪状态有效后进入 T_3,在其前沿保存数据并撤销读信号。如果在 T_2 前沿检测到就绪信号有效,直接进入 T_3 保存数据并撤销读信号。T_3 后沿撤销地址信息,总线周期结束。

由此可见,采用准同步方式时,总线周期的长度随从设备工作速度的不同而变化,不是一成不变的。将不需要插入 T_W 的总线周期称为基本总线周期,将插入 T_W 的总线周期称为扩展总线周期,插入 T_W 的个数由从设备的速度决定。

4. 突发传输

突发(burst)传输又称为批量读写操作。当主设备欲读取从设备中地址连续的一段空间的内容时,主设备在总线周期的第一个时钟周期将数据的首地址、模式等信息送上总线,随后从设备将该单元的内容送上总线,并在随后的各个时钟周期将地址连续的单元的内容依次送上总线,这样主设备就可以连续读入后面单元的内容而不需要重复发送地址信息。若为写操作,主设备在总线周期的第一个时钟周期将数据的首地址、模式等信息送上总线,待从设备确认后,从第二个时钟周期开始将数据逐一送上总线,从设备连续接收数据后顺序写入地址连续的空间中,主设备同样能够避免重复发送地址信息。突发传送只需要发送一次首地址,就可以完成一批数据的传送,特别适合高速度、大批量的数据传送场合。PCI 总线突发传送的操作过程见 9.5.4 节。

例 9.9 某计算机主存字长为 32 位、存储器单次读写需要 25ns,突发模式下每 5ns 传输一次数据;存储器总线宽度为 32 位,总线时钟频率为 200MHz,每次读突发传送总线事务的过程包括:送首地址、存储器准备数据、传送数据。每次突发传送 32 字节。传送地址或 32 位数据均需要一个总线时钟周期。请回答下列问题。

(1) 总线的时钟周期为多少? 总线的带宽(即最大数据传输率)为多少?

(2) 存储器总线完成一次读突发传送总线事务所需的时间是多少?

解:

(1) 总线的时钟周期为 $1/200\text{MHz}=5\text{ns}$。

总线带宽为 $4\text{B}/5\text{ns}=800\text{MB/s}$。

(2) 一次读突发传送总线事务包括一次地址传送和 32 字节数据传送:用 1 个总线时钟周期传输地址;首个数据读出需要 25ns 后续每个数据传送需要 5ns(1 个总线时钟周期);总线宽度为 4 字节,32 字节需要分 8 次传输数据。

所以,读突发传送总线事务时间为 $5\text{ns}+25\text{ns}+7\times5\text{ns}=65\text{ns}$。

5. 分离式传输

上述几种数据传输方式有一个共同特点:在一次数据传输没有结束前,主设备不会放弃对总线的使用权,在这期间即使是在等待,如果其他设备有数据需要传送也不能进行,采用分离式传输可以解决这个问题。

分离式传输的基本思想是:将一个总线周期分解为两个子周期。在第一个子周期中,源模块 A 获得总线使用权后将命令、地址、A 模块的编号等信息发到总线上,由目标模块 B 接收保存,A 模块随即放弃总线使用权。B 模块接收到 A 模块发来的有关信息后,经过一系列内部操作,将 A 模块所需的数据准备好,然后由 B 模块申请总线使用权,获准后进入第二个子周期,由 B 模块将 A 模块的编号、B 模块的地址、A 模块所需数据等信息送到总线上,供 A 模块接收。

分离式传输的主要特点是:

(1) 每一个模块既可以是主模块,也可以作为从模块;

(2) 各模块欲占用总线使用权都必须提出申请;

(3) 在得到总线使用权后,主模块在规定时间内向对方传送信息,采用同步方式传送,不再等待对方的回答信号;

(4) 各模块在准备数据传送的过程中都不占用总线,使总线可接受其他模块的请求。

分离式传输可以在不提高总线频率和总线宽度的情况下最大可能地提高总线传输数据的潜力。

9.5.4 典型总线标准

1. ISA 总线

ISA 总线最初是 IBM 公司为推出基于 Intel 80286 中央处理器的计算机系统而采用的总线标准。因为当时的硬件结构并不复杂,所以将 CPU、主存、各种 I/O 接口电路等通过一组 ISA 总线连接在一块,属于单总线结构,如图 9.36 所示。

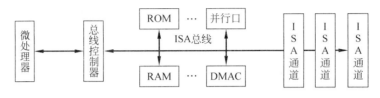

图 9.36 ISA 总线结构

微处理的物理引脚通过总线控制器后形成 ISA 总线。其他总线主控设备(如协处理器和 DMAC 接口)要使用总线必须通过总线中的有关信号向主处理器申请总线使用权,设备接口产生的中断请求信号可通过总线中的信号提交给主处理器。在这种总线结构中,可以将 ISA 总线中的信号看作中央处理器引脚的物理延伸,与中央处理器的内部结构有关。

随着中央处理器的更新换代,随后出现了 MCA、EISA、VL-BUS 等总线标准。到了以 Intel 公司的 Pentium 系列中央处理器为主导的计算机时代后,这些标准在很大程度上限制了计算机性能的发挥,随后产生了 PCI 总线标准并迅速地得到了推广应用。但在后来的计算机总线结构中依然保留了 ISA 总线,进入 21 世纪后 ISA 总线才基本退出了历史舞台。

2. PCI 总线

进入 20 世纪 90 年代以来,随着图形处理技术和多媒体技术的广泛应用,以及 Pentium 处理理器的面世和新一代 Windows 操作系统的诞生,计算机系统对总线的性能提出了更高的要求,这就是 PCI 总线标准产生的背景。

32 位标准 PCI 总线共定义了 120 个信号,主控设备 40 条,从设备 47 条,以及若干电源、地和时钟信号等,PCI 总线宽度可以扩展为 64 位。图 9.37 为 PCI 总线接口信号,其中左边一列信号是必需的。

自从 1992 年推出标准后,PCI 总线在个人电脑与服务器领域就得到了较好的推广应用。在 20 世纪 90 年代中期开始的十多年间,作为一种先进的局部总线,PCI 在计算机局部总线结构中占据了统治地位。PCI 总线主要有以下性能特点:

(1) 是一种开放的、不依赖于任何微处理器的局部总线标准,具有高度兼容性。

(2) 可工作在"32 位@33MHz"和"64 位@66MHz"两种模式,最高数据传输率分别为 132MB/s 和 528MB/s。

(3) 采用同步时序控制,支持突发数据传输。

(4) 多主能力。支持任何 PCI 主设备和从设备之间点对点的访问。

(5) 采用隐式集中仲裁方式,每个主设备都通过一对单独的信号线向总线仲裁逻辑提交总线请求和接收总线允许信号。隐式仲裁的含义是在总线进行数据传送时进行总线仲

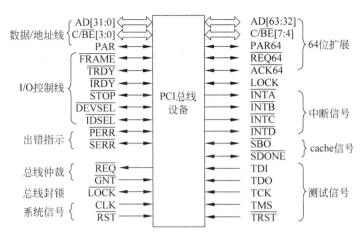

图 9.37　PCI 总线接口信号

裁,因此不会浪费总线周期。

(6) 具有即插即用(Plug and Play,PnP)特性,支持设备自动配置,扩展灵活。

(7) 提供地址和数据信息的奇偶校验功能,保证信息的准确性。

(8) 采用地址/数据信号多路复用技术,减少了信号线的数量,降低部件制造成本。

图 9.38 为 PCI 总线结构。PCI 标准支持多总线结构。图 9.38 中存在着三种不同的总线:系统总线通过 PCI 桥生成 PCI 总线连接各种高速设备,再经过标准总线控制器生成 ISA、EISA 等标准总线连接低速设备。一组 PCI 总线理论上最多只能连接三个设备,可以通过 PCI-PCI 桥生成多级 PCI 总线连接更多的设备。

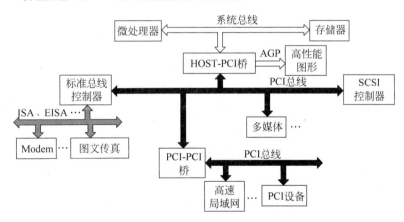

图 9.38　PCI 总线结构

PCI 定义了三种地址空间:内存空间、I/O 空间和配置空间,根据不同的总线周期类型选择不同的地址空间。PCI 总线周期由一个地址周期和一个或多个数据周期组成,总线周期类型如表 9.4 所示,由总线周期开始时 C/$\overline{BE}$[3:0]线上送出的 4 位总线命令代码指明。

存储器读周期:突发读取 1~2 个存储字。

存储器读行周期:突发读取 3~12 个存储字。

存储器多重读周期:突发读取 12 个以上的存储字。

表 9.4 PCI 总线周期类型

C/$\overline{\text{BE}}$[3:0]命令代码	周 期 类 型	C/$\overline{\text{BE}}$[3:0]命令代码	周 期 类 型
0000	中断确认周期	1010	配置读周期
0001	特殊周期	1011	配置写周期
0010	I/O 读周期	1100	存储器多重读周期
0011	I/O 写周期	1101	双地址周期
0110	存储器读周期	1110	存储器读行周期
0111	存储器写周期	1111	存储器写和使无效周期

特殊周期：可认为是 1 个特殊的写操作，其特殊之处在于目标设备不止 1 个，这使得 PCI 主设备可以将其信息(如主设备状态信息)广播至 PCI 总线上的所有设备。每个 PCI 设备必须马上使用该信息，无权终止这个写操作过程。

中断确认周期：可认为是 1 个特殊的读操作，主设备为 HOST-PCI 桥，目标设备为含有中断控制器的 PCI 总线设备。在中断确认周期，HOST-PCI 桥通过信号线 AD[31:0]从中断控制器获取中断向量并传送给 CPU。

配置读/写周期：HOST-PCI 桥通过配置读/写周期完成对 PCI 设备的配置功能，实现配置数据的读出或写入操作。

在一个 PCI 总线周期中，主/从设备在每个时钟周期的下降沿(前沿)对输出信号进行驱动，上升沿(中间沿)对总线输入信号进行采样。图 9.39 为单步读操作时序，图中的环形双箭头表示驱动该信号线的设备发生了变化。

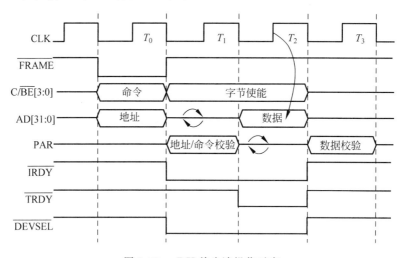

图 9.39　PCI 单步读操作时序

对单步读操作过程的说明如下：

(1) 主设备在总线周期第一个节拍周期 T_0 的前沿(下降沿)使$\overline{\text{FRAME}}$有效，代表一个总线周期的开始。同时通过 C/$\overline{\text{BE}}$信号线输出总线命令代码，通过 AD 信号线输出数据的地址。

(2) 从设备在 T_0 的中间跳变沿(上升沿)采集 C/$\overline{\text{BE}}$及 AD 上的信号，为数据输出做准备。

（3）主设备在 T_1 的前沿置$\overline{\text{FRAME}}$信号无效，撤销总线命令代码并开始输出字节使能信号（通过哪些数据线接收数据），撤销地址信息并置 AD 信号线为高阻态（因为地址/数据复用信号线随后将由从设备驱动），通过 PAR 信号输出地址/命令校验码，置$\overline{\text{IRDY}}$有效通知从设备已准备好接收数据。从设备必须在此时置$\overline{\text{DEVSEL}}$信号有效来响应主设备，否则主设备将结束总线周期。

（4）在 T_2 的前沿，主设备撤销 PAR 上的校验码并置该信号线为高阻态（该信号线随后将由从设备驱动）。从设备将数据送上 AD 信号线，并置$\overline{\text{TRDY}}$信号有效通知主设备数据已送出。

（5）主设备在 T_2 的中间下降沿采样 AD 线上的信息，得到要读取的数据。

（6）主设备在 T_3 的前沿撤销 C/$\overline{\text{BE}}$、AD、$\overline{\text{IRDY}}$上的信号，从设备通过 PAR 输出数据校验码，总线周期结束。

图 9.40 为突发写操作的时序图。

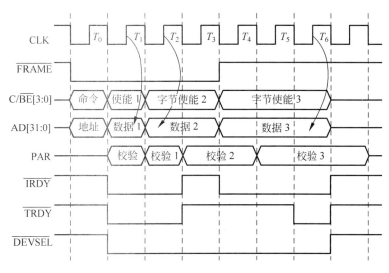

图 9.40　PCI 突发写操作时序

对 PCI 突发写操作的过程说明如下：

（1）由于 AD 和 PAR 信号线在整个总线周期中都由主设备驱动，因此在送出地址和地址/命令校验位后不需要切换到高阻状态，AD 信号线送出基地址信息后在下一个时钟周期开始送出数据信息，送出数据后的下一个时钟周期通过 PAR 信号线送出前一个数据的校验位。

（2）主设备送出最后一个数据的同时使$\overline{\text{FRAME}}$信号无效，表示总线周期即将结束。

（3）在数据传输过程中，如果主设备或从设备没有准备好发送或接收数据，应分别通过$\overline{\text{IRDY}}$和$\overline{\text{TRDY}}$信号告知对方。在图 9.40 中，从设备分别在箭头所示时刻读取数据并保存，后续数据的保存地址由基地址计算后得到。

（4）在传送过程中如果$\overline{\text{IRDY}}$和$\overline{\text{TRDY}}$信号始终有效，则每一个时钟周期可完成一次数据传送。

PCI 总线标准先后经历了几个版本，最大数据传输率为 528MB/s。为适应多媒体信息处理所需要的高数据传输率,Intel 于 1996 年基于 PCI 2.1 规范推出了显示卡专用局部总线(AGP),其工作在"×8"模式下的最高数据传输率达到 2.1GB/s。1999 年由康柏、IBM、HP 等服务器厂商组成的 PCISIG(PCI 特别兴趣小组)在 PCI 标准的基础上推出了与其兼容的 PCI-X 总线标准,总线宽度为 64 位,总线频率为 133MHz,支持双倍读取速度(在时钟的上升和下降沿都能传送数据),支持分离事务处理,最高数据传输率高达 2.1GB/s。这三种总线标准在 20 世纪 90 年代中期开始的十几年中一直占据着计算机系统局部总线结构的统治地位,但近年来随着高性能图形图像、RAID 阵列、千兆以太网等高带宽设备的出现,它们已不能很好地满足需要,成为整个系统性能发挥的瓶颈。为解决这个问题而于 2002 年推出的 PCI Express 总线标准经过几年的发展,在计算机系统中正在得到越来越广泛的应用,并将最终替代 PCI 和 AGP。

3. PCI Express 总线

PCI Express 总线简称为 PCI-E 总线,是一种全双工差分式串行通信总线,与处理器内部结构无关,支持点对点连接。PCI-E 总线的信道宽度主要有"×1"、"×2"、"×4"、"×8"、"×12"、"×16"、"×32"等几种模式,最高数据传输率高达 16GB/s,其中"×16"模式(8GB/s)正在替代 AGP 总线成为新一代图形总线接口。图 9.41 为 PCI Express 总线结构,通过 PCI Express 总线交换器(Switch)可以扩展出多条 PCI-E 信道连接多个设备端点。

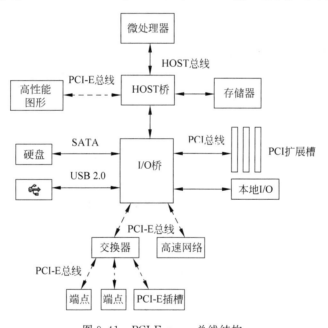

图 9.41   PCI Express 总线结构

单通道模式的 PCI Express 总线接口插槽定义了 36 个引脚,如表 9.5 所示。

PCI Express 总线的主要性能包括:

(1) 是一种与结构、处理器、技术无关的开放标准;

(2) 支持点对点的数据包同步串行传输,采用 8B/10B 编码方式,支持全双工传输制式;

(3) 信道宽度可动态配置;

(4) 支持与 USB、IEEE 1394 总线相同的设备热插拔和热交换功能;

（5）具有错误处理和错误报告功能；

（6）在软件层与 PCI 总线兼容；

（7）扩展灵活，通过专用线缆可以将各种外设直接与系统内的 PCI-E 插槽连接。

表 9.5   PCI Express ×1 总线信号

引脚序号	插槽 A 面		插槽 B 面	
	引脚名称	功能描述	引脚名称	功能描述
1	+12V	12V 电源	PRSNT♯1	热插拔存在检测
2	+12V	12V 电源	+12V	12V 电源
3	RSVD	预留	+12V	12V 电源
4	GND	地信号	GND	地信号
5	SMCLK	系统管理总线时钟信号	JTAG2	边界扫描时钟信号
6	SMDAT	系统管理总线数据信号	JTAG3	边界扫描数据输入
7	GND	地信号	JTAG4	边界扫描数据输出
8	+3.3V	3.3V 电源	JTAG5	边界扫描模式选择
9	JTAG1	边界扫描复位信号	+3.3V	3.3V 电源
10	3.3Vaux	3.3V 辅助电源	+3.3V	3.3V 电源
11	WAKE♯	链路重激活	PWRGD	电源无故障信号
12	RSVD	预留	GND	地信号
13	GND	地信号	REFCLK+	一对差分式时钟信号引脚
14	HSOp(0)	一对差分式数据发送引脚	FEFCLK−	
15	HSOn(0)		GND	地信号
16	GND	地信号	HSLp(0)	一对差分式数据接收引脚
17	PRSNT♯2	热插拔存在检测	HSLn(0)	
18	GND	地信号	GND	地信号

通过 PCI-E 总线连接的双方以数据包的形式串行发送和接收数据，发送方和接收方都提供了三层协议栈，如图 9.42 所示。

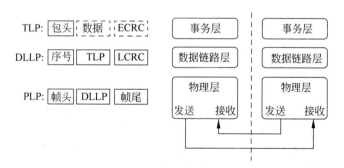

图 9.42   PCI-E 三层协议栈及各层数据包格式

事务层（Transaction Layer）：发送方的事务层用来接收应用程序的请求生成事务层数据包 TLPs 并提交给下层的数据链路层；接收方的事务层用来接收数据链路层传来的 TLPs，分解后提交给应用程序。

TLPs 用来传输事务，包括必须的包头信息、可选的数据信息和可选的端到端校验码

ECRC。通过包头信息指明事务的类型(如读请求、写请求及事件等)、包头长度、地址空间类型(存储器空间、I/O 空间、配置空间和消息空间)。每个 TLP 在包头中都有一个唯一的标识符,以便实现请求数据包和响应数据包之间的匹配。

数据链路层(Data Link Layer):发送方数据链路层接收事务层传来的 TLPs,添加附加信息后生成数据链路包 DLLPs 提交给物理层并保存,方便数据链路层重发;接收方数据链路层接收物理层传来的 TLLPs,经数据链路层校验无误后生成 TLPs 提交给事务层,如校验有误则请求重发,同时还负责通过检查 DLLPs 序号发现有无漏包。

DLLPs 是由数据链路层在 TLPs 的前后分别添加包序号和链路层校验码 LCRC 生成的。

物理层(Physical Layer):发送方物理层接收数据链路层传来的 DLLPs,添加信息后生成物理层数据包 PLPs,然后经编码后发送给对方;接收方物理层接收对方发来的信息后经解码生成 DLLPs,提交给数据链路层。

PLPs 是由物理层在 DLLPs 的前后分别添加帧首信息和帧尾信息后生成的。帧首信息用于指名数据包的类型是 TLP 还是 DLLP,帧尾信息表示数据包结束。

发送双方的物理层在传送数据包时,发送方物理层将数据包分解成字节流,将每一个字节进行“8B/10B”编码后串行沿着物理信道发送给接收方。接收方串行接收信息流,将经过“10B/8B”解码后生成的字节流重新组装成数据包,传送过程如图 9.43 所示。

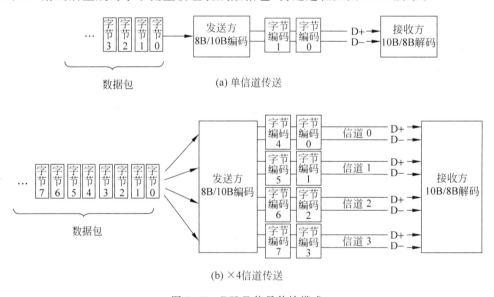

图 9.43　PCI-E 信号传输模式

图 9.43(a)为单信道的情形。发送端把数据包分解成字节流,将每个字节进行“8B/10B”编码后沿着同一个信道首尾相连串行发送,接收方以相同的顺序解码后再组装成数据包。

图 9.43(b)为 4 个信道的情形。发送端将字节流编码后轮流从各个信道串行发送,接收方轮流接收各个信道的信息,经解码后再组装成数据包。

现代计算机的硬件结构比较复杂,计算机系统的总线管理基本上都采用了基于南北桥形式,合称主板芯片组,对应主板上的两块大规模集成电路。不同芯片组厂商的南北桥芯片各不相同,当然也提供了相近或不同的功能。北桥芯片是主板上离 CPU 最近的一块芯片,负责与 CPU 的联系并控制内存、AGP、PCI、PCI-E 数据在北桥内部传输。南桥主要负责 I/O 接口、IDE 设备以及 USB 设备的控制等。不管是哪一种总线或总线结构,都不是技术的终结,随着技术的发展,必将出现新一代的总线标准及总线结构。

习　题

9.1　在计算机主机和外部设备之间主要有哪些信息要传送?

9.2　I/O 端口有哪些编址方式,各有何特点?

9.3　主机与外设之间信息交换的控制方式有哪几种? 简述它们的特点。

9.4　什么是 I/O 接口? 它与端口有何区别? 为什么要设置接口?

9.5　简述 I/O 接口的功能和基本组成。

9.6　结合程序查询方式输入(出)接口电路,说明其工作过程。

9.7　什么是中断请求触发器,它有什么作用?

9.8　在什么条件和什么时间,CPU 可以响应 I/O 的中断请求?

9.9　什么是中断允许触发器? 它在中断接口电路中还是 CPU 中?

9.10　程序查询方式和程序中断方式都是通过"程序"来传送数据的,两者的区别是什么?

9.11　调用中断服务程序和调用子程序有什么区别?

9.12　简述中断的基本过程,当多个设备同时发生中断请求时,有哪几种方法进行排优?

9.13　在向量方式的中断系统中,为什么外设将中断向量放在数据总线上,而不是地址总线上?

9.14　什么叫中断嵌套?

9.15　试比较单重中断和多重中断服务程序的处理流程,说明它们有何不同以及不同的原因。

9.16　中断屏蔽技术常用在哪些场合? 试举两例说明。

9.17　在一个 8 级中断系统中,硬件中断响应从高到低的优先顺序是 1→2→3→4→5→6→7→8,设置中断屏蔽寄存器后,中断服务的优先顺序变为 1→5→8→3→2→4→6→7。问:

(1)应如何设置屏蔽码?

(2)如果 CPU 在执行一个应用程序时有 5、6、7 级三个中断同时到达,8 在 6 没有处理完毕之前到达,在处理 8 时中断 2 又到达 CPU,试画出 CPU 响应这些中断的顺序示意图。

9.18　某输入设备按串行方式工作,以向量中断方式向主机传送数据。CPU 发向设备的命令包括清除、屏蔽、启动,设备状态可抽象表示为空闲、忙、完成。试为该设备设计中断接口电路。

(1)画出接口模型图。(寄存器级)

(2)说明接口中各组成部分的功能。

(3)以设备向主机输入数据为例,描述向量中断过程,说明以下几个问题:

① 主机如何启动设备?

② 设备在什么样的情况下申请中断?

③ 接口如何传送中断请求?

④ CPU 响应中断后如何转到相应的中断服务程序?

9.19　中断方式与 DMA 方式相比,有何不足之处?

9.20　何谓 DMA? DMA 传送分哪几个阶段? 在 DMA 正式传送时可以分几个主要操作步骤?

9.21　简述 DMA 接口的基本组成。

9.22　假定某硬盘数据传输以 32 位的字为单位,传输速率为 2MB/s。CPU 的时钟频率为 100MHz。

(1) 采用程序查询的输入输出方式,一个查询操作需要 10 个时钟周期。假定进行足够的查询以避免数据丢失。求 CPU 为 I/O 查询所花费的时间比率。

(2) 当采用中断方式进行控制时,每次传输的开销(包括中断处理)为 10 个时钟周期。求 CPU 为传输硬盘数据所花费的时间比率。

(3) 采用 DMA 控制进行输入输出操作,假定 DMA 的启动操作需要 100 个时钟周期,DMA 完成时,处理中断需要 50 个时钟周期,如果平均传输的数据长度为 4KB,问在硬盘工作时 CPU 将用多少时间比率进行输入输出。(忽略 DMA 申请使用总线的影响。)

9.23　计算机系统为什么要采用总线结构?

9.24　简述总线的性能指标。

9.25　集中式总线仲裁的方式有哪些? 各有什么特点? 每种总线仲裁方式如何确定各设备使用总线的优先级?

9.26　如图 9.35 所示的准同步通信方式中,假设总线宽度为 64 位,与速度最慢的设备进行数据传输时需要插入三个 T_W,计算连续传输数据时该通信方式的最大数据传输率和最小数据传输率。

9.27　参考如图 9.35 所示的准同步读操作时序,设计准同步写操作的时序并进行说明。

9.28　总线的同步定时和异步定时各有什么优缺点? 解释异步定时中不互锁、半互锁和全互锁的含义。

9.29　根据图 9.40 中的 PCI 突发写操作时序设计 PCI 突发读操作时序。试计算 PCI 总线在“64 位@66MHz”模式下的最大数据传输率。PCI 总线突发传输 12 个存储字最短需要花费多长时间?

图书资源支持

感谢您一直以来对清华版图书的支持和爱护。为了配合本书的使用，本书提供配套的资源，有需求的读者请扫描下方的"书圈"微信公众号二维码，在图书专区下载，也可以拨打电话或发送电子邮件咨询。

如果您在使用本书的过程中遇到了什么问题，或者有相关图书出版计划，也请您发邮件告诉我们，以便我们更好地为您服务。

我们的联系方式：

地　　址：北京市海淀区双清路学研大厦 A 座 701

邮　　编：100084

电　　话：010 - 62770175 - 4608

资源下载：http://www.tup.com.cn

客服邮箱：tupjsj@vip.163.com

QQ：2301891038（请写明您的单位和姓名）

资源下载、样书申请

书圈

扫一扫，获取最新目录

用微信扫一扫右边的二维码，即可关注清华大学出版社公众号"书圈"。